수능특강

과학탐구영역 생명과학 I

KB214068

기획 및 개발

권현지(EBS 교과위원)
강유진(EBS 교과위원)
심미연(EBS 교과위원)
조은정(개발총괄위원)

감수

한국교육과정평가원

책임 편집

윤기해

정답과 해설은 EBS*i* 사이트(www.ebsi.co.kr)에서 다운로드 받으실 수 있습니다.

교재 내용 문의
교재 및 강의 내용 문의는
EBS*i* 사이트(www.ebsi.co.kr)의 학습 Q&A 서비스를
활용하시기 바랍니다.

교재 정오표 공지
발행 이후 발견된 정오 사항을
EBS*i* 사이트 정오표 코너에서 알려 드립니다.
교재 ▸ 교재 자료실 ▸ 교재 정오표

교재 정정 신청
공지된 정오 내용 외에 발견된 정오 사항이 있다면
EBS*i* 사이트를 통해 알려 주세요.
교재 ▸ 교재 정정 신청

어제의
대학과
언팔하라!

 용인예술과학대학교
YONG-IN ARTS & SCIENCE UNIVERSITY

※ 본 교재 광고의 수익금은 콘텐츠 품질 개선과 공익사업에 사용됩니다.
※ 모두의 요강(mdipsi.com)을 통해 용인예술과학대학교의 입시정보를 확인할 수 있습니다.

입학처
인스타그램

입학처
홈페이지

너의 '목표'는 국립목포대에서 이루어진다!

전공 선택권 100% 보장
입학해서 배워보고 전공을 고르는
학부제·자율전공제 도입!

해외연수 프로그램
미국주립대 복수학위
대학중 한 번은 장학금 받고 해외연수!
(글로벌 해외연수 장학금)

다양한 장학금 혜택
3명 중 2명은 전액 장학금
미래를 위한 다양한 장학금 지원!

프리미엄 조식뷔페
재학생 끼니 챙기는 것에 진심
엄마보다 나를 더 챙겨주는 대학!

전 노선 무료 통학버스
호남권 최대 규모 기숙사와 더불어
방방곡곡 무료 통학버스 운영!

국립목포대학교
경영학과
3학년

MANAGEMENT PRINCIPLES IN A CHANGING BUSINESS

국립목포대학교
약학과
5학년

본 광고의 수익금은 콘텐츠 품질개선과 공익사업에 사용됩니다.
모두의 요강(mdipsi.com)을 통해 국립목포대학교의 입시정보를 확인할 수 있습니다.

국립목포대학교

The Engine of Korea

산학협력 연구중심 대학

ERICA와 함께 갑시다

캠퍼스 혁신파크

1조 5,000억 원 투자(2030년)

여의도 공원 면적 규모

대한민국의 실리콘밸리

캠퍼스 혁신파크 조성사업 '선도사업지' 선정

- 1,000여 개 기업 유치 예정
- 10,000여 명 일자리 창출 기대

중앙일보 대학평가 10년 연속 10위권

- 현장의 문제를 해결하는 IC-PBL 수업 운영
- 창업 교육 비율 **1위**
- 현장 실습 비율 **2위**

25 여의도에서 25분!

- 신안산선 개통 **2025년**

한양대 ERICA ← 여의도

한양대학교 ERICA
Education Research Industry Cluster @ Ansan

"본 교재 광고의 수익금은 콘텐츠 품질개선과 공익사업에 사용됩니다."

"모두의 요강(mdipsi.com)을 통해 한양대학교 ERICA 캠퍼스의 입시정보를 확인할 수 있습니다."

HBNU

기록이 쌓여 한밭이 된다

국립 한밭대학교

본 교재 광고의 수익금은 콘텐츠 품질 개선과 공익사업에 사용됩니다. 모두의 요강(mdipsi.com)을 통해 국립한밭대학교의 입시정보를 확인할 수 있습니다.

2025학년도

수시모집 원서접수
2024. 9. 9(월) 10:00 ~ 9.13(금) 18:00

정시모집 원서접수
2024.12.31(화) 10:00 ~ 2025.1.3(금) 18:00

대전광역시 유성구 동서대로 125 입학상담 042-821-1020

동국대학교 DUICA

100% 면접

③ 동대입구역
④ 충무로역

수시/정시 중복지원 가능

·컴퓨터공학 인공지능(AI)	·경영 글로벌경영	·광고홍보 미디어커뮤니케이션	·멀티미디어 시각디자인
·스포츠재활 스포츠헬스케어	·경찰행정 공무원행정	·영화영상제작 연기	·사회복지 공무원사회복지
·반려동물케어	·애견미용	·상담심리	

TALK 동국대듀이카

dongguk UNIVERSITY | 동국대학교 DUICA

구) 동국대전산원

☎ 02-2260-3333

※ 본 교재 광고의 수익금은 콘텐츠 품질개선과 공익사업에 사용됩니다.

※ 모두의 요강(mdipsi.com)을 통해 동국대학교 DUICA의 입시정보를 확인할 수 있습니다.

수능특강

과학탐구영역 생명과학 I

이 책의 **차례** Contents

학생

인공지능 DANCHOQ
푸리봇 문|제|검|색

EBS*i* 사이트와 EBS*i* 고교강의 APP 하단의 **AI 학습도우미 푸리봇**을 통해 문항코드를 검색하면 푸리봇이 해당 문제의 해설과 해설 강의를 찾아 줍니다. **사진 촬영으로도 검색**할 수 있습니다.

문제별 문항코드 확인

[24025-0001]
1. 아래 그래프를 이해한 내용으로 가장 적절한 것은?

[24025-0001]

사진 촬영 검색

문항코드 검색

24025-0001

선생님

EBS 교사지원센터
교재 관련 자|료|제|공

교재의 문항 한글(HWP) 파일과 교재이미지, 강의자료를 무료로 제공합니다.

한글다운로드   교재이미지   강의자료

• 교사지원센터(teacher.ebsi.co.kr)에서 '교사인증' 이후 이용하실 수 있습니다.
• 교사지원센터에서 제공하는 자료는 교재별로 다를 수 있습니다.

이 책의 **구성과 특징** Structure

교육과정의 **핵심 개념 학습**과 **문제 해결 능력** 신장

[EBS 수능특강]은 고등학교 교육과정과 교과서를 분석·종합하여 개발한 교재입니다.

본 교재를 활용하여 대학수학능력시험이 요구하는 교육과정의 핵심 개념과 다양한 난이도의 수능형 문항을 학습함으로써 문제 해결 능력을 기를 수 있습니다. EBS가 심혈을 기울여 개발한 [EBS 수능특강]을 통해 다양한 출제 유형을 연습함으로써, 대학수학능력시험 준비에 도움이 되기를 바랍니다.

충실한 개념 설명과 보충 자료 제공

1. 핵심 개념 정리

주요 개념을 요약·정리하고 탐구 상황에 적용하였으며, 보다 깊이 있는 이해를 돕기 위해 보충 설명과 관련 자료를 풍부하게 제공하였습니다.

> **과학 돋보기**
>
> 개념의 통합적인 이해를 돕는 보충 설명 자료나 배경 지식, 과학사, 자료 해석 방법 등을 제시하였습니다.

> **탐구자료 살펴보기**
>
> 주요 개념의 이해를 돕고 적용 능력을 기를 수 있도록 시험 문제에 자주 등장하는 탐구 상황을 소개하였습니다.

2. 개념 체크 및 날개 평가

본문에 소개된 주요 개념을 요약·정리하고 간단한 퀴즈를 제시하여 학습한 내용을 갈무리하고 점검할 수 있도록 구성하였습니다.

단계별 평가를 통한 실력 향상

[EBS 수능특강]은 문제를 수능 시험과 유사하게 **수능 2점 테스트**와 **수능 3점 테스트**로 구분하여 제시하였습니다. 수능 2점 테스트는 필수적인 개념을 간략한 문제 상황으로 다루고 있으며, 수능 3점 테스트는 다양한 개념을 복잡한 문제 상황이나 탐구 활동에 적용하였습니다.

01 생명 과학의 이해

개념 체크

○ 세포
모든 생물의 구조적 · 기능적 기본 단위인 세포는 물질의 출입을 조절하는 세포막으로 둘러싸여 있음

○ 물질대사
물질을 합성하는 동화 작용과 물질을 분해하는 이화 작용으로 구성되며, 효소에 의해 촉매됨

1. 생물의 몸을 구성하는 구조적 단위는 (　　)이다.

2. 사람과 같이 여러 개의 세포로 이루어진 생물은 (단/다)세포 생물에 해당한다.

3. (　　)는 생명을 유지하기 위해 생물체에서 일어나는 모든 화학 반응이다.

4. (동화/이화) 작용에서는 저분자 물질이 고분자 물질로 전환되고 에너지가 흡수된다.

※ ○ 또는 ×

5. 다세포 생물은 세포 → 기관 → 조직 → 개체에 이르는 정교한 체제를 갖추고 있다. (　　)

6. 소화, 세포 호흡 등은 이화 작용에 해당한다. (　　)

1 생물의 특성

(1) 생물의 특성

① **세포로 구성:** 모든 생물은 세포로 이루어져 있다.

- 세포: 생물의 몸을 구성하는 구조적 단위이고, 생명 활동이 일어나는 기능적 단위이다.
- 세포의 수에 따른 생물의 구분

구분	특징
단세포 생물	• 몸이 하나의 세포로 이루어져 있다. • 예 짚신벌레, 아메바, 대장균 등
다세포 생물	• 몸이 많은 수의 세포로 이루어져 있다. • 세포 → 조직 → 기관 → 개체에 이르는 복잡하고 정교한 체제를 갖추고 있다. • 예 사람을 비롯한 동물, 양파를 비롯한 식물 등

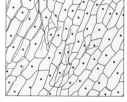

아메바　　　　　사람의 근육 세포　　　　　양파의 표피 세포

② **물질대사:** 생명을 유지하기 위해 생물체에서 일어나는 모든 화학 반응이다.

- 물질대사 과정에서 물질의 전환과 에너지의 출입이 일어난다.
- 생물체는 물질대사를 통해 생명 활동에 필요한 물질과 에너지를 얻는다.

> **과학 돋보기　물질대사**
>
> • 물질 전환과 에너지 출입에 따른 물질대사의 구분
>
> | 구분 | 동화 작용 | 이화 작용 |
> |---|---|---|
> | 물질 전환 | 합성
(저분자 물질 → 고분자 물질) | 분해
(고분자 물질 → 저분자 물질) |
> | 에너지 출입 | 흡수 | 방출 |
> | 예 | 광합성, 단백질 합성 등 | 세포 호흡, 소화 등 |
>
> • 광합성: 빛에너지를 흡수해 이산화 탄소와 물을 포도당으로 합성하는 동화 작용이다.
> • 세포 호흡: 포도당을 이산화 탄소와 물로 분해해 에너지를 방출하는 이화 작용이다.

정답
1. 세포
2. 다
3. 물질대사
4. 동화
5. ×
6. ○

③ **자극에 대한 반응과 항상성:** 생물은 자극에 대해 반응하며 항상성을 유지한다.

- 자극에 대한 반응: 생물은 환경 변화를 자극으로 받아들이고, 그 자극에 적절히 반응하여 생명을 유지한다.
- 항상성: 체내·외의 환경 변화에 대해 생물이 체내 환경을 일정 범위로 유지하려는 성질이다.

과학 돋보기 | **자극에 대한 반응과 항상성의 예**

- 자극에 대한 반응의 예
  - 지렁이가 빛을 피해 이동한다.
  - 식물이 빛을 향해 굽어 자란다.
  - 뜨거운 물체에 손이 닿으면 순간적으로 손을 뗀다.
  - 미모사의 잎은 다른 물체가 닿으면 오므라든다.
  - 밝은 곳에서는 동공이 작아지고, 어두운 곳에서는 동공이 커진다.
- 항상성의 예
  - 물을 많이 마시면 오줌의 양이 늘어난다.
  - 사람은 더울 때 땀을 흘려 체온을 조절한다.
  - 신경계와 내분비계의 작용으로 혈당량이 조절된다.

④ **발생과 생장**: 다세포 생물은 발생과 생장을 통해 구조적·기능적으로 완전한 개체가 된다.

- **발생**: 하나의 수정란이 세포 분열을 하여 세포 수가 늘어나고, 세포의 종류와 기능이 다양해지면서 개체가 되는 것이다.
- **생장**: 어린 개체가 세포 분열을 통해 몸이 커지며 성체로 자라는 것이다.

개구리의 발생과 생장

⑤ **생식과 유전**: 생물은 생식과 유전을 통해 종족을 유지한다.

- **생식**: 생물이 자신과 닮은 자손을 만드는 것이다. 예 짚신벌레는 분열법으로 번식한다. 사람은 생식세포의 수정을 통해 자손을 만든다.
- **유전**: 생식을 통해 어버이의 유전 물질이 자손에게 전달되어 자손이 어버이의 유전 형질을 물려받는 것이다. 예 적록 색맹인 어머니로부터 적록 색맹인 아들이 태어난다.

짚신벌레의 생식

곰의 털 색 유전

개념 체크

◐ **항상성**
환경의 변화에 대해 생물은 체내 환경을 일정하게 유지하려는 특성을 보임

◐ **자극에 대한 반응**
생물은 환경의 변화인 자극에 대해 적절하게 반응하는 특징을 가짐

1. 생물은 외부의 환경 변화를 (　　)으로 받아들이고, 그에 대해 적절하게 (　　)하여 생명을 유지한다.

2. (　　)은 어린 개체가 세포 분열을 통해 몸이 커지며 성체로 자라는 것이다.

3. 생물이 자신과 닮은 자손을 만들어 종족을 유지하는 것을 (　　)이라고 한다.

4. 어버이의 형질이 다음 세대의 자손에게 전달되는 것을 (　　)이라고 한다.

※ ○ 또는 ×

5. 사람이 더울 때 땀을 흘려 체온을 조절하는 것은 항상성의 예에 해당한다.
(　　)

6. 다세포 생물에서 세포 분열은 발생과 생장에서 모두 일어난다.
(　　)

정답
1. 자극, 반응
2. 생장
3. 생식
4. 유전
5. ○
6. ○

⑥ **적응과 진화**: 생물은 환경에 적응해 나가면서 새로운 종으로 진화한다.
- **적응**: 생물이 자신이 살아가는 환경에 적합한 몸의 형태와 기능, 생활 습성 등을 갖게 되는 것이다.
- **진화**: 생물이 여러 세대에 걸쳐 환경에 적응한 결과 집단의 유전적 구성이 변하고, 형질이 달라져 새로운 종이 나타나는 것이다.

개념 체크

● **진화**
집단의 유전자 구성이 바뀌거나 새로운 종이 출현하는 것으로, 자연 환경에 적합한 형질을 가진 개체가 살아남는 자연 선택 등에 의해 일어남

1. 생물이 자신이 살아가는 환경에 적합한 몸의 형태와 기능, 생활 습성 등을 갖게 되는 것은 (   )이다.

2. 생물이 여러 세대에 걸쳐 환경에 적응한 결과 집단의 유전적 구성이 변하고, 형질이 달라져 새로운 종이 나타나는 것을 (   )라고 한다.

3. 사막여우는 북극여우보다 몸집에 비해 몸의 말단부가 (커/작아)서 열을 효과적으로 (흡수/방출)한다.

4. 가랑잎벌레가 포식자의 눈에 띄지 않게 나뭇잎과 비슷한 모습을 가져 생존에 유리한 것은 생물의 특성 중 (   )의 예에 해당한다.

※ ○ 또는 ×

5. 갈라파고스 군도에 사는 핀치는 섬의 먹이 환경에 따라 부리 모양이 조금씩 다르다.   (   )

6. 건조한 사막에 사는 캥거루쥐가 수분 손실을 줄이기 위해 진한 오줌을 소량 배설하는 것은 생물의 특성 중 발생과 생장에 해당한다.   (   )

정답

1. 적응
2. 진화
3. 커, 방출
4. 적응과 진화
5. ○
6. ×

과학 돋보기 **적응과 진화의 예**

- 뱀은 아래턱이 분리되어 큰 먹이를 먹기에 적합하다.
- 가랑잎벌레는 포식자의 눈에 띄지 않게 나뭇잎과 비슷한 모습을 가진다.
- 건조한 사막에 사는 캥거루쥐는 진한 오줌을 소량만 배설해 물의 손실을 줄인다.
- 사막여우는 북극여우보다 몸집에 비해 몸의 말단부가 커서 열을 효과적으로 방출한다.
- 사막에 사는 선인장은 잎이 가시로 변해 물의 손실을 줄이고, 물을 저장하는 조직이 발달해 있다.
- 갈라파고스 군도에 사는 핀치들은 섬의 먹이 환경에 적응하여 진화한 결과 부리 모양이 섬에 따라 조금씩 다르다.

가랑잎벌레

사막여우(좌)와 북극여우(우)

선인장

갈라파고스 군도의 핀치

탐구자료 살펴보기 **강아지와 강아지 로봇의 비교**

탐구 자료

- 강아지 로봇의 특징
  - 센서가 있어 공을 던지면 물어 오거나, 장애물을 피해 가며 이동한다.
  - 인공 지능을 갖추고 있어 짖고, 걷고, 주인을 알아볼 수 있다.
  - 주인이 말을 하면 꼬리를 흔들고, 안아 주면 꼬리를 더욱 세차게 흔들기도 한다.
  - 화학 전지로부터 얻은 전기 에너지를 소모하면서 움직인다.

강아지 로봇

탐구 분석

• 강아지와 강아지 로봇의 공통점과 차이점

구분	강아지	강아지 로봇
공통점	• 머리, 몸통, 다리, 꼬리를 가져 전체적인 모습이 비슷하다. • 자극에 대해 적절히 반응하며, 소리를 낸다. • 다양한 활동을 위해 에너지가 필요하며, 에너지는 화학 반응을 통해 얻는다.	
차이점	• 몸이 세포로 구성되어 있으며, 세포가 모여 조직과 기관을 이룬다. • 음식을 섭취한 후 소화, 흡수를 통해 물질(영양소)을 얻는다. • 세포 안에서 물질대사가 일어나 생명 활동에 필요한 물질과 에너지를 얻는다. • 발생과 생장, 생식과 유전, 적응과 진화와 같은 생물의 특성을 모두 나타낸다.	• 몸이 플라스틱과 같은 화학 소재로 만들어졌다. • 음식을 섭취하지 않으며, 화학 전지 이외에 다른 물질을 얻지 않는다. • 화학 전지에서 화학 반응이 일어나 에너지를 얻는다. • 발생과 생장, 생식과 유전, 적응과 진화의 특성을 모두 나타내지 않는다.

탐구 결과

• 강아지는 세포로 구성되어 있으며, 세포 안에서 물질대사가 일어나는 등 생물의 특성을 모두 나타내므로 생물이다.

• 강아지 로봇은 세포로 구성되어 있지 않으며, 생물의 특성 중 일부만 나타내므로 비생물이다.

(2) 바이러스

① 바이러스의 구조

• 모양이 매우 다양하고, 크기가 10 nm~100 nm 정도로 세균보다 훨씬 작다.

• 단백질 껍질 속에 유전 물질인 핵산이 들어 있는 구조로 되어 있다.

단백질 껍질
핵산 (DNA)

박테리오파지

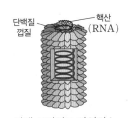

단백질 껍질
핵산 (RNA)

담배 모자이크 바이러스

② 바이러스의 특성: 바이러스는 비생물적 특성과 생물적 특성을 모두 나타낸다.

구분	특징
비생물적 특성	• 세포로 이루어져 있지 않으며, 숙주 세포 밖에서 입자(결정체)로 존재한다. • 스스로 물질대사를 할 수 없다.
생물적 특성	• 유전 물질인 핵산(DNA 또는 RNA)을 가진다. • 숙주 세포 안에서 핵산을 복제해 증식하며, 이 과정에서 유전 현상이 나타난다. • 돌연변이가 일어나 새로운 형질이 나타나면서 환경에 적응하고 진화한다.

개념 체크

◉ **바이러스**
숙주 세포 안에서는 유전 물질을 이용하여 일부 생물적 특성을 나타내지만, 숙주 세포 밖에서는 단백질 결정체로 존재하며, 비생물적 특성을 나타냄

1. 몸이 (   )로 구성된 강아지는 물질대사를 통해 생명 활동에 필요한 에너지를 얻는다.

2. (강아지/강아지 로봇)에서는 발생과 생장, 생식과 유전, 적응과 진화의 특성이 모두 나타나지 않는다.

3. (   )는 세포로 이루어져 있지 않으며, 숙주 세포 밖에서 단백질 결정체로 존재한다.

4. 바이러스의 단백질 껍질 속에는 유전 물질인 (   )이 들어 있다.

※ ○ 또는 ×

5. 바이러스는 생물적 특성과 비생물적 특성을 모두 나타낸다.   (   )

6. 바이러스는 스스로 물질대사를 할 수 있다.   (   )

정답
1. 세포
2. 강아지 로봇
3. 바이러스
4. 핵산
5. ○
6. ×

개념 체크

○ 바이러스의 증식
바이러스는 독립적인 물질대사를
할 수 없어 숙주 세포가 가진 효소
등의 물질대사 체계를 이용하여
증식함

1. [탐구자료 살펴보기]의 박테리오파지 모형에서 가는 철사는 바이러스의 (   )에 해당한다.

2. 생명 과학은 지구에 살고 있는 (   )의 특성과 다양한 생명 현상을 연구하는 학문이다.

※ ○ 또는 ×

3. 바이러스는 숙주 세포 내에서 세포 분열을 통해 증식한다.   (   )

4. 생태계는 생명 과학의 연구 대상에 해당한다.   (   )

🔍 **과학 돋보기** | **바이러스의 증식**

❶ 자신의 유전 물질(핵산)을 숙주 세포 안으로 주입한다.
❷ 숙주 세포 안에서 바이러스의 유전 물질이 복제되고, 단백질이 합성된다.
❸ 자손 바이러스가 조립된 후 숙주 세포 바깥으로 방출된다.

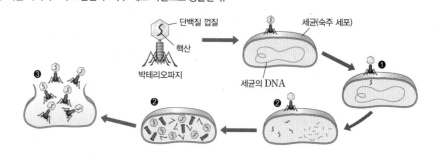

🧪 **탐구자료 살펴보기** ▷ **박테리오파지 모형 만들기**

탐구 과정

① 정이십면체 도형의 전개도를 가위로 자른 후 점선을 따라 접어 머리를 만든다.
② 가는 철사를 말아 정이십면체 머리 안에 넣고 셀로판테이프로 붙인다.
③ 굵은 철사를 구부려 꼬리를 6개 만든 후 모두 모아 털실 철사를 감아 고정한다.
④ 머리와 꼬리를 붙여 모형을 그림과 같이 완성한다.

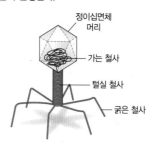

탐구 결과

• 정이십면체 머리는 박테리오파지의 단백질 껍질에 해당한다.
• 가는 철사는 박테리오파지의 유전 물질인 핵산에 해당한다.

2 생명 과학의 특성

(1) 생명 과학의 통합적 특성

① 생명 과학은 지구에 살고 있는 생명체의 특성과 다양한 생명 현상을 연구하는 학문이다.
② 생명 과학은 생명의 본질을 밝힐 뿐 아니라, 그 성과를 인류의 생존과 복지에 응용하는 종합적인 학문이다.
③ 생명 과학에서는 생물을 구성하는 분자에서부터 생태계에 이르기까지 다양한 범위의 대상을 통합적으로 연구한다.

> 분자 → 세포 → 조직 → 기관 → 개체 → 개체군 → 군집 → 생태계

정답
1. 유전 물질(핵산)
2. 생명체
3. ×
4. ○

(2) 생명 과학과 다른 학문 분야와의 연계

① 생명 과학은 다른 학문 분야와 많은 영향을 주고받으며 발달하고 있다.

② **연계된 학문 분야**: 의학, 심리학, 물리학, 수학, 공학, 정보학, 화학 등 다양한 분야가 있다.

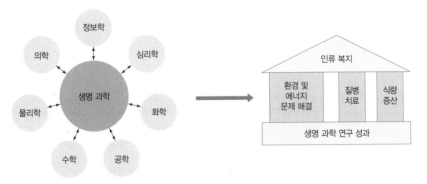

다른 학문 분야와 연계된 생명 과학의 통합적 특성

과학 돋보기 **생명 과학과 다른 학문 분야와의 연계 사례**

• 전자 현미경: 물리학의 원리를 이용해 개발되었으며, 미세한 것을 확대해서 볼 수 있게 해주어 생명 과학의 발달에 기여했다.

• 생체 모방 공학: 생명 과학과 공학이 연계되어 생물의 우수한 특징을 모방한 제품을 개발한다.

• 사람 유전체 분석: 생명 과학, 기계 공학, 물리학, 화학, 정보학 등이 연계되어 사람이 가진 모든 DNA의 염기 서열을 분석한다.

• 생물 정보학: 생명 과학과 정보학이 연계되어 통계 기법과 컴퓨터를 이용해 DNA의 염기 서열과 단백질의 아미노산 서열을 분석하고, 단백질의 구조와 기능을 예측한다.

③ 생명 과학의 탐구 방법

(1) 귀납적 탐구 방법

① 자연 현상을 관찰하여 얻은 자료를 종합하고 분석하여 규칙성을 발견하고, 이로부터 일반적인 원리나 법칙을 이끌어내는 탐구 방법이다.

② 여러 개별적인 사실로부터 결론을 이끌어내며, 연역적 탐구 방법에서와 달리 가설을 설정하지 않는다.

③ **귀납적 탐구 과정**

개념 체크

○ 생명 과학의 특성
생명 과학은 지구에 살고 있는 생명체를 연구하는 학문으로 다양한 학문과 연계되어 발전하고 있으며, 연구 범위에 따라 생리학, 발생학, 생화학, 분자생물학 등 여러 분야로 나뉜다.

1. 생명 과학과 공학이 연계된 ( )에서는 생물의 우수한 특징을 모방한 제품을 개발한다.

2. 귀납적 탐구 과정은 자연 현상의 관찰 → 관찰 ( )의 선정 → 관찰 방법과 절차의 고안 → 관찰의 수행 → 관찰 결과 분석과 결론 도출 순서로 진행된다.

※ ○ 또는 ×

3. 귀납적 탐구 방법은 가설을 검증하는 실험의 결과를 바탕으로 일반적인 원리나 법칙을 이끌어낸다.
( )

4. 생명 과학의 연구 성과는 질병 치료, 식량 증산 등의 인류 복지에 이용된다.
( )

정답
1. 생체 모방 공학
2. 주제
3. ×
4. ○

개념 체크

❍ 귀납적 탐구 방법
개별적인 관찰 사실들을 종합·분석하여 발견한 규칙성으로부터 일반적인 결론을 도출하며, 가설 설정 단계가 없음

1. 세포설과 다윈의 자연 선택설은 모두 과학의 탐구 방법 중 (　　) 탐구 방법을 이용한 사례에 해당한다.

2. 연역적 탐구 방법에서는 자연 현상을 관찰하면서 생긴 의문에 대한 답을 찾기 위해 (　　)을 세운다.

3. 대조 실험에서 가설을 검증하기 위해 의도적으로 어떤 요인을 변화시킨 집단을 (　　)이라고 한다.

※ ○ 또는 ×

4. 가설은 실험이나 관측을 통해 검증될 수 있어야 한다.
(　　)

5. 연역적 탐구 과정에서는 탐구 결과의 타당성을 높이기 위해 대조 실험을 한다.
(　　)

④ **귀납적 탐구 사례**
- 세포설: 여러 과학자들이 현미경으로 다양한 생물을 관찰한 결과 모든 생물은 세포로 구성되어 있다는 결론을 이끌어냈다.
- 다윈의 자연 선택설: 다윈은 갈라파고스 군도를 비롯한 여러 나라에 살고 있는 생물의 특성을 관찰하고 자료를 수집하여 분석한 결과 자연 선택에 의한 진화의 원리를 밝혔다.

과학 돋보기 다윈의 귀납적 탐구

자연 현상의 관찰	갈라파고스 군도에 사는 핀치의 부리 모양이 서로 다른 것을 관찰했다.
↓	
관찰 주제의 선정	다양한 환경에 서식하는 핀치의 부리를 관찰하기로 했다.
↓	
관찰 방법과 절차의 고안	갈라파고스 군도의 각 섬에 사는 핀치를 관찰, 채집한 후 부리 모양을 서로 비교했다.
관찰의 수행	
↓	
관찰 결과 분석과 결론 도출	서식 지역과 먹이에 따라 핀치의 부리 모양이 달라졌다는 결론을 내렸다.

(2) 연역적 탐구 방법

① 자연 현상을 관찰하면서 생긴 의문에 대한 답을 찾기 위해 가설을 세우고, 이를 실험적으로 검증해 결론을 이끌어내는 탐구 방법이다.
② 가설: 의문에 대한 답을 추측하여 내린 잠정적인 결론이다.
- 가설은 예측 가능해야 하며, 실험이나 관측 등을 통해 옳은지 그른지 검증될 수 있어야 한다.
③ 연역적 탐구 과정

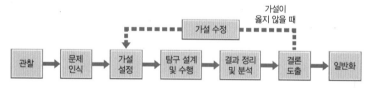

※ 일부 교과서에서는 가설이 옳지 않을 때 가설 수정으로 가는 경로가 결론 도출이 아닌 결과 정리 및 분석에서 이루어지는 것으로 기술하고 있다.

④ **대조 실험**: 탐구를 수행할 때 대조군을 설정하고 실험군과 비교하는 대조 실험을 해야 탐구 결과의 타당성이 높아진다.
- 대조군: 실험군과 비교하기 위해 아무 요인(변인)도 변화시키지 않은 집단이다.
- 실험군: 가설을 검증하기 위해 의도적으로 어떤 요인(변인)을 변화시킨 집단이다.

정답
1. 귀납적
2. 가설
3. 실험군
4. ○
5. ○

⑤ 변인: 탐구와 관계된 다양한 요인으로, 독립변인과 종속변인이 있다.

구분	특징
독립변인	탐구 결과에 영향을 미칠 수 있는 요인으로, 조작 변인과 통제 변인이 있다. • 조작 변인: 대조군과 달리 실험군에서 의도적으로 변화시키는 변인이다. • 통제 변인: 대조군과 실험군에서 모두 동일하게 유지하는 변인이다.
종속변인	조작 변인의 영향을 받아 변하는 요인으로, 탐구에서 측정되는 값에 해당한다.

과학 돋보기 연역적 탐구 사례

[사례 1] 플레밍의 페니실린 발견

관찰 및 문제 인식	배양 접시에 핀 푸른곰팡이 주변에 세균이 증식하지 않은 까닭은 무엇일까?
↓	
가설 설정	푸른곰팡이에서 생성된 어떤 물질이 세균의 증식을 억제할 것이다.
↓	
탐구 설계 및 수행	세균 배양 접시를 두 집단으로 나눈다. • 대조군: 푸른곰팡이를 접종하지 않고 세균을 배양했다. • 실험군: 푸른곰팡이를 접종하고 세균을 배양했다.
↓	
결과 분석	대조군의 배양 접시에서는 세균이 증식했지만, 실험군의 배양 접시에서는 세균이 증식하지 않았다.
↓	
결론 도출	푸른곰팡이는 세균의 증식을 억제하는 물질을 생성한다.

• 조작 변인은 푸른곰팡이의 접종 여부이고, 종속변인은 세균의 증식 여부이다.

[사례 2] 파스퇴르의 탄저병 백신 개발

관찰 및 문제 인식	탄저병 백신으로 탄저병을 예방할 수 있을까?
↓	
가설 설정	탄저병 백신을 주사한 양은 탄저병에 걸리지 않을 것이다.
↓	
탐구 설계 및 수행	건강한 양을 두 집단으로 나눈다. • 대조군: 탄저병 백신을 주사하지 않고 탄저균을 투여했다. • 실험군: 탄저병 백신을 주사한 후 탄저균을 투여했다.
↓	
결과 분석	대조군의 양은 탄저병에 걸렸지만, 실험군의 양은 모두 건강했다.
↓	
결론 도출	탄저병 백신은 탄저병을 예방한다.

• 조작 변인은 탄저병 백신의 접종 여부이고, 종속변인은 양의 탄저병 발생 여부이다.

개념 체크

○ 연역적 탐구 방법
가설을 설정하는 연역적 탐구 방법에서 탐구에 관계된 다양한 요인을 변인이라고 함. 변인에는 독립변인(조작 변인, 통제 변인)과 종속변인이 있음

1. 변인 중 조작 변인의 영향을 받아서 변하는 요인으로, 실험의 결과에 해당하는 변인은 (   )변인이다.

2. [과학 돋보기: 연역적 탐구 사례 1]에서 푸른곰팡이의 접종 여부는 (   ) 변인에 해당한다.

3. [과학 돋보기: 연역적 탐구 사례 2]에서 탄저병 백신을 주사하지 않고 탄저균을 투여한 집단은 (   )군, 탄저병 백신을 주사한 후 탄저균을 투여한 집단은 (   )군이다.

※ ○ 또는 ×

4. [과학 돋보기: 연역적 탐구 사례 1]에서 실험군과 대조군의 세균 배양 온도는 같아야 한다. (   )

5. [과학 돋보기: 연역적 탐구 사례 2]에서 실험의 결과는 가설을 지지한다. (   )

정답

1. 종속
2. 조작
3. 대조, 실험
4. ○
5. ○

01 표 (가)는 강아지와 강아지 로봇에서 특징 ㉠, ㉡의 유무를, (나)는 ㉠과 ㉡을 순서 없이 나타낸 것이다. A와 B는 강아지와 강아지 로봇을 순서 없이 나타낸 것이다.

[24025-0001]

구분	㉠	㉡
A	○	×
B	○	○

(○: 있음. ×: 없음)

(가)

특징(㉠, ㉡)
• 세포로 구성된다.
• 움직이는 과정에 에너지가 사용된다.

(나)

이에 대한 설명으로 옳은 것만을 〈보기〉에서 있는 대로 고른 것은?

● 보기 ●
ㄱ. A는 강아지이다.
ㄴ. B에서 물질대사가 일어난다.
ㄷ. ㉠은 '움직이는 과정에 에너지가 사용된다.'이다.

① ㄱ   ② ㄴ   ③ ㄷ   ④ ㄱ, ㄷ   ⑤ ㄴ, ㄷ

02 다음은 어떤 과학자가 수행한 탐구의 일부이다.

[24025-0002]

(가) 번식기에 조류 X의 암수가 둥지에 침입한 경쟁 관계의 조류에 대해 보이는 행동을 관찰하기로 하였다.
(나) 쌍안경을 이용하여 X를 먼 거리에서 여러 차례 관찰하였다.
(다) 침입자가 있을 때 ㉠이 방어하는 경우가 ㉡이 방어하는 경우보다 더 많았다. ㉠과 ㉡은 암컷과 수컷을 순서 없이 나타낸 것이다.
(라) 둥지 침입자에 대한 방어는 암컷이 수컷보다 더 적극적이라고 결론을 내렸다.

이에 대한 설명으로 옳은 것만을 〈보기〉에서 있는 대로 고른 것은?

● 보기 ●
ㄱ. 귀납적 탐구 방법이 이용되었다.
ㄴ. (나)는 관찰 주제의 선정 단계이다.
ㄷ. ㉠은 암컷이다.

① ㄱ   ② ㄴ   ③ ㄷ   ④ ㄱ, ㄴ   ⑤ ㄱ, ㄷ

03 다음은 개구리가 갖는 생물의 특성에 대한 자료이다.

[24025-0003]

(가) 암컷이 산란한 ㉠알은 올챙이를 거쳐 개구리가 된다.
(나) 이빨이 없어 통째로 먹이를 삼키며, 목구멍으로 밀려 들어간 먹이는 소화 기관에서 ㉡소화된다.
(다) 개구리가 겨울에 땅속에 들어가 겨울잠을 자는 것은 추운 날씨에 얼어 죽지 않고 살아남기에 적합하다.

이에 대한 설명으로 옳은 것만을 〈보기〉에서 있는 대로 고른 것은?

● 보기 ●
ㄱ. ㉠ 과정에서 세포 분열이 일어난다.
ㄴ. ㉡ 과정에서 이화 작용이 일어난다.
ㄷ. (다)는 생물의 특성 중 '적응과 진화'의 예에 해당한다.

① ㄱ   ② ㄴ   ③ ㄱ, ㄷ   ④ ㄴ, ㄷ   ⑤ ㄱ, ㄴ, ㄷ

04 그림 (가)는 박테리오파지의 구조를, (나)는 박테리오파지의 증식 과정의 일부를 나타낸 것이다. ㉠과 ㉡은 단백질과 핵산을 순서 없이 나타낸 것이다.

[24025-0004]

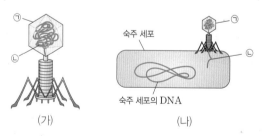

(가)   (나)

이에 대한 설명으로 옳은 것만을 〈보기〉에서 있는 대로 고른 것은?

● 보기 ●
ㄱ. ㉠은 단백질이다.
ㄴ. 박테리오파지는 세포로 구성된다.
ㄷ. ㉡은 숙주 세포 내에서 박테리오파지의 증식에 이용된다.

① ㄱ   ② ㄴ   ③ ㄱ, ㄴ   ④ ㄱ, ㄷ   ⑤ ㄴ, ㄷ

05 표는 생물의 특성의 예를 나타낸 것이다. (가)와 (나)는 물질대사와 항상성을 순서 없이 나타낸 것이다.

[24025-0005]

생물의 특성	예
자극에 대한 반응	식물은 ⊙빛이 비치는 방향으로 휘어 자란다.
(가)	이자에서 분비된 소화액에 의해 영양소가 분해된다.
(나)	?

이에 대한 설명으로 옳은 것만을 〈보기〉에서 있는 대로 고른 것은?

● 보기 ●
ㄱ. ⊙은 자극에 해당한다.
ㄴ. (가)는 물질대사이다.
ㄷ. '날씨가 더울 때 체온 유지를 위해 땀을 흘린다.'는 (나)의 예에 해당한다.

① ㄱ ② ㄴ ③ ㄱ, ㄷ ④ ㄴ, ㄷ ⑤ ㄱ, ㄴ, ㄷ

06 다음은 어떤 과학자가 수행한 탐구의 일부이다.

[24025-0006]

(가) 탄저병 백신이 탄저병 예방에 효과가 있을 것이라고 생각하였다.
(나) 건강한 양을 집단 Ⅰ과 Ⅱ로 나눈 뒤 ⊙에만 탄저병 백신을 주사하였다. ⊙은 Ⅰ과 Ⅱ 중 하나이다.
(다) Ⅰ과 Ⅱ에 각각 탄저균을 주사하였더니 Ⅱ의 양은 탄저병에 걸렸지만, Ⅰ의 양은 탄저병에 걸리지 않았다.
(라) 탄저병 백신은 탄저병 예방에 효과가 있다고 결론을 내렸다.

이에 대한 설명으로 옳은 것만을 〈보기〉에서 있는 대로 고른 것은?

● 보기 ●
ㄱ. ⊙은 Ⅱ이다.
ㄴ. 연역적 탐구 방법이 이용되었다.
ㄷ. '탄저병 백신의 주사 여부'는 종속변인에 해당한다.

① ㄱ ② ㄴ ③ ㄷ ④ ㄱ, ㄴ ⑤ ㄴ, ㄷ

07 그림 (가)와 (나)는 귀납적 탐구 과정과 연역적 탐구 과정을 순서 없이 나타낸 것이다.

[24025-0007]

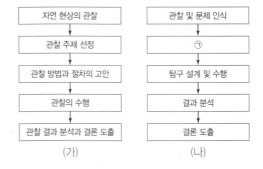

(가)   (나)

이에 대한 설명으로 옳은 것만을 〈보기〉에서 있는 대로 고른 것은?

● 보기 ●
ㄱ. (가)는 연역적 탐구 과정이다.
ㄴ. ⊙은 의문에 대한 잠정적인 결론을 내리는 단계이다.
ㄷ. (나)의 탐구 설계 및 수행 단계에서 대조 실험이 수행된다.

① ㄱ ② ㄴ ③ ㄷ ④ ㄱ, ㄴ ⑤ ㄴ, ㄷ

08 다음은 오리와 개구리에 대한 자료이다.

[24025-0008]

서로 다른 종인 오리와 개구리는 물에서 헤엄을 친다. ⊙오리와 개구리의 발에는 물갈퀴가 있어 물을 밀면서 헤엄을 치기에 적합하다.

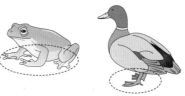

⊙에 나타난 생물의 특성과 가장 관련이 깊은 것은?

① 병아리가 자라서 닭이 된다.
② 땀을 많이 흘리면 오줌의 양이 줄어든다.
③ 지렁이에게 빛을 비추면 어두운 곳으로 이동한다.
④ 혈액형이 O형인 부모에게서 태어난 자손의 혈액형은 O형이다.
⑤ 핀치는 먹이 종류에 따라 부리 모양이 서로 다르다.

09 다음은 마늘 추출물의 항균 효과를 알아보는 탐구의 일부이다.

[24025-0009]

> (가) 마늘에는 세균의 생장을 억제하는 물질이 있을 것이라고 생각하였다.
>
> (나) 세균이 배양된 배지에 거름종이 A와 B를 올려놓고, A에는 마늘 추출물을, B에는 앰피실린을 각각 떨어뜨린다.
>
> (다) 일정 시간 뒤 거름종이 주변에서 ㉠세균의 생장이 억제된 범위의 지름을 측정한 결과는 A와 B에서 같았다.
>
> (라) ⓐ 라고 결론을 내렸다.
>
> *앰피실린: 세균의 생장을 억제하는 항생 물질

이에 대한 설명으로 옳은 것만을 〈보기〉에서 있는 대로 고른 것은?

> **보기**
>
> ㄱ. ㉠은 조작 변인에 해당한다.
>
> ㄴ. 연역적 탐구 방법이 이용되었다.
>
> ㄷ. '마늘에는 세균의 생장을 억제하는 물질이 있다.'는 ⓐ에 해당한다.

① ㄱ   ② ㄴ   ③ ㄷ   ④ ㄱ, ㄴ   ⑤ ㄴ, ㄷ

10 다음은 생명 과학의 특성에 대한 자료이다.

[24025-0010]

> • ㉠생명 현상을 연구하는 학문이다.
>
> • ㉡다양한 범위의 대상을 통합적으로 연구한다.
>
> • ㉢다른 학문 분야와 연계한 사례로 생물 정보학, 생체 모방 공학 등이 있다.

이에 대한 설명으로 옳은 것만을 〈보기〉에서 있는 대로 고른 것은?

> **보기**
>
> ㄱ. '자극에 대한 반응'은 ㉠에 해당한다.
>
> ㄴ. 생태계는 ㉡에는 해당하지 않는다.
>
> ㄷ. 공학은 ㉢에 해당한다.

① ㄱ   ② ㄴ   ③ ㄱ, ㄷ   ④ ㄴ, ㄷ   ⑤ ㄱ, ㄴ, ㄷ

11 표 (가)는 생물의 특징을, (나)는 (가)의 특징 중 세균, A, B가 가지는 특징의 개수를 나타낸 것이다. A와 B는 각각 아메바와 바이러스 중 하나이다.

[24025-0011]

특징
• 유전 물질이 있다.
• 독립적으로 물질대사를 한다.
• ㉠

(가)

구분	(가)의 특징 중 가지는 특징의 개수
세균	3
A	3
B	1

(나)

이에 대한 설명으로 옳은 것만을 〈보기〉에서 있는 대로 고른 것은?

> **보기**
>
> ㄱ. A는 아메바이다.
>
> ㄴ. '유전 물질이 있다.'는 B가 갖는 특징이다.
>
> ㄷ. '세포 구조이다.'는 ㉠에 해당한다.

① ㄱ   ② ㄴ   ③ ㄱ, ㄷ   ④ ㄴ, ㄷ   ⑤ ㄱ, ㄴ, ㄷ

12 다음은 어떤 과학자가 수행한 탐구의 일부이다.

[24025-0012]

> • ㉠과실파리의 날개에는 포식자인 깡충거미 다리 모양의 무늬가 있다.
>
> (가) 과실파리를 집단 Ⅰ과 Ⅱ로 나눈 후, Ⅰ과 Ⅱ 중 한 집단의 과실파리의 날개에만 검은색 칠을 한다.

검은색 칠을 한 과실파리

> (나) 깡충거미로부터 공격을 받은 횟수를 조사하였더니 Ⅱ의 과실파리가 Ⅰ의 과실파리에 비해 공격을 받은 횟수가 많았다.

정상 과실파리

> (다) 과실파리의 날개 무늬는 포식자인 깡충거미로부터의 공격을 줄여준다고 결론을 내렸다.

이에 대한 설명으로 옳은 것만을 〈보기〉에서 있는 대로 고른 것은?

> **보기**
>
> ㄱ. ㉠은 생물의 특성 중 적응과 진화의 예에 해당한다.
>
> ㄴ. (나)에서 날개에 검은색 칠을 한 집단은 Ⅰ이다.
>
> ㄷ. 대조 실험이 수행되었다.

① ㄱ   ② ㄴ   ③ ㄷ   ④ ㄱ, ㄷ   ⑤ ㄴ, ㄷ

01 다음은 아메바, 죽순, 고드름에 대한 세 학생 A~C의 발표 내용이다.

[24025-0013]

생물은 구조적 · 기능적 기본 단위인 세포로 구성되며, 1개의 세포로 이루어진 단세포 생물과 여러 개의 세포로 이루어진 다세포 생물로 구분할 수 있다.

아메바는 자극에 대해 반응합니다.
학생 A

죽순과 고드름에서 모두 물질대사가 일어납니다.
학생 B

아메바와 죽순은 모두 세포로 구성됩니다.
학생 C

제시한 내용이 옳은 학생만을 있는 대로 고른 것은?

① A ② B ③ A, C ④ B, C ⑤ A, B, C

02 다음은 독감에 걸린 사람의 병원체 A를 이용한 실험 일부를, 표는 생물이 갖는 특징(㉠~㉢)을 나타낸 것이다.

[24025-0014]

바이러스는 독립적인 물질대사를 할 수 없어 숙주 세포의 효소를 이용하여 증식한다.

[실험 과정 및 결과]
(가) 독감을 일으키는 A는 ㉮일 것이라고 생각하였다. ㉮는 세균과 바이러스 중 하나이다.
(나) 독감에 걸린 환자로부터 발견한 A를 순수 분리하였다.
(다) A를 영양 물질만 있는 배지와 영양 물질과 숙주 세포가 함께 있는 배지에서 각각 일정 시간 배양하였더니 영양 물질과 숙주 세포가 함께 있는 배지에서만 A가 증식하였다.
(라) 독감을 일으키는 A는 ㉮라고 결론을 내렸다.

특징
㉠ 단백질이 있다.
㉡ 유전 물질이 있다.
㉢ 세포 분열을 한다.

이에 대한 설명으로 옳은 것만을 〈보기〉에서 있는 대로 고른 것은? (단, 배지의 종류 이외의 다른 조건은 동일하다.)

┌ 보기 ┐
ㄱ. ㉮는 바이러스이다.
ㄴ. A는 ㉠~㉢ 중 2가지를 갖는다.
ㄷ. (다)에서 대조 실험이 수행되었다.

① ㄱ ② ㄷ ③ ㄱ, ㄴ ④ ㄴ, ㄷ ⑤ ㄱ, ㄴ, ㄷ

해면은 물속의 작은 플랑크톤을 섭취하여 살아가는 동물이다.

[24025-0015]

03 다음은 해면에 대한 자료이다.

해면은 몸에 있는 구멍을 통해 물을 여과하면서 ㉠물속 작은 플랑크톤을 몸 안에서 소화하여 영양분을 얻는다. 대부분 고착 생활을 하는 해면 중 일부는 ㉡포식자들로부터 자신을 보호하기 위해 독성 물질을 지니고 있다.

이에 대한 설명으로 옳은 것만을 〈보기〉에서 있는 대로 고른 것은?

● 보기 ●

ㄱ. 해면은 세포로 구성된다.

ㄴ. ㉠ 과정에서 물질대사가 일어난다.

ㄷ. 가랑잎벌레가 나뭇잎과 유사한 형태를 가져 포식자를 피하는 것은 ㉡에 나타난 생물의 특성의 예에 해당한다.

① ㄱ   ② ㄷ   ③ ㄱ, ㄴ   ④ ㄴ, ㄷ   ⑤ ㄱ, ㄴ, ㄷ

과학의 탐구 과정 중 연역적 탐구 과정에는 귀납적 탐구 과정에는 없는 가설 설정 단계가 있다.

[24025-0016]

04 다음은 어떤 과학자가 수행한 탐구이다.

[탐구 과정 및 결과]

(가) 커피를 만들고 남은 찌꺼기를 이용해 만든 액상 퇴비는 식물 종자의 발아에 도움이 될 것이라고 생각하였다.

(나) 4개의 배양 접시 Ⅰ~Ⅳ에 표와 같이 식물 A와 B의 종자를 넣고, 이후 하루에 2회씩 용액 ㉠과 ㉡을 보충해 주었다. ㉠과 ㉡은 각각 1 % 커피 찌꺼기 액상 퇴비와 수돗물 중 하나이다.

배양 접시	Ⅰ	Ⅱ	Ⅲ	Ⅳ
종자 종류, 수	A, 20개	A, 20개	B, 20개	B, 20개
보충한 용액	㉠	㉡	㉠	㉡

(다) 동일 조건에서 7일이 지난 후 발아한 종자의 수를 측정한 결과는 그림과 같았으며, 커피 찌꺼기를 이용해 만든 액상 퇴비가 식물 종자의 발아에 도움이 된다고 결론을 내렸다.

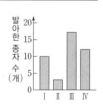

이에 대한 설명으로 옳은 것만을 〈보기〉에서 있는 대로 고른 것은?

● 보기 ●

ㄱ. ㉠은 1 % 커피 찌꺼기 액상 퇴비이다.

ㄴ. (가)에서 의문에 대한 잠정적인 결론이 설정되었다.

ㄷ. (나)에서 Ⅱ와 Ⅲ을 제외하고 탐구를 수행하더라도 타당성이 있는 결론을 내릴 수 있다.

① ㄱ   ② ㄷ   ③ ㄱ, ㄴ   ④ ㄴ, ㄷ   ⑤ ㄱ, ㄴ, ㄷ

05 다음은 어떤 학생이 수행한 탐구의 일부이다.

[24025-0017]

> (가) 창 밖에 놓아둔 노란색 감자가 점점 초록색으로 변하는 것을 관찰하고, 그 원인이 궁금하였다.
> (나) 감자는 빛을 받으면 초록색으로 변할 것이라고 생각하였다.
> (다) 두 개의 동일한 투명 상자 Ⅰ과 Ⅱ에 노란색 감자를 각각 10개씩 넣은 후 Ⅰ은 빛을 차단하고, Ⅱ는 빛을 차단하지 않았다.
> (라) 일정 시간 후 상자 안 감자를 관찰한 결과 Ⅱ의 감자만 색깔이 초록색으로 변하였다.

이에 대한 설명으로 옳은 것만을 〈보기〉에서 있는 대로 고른 것은?

● 보 기 ●
ㄱ. (다)에서 대조 실험이 수행되었다.
ㄴ. 빛의 차단 여부는 조작 변인에 해당한다.
ㄷ. (라)의 결과는 이 학생의 가설을 지지한다.

① ㄱ   ② ㄴ   ③ ㄱ, ㄷ   ④ ㄴ, ㄷ   ⑤ ㄱ, ㄴ, ㄷ

연역적 탐구 방법에서 실험자가 의도적으로 변화시키는 변인을 조작 변인, 실험의 결과에 해당하는 변인을 종속변인이라고 한다.

---

06 다음은 과학의 탐구 방법 (가)와 (나)를 이용한 사례이다. (가)와 (나)는 귀납적 탐구 방법과 연역적 탐구 방법을 순서 없이 나타낸 것이다.

[24025-0018]

> (가) 제인 구달은 오랜 기간 침팬지를 관찰하면서 침팬지가 나뭇가지를 이용하여 흰개미를 사냥하는 것과 나뭇가지에 붙어 있는 잎을 모두 떼고 적당한 크기로 잘라 사용한다는 것을 여러 차례 발견하였다. 구달은 이러한 관찰 활동을 종합하여 침팬지가 나뭇가지라는 도구를 사용하여 사냥을 한다는 것을 알게 되었다.
> (나) 플레밍은 ⊙'푸른곰팡이에서 생성된 어떤 물질이 세균의 생장을 억제할 것이다.'라고 생각하였다. 푸른곰팡이를 접종한 세균 배양 접시와 푸른곰팡이를 접종하지 않은 세균 배양 접시를 이용한 실험을 통해 푸른곰팡이는 세균의 증식을 억제하는 물질을 생성한다는 것을 알게 되었다.

이에 대한 설명으로 옳은 것만을 〈보기〉에서 있는 대로 고른 것은?

● 보 기 ●
ㄱ. (가)는 귀납적 탐구 방법이다.
ㄴ. (나)에서 ⊙은 실험을 통해 검증 가능해야 한다.
ㄷ. 여러 과학자의 관찰을 통해 세포설이 입증되는 과정에 (가)가 이용되었다.

① ㄱ   ② ㄷ   ③ ㄱ, ㄴ   ④ ㄴ, ㄷ   ⑤ ㄱ, ㄴ, ㄷ

연역적 탐구 방법에서는 귀납적 탐구 방법에서는 수행하지 않는 가설 설정과 대조 실험을 수행한다.

02 생명 활동과 에너지

개념 체크

○ 효소
· 생물체 내의 물질대사를 촉진하
  는 생체 촉매
· 물질대사에서 각 반응의 단계에
  는 특정 효소가 관여함

○ 동화 작용과 이화 작용의 예
· 아미노산을 결합하여 단백질을
  합성하는 과정, 뉴클레오타이드
  를 결합하여 DNA와 RNA를
  합성하는 과정, 포도당을 결합
  하여 글리코젠을 합성하는 과정
  등이 동화 작용에 해당함
· 음식물의 소화, 포도당을 이산
  화 탄소와 물로 분해하는 세포
  호흡 등은 이화 작용에 해당함

1. 생물체에서 일어나는 화학
   반응을 (   )라고 한다.

2. 간단하고 작은 물질을 복
   잡하고 큰 물질로 합성하
   는 물질대사를 (   ) 작
   용이라고 한다.

※ ○ 또는 ×

3. 이화 작용은 에너지가 흡
   수되는 반응이다. (   )

4. 세포 호흡 과정에서 방출
   된 모든 에너지는 ATP에
   저장된다.   (   )

1 세포의 생명 활동

모든 생물은 생명을 유지하기 위해 끊임없이 에너지를 필요로 한다.

(1) 물질대사: 생물체 내에서 일어나는 화학 반응으로 대부분 효소가 관여한다.

(2) 물질대사의 종류: 물질대사에는 물질을 합성하는 동화 작용과 물질을 분해하는 이화 작용
이 있으며, 물질대사가 일어날 때는 에너지의 출입(흡수 또는 방출)이 함께 일어난다.

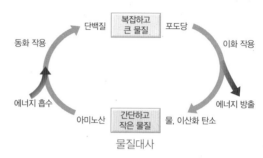

과학 돋보기 물질대사

동화 작용	이화 작용
· 간단하고 작은 물질을 복잡하고 큰 물질로 합성하는 반응이다. · 동화 작용은 에너지가 흡수되는 반응이다.	· 복잡하고 큰 물질을 간단하고 작은 물질로 분해하는 반응이다. · 이화 작용은 에너지가 방출되는 반응이다.

2 에너지 전환과 이용

(1) 세포 호흡

① **음식물 속의 에너지 전환**: 우리가 섭취한 음식물에는 화학 에너지 형태로 에너지가 저장되
   어 있는데, 음식물의 화학 에너지는 세포 호흡에 의해 생명 활동에 필요한 에너지로 전환된다.

② **세포 호흡**: 세포 내에서 영양소를 분해하여 생명 활동에 필요한 에너지를 얻는 반응이다.

③ **세포 호흡 장소**: 주로 미토콘드리아에서 일어나며, 일부 과정은 세포질에서 진행된다.

④ **세포 호흡 과정**: 포도당과 같은 영양소는 조직 세포로 운반된 산소에 의해 산화되어 이산화
   탄소와 물로 최종 분해되고, 이 과정에서 에너지가 방출된다. 세포 호흡 과정에서 방출된 에
   너지의 일부는 ATP에 저장되고, 나머지는 열에너지로 방출된다.

정답
1. 물질대사
2. 동화
3. ×
4. ×

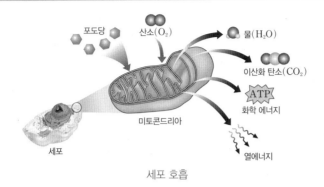

$$\text{포도당} + \text{산소} \longrightarrow \text{이산화 탄소} + \text{물} + \text{ATP} + \text{열에너지}$$

포도당
산소(O_2)
물(H_2O)
이산화 탄소(CO_2)
ATP
화학 에너지
열에너지
미토콘드리아
세포

세포 호흡

과학 돋보기   **광합성과 세포 호흡**

태양의
빛에너지
물, 이산화 탄소
엽록체
포도당, 산소
미토콘드리아
에너지

• 광합성: 동화 작용의 대표적인 예로 엽록체에서 일어난다. 작은 분자인 물과 이산화 탄소가 큰 분자인 포도당으로 합성되며, 에너지가 흡수된다.
• 세포 호흡: 이화 작용의 대표적인 예로 주로 미토콘드리아에서 일어난다. 큰 분자인 포도당이 산소와 반응하여 작은 분자인 물과 이산화 탄소로 분해되며, 에너지가 방출된다.
• 공통점: 두 반응 모두 여러 종류의 효소가 관여한다.

(2) 에너지의 전환과 이용

① ATP: 아데노신(아데닌＋리보스)에 3개의 인산이 결합한 화합물로 생명 활동에 이용되는 에너지 저장 물질이다.

과학 돋보기   **ATP의 생성과 분해**

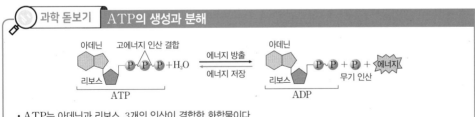

아데닌
고에너지 인산 결합
리보스
P~P~P＋H_2O
ATP
에너지 방출
에너지 저장
아데닌
리보스
P~P ＋ P ＋ 에너지
무기 인산
ADP

• ATP는 아데닌과 리보스, 3개의 인산이 결합한 화합물이다.
• ATP가 ADP와 무기 인산(P_i)으로 분해될 때 에너지가 방출된다.
• ADP가 무기 인산(P_i) 1분자와 결합하여 ATP가 생성되면서 에너지가 저장된다.

② 세포 호흡에 의해 포도당의 화학 에너지 일부는 ATP의 화학 에너지로 저장된다.
③ ATP의 화학 에너지는 여러 형태의 에너지로 전환되어 발성, 정신 활동, 체온 유지, 근육 운동, 생장 등의 생명 활동에 이용된다.

개념 체크

○ 세포 호흡
• 세포 내에서 영양소를 분해하여 생명 활동에 필요한 에너지를 얻는 반응으로, 주로 미토콘드리아에서 일어남
• 조직 세포로 운반된 영양소가 산소에 의해 산화되어 이산화 탄소와 물로 최종 분해되며 이 과정에서 에너지가 방출됨
• 방출된 에너지의 일부는 ATP에 저장되고, 나머지는 열에너지로 방출됨

○ ATP
• 아데노신과 3개 인산이 결합한 화합물
• 생명 활동에 이용되는 에너지 저장 물질

1. 세포 호흡 과정에서 포도당은 산소에 의해 산화되어 이산화 탄소와 (   )로 최종 분해된다.

2. 광합성은 동화 작용과 이화 작용 중 (   ) 작용의 대표적인 예이다.

※ ○ 또는 ×
3. ATP에는 아데닌이 있다.
(   )

4. ATP가 ADP와 무기 인산(P_i)으로 분해될 때 에너지가 방출된다. (   )

정답
1. 물
2. 동화
3. ○
4. ○

개념 체크

○ 에너지의 전환과 이용
• 세포 호흡에 의해 포도당의 화학 에너지 일부는 ATP의 화학 에너지로 저장됨
• ATP의 화학 에너지는 여러 형태의 에너지로 전환되어 다양한 생명 활동에 이용됨

○ 효모의 물질대사
• 산소가 있을 때는 산소 호흡으로 물과 이산화 탄소를 생성함
• 산소가 없을 때는 발효로 이산화 탄소와 에탄올을 생성함

1. 세포 호흡에 의해 포도당의 화학 에너지 일부는 ATP의 (   ) 에너지로 저장된다.

2. 우측의 [탐구자료 살펴보기]에서 효모의 물질대사는 동화 작용과 이화 작용 중 (   )에 해당한다.

※ ○ 또는 ×

3. 우측의 [탐구자료 살펴보기]에서 효모의 물질대사 결과 발생한 기체는 이산화 탄소이다.   (   )

4. 우측의 [탐구자료 살펴보기]에서 종속변인은 포도당 용액의 농도이다.   (   )

정답
1. 화학
2. 이화 작용
3. ○
4. ×

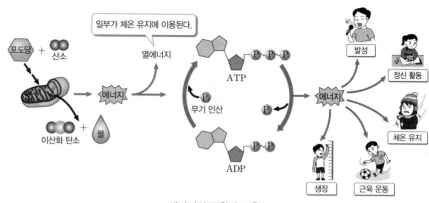

에너지의 전환과 이용

🧪 탐구자료 살펴보기   **효모에 의한 이산화 탄소 발생량 비교하기**

탐구 목표

효모의 물질대사로 발생하는 이산화 탄소의 양을 비교할 수 있다.

준비물

포도당, 건조 효모, 증류수, 약숟가락, 약포지, 솜, 비커, 유리 막대, 눈금실린더, 발효관, 전자저울, 시계, 온도계

탐구 과정

① 증류수에 포도당을 녹여 5 %의 포도당 용액과 10 %의 포도당 용액을 만든다.
② 37 ℃~40 ℃의 증류수에 건조 효모를 녹여 효모액을 만든다.
③ 발효관 A~C에 용액을 다음과 같이 넣는다.

발효관	용액
A	10 % 포도당 용액 20 mL+증류수 15 mL
B	10 % 포도당 용액 20 mL+효모액 15 mL
C	5 % 포도당 용액 20 mL+효모액 15 mL

④ 맹관부에 기체가 들어가지 않도록 발효관을 세우고 입구를 솜으로 막는다.
⑤ 맹관부에 모이는 이산화 탄소의 부피를 2분 간격으로 측정하여 기록한다.

탐구 결과

(단위: mL)

발효관 ＼ 시간(분)	0	2	4	6	8	10	12
A	0	0	0	0	0	0	0
B	0	0.5	1	3	5	8	10
C	0	0.2	0.5	1.4	2.5	4	4.9

분석 point

• A에는 포도당을 분해할 수 있는 효소를 가진 효모가 없어 물질대사가 일어나지 않았다.
• B와 C에는 효모가 있기 때문에 효모가 포도당을 이용하여 물질대사를 한 결과 이산화 탄소가 발생하였다.
• B의 포도당 용액 농도가 C의 포도당 용액 농도보다 높기 때문에 C보다 B에서 이산화 탄소 발생량이 많다.

01 그림은 물질대사 (가)와 (나)를 나타낸 것이다. (가)와 (나)는 각각 동화 작용과 이화 작용 중 하나이다.

[24025-0019]

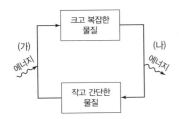

이에 대한 설명으로 옳은 것만을 〈보기〉에서 있는 대로 고른 것은?

● 보기 ●
ㄱ. (가)는 이화 작용이다.
ㄴ. (나)의 예로는 광합성이 있다.
ㄷ. (가)와 (나)에서 모두 에너지 출입이 일어난다.

① ㄴ   ② ㄷ   ③ ㄱ, ㄴ   ④ ㄱ, ㄷ   ⑤ ㄱ, ㄴ, ㄷ

02 그림은 사람에서 일어나는 물질 전환 과정을 나타낸 것이다.

[24025-0020]

이에 대한 설명으로 옳은 것만을 〈보기〉에서 있는 대로 고른 것은?

● 보기 ●
ㄱ. (가)에서 에너지가 방출된다.
ㄴ. 소화계에서 (가)에 관여하는 효소가 분비된다.
ㄷ. ㉠은 세포 호흡에 의해 이산화 탄소와 물로 분해된다.

① ㄴ   ② ㄷ   ③ ㄱ, ㄴ   ④ ㄱ, ㄷ   ⑤ ㄱ, ㄴ, ㄷ

03 다음은 물질대사 (가)에 대한 설명이다.

[24025-0021]

• (가)는 여러 분자의 ㉠이 결합하여 1분자의 ㉡으로 합성되는 반응이다.
• (가)는 사람의 기관 중 ㉢에서 일어난다.

이에 대한 설명으로 옳은 것만을 〈보기〉에서 있는 대로 고른 것은?

● 보기 ●
ㄱ. (가)는 동화 작용이다.
ㄴ. 1분자당 에너지양은 ㉠이 ㉡보다 많다.
ㄷ. ㉠이 포도당이고 ㉡이 글리코젠일 때, 간은 ㉢에 해당한다.

① ㄱ   ② ㄴ   ③ ㄱ, ㄴ   ④ ㄱ, ㄷ   ⑤ ㄴ, ㄷ

04 그림은 사람의 근육 세포 일부를 확대한 모습이다. 세포 소기관 X는 세포가 생명 활동을 하는 데 필요한 에너지를 공급한다.

[24025-0022]

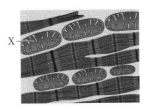

이에 대한 설명으로 옳은 것만을 〈보기〉에서 있는 대로 고른 것은?

● 보기 ●
ㄱ. X는 미토콘드리아이다.
ㄴ. X에서 이화 작용이 일어난다.
ㄷ. X에서 생성된 ATP는 근수축에 이용될 수 있다.

① ㄴ   ② ㄷ   ③ ㄱ, ㄴ   ④ ㄱ, ㄷ   ⑤ ㄱ, ㄴ, ㄷ

05 그림은 사람의 미토콘드리아에서 일어나는 세포 호흡을 나타낸 것이다. ⓐ~ⓒ는 ATP, H₂O, O₂를 순서 없이 나타낸 것이며, ⓒ는 생명 활동에 이용되는 에너지 저장 물질이다.

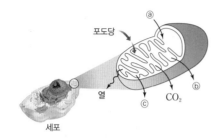

이에 대한 설명으로 옳은 것만을 〈보기〉에서 있는 대로 고른 것은?

● 보기 ●
ㄱ. ⓐ는 O₂이다.
ㄴ. ⓑ의 일부는 날숨을 통해 몸 밖으로 배출된다.
ㄷ. ⓒ에는 인산이 있다.

① ㄴ   ② ㄷ   ③ ㄱ, ㄴ   ④ ㄱ, ㄷ   ⑤ ㄱ, ㄴ, ㄷ

06 그림은 세포 소기관 (가)와 (나)에서 일어나는 물질 전환과 에너지 출입을 나타낸 것이다. (가)와 (나)는 각각 미토콘드리아와 엽록체 중 하나이며, ⓐ와 ⓑ는 각각 CO₂와 포도당 중 하나이다.

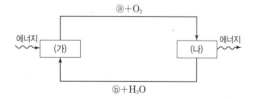

이에 대한 설명으로 옳은 것만을 〈보기〉에서 있는 대로 고른 것은?

● 보기 ●
ㄱ. (가)는 엽록체이다.
ㄴ. 1분자당 에너지양은 ⓑ가 ⓐ보다 많다.
ㄷ. (나)에서 방출되는 에너지의 일부는 열에너지로 방출된다.

① ㄴ   ② ㄷ   ③ ㄱ, ㄴ   ④ ㄱ, ㄷ   ⑤ ㄱ, ㄴ, ㄷ

07 그림은 사람에서 일어나는 ATP와 ADP 사이의 전환을 나타낸 것이다. ⓐ와 ⓑ는 ATP의 인산 사이의 결합을 표시한 것이다.

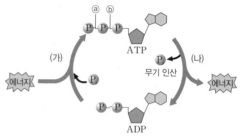

이에 대한 설명으로 옳은 것만을 〈보기〉에서 있는 대로 고른 것은?

● 보기 ●
ㄱ. 1분자당 에너지양은 ATP가 ADP보다 많다.
ㄴ. ATP에서 ADP로 전환될 때 ⓑ가 끊어져 에너지가 방출된다.
ㄷ. (나)에서 방출된 에너지의 일부는 생명 활동에 이용된다.

① ㄴ   ② ㄷ   ③ ㄱ, ㄴ   ④ ㄱ, ㄷ   ⑤ ㄱ, ㄴ, ㄷ

08 다음은 효모를 이용한 실험의 일부이다.

[실험 과정]
(가) 37~40 ℃ 증류수에 포도당과 건조 효모를 각각 녹여 10 % 포도당 용액과 효모액을 만든다.
(나) 발효관 A와 B에 용액을 다음과 같이 넣는다.

발효관	용액
A	10 % 포도당 용액 20 mL + 증류수 15 mL
B	10 % 포도당 용액 20 mL + 효모액 15 mL

(다) 맹관부에 기체가 들어가지 않도록 발효관을 세우고 입구를 솜으로 막은 뒤 ⓐ맹관부에 모인 기체의 양이 더 이상 증가하지 않을 때 ⓐ의 양을 측정한다.

[실험 결과]
• A와 B 중 하나에서만 맹관부에 기체가 모였다.

이에 대한 설명으로 옳은 것만을 〈보기〉에서 있는 대로 고른 것은?

● 보기 ●
ㄱ. ⓐ에 CO₂가 있다.
ㄴ. A에서는 물질대사가 일어나지 않는다.
ㄷ. 포도당 용액의 농도는 조작 변인에 해당한다.

① ㄱ   ② ㄴ   ③ ㄱ, ㄴ   ④ ㄱ, ㄷ   ⑤ ㄴ, ㄷ

[24025-0027]

01 그림 (가)는 사람에서 일어나는 물질대사 X를, (나)는 물질대사가 일어날 때 물질의 변화와 각 물질에 저장된 에너지양을 나타낸 것이다. ㉠과 ㉡은 각각 DNA와 뉴클레오타이드 중 하나이고, Ⅰ과 Ⅱ는 각각 동화 작용과 이화 작용 중 하나이다.

물질대사에는 물질을 합성하는 동화 작용과 물질을 분해하는 이화 작용이 있다.

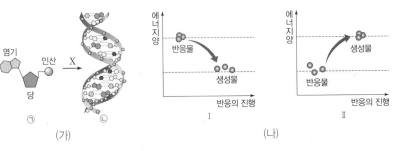

(가)   (나)

이에 대한 설명으로 옳은 것만을 〈보기〉에서 있는 대로 고른 것은?

──● 보기 ●──
ㄱ. ㉠은 뉴클레오타이드이다.
ㄴ. X는 Ⅱ에 해당한다.
ㄷ. 포도당이 결합하여 글리코젠을 합성하는 과정은 Ⅰ에 해당한다.

① ㄱ　　　② ㄷ　　　③ ㄱ, ㄴ　　　④ ㄴ, ㄷ　　　⑤ ㄱ, ㄴ, ㄷ

[24025-0028]

02 그림은 사람의 간세포에서 일어나는 물질대사 (가)와 (나)를 나타낸 것이다. (가)는 동화 작용, (나)는 이화 작용이고, A와 B는 각각 아미노산과 단백질 중 하나이며, C와 D는 각각 글리코젠과 포도당 중 하나이다.

사람의 간세포에서는 동화 작용과 이화 작용이 모두 일어난다.

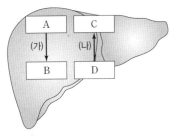

이에 대한 설명으로 옳은 것만을 〈보기〉에서 있는 대로 고른 것은?

──● 보기 ●──
ㄱ. (가)와 (나)에서 모두 효소가 관여한다.
ㄴ. 1분자당 에너지양은 A가 B보다 적다.
ㄷ. C는 글리코젠이다.

① ㄱ　　　② ㄷ　　　③ ㄱ, ㄴ　　　④ ㄴ, ㄷ　　　⑤ ㄱ, ㄴ, ㄷ

우리 몸은 물질대사를 통해 생명 활동에 필요한 물질을 합성하고 에너지를 얻는다.

03 그림은 우리 몸에서 일어나는 여러 가지 물질대사를 나타낸 것이다. ⊙~ⓒ은 단백질, 아미노산, 포도당을 순서 없이 나타낸 것이다.

[24025-0029]

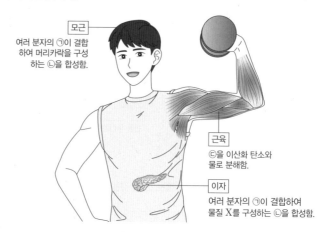

모근
여러 분자의 ⊙이 결합하여 머리카락을 구성하는 ⓒ을 합성함.

근육
ⓒ을 이산화 탄소와 물로 분해함.

이자
여러 분자의 ⊙이 결합하여 물질 X를 구성하는 ⓒ을 합성함.

이에 대한 설명으로 옳은 것만을 〈보기〉에서 있는 대로 고른 것은?

─● 보기 ●─

ㄱ. 모근에서는 동화 작용이 일어난다.

ㄴ. 소화 효소는 X에 해당한다.

ㄷ. 세포 호흡에 의해 ⓒ이 분해될 때 방출되는 에너지의 일부는 ATP 합성에 이용된다.

① ㄱ   ② ㄷ   ③ ㄱ, ㄴ   ④ ㄴ, ㄷ   ⑤ ㄱ, ㄴ, ㄷ

사람의 간에서는 글리코젠이 포도당으로 분해되는 반응과 포도당이 이산화 탄소와 물로 분해되는 세포 호흡이 일어난다.

04 그림은 사람의 간에서 일어나는 이화 작용 Ⅰ과 Ⅱ를 나타낸 것이다. ⊙~ⓔ은 글리코젠, 물, 이산화 탄소, 포도당을 순서 없이 나타낸 것이고, 1분자당 산소(O)의 수는 ⓒ이 ⓔ보다 크다.

[24025-0030]

이에 대한 설명으로 옳은 것만을 〈보기〉에서 있는 대로 고른 것은?

─● 보기 ●─

ㄱ. 인슐린은 Ⅰ을 촉진한다.

ㄴ. Ⅱ에서 효소가 이용된다.

ㄷ. ⓒ은 날숨을 통해 몸 밖으로 배출된다.

① ㄱ   ② ㄴ   ③ ㄱ, ㄴ   ④ ㄱ, ㄷ   ⑤ ㄴ, ㄷ

05 그림 (가)는 사람에서 일어나는 ATP와 ADP 사이의 전환을 나타낸 것이고, (나)는 (가)를 건전지 [24025-0031]
의 충전과 방전에 비유하여 나타낸 것이다. ㉠과 ㉡은 각각 ADP+무기 인산(P_i)과 ATP 중 하나이고,
ADP+무기 인산(P_i)은 방전된 건전지에 해당한다.

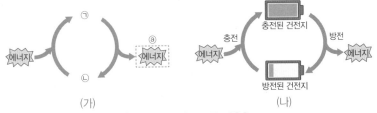

ATP가 ADP와 무기 인산(P_i)으로 분해될 때 에너지가 방출되고, 이 에너지는 여러 형태로 전환되어 발성, 정신 활동, 근육 운동 등의 생명 활동에 이용된다.

이에 대한 설명으로 옳은 것만을 〈보기〉에서 있는 대로 고른 것은?

┌─ 보 기 ───
│ ㄱ. ATP는 (나)에서 충전된 건전지에 해당한다.
│ ㄴ. 미토콘드리아에서는 (나)의 충전에 해당하는 물질대사가 일어난다.
│ ㄷ. ⓐ는 뉴런이 분극 상태일 때 세포 밖의 Na^+ 농도 유지에 이용된다.
└───

① ㄱ   ② ㄷ   ③ ㄱ, ㄴ   ④ ㄴ, ㄷ   ⑤ ㄱ, ㄴ, ㄷ

[24025-0032]
06 다음은 효모의 세포 호흡에 대한 탐구이다.

[실험 과정]
(가) 건조 효모를 증류수에 녹여 효모액을 만든다.
(나) 비커 A~C에 용액을 다음과 같이 넣는다.

비커	용액
A	증류수 20 mL+NaOH 수용액 1 mL+BTB 용액 0.5 mL
B	20 % 포도당 수용액 20 mL+NaOH 수용액 1 mL+BTB 용액 0.5 mL
C	20 % 갈락토스 수용액 20 mL+NaOH 수용액 1 mL+BTB 용액 0.5 mL

(다) A~C에 효모액을 각각 10 mL씩 넣는다.
(라) 5분 간격으로 각 비커의 BTB 용액의 색 변화를 관찰하고, pH 시험지를 이용하여 pH
    를 측정한다.
*BTB 용액은 산성 용액에서는 노란색, 중성 용액에서는 초록색, 염기성 용액에서는 푸른색을 나타낸다.

[실험 결과 및 정리]
• 효모의 세포 호흡 결과 발생한 기체는 물에 녹아 산성을 띤다.
• A와 C에서는 pH 시험지의 색이 같았으며 BTB 용액의 색 변화가 없다.
• B에서는 BTB 용액의 푸른색이 점점 옅어지고 ⓐpH의 감소가 나타났다.

효모에서는 이화 작용인 세포 호흡이 일어나고, 이 과정에서 포도당이 분해되고 이산화 탄소가 발생한다.

이에 대한 설명으로 옳은 것만을 〈보기〉에서 있는 대로 고른 것은?

┌─ 보 기 ───
│ ㄱ. A는 대조군이다.   ㄴ. 효모의 세포 호흡 결과 발생한 이산화 탄소로 인해 ⓐ가 나타난다.
│ ㄷ. B에서 효모의 세포 호흡이 가장 활발하게 일어났다.
└───

① ㄱ   ② ㄷ   ③ ㄱ, ㄴ   ④ ㄴ, ㄷ   ⑤ ㄱ, ㄴ, ㄷ

03 물질대사와 건강

1 기관계와 에너지 대사

(1) 영양소의 흡수와 이동: 음식물 속에 들어 있는 영양소를 체내에서 이용하기 위해 흡수 가능한 형태인 포도당, 지방산, 아미노산 등으로 분해하여 흡수한다. 소화계에서 영양소의 소화와 흡수가 이루어지고, 흡수된 영양소는 순환계를 통해 이동한다.

① **영양소**: 에너지원으로 이용할 수 있는 영양소에는 탄수화물, 단백질, 지방이 있다.

② **영양소의 소화**: 3대 영양소인 탄수화물, 단백질, 지방은 분자의 크기가 커서 세포막을 통과하지 못하므로 음식물이 소화관을 지나는 동안 소화 과정을 통해 작은 분자로 분해되어 체내로 흡수된다.

③ **3대 영양소의 소화 산물**: 탄수화물은 포도당, 과당, 갈락토스와 같은 단당류로, 단백질은 아미노산으로, 지방은 지방산과 모노글리세리드로 분해된다.

④ **영양소의 흡수 및 운반**: 소장에서 최종 소화된 영양소는 소장 내벽의 융털에서 모세 혈관과 암죽관으로 흡수된 후, 순환계를 통하여 온몸의 조직 세포로 공급된다.

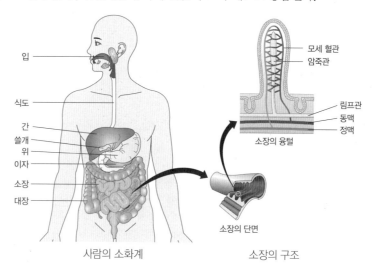

| 입 |
| 식도 |
| 간 |
| 쓸개 |
| 위 |
| 이자 |
| 소장 |
| 대장 |

모세 혈관
암죽관
림프관
동맥
정맥
소장의 융털
소장의 단면

사람의 소화계　　　　소장의 구조

(2) 기체의 교환과 물질의 운반: 호흡계를 통해 세포 호흡에 필요한 산소가 흡수되고, 물질대사 결과 생성된 노폐물인 이산화 탄소와 물이 배출된다. 흡수된 산소는 순환계를 통해 조직 세포로 이동하고, 조직 세포에서 생성된 이산화 탄소는 순환계를 통해 호흡계로 이동한다.

① **호흡계**: 코, 기관, 기관지, 폐 등으로 이루어져 있다. 폐는 작은 주머니 모양의 매우 많은 폐포로 구성되어 있어 공기와 접하는 표면적이 넓다.

② **순환계**: 심장, 혈관 등으로 구성되어 있다. 혈액은 온몸에 퍼져 있는 혈관을 따라 순환하며 물질을 운반한다.

③ **기체 교환**: 폐로 들어온 외부 공기 중 산소는 폐포에서 모세 혈관(혈액)으로 유입된 후 조직 세포로 이동하고, 세포 호흡 결과 생성된 이산화 탄소는 조직 세포에서 모세 혈관(혈액)으로 이동한 후 폐포로 배출된다.

개념 체크

● **3대 영양소**
에너지를 얻기 위해 섭취하는 영양소 중 가장 기본적이고 중요한 영양소를 의미하며 탄수화물, 단백질, 지방이 포함됨

● **기체 교환의 원리**
기체 교환은 여러 기체가 혼합된 상태에서 산소와 이산화 탄소의 압력이 각각 높은 곳에서 낮은 곳으로 이동하는 확산에 의해 일어남

1. 소화된 영양소의 흡수는 기관계 중 (　　)에서 이루어진다.

2. 코, 폐, 기관지는 기관계 중 (　　)에 속하는 기관이다.

※ ○ 또는 ×

3. 지방은 소화를 통해 지방산과 모노글리세리드로 분해된다. (　　)

4. 영양소의 소화와 흡수를 담당하는 기관계는 순환계이다. (　　)

정답
1. 소화계
2. 호흡계
3. ○
4. ×

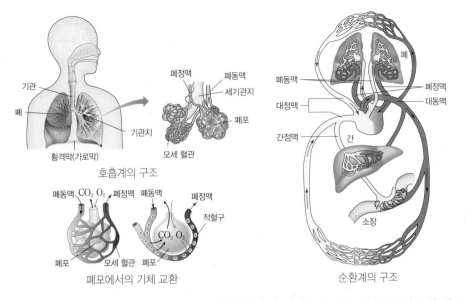

호흡계의 구조

폐포에서의 기체 교환

순환계의 구조

개념 체크

○ **동맥혈과 정맥혈**
동맥혈은 주로 산소와 영양소를 온몸으로 보내주는 역할을 하고, 정맥혈은 주로 이산화 탄소와 노폐물을 조직 세포에서 호흡계나 배설계로 보내주는 역할을 함

○ **질소 노폐물**
질소를 포함한 노폐물로 암모니아, 요소, 요산이 해당되며 사람의 경우 독성이 강한 암모니아는 비교적 독성이 약한 요소로 전환되어 몸 밖으로 내보냄

④ **순환계를 통한 물질 운반**: 혈액은 소화 기관에서 흡수한 영양소와 호흡 기관에서 흡수한 산소를 조직 세포에 공급하고, 조직 세포에서 생성된 이산화 탄소와 요소 등의 노폐물을 각각 호흡 기관인 폐와 배설 기관인 콩팥으로 운반하는 일을 담당한다.

1. 단백질 분해 과정에서 생성된 (   )는 간에서 요소로 전환된다.

2. 탄수화물, 단백질, 지방의 분해 과정에서 공통으로 생성되는 노폐물은 물과 (   )이다.

※ ○ 또는 ×

3. 세포 호흡의 결과 생성된 물은 체내에서 다시 이용될 수 있다. (   )

4. 체내에서 생성된 요소는 오줌을 통해 몸 밖으로 배출된다. (   )

(3) 노폐물의 생성과 배설

① **노폐물의 생성과 제거**: 조직 세포에서 세포 호흡의 결과 생성된 노폐물은 혈액으로 운반되어 날숨과 오줌을 통해 몸 밖으로 배출된다.

영양소	노폐물	제거 경로
탄수화물, 지방, 단백질	이산화 탄소	폐에서 날숨을 통해 배출
	물	콩팥을 통해 오줌으로 배설되거나 날숨을 통해 배출
단백질	암모니아	대부분 간에서 요소로 전환된 후 콩팥에서 걸러져 오줌을 통해 배설

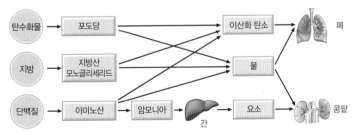

노폐물의 생성과 제거

② **이산화 탄소의 생성과 제거**: 탄수화물, 지방, 단백질의 분해 과정에서 이산화 탄소가 생성되며, 이산화 탄소는 주로 폐로 운반되어 날숨을 통해 배출된다.

③ **물의 생성과 제거**: 탄수화물, 지방, 단백질의 분해 과정에서 물이 생성되며, 물은 몸속에서 다시 이용되거나 콩팥이나 폐로 운반되어 오줌이나 날숨을 통해 배출된다.

④ **암모니아의 생성과 제거**: 단백질의 분해 과정에서 생성된 암모니아는 간으로 운반되어 비교적 독성이 약한 요소로 전환된 다음, 콩팥으로 운반되어 오줌을 통해 배설된다.

정답

1. 암모니아
2. 이산화 탄소
3. ○
4. ○

◎ 지시약
어떤 적정 반응의 시각적으로 반응이 완결되는 시점을 확인하기 위해 쓰이는 물질
일반적으로 색깔의 변화가 뚜렷하게 나타나는 것을 사용하며 산염기 지시약으로 BTB(산성-노란색, 중성-초록색, 염기성-푸른색), 페놀프탈레인(산성과 중성-무색, 염기성-붉은색) 등을 주로 사용함

1. BTB 용액은 산성일 때
   ( )색, 중성일 때 초록색, 염기성일 때 ( )색을 띤다.

2. 콩즙에 있는 ( )는 요소를 암모니아와 물, 이산화 탄소로 분해하는 효소이다.

※ ○ 또는 ×

3. 음식물에 들어 있는 영양소를 소화하여 흡수한 후 온몸의 조직 세포로 운반하는 과정에 소화계와 순환계가 관여한다. ( )

4. 콩즙과 증류수를 섞은 용액에 BTB 용액을 떨어뜨리면 푸른색을 띤다.
   ( )

🧪 **탐구자료 살펴보기** | **콩즙으로 오줌 속의 요소 분해하기**

탐구 과정

① 물에 불린 콩을 물과 함께 믹서에 넣고 갈아서 거름망으로 걸러 콩즙을 만든다.
② 증류수, 요소 용액, 오줌을 준비한다.

　　증류수　　요소 용액　　오줌　　콩즙

③ 시험관 A~F에 다음과 같이 용액을 넣어 섞은 후 BTB 용액을 떨어뜨려 변화된 색깔을 관찰한다.

시험관	용액	시험관	용액
A	증류수	D	증류수+콩즙
B	요소 용액	E	요소 용액+콩즙
C	오줌	F	오줌+콩즙

탐구 결과

시험관	A	B	C	D	E	F
용액	증류수	요소 용액	오줌	증류수+콩즙	요소 용액+콩즙	오줌+콩즙
변화된 색깔	초록색	초록색	초록색	노란색	푸른색	푸른색

탐구 point

• BTB 용액은 산성일 때 노란색, 중성일 때 초록색, 염기성일 때 푸른색을 띤다.
• 콩즙에 있는 효소 유레이스는 요소를 분해하여 염기성인 암모니아를 생성한다. 따라서 요소가 포함되어 있는 용액에 콩즙을 넣으면 콩즙 속 유레이스가 요소를 분해하여 암모니아가 생성되므로 BTB 용액을 넣으면 푸른색을 띤다.
• E와 F 모두 콩즙 속 유레이스에 의해 요소가 분해되어 암모니아가 생성되었으므로 푸른색을 띤다.

② 기관계의 통합적 작용

생명 활동이 지속적으로 이루어지기 위해서는 소화계, 순환계, 호흡계, 배설계의 상호 작용이 원활하게 일어나야 한다.

(1) 순환계와 다른 기관계의 상호 작용: 순환계는 각 기관계를 연결하는 중요한 역할을 한다.
① **소화계와 순환계**: 음식물에 들어 있는 영양소를 소화하여 흡수한 후 온몸의 조직 세포로 운반한다.
② **호흡계와 순환계**: 폐에서 산소를 흡수한 후 조직 세포로 운반하고, 조직 세포의 세포 호흡 결과 발생한 이산화 탄소를 폐로 운반한다.
③ **배설계와 순환계**: 조직 세포의 세포 호흡 결과 생성된 노폐물을 콩팥까지 운반하고, 콩팥에서 노폐물을 걸러내 몸 밖으로 내보낸다.

(2) 각 기관계의 통합적 작용: 소화계, 호흡계, 순환계, 배설계는 각각 고유의 기능을 수행하면서 서로 협력하여 에너지 생성에 필요한 영양소와 산소를 세포에 공급하고 노폐물을 몸 밖으로 내보내는 기능을 함으로써 생명 활동이 원활하게 이루어지도록 한다.

정답
1. 노란, 푸른
2. 유레이스
3. ○
4. ×

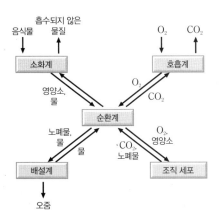

순환계와 다른 기관계의 상호 작용

소화계	순환계
음식물 속의 영양소를 세포가 흡수할 수 있는 크기로 분해하고 몸속으로 흡수한다.	소화계를 통해 흡수된 영양소와 호흡계를 통해 흡수된 산소를 조직 세포로 운반하고, 조직 세포에서 세포 호흡 결과 생성된 노폐물을 각각 호흡계와 배설계로 운반한다.

호흡계	배설계
세포 호흡에 필요한 산소를 흡수하고, 세포 호흡 결과 생성된 이산화 탄소를 몸 밖으로 내보낸다.	조직 세포에서 세포 호흡의 결과 생성된 노폐물을 오줌의 형태로 몸 밖으로 내보낸다.

개념 체크

⊙ **심혈관 질환**
심장과 주요 동맥에 발생하는 모든 질환을 의미하며, 협심증, 심근경색증, 동맥 경화 등이 있음

1. 소화계를 통해 흡수된 영양소와 물 등은 (　　)계를 통해 조직 세포로 이동된다.

2. 사람에서 물질대사 장애에 의해 발생하는 질환을 모두 일컬어 (　　) 질환이라 한다.

※ ○ 또는 ×

3. 혈액 속에 콜레스테롤 또는 중성 지방 등이 과다하게 들어 있는 상태를 고지혈증이라 한다.　(　　)

4. 생명 현상을 유지하는 데 필요한 최소한의 에너지양을 활동 대사량이라 한다.
　　　　　　(　　)

3 대사성 질환과 에너지 균형

(1) **대사성 질환**: 우리 몸에서 물질대사 장애에 의해 발생하는 질환을 모두 일컬어 대사성 질환이라 한다.

① **대사성 질환의 종류와 증상**: 당뇨병, 고혈압, 고지혈증(고지질 혈증), 심혈관 질환, 뇌혈관 질환 등

당뇨병	혈당량 조절에 필요한 인슐린의 분비가 부족하거나 인슐린이 제대로 작용하지 못해 발생한다. 혈당량이 정상보다 높아 오줌 속에 포도당이 섞여 나오고 여러 가지 합병증을 일으킨다.
고혈압	혈압이 정상보다 높은 만성 질환으로, 심혈관 질환 및 뇌혈관 질환의 원인이 된다.
고지혈증 (고지질 혈증)	혈액 속에 콜레스테롤이나 중성 지방이 많은 상태로 지질 성분이 혈관 내벽에 쌓이면 동맥벽의 탄력이 떨어지고 혈관의 지름이 좁아지는 동맥 경화 등 심혈관 질환의 원인이 된다.

② **대사 증후군**: 체내 물질대사 장애로 인해 높은 혈압, 높은 혈당, 비만, 이상 지질 혈증 등의 증상이 한 사람에게서 동시에 나타나는 것을 말한다.

③ **대사 증후군의 예방**: 대사 증후군을 방치하면 당뇨병, 심혈관 질환 등 심각한 질환으로 발전할 가능성이 높으므로 대사 증후군이 발생하지 않도록 예방하는 것이 필요하다.

과학 돋보기　고지혈증(고지질 혈증)

- 고지혈증은 혈액 속에 콜레스테롤, 중성 지방 등이 과다하게 들어 있는 상태를 말한다.
- 혈액 속 콜레스테롤이 혈관벽에 쌓이면 혈액의 흐름을 방해하여 혈액 순환이 잘 이루어지지 않으며 심하면 혈액의 흐름이 멈추기도 한다.

혈액의 흐름이 수월하다.　혈액의 흐름이 약해진다.　혈액의 흐름이 멈춘다.

(2) **에너지의 균형**: 생명 활동을 정상적으로 유지하고 건강한 생활을 하기 위해서는 음식물 섭취로부터 얻는 에너지양과 활동으로 소비하는 에너지양 사이에 균형이 잘 이루어져야 한다.

① **기초 대사량**: 체온 조절, 심장 박동, 혈액 순환, 호흡 활동과 같은 생명 현상을 유지하는 데 필요한 최소한의 에너지양이다.

정답

1. 순환
2. 대사성
3. ○
4. ×

개념 체크

○ 비만
에너지 섭취량이 에너지 소비량보다 많은 상태가 지속되어 체지방 축적량이 증가하여 체내에 지방 조직이 과다한 상태를 의미함

1. 혈당량이 정상 범위보다 높고 오줌 속에 포도당이 섞여 나오는 증상은 대사성 질환 중 (　　　)의 증상이다.

2. 혈압이 정상 범위보다 높은 대사성 질환은 (　　　)이다.

※ ○ 또는 ×

3. 에너지 섭취량이 에너지 소비량보다 많은 상태가 지속되면 영양 부족 상태가 될 수 있다. (　　　)

4. 1일 대사량이란 하루 동안 생활하는 데 필요한 총 에너지양이다. (　　　)

② **활동 대사량**: 밥 먹기, 공부하기, 운동하기 등 다양한 활동을 하면서 소모되는 에너지양이다.

③ **1일 대사량**: 기초 대사량과 활동 대사량, 음식물의 소화와 흡수에 필요한 에너지양 등을 더한 값으로 하루 동안 생활하는 데 필요한 총 에너지양이다. 1일 대사량은 성별, 나이, 체질, 활동의 종류에 따라 다르다.

④ **에너지 섭취량과 소비량의 균형**
- 에너지 섭취량이 에너지 소비량보다 많을 때: 사용하고 남은 에너지가 체내에 축적되어 비만이 될 수 있다. 비만은 다양한 질병의 원인이 된다.
- 에너지 소비량이 에너지 섭취량보다 많을 때: 에너지가 부족하여 우리 몸에 저장된 지방이나 단백질로부터 에너지를 얻게 된다. 따라서 체중이 감소하고 영양 부족 상태가 될 수 있다.

에너지 균형 상태　　　　에너지 과잉 상태　　　　에너지 부족 상태

🧪 **탐구자료 살펴보기** ▶ **1일 에너지 섭취량과 소비량**

자료 탐구
- 체중이 60 kg인 철수의 1일 에너지 섭취량과 활동에 따른 에너지 소비량 및 1일간 활동 시간을 나타낸 것이다.
- 음식물로부터 얻은 에너지 섭취량(kcal)

아침		점심		저녁	
음식물	에너지양	음식물	에너지양	음식물	에너지양
쌀밥	300	자장면	780	쌀밥	360
된장국	110	탕수육	320	미역국	260
배추김치	60	배추김치	50	고등어구이	180
달걀찜	80	단무지	20	도라지나물	60
버섯볶음	60			배추김치	60
합계	610	합계	1170	합계	920

- 활동에 따른 에너지 소비량(kcal/kg·h)

활동	에너지양	활동	에너지양
잠자기	1.0	축구	8.5
식사	1.8	TV 시청	1.1
걷기	3.0	청소	3.0
공부하기	1.8	기타 활동	1.5

- 1일간 활동 시간(h)

활동	시간	활동	시간
잠자기	7.0	축구	1.0
식사	3.0	TV 시청	1.5
걷기	1.5	청소	0.5
공부하기	8.0	기타 활동	1.5

탐구 분석
- 철수의 1일 에너지 섭취량은 하루 종일 음식물로부터 얻은 에너지 섭취량을 합하여 계산한다.
  $610+1170+920=2700(kcal)$
- 철수의 1일 에너지 소비량은 활동에 따른 에너지 소비량과 체중, 활동 시간을 곱하여 활동별로 합하여 계산한다. 잠자기$(1\times60\times7)$+식사$(1.8\times60\times3)$+걷기$(3\times60\times1.5)$+공부하기$(1.8\times60\times8)$+축구$(8.5\times60\times1)$+TV 시청$(1.1\times60\times1.5)$+청소$(3\times60\times0.5)$+기타 활동$(1.5\times60\times1.5)=2712(kcal)$

탐구 point
- 철수의 1일 에너지 섭취량은 2700 kcal이고 1일 에너지 소비량은 2712 kcal로 거의 비슷하므로 에너지 균형을 이루고 있다.

정답
1. 당뇨병
2. 고혈압
3. ×
4. ○

01 표는 사람의 기관 A~C에서 3가지 특징의 유무를 나타낸 것이다. A~C는 간, 소장, 위를 순서 없이 나타낸 것이다.

[24025-0033]

특징	A	B	C
융털을 통한 영양소의 흡수가 일어난다.	㉠	○	×
물질대사가 일어난다.	○	?	?
암모니아에서 요소로의 전환이 일어난다.	×	㉡	○

(○: 있음, ×: 없음)

이에 대한 설명으로 옳은 것만을 〈보기〉에서 있는 대로 고른 것은?

● 보기 ●
ㄱ. A는 위이다.
ㄴ. ㉠과 ㉡은 모두 '○'이다.
ㄷ. A~C는 모두 소화계에 속한다.

① ㄱ ② ㄴ ③ ㄱ, ㄷ ④ ㄴ, ㄷ ⑤ ㄱ, ㄴ, ㄷ

02 그림은 사람의 혈액 순환 경로를 나타낸 것이다. ㉠~㉢은 각각 심장, 콩팥, 폐 중 하나이다.

[24025-0034]

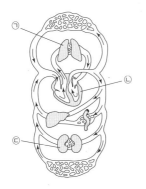

이에 대한 설명으로 옳은 것만을 〈보기〉에서 있는 대로 고른 것은?

● 보기 ●
ㄱ. ㉠에서 기체 교환이 일어난다.
ㄴ. ㉡은 순환계에 속한다.
ㄷ. ㉢은 체내 수분량 조절에 관여한다.

① ㄱ ② ㄷ ③ ㄱ, ㄴ ④ ㄴ, ㄷ ⑤ ㄱ, ㄴ, ㄷ

03 그림 (가)는 폐포의 구조를, (나)는 폐포에서의 기체 교환을 나타낸 것이다. A와 B는 혈관이고, ㉠과 ㉡은 O_2와 CO_2를 순서 없이 나타낸 것이다.

[24025-0035]

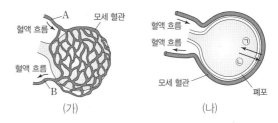

(가)   (나)

이에 대한 설명으로 옳은 것만을 〈보기〉에서 있는 대로 고른 것은?

● 보기 ●
ㄱ. 단위 부피당 O_2의 양은 A의 혈액이 B의 혈액보다 많다.
ㄴ. ㉠은 O_2이다.
ㄷ. ㉡은 순환계를 통해 운반된다.

① ㄱ ② ㄷ ③ ㄱ, ㄴ ④ ㄴ, ㄷ ⑤ ㄱ, ㄴ, ㄷ

04 표 (가)는 사람의 기관이 가질 수 있는 특징 2가지를, (나)는 (가)의 특징 중 기관 A와 B가 갖는 특징의 개수를 나타낸 것이다. A와 B는 심장과 콩팥을 순서 없이 나타낸 것이다.

[24025-0036]

특징
• 순환계에 속한다.
• 세포 호흡이 일어난다.

(가)

기관	특징의 개수
A	2
B	㉠

(나)

이에 대한 설명으로 옳은 것만을 〈보기〉에서 있는 대로 고른 것은?

● 보기 ●
ㄱ. A는 심장이다.
ㄴ. ㉠은 1이다.
ㄷ. B는 배설계에 속한다.

① ㄱ ② ㄷ ③ ㄱ, ㄴ ④ ㄴ, ㄷ ⑤ ㄱ, ㄴ, ㄷ

[24025-0037]

05 그림은 사람에서 일어나는 물질대사 과정의 일부와 노폐물이 기관계 A와 B로 이동되는 경로를 나타낸 것이다. ㉠과 ㉡은 물과 암모니아를 순서 없이 나타낸 것이고, A와 B는 각각 호흡계와 배설계 중 하나이다.

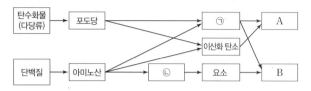

이에 대한 설명으로 옳은 것만을 〈보기〉에서 있는 대로 고른 것은?

---- 보기 ----
ㄱ. ㉠은 물이다.
ㄴ. 방광은 A에 속한다.
ㄷ. ㉡의 구성 원소에 질소(N)가 포함된다.
----

① ㄱ   ② ㄴ   ③ ㄷ   ④ ㄱ, ㄷ   ⑤ ㄴ, ㄷ

[24025-0038]

06 그림은 사람의 각 기관계의 통합적 작용을 나타낸 것이다. (가)~(다)는 배설계, 소화계, 순환계를 순서 없이 나타낸 것이다.

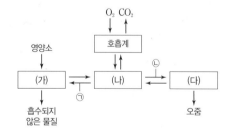

이에 대한 설명으로 옳은 것만을 〈보기〉에서 있는 대로 고른 것은?

---- 보기 ----
ㄱ. (가)는 소화계이다.
ㄴ. (다)를 통해 질소 노폐물이 배설된다.
ㄷ. ㉠과 ㉡에는 모두 O_2의 이동이 포함된다.
----

① ㄱ   ② ㄷ   ③ ㄱ, ㄴ   ④ ㄴ, ㄷ   ⑤ ㄱ, ㄴ, ㄷ

[24025-0039]

07 표는 시험관 Ⅰ~Ⅲ에 넣은 용액과 각 시험관에 생콩즙을 넣은 직후로부터 일정 시간이 지날 때까지의 pH 변화와 BTB 용액을 떨어뜨려 변화된 색깔을 나타낸 것이다. ㉠은 감소와 증가 중 하나이고, ㉡은 노란색과 푸른색 중 하나이다.

시험관	Ⅰ	Ⅱ	Ⅲ
용액	증류수	오줌	요소 용액
pH 변화	?	pH 증가	pH ㉠
변화된 색깔	노란색	㉡	푸른색

이에 대한 설명으로 옳은 것만을 〈보기〉에서 있는 대로 고른 것은? (단, 제시된 조건 이외의 다른 조건은 동일하다.)

---- 보기 ----
ㄱ. ㉠은 감소이다.
ㄴ. ㉡은 노란색이다.
ㄷ. Ⅲ에서 유레이스에 의한 요소의 분해가 일어났다.
----

① ㄱ   ② ㄷ   ③ ㄱ, ㄴ   ④ ㄴ, ㄷ   ⑤ ㄱ, ㄴ, ㄷ

[24025-0040]

08 표 (가)는 영양소 A, B, 지방이 세포 호흡에 사용된 결과 생성되는 노폐물을, (나)는 노폐물 ㉠~㉢에서 수소(H)와 질소(N)의 유무를 나타낸 것이다. A와 B는 각각 단백질과 탄수화물 중 하나이고, ㉠~㉢은 물, 암모니아, 이산화 탄소를 순서 없이 나타낸 것이다.

영양소	노폐물
A	㉡, ㉢
B	?
지방	?

(가)

노폐물	수소(H)	질소(N)
㉠	?	○
㉡	?	?
㉢	×	?

(○: 있음, ×: 없음)

(나)

이에 대한 설명으로 옳은 것만을 〈보기〉에서 있는 대로 고른 것은?

---- 보기 ----
ㄱ. ㉠은 물이다.
ㄴ. 호흡계를 통해 ㉢이 몸 밖으로 배출된다.
ㄷ. B가 세포 호흡에 사용된 결과 생성된 노폐물에는 ㉠, ㉡, ㉢이 모두 있다.
----

① ㄱ   ② ㄷ   ③ ㄱ, ㄴ   ④ ㄴ, ㄷ   ⑤ ㄱ, ㄴ, ㄷ

[24025-0041]

09 그림은 1일 에너지 섭취량과 에너지 소비량이 균형을 이루지 않은 상태를 나타낸 것이다. A와 B는 각각 에너지 부족 상태와 에너지 과잉 상태 중 하나이다.

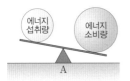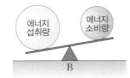

이에 대한 설명으로 옳은 것만을 〈보기〉에서 있는 대로 고른 것은?

◦ 보기 ◦
ㄱ. A는 에너지 과잉 상태이다.
ㄴ. B가 지속되면 체지방 축적량이 증가한다.
ㄷ. 활동 대사량은 에너지 소비량에 포함된다.

① ㄱ　② ㄴ　③ ㄱ, ㄷ　④ ㄴ, ㄷ　⑤ ㄱ, ㄴ, ㄷ

[24025-0042]

10 다음은 사람의 질환 (가)와 (나)에 대한 자료이다. (가)와 (나)는 고혈압과 고지혈증(고지질 혈증)을 순서 없이 나타낸 것이다.

• (가)는 혈압이 정상보다 높은 만성 질환으로 뇌졸중, 심혈관 질환, 콩팥 질환의 원인이 된다.
• (나)는 혈액 속에 콜레스테롤, 중성 지방 등이 과다하게 들어 있는 상태를 의미한다. 혈액 속에 콜레스테롤이 많아져서 ㉠혈관 내벽에 쌓이면 ㉡의 원인이 된다.

이에 대한 설명으로 옳은 것만을 〈보기〉에서 있는 대로 고른 것은?

◦ 보기 ◦
ㄱ. (가)는 고혈압이다.
ㄴ. ㉠은 소화계에 속한다.
ㄷ. 동맥 경화는 ㉡의 예에 해당한다.

① ㄱ　② ㄴ　③ ㄱ, ㄷ　④ ㄴ, ㄷ　⑤ ㄱ, ㄴ, ㄷ

[24025-0043]

11 표 (가)는 17세인 학생 A~C의 1일 평균 에너지 섭취량을 나타낸 것이고, (나)는 15~18세 한국인의 1일 영양소 섭취 기준의 일부이다.

	학생	성별	평균 에너지 섭취량(kcal)		
			탄수화물	단백질	지방
(가)	A	여	1400	140	360
	B	남	1700	650	250
	C	남	1200	540	1500

	성별	평균 에너지 필요량 (kcal)	에너지 적정 비율(%)	
			탄수화물	단백질
(나)	남	2700	55~65	7~20
	여	2000	55~65	7~20

이에 대한 설명으로 옳은 것만을 〈보기〉에서 있는 대로 고른 것은?

◦ 보기 ◦
ㄱ. A는 평균 에너지 필요량보다 적은 에너지를 섭취하고 있다.
ㄴ. C는 적정한 비율의 단백질을 섭취하고 있다.
ㄷ. (가)와 같은 에너지 섭취가 지속되면 A~C 중 비만이 될 가능성이 가장 높은 학생은 B이다.

① ㄱ　② ㄷ　③ ㄱ, ㄴ　④ ㄴ, ㄷ　⑤ ㄱ, ㄴ, ㄷ

[24025-0044]

12 다음은 에너지 소비량에 대한 학생 A~C의 대화 내용이다.

제시한 내용이 옳은 학생만을 있는 대로 고른 것은?

① A　② B　③ A, C　④ B, C　⑤ A, B, C

콩팥은 배설계에, 폐는 호흡계에, 간과 소장은 소화계에 속한다.

01 그림은 사람의 3가지 기관계를 나타낸 것이다. (가)~(다)는 배설계, 소화계, 호흡계를 순서 없이 나타낸 것이고, ㉠~㉣은 각각 간, 소장, 콩팥, 폐 중 하나이다.

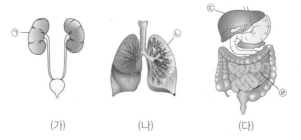

(가)   (나)   (다)

이에 대한 설명으로 옳은 것만을 〈보기〉에서 있는 대로 고른 것은?

● 보기 ●
ㄱ. (다)는 소화계이다.
ㄴ. ㉠~㉣에서 모두 동화 작용이 일어난다.
ㄷ. ㉢에서 생성된 노폐물의 일부는 (가)와 (나)를 통해 몸 밖으로 배출된다.

① ㄱ 　　 ② ㄷ 　　 ③ ㄱ, ㄴ 　　 ④ ㄴ, ㄷ 　　 ⑤ ㄱ, ㄴ, ㄷ

소화계, 호흡계, 순환계, 배설계는 서로 협력하여 생명 활동이 원활하게 이루어지도록 유기적인 관계를 형성하고 있다.

02 그림은 사람의 각 기관계의 통합적 작용을, 표는 (가)~(다)의 특징을 나타낸 것이다. (가)~(다)는 배설계, 소화계, 호흡계를 순서 없이 나타낸 것이고, ㉠~㉣은 O_2, CO_2, 탄수화물, 흡수되지 않은 물질을 순서 없이 나타낸 것이다.

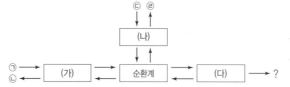

기관계	특징
(가)	폐, 기관지가 속한다.
(나)	음식물을 분해하여 흡수한다.
(다)	ⓐ

이에 대한 설명으로 옳은 것만을 〈보기〉에서 있는 대로 고른 것은?

● 보기 ●
ㄱ. (가)는 호흡계이다.
ㄴ. ㉠과 ㉢의 구성 원소에 모두 탄소(C)가 있다.
ㄷ. '질소 노폐물을 배설한다.'는 ⓐ에 해당한다.

① ㄱ 　　 ② ㄴ 　　 ③ ㄱ, ㄷ 　　 ④ ㄴ, ㄷ 　　 ⑤ ㄱ, ㄴ, ㄷ

03 그림은 사람의 혈액 순환 경로를 나타낸 것이다. ⊙~ⓒ은 각각 간, 콩팥, 폐 중 하나이며, ⓐ와 ⓑ는 혈관이다.

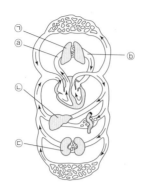

폐를 통해 유입된 O_2는 심장을 통해 조직 세포로 운반된다.

이에 대한 설명으로 옳은 것만을 〈보기〉에서 있는 대로 고른 것은?

┌─● 보기 ●
│ ㄱ. ⊙과 ⓒ은 모두 배설계에 속한다.
│ ㄴ. ⓒ에서 글리코젠의 합성이 일어난다.
│ ㄷ. 단위 부피당 O_2의 양은 ⓑ의 혈액이 ⓐ의 혈액보다 많다.
└─

① ㄱ   ② ㄷ   ③ ㄱ, ㄴ   ④ ㄴ, ㄷ   ⑤ ㄱ, ㄴ, ㄷ

04 표 (가)는 사람의 기관계 A와 B에서 특징 ⊙과 ⓒ의 유무를, (나)는 ⊙과 ⓒ을 순서 없이 나타낸 것이다. A와 B는 순환계와 호흡계를 순서 없이 나타낸 것이다.

특징\기관계	⊙	ⓒ
A	×	ⓐ
B	ⓑ	?

(○: 있음, ×: 없음)

(가)

특징(⊙, ⓒ)
• 이화 작용이 일어난다.
• 폐가 속하는 기관계이다.

(나)

순환계는 소화계, 호흡계, 배설계로의 각종 물질의 운반에 관여하고, 배설계는 세포 호흡의 결과 생성된 노폐물을 몸 밖으로 내보내는 것에 관여한다.

이에 대한 설명으로 옳은 것만을 〈보기〉에서 있는 대로 고른 것은?

┌─● 보기 ●
│ ㄱ. 심장은 A에 속한다.
│ ㄴ. 소화계를 통해 흡수된 영양소의 일부는 A를 통해 B로 운반된다.
│ ㄷ. ⓐ와 ⓑ는 모두 '○'이다.
└─

① ㄱ   ② ㄷ   ③ ㄱ, ㄴ   ④ ㄴ, ㄷ   ⑤ ㄱ, ㄴ, ㄷ

비만은 체내에 과도하게 많은 양의 지방이 쌓인 상태를 의미하며 비만도는 표준 체중과 현재 체중을 이용하여 계산할 수 있다.

[24025-0049]

05 다음은 비만과 비만도에 대한 자료이다.

• 비만은 ㉠에너지 소비량과 에너지 섭취량의 불균형으로 인해 체지방 축적량이 증가하여 체내에 지방 조직이 과다한 상태를 의미한다. 비만은 ㉡대사성 질환의 원인이 될 수 있다.

• 비만도는 표준 체중과 현재 체중을 이용하여 계산한다.

$$비만도(\%) = \frac{현재\ 체중(kg)}{표준\ 체중(kg)} \times 100$$

비만도	평가
120 이상	비만
110 이상~120 미만	과체중
90 이상~110 미만	정상
90 미만	저체중

• 표준 체중은 키를 이용하여 계산한다.

남자	여자
키(m)×키(m)×22	키(m)×키(m)×21

• 표는 학생 A~C의 성별, 키, 체중을 나타낸 것이다.

학생	성별	키(m)	체중(kg)
A	남	1.8	60
B	여	1.7	60
C	여	1.6	65

이에 대한 설명으로 옳은 것만을 〈보기〉에서 있는 대로 고른 것은?

● 보기 ●
ㄱ. 에너지 섭취량이 에너지 소비량보다 많은 상태는 ㉠에 해당한다.
ㄴ. 고혈압은 ㉡에 해당한다.
ㄷ. A~C 중 비만도가 정상인 학생은 B이다.

① ㄱ ② ㄷ ③ ㄱ, ㄴ ④ ㄴ, ㄷ ⑤ ㄱ, ㄴ, ㄷ

생콩즙에는 요소를 암모니아로 분해하는 효소인 유레이스가 들어 있다.

[24025-0050]

06 표는 시험관 Ⅰ~Ⅳ에 같은 양의 용액 ㉠~㉢을 넣고 일정 시간이 지난 후의 pH 변화를 나타낸 것이다. ㉠~㉢은 생콩즙, 오줌, 증류수를 순서 없이 나타낸 것이다.

시험관	Ⅰ	Ⅱ	Ⅲ	Ⅳ
용액	요소 용액+㉠	요소 용액+㉢	㉠+㉡	㉡+㉢
pH 변화	변화 없음	pH 증가	변화 없음	pH 증가

이에 대한 설명으로 옳은 것만을 〈보기〉에서 있는 대로 고른 것은? (단, 제시된 조건 이외의 다른 조건은 동일하다.)

● 보기 ●
ㄱ. ㉠은 증류수이다. ㄴ. pH 변화는 조작 변인이다.
ㄷ. 시험관 Ⅱ와 Ⅳ에서 요소의 분해 결과 암모니아가 생성되었다.

① ㄱ ② ㄴ ③ ㄴ, ㄷ ④ ㄱ, ㄷ ⑤ ㄱ, ㄴ, ㄷ

07 다음은 기초 대사량과 에너지 소비량에 대한 자료이다.

[24025-0051]

- ㉠은 생명 활동에 필요한 최소한의 에너지양을, ㉡은 공부나 운동 등 다양한 활동을 하는 데 소비되는 에너지양을 의미한다. ㉠과 ㉡은 기초 대사량과 활동 대사량을 순서 없이 나타낸 것이다.
- 1일 기초 대사량은 체중을 이용하여 계산한다.

남자	여자
체중(kg)×24(kcal)	체중(kg)×0.9×24(kcal)

- 표는 활동에 따른 에너지 소비량(kcal/kg·h)을 나타낸 것이다. 활동에 따른 에너지 소비량에는 각 활동에 필요한 기초 대사량과 음식물의 소화와 흡수 등에 필요한 에너지가 포함되어 있다.

활동	에너지 소비량	활동	에너지 소비량	활동	에너지 소비량
잠자기	1.0	공부하기	1.8	청소	1.5
식사	1.8	TV 시청	1.1	빨리 걷기	4.2

- 하루 동안 소비되는 에너지양은 다음과 같이 계산한다.

$$활동 유형별 에너지 소비량 × 체중(kg) × 활동 시간(h)$$

- 표는 남학생 A의 체중 및 하루 동안의 활동과 시간을 나타낸 것이다.

남학생	체중(kg)	활동	시간(h)	활동	시간(h)	활동	시간(h)
A	60	잠자기	8	공부하기	5	청소	2
		식사	5	TV 시청	4	빨리 걷기	0

이에 대한 설명으로 옳은 것만을 〈보기〉에서 있는 대로 고른 것은? (단, 제시된 자료 이외는 고려하지 않는다.)

● 보기 ●

ㄱ. ㉠은 기초 대사량이다.

ㄴ. A가 하루 동안 가장 많은 에너지를 소비한 활동은 잠자기이다.

ㄷ. A가 하루 동안 소비한 에너지양은 2200 kcal이다.

① ㄱ　　② ㄷ　　③ ㄱ, ㄴ　　④ ㄴ, ㄷ　　⑤ ㄱ, ㄴ, ㄷ

[24025-0052]

08 그림 (가)는 사람에서 일어나는 영양소의 물질대사 과정 일부를, (나)는 콩팥의 구조를 나타낸 것이다. A와 B는 각각 단백질과 지방 중 하나이고, ㉠과 ㉡은 암모니아와 이산화 탄소를 순서 없이 나타낸 것이다. ⓐ와 ⓑ는 혈관이다. 이에 대한 설명으로 옳은 것만을 〈보기〉에서 있는 대로 고른 것은?

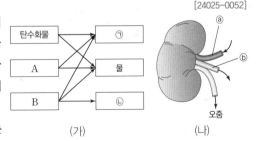

(가)　　(나)

● 보기 ●

ㄱ. A는 단백질이다.　　ㄴ. ㉡은 간에서 요소로 전환된다.

ㄷ. 혈액의 단위 부피당 요소의 양은 ⓑ의 혈액이 ⓐ의 혈액보다 많다.

① ㄱ　　② ㄴ　　③ ㄱ, ㄷ　　④ ㄴ, ㄷ　　⑤ ㄱ, ㄴ, ㄷ

기초 대사량이란 체온 조절, 심장 박동, 혈액 순환, 호흡 활동과 같은 생명 현상을 유지하는 데 필요한 최소한의 에너지양이다.

단백질의 물질대사 과정에서 노폐물로 암모니아, 물, 이산화 탄소가 생성되고, 탄수화물과 지방의 물질대사 과정에서 노폐물로 물, 이산화 탄소가 생성된다.

04 자극의 전달

1 뉴런

개념 체크

○ **뉴런의 구조**
• 기본적으로 신경 세포체, 가지 돌기, 축삭 돌기로 이루어짐
• 슈반 세포가 뉴런의 축삭 돌기를 반복적으로 감아 형성된 구조를 말이집이라고 함

○ **뉴런의 종류**
• 말이집 유무에 따라 민말이집 뉴런, 말이집 뉴런으로 구분됨
• 말이집 뉴런에서는 랑비에 결절에서만 연속적으로 흥분이 발생하며, 이를 도약전도라고 함
• 기능에 따라 구심성 뉴런, 원심성 뉴런, 연합 뉴런으로 구분됨

1. (　　　)는 신경 세포체에서 뻗어 나온 긴 돌기로, 다른 뉴런이나 세포로 신호를 전달한다.

2. 말이집은 (　　　)가 뉴런의 축삭 돌기를 반복적으로 감아 형성된 구조이다.

※ ○ 또는 ×

3. 뉴런은 기능과 위치에 따라 다양한 구조를 갖는다. (　　)

4. 말이집으로 싸여 있는 부분에서 흥분이 발생한다. (　　)

(1) **뉴런의 구조**: 신경계를 구성하는 뉴런은 매우 다양한 형태를 가지고 있으나 기본적으로 신경 세포체, 가지 돌기, 축삭 돌기로 이루어져 있다.

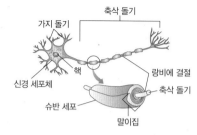

① **신경 세포체**: 핵, 미토콘드리아 등이 있는 신경 세포체는 뉴런에 필요한 물질과 에너지를 생성하며, 뉴런의 생명 활동을 조절한다.

② **가지 돌기**: 신경 세포체에서 뻗어 나온 나뭇가지 모양의 짧은 돌기로, 다른 뉴런이나 세포로부터 자극을 받아들인다.

③ **축삭 돌기**: 신경 세포체에서 뻗어 나온 긴 돌기로, 말단 부위까지 신호가 이동하며 다른 뉴런이나 세포로 신호를 전달한다.

④ **말이집**: 슈반 세포가 뉴런의 축삭 돌기를 반복적으로 감아 형성된 구조로 말이집으로 싸여 있는 부분에서는 흥분이 발생하지 않는다.

> 🔍 **과학 돋보기** ┃ **뉴런의 다양한 구조**
>
> • 뉴런의 기본적인 구조는 신호를 받아들이는 부분, 신호를 이동시키는 부분, 신호를 다른 세포로 전달하는 부분으로 구성된다.
> • 뉴런은 기능과 위치에 따라 다양한 구조를 갖는다.
> • 뉴런을 구조에 따라 분류할 때 신경 세포체의 위치와 같은 특성을 기준으로 분류한다.
>
>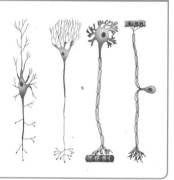

(2) **뉴런의 종류**: 뉴런을 구분하는 기준에는 말이집의 유무나 뉴런의 기능 등이 있다.

① **말이집 유무에 따른 구분**

• **민말이집 뉴런**: 축삭 돌기가 말이집으로 싸여 있지 않은 뉴런을 민말이집 뉴런이라고 한다. 민말이집 뉴런은 축삭 돌기의 전체에서 흥분이 발생한다.

• **말이집 뉴런**: 축삭 돌기의 일부가 말이집으로 싸여 있는 뉴런을 말이집 뉴런이라고 한다. 말이집에 의해 절연된 축삭 돌기 부분에서는 흥분이 발생하지 않고 말이집으로 싸여 있지 않은 랑비에 결절에서만 흥분이 발생한다. 이처럼 랑비에 결절에서 연속적으로 흥분이 발생해 흥분이 전도되는 현상을 도약전도라고 한다. 도약전도가 일어나는 말이집 뉴런은 도약전도가 일어나지 않는 민말이집 뉴런보다 흥분 전도 속도가 빠르다.

정답

1. 축삭 돌기
2. 슈반 세포
3. ○
4. ×

민말이집 뉴런

말이집 뉴런

탐구자료 살펴보기 **흥분 전도 속도 비교하기**

탐구 과정

① 일반적인 도미노 (가)와 중간에 도미노 팻말을 밀 수 있는 막대를 매달아 놓은 변형 도미노 (나)를 설치한다. (가)와 (나)의 길이는 서로 같다.

② 시작점에서 동시에 도미노 팻말을 넘어뜨린다.

③ 어느 도미노에서 마지막 도미노 팻말이 먼저 넘어지는지 확인한다.

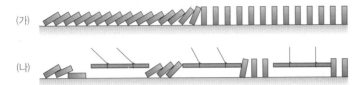

탐구 결과

• 막대를 매달아 놓지 않은 (가)에서보다 막대를 매달아 놓은 (나)에서 도미노의 마지막 팻말이 먼저 넘어진다.

탐구 point

• 도미노 팻말 중간에 매달아 놓은 막대는 뉴런의 말이집과 같은 기능을 한다.

• 모형에서 볼 수 있듯이 말이집은 뉴런에서 흥분이 이동하는 속도를 빠르게 해준다.

② 기능에 따른 구분

• **구심성 뉴런(감각 뉴런)**: 몸 안팎에 존재하는 여러 가지 자극을 받아들인 감각 기관으로부터 발생한 흥분을 연합 뉴런으로 전달하거나, 구심성 뉴런이 직접 자극을 받아들여 연합 뉴런으로 전달한다. 가지 돌기가 비교적 긴 편이고 신경 세포체가 축삭 돌기의 중간 부분에 있다. 중추 신경계를 향해 흥분이 이동하므로 구심성 뉴런이라고 한다.

• **원심성 뉴런(운동 뉴런)**: 연합 뉴런으로부터 반응 명령을 전달받아 근육과 같은 반응 기관으로 흥분을 전달한다. 길게 발달된 축삭 돌기의 말단은 반응 기관에 분포하며, 신경 세포체가 비교적 크게 발달되어 있다. 중추 신경계에서 전달된 흥분이 반응 기관을 향해 이동하므로 원심성 뉴런이라고 한다.

• **연합 뉴런**: 구심성 뉴런과 원심성 뉴런을 연결하는 뉴런으로 뇌와 척수에 존재한다. 구심성 뉴런으로부터 흥분을 전달받아 정보를 처리하고 처리 결과에 따른 명령을 원심성 뉴런에 전달한다.

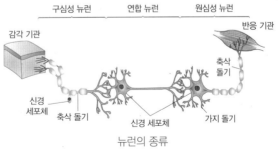

뉴런의 종류

(3) 자극의 전달 경로: 자극에 의해 감각 기관에서 발생한 흥분은 구심성 뉴런을 거쳐 연합 뉴런으로 전달되고, 연합 뉴런에서 정보를 처리하여 발생한 흥분은 원심성 뉴런으로 전달된 후 근육 등의 반응 기관으로 전해진다. 이러한 과정을 거쳐 자극에 대한 반응이 일어난다.

자극 → 감각 기관 → 구심성 뉴런 → 연합 뉴런 → 원심성 뉴런 → 반응 기관 → 반응

개념 체크

○ **구심성 뉴런(감각 뉴런)**

• 감각 기관으로부터 발생한 흥분을 연합 뉴런으로 전달하거나 직접 자극을 받아들여 연합 뉴런으로 전달함

• 신경 세포체가 축삭 돌기의 중간 부분에 있음

○ **원심성 뉴런(운동 뉴런)**

연합 뉴런으로부터 반응 명령을 전달받아 근육과 같은 반응 기관으로 흥분을 전달함

○ **연합 뉴런**

• 구심성 뉴런(감각 뉴런)과 원심성 뉴런(운동 뉴런)을 연결하는 뉴런

• 뇌와 척수에 존재함

1. 구심성 뉴런은 감각 기관으로부터 발생한 흥분을 연합 뉴런으로 전달하여 ( ) 뉴런이라고도 한다.

2. ( ) 뉴런의 길게 발달된 축삭 돌기의 말단은 반응 기관에 분포한다.

※ ○ 또는 ×

3. 뇌에 연합 뉴런이 있다.
( )

4. 자극의 전달 경로는 자극 → 감각 기관 → 구심성 뉴런 → 연합 뉴런 → 원심성 뉴런 → 반응 기관 → 반응 순이다. ( )

정답

1. 감각
2. 원심성
3. ○
4. ○

개념 체크

○ 뉴런의 축삭 돌기에서 흥분 이동 속도에 영향을 미치는 요인
• 말이집의 유무
• 축삭 돌기의 굵기

○ 분극
• $Na^+ - K^+$ 펌프의 작용과 일부 열려 있는 K^+ 통로 등 이온의 불균등 분포, 이온의 막 투과도 차이, 음(−)전하 단백질로 인해 세포 안은 상대적으로 음(−)전하, 세포 밖은 상대적으로 양(+)전하를 띰
• 분극 상태에서 세포 안과 밖의 전위차를 휴지 전위라고 하며, 뉴런의 휴지 전위는 −70 mV임

1. 일반적으로 뉴런의 축삭 돌기의 굵기가 ( )수록 저항이 감소하여 흥분 이동 속도가 빠르다.

2. 뉴런의 세포막에 있는 막단백질에는 Na^+과 K^+의 능동 수송이 일어나는 ( )가 있다.

※ ○ 또는 ×

3. 뉴런의 Na^+ 농도는 세포 밖이 세포 안보다 높다. ( )

4. 휴지 상태에서는 K^+ 통로가 일부 열려 있어 K^+이 세포 밖에서 안으로 확산된다. ( )

정답
1. 굵을
2. $Na^+ - K^+$ 펌프
3. ○
4. ×

🔍 **과학 돋보기** | 축삭 돌기의 굵기와 흥분 이동 속도

• 뉴런의 축삭 돌기에서 흥분 이동 속도에 영향을 미치는 요인으로 말이집의 유무와 함께 축삭 돌기의 굵기가 있다.
• 축삭 돌기의 굵기는 뉴런의 종류마다 다르며, 일반적으로 축삭 돌기가 굵을수록 저항이 감소하여 흥분 이동 속도가 빠르다.

뉴런의 종류	축삭 돌기의 굵기 (μm)	흥분 이동 속도 (m/s)
골격근에 연결된 체성 뉴런	11~16	60~80
온도 감각 뉴런	1~6	2~30
통증 감각 뉴런	0.5~1.5	0.25~1.5

2 흥분의 전도

(1) 분극

① **분극**: 자극을 받지 않아 휴지 상태인 뉴런은 세포막을 경계로 안쪽이 상대적으로 음(−)전하를 띠고, 바깥쪽이 상대적으로 양(+)전하를 띤다. 이러한 상태를 양극으로 나누어진 상태라고 하여 분극이라고 하며, 이때 형성되는 막전위를 휴지 전위라고 한다.

② **분극의 원인**: 뉴런의 세포막에는 여러 종류의 막단백질이 존재한다. 막단백질에는 Na^+과 K^+의 능동 수송을 담당하는 $Na^+ - K^+$ 펌프, Na^+의 확산을 담당하는 Na^+ 통로, K^+의 확산을 담당하는 K^+ 통로 등이 있다. $Na^+ - K^+$ 펌프는 ATP를 분해하여 얻은 에너지를 이용하여 세포 안의 Na^+을 세포 밖으로 내보내고, 세포 밖의 K^+을 세포 안으로 들여온다. 이로 인해 뉴런의 Na^+ 농도는 항상 세포 밖이 안보다 높고, K^+ 농도는 세포 안이 밖보다 높다. 휴지 상태에서는 K^+ 통로가 일부 열려 있어 K^+이 안에서 밖으로 확산되지만 Na^+ 통로는 거의 대부분 닫혀 있어 Na^+이 밖에서 안으로 확산되지 못한다. 또한 세포 안에는 음(−)전하를 띠고 있는 단백질이 세포 밖보다 많이 존재한다. 이러한 이온의 불균등 분포, 이온의 막 투과도 차이, 음(−)전하 단백질로 인해 세포 안은 상대적으로 음(−)전하를, 세포 밖은 상대적으로 양(+)전하를 띤다.

이온	세포 밖	세포 안
K^+	3.5~5 mM	150 mM
Na^+	135~145 mM	15 mM

③ **휴지 전위**: 분극 상태에서 세포 안과 밖의 전위차를 휴지 전위라고 한다. 휴지 전위는 세포에 따라 −60 mV~−90 mV로 다양하며, 뉴런의 휴지 전위는 −70 mV이다.

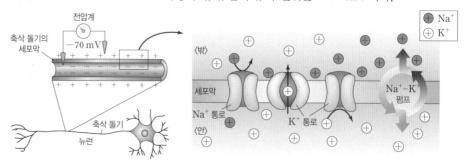

분극 상태일 때의 이온 분포

(2) 탈분극

① 탈분극: 역치 이상의 자극이 가해진 뉴런의 부위에서 안정적으로 유지되던 막전위가 상승하는 현상을 탈분극이라고 한다.

② 탈분극의 원인: 뉴런이 역치 이상의 자극을 받으면 자극을 받은 부위에서 Na^+ 통로가 열리면서 Na^+에 대한 막 투과도가 커지고, Na^+이 세포 안으로 급격하게 확산된다. 이러한 과정이 진행되면서 막전위가 상승하는 탈분극이 일어난다.

(3) 재분극

① 재분극: 상승한 막전위가 다시 휴지 전위로 하강하는 현상을 재분극이라고 한다.

② 재분극의 원인: 열린 Na^+ 통로는 시간이 지남에 따라 닫히고, 닫혀 있던 K^+ 통로가 열린다. 이로 인해 Na^+의 막 투과도는 감소하고 K^+의 막 투과도는 증가하여, Na^+ 통로를 통한 Na^+의 확산은 감소하고 K^+ 통로를 통한 K^+의 확산은 증가한다. 이러한 과정이 진행되면서 막전위가 하강하는 재분극이 일어난다.

③ 과분극: 재분극이 일어나면서 막전위가 휴지 전위($-70 \, mV$)보다 더 낮은 $-80 \, mV$까지 하강하였다가 휴지 전위로 회복되는데 이처럼 뉴런의 막전위가 휴지 전위보다 낮아지는 현상을 과분극이라고 한다.

🧪 탐구자료 살펴보기　탈분극과 재분극에서 이온의 막 투과도

자료 탐구

- 그림 (가)는 어떤 뉴런에 역치 이상의 자극을 주었을 때 이 뉴런의 축삭 돌기 한 지점에서 시간에 따른 막전위를, (나)는 이 지점에서 시간에 따른 Na^+과 K^+의 막 투과도를 나타낸 것이다.
- Na^+ 통로가 열리면 Na^+의 막 투과도가 증가하고, K^+ 통로가 열리면 K^+의 막 투과도가 증가한다.

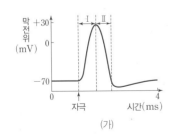

(가)

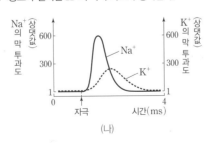

(나)

탐구 point

- (가)에서 막전위가 변하는 것은 Na^+ 통로와 K^+ 통로의 열리고 닫히는 상태가 변하고, 이로 인해 (나)에서와 같이 Na^+과 K^+의 막 투과도가 변하기 때문이다.
- (가)의 구간 Ⅰ은 탈분극 구간이고, Ⅱ는 재분극 구간이다.
- 구간 Ⅰ에서 막전위 상승은 주로 Na^+ 통로가 열려 Na^+이 세포 안으로 유입되어 일어나고, Ⅱ에서의 막전위 하강은 주로 K^+ 통로가 열려 K^+이 세포 밖으로 유출되어 일어난다.

개념 체크

◐ 탈분극
- 역치 이상의 자극이 가해진 뉴런의 부위에서 막전위가 상승하는 현상
- 역치 이상의 자극을 받은 부위에서 Na^+ 통로가 열려 Na^+이 세포 안으로 급격하게 확산됨

◐ 재분극
- 상승한 막전위가 다시 휴지 전위로 하강하는 현상
- 열린 Na^+ 통로가 시간이 지남에 따라 닫히고, 닫혀 있던 K^+ 통로가 열려 K^+의 확산이 증가함
- 재분극이 일어나면서 막전위가 휴지 전위보다 더 낮아지는 현상을 과분극이라 함

1. 역치 이상의 자극을 받은 부위에서 (　　) 통로가 열려 (　　)이 세포 안으로 급격하게 확산된다.

2. 상승한 막전위가 다시 휴지 전위로 하강하는 현상을 (　　)이라고 한다.

※ ○ 또는 ×

3. 역치 이상의 자극이 가해진 뉴런의 부위에서 막전위가 상승하는 현상을 탈분극이라고 한다. (　　)

4. 재분극이 일어날 때 K^+이 세포 밖에서 세포 안으로 확산된다. (　　)

정답
1. Na^+, Na^+
2. 재분극
3. ○
4. ×

개념 체크

○ **활동 전위**
• 휴지 상태인 뉴런의 한 지점에 역치 이상의 자극이 가해지면 막전위가 빠르게 상승하였다가 하강하는데 이를 활동 전위라 함
• 연쇄적으로 활동 전위가 발생하여 흥분이 뉴런 내에서 이동하는 현상을 흥분의 전도라고 함

○ **흥분의 전도 과정**
• 뉴런의 특정 부위에 탈분극이 일어나 활동 전위가 발생하면 일정 시간 뒤 인접한 부위에서도 탈분극이 일어나 활동 전위가 발생함
• 축삭 돌기의 중간 지점에서 활동 전위가 발생하면 흥분 전도는 양방향으로 진행됨

1. 휴지 상태인 뉴런의 한 지점에 역치 이상의 자극이 가해지면 막전위가 빠르게 상승하였다가 하강하는데 이를 (　　　) 전위라고 한다.

2. 흥분이 뉴런 내에서 이동하는 현상을 흥분의 (　　　)라고 한다.

※ ○ 또는 ×

3. 축삭 돌기의 중간 지점에서 활동 전위가 발생하면 흥분 전도는 양방향으로 진행된다. (　　　)

4. 흥분의 전도 과정에서 재분극이 일어난 부위는 Na^+ $-K^+$ 펌프의 작용으로 분극 상태가 된다. (　　　)

(4) 활동 전위

① **활동 전위**: 휴지 상태인 뉴런의 한 지점에 역치 이상의 자극이 가해지면 막전위가 빠르게 상승하였다가 하강한다. 이러한 막전위 변화를 활동 전위라고 한다.

② **활동 전위와 흥분의 전도**: 뉴런의 한 지점에서 활동 전위가 일어나면 일정 시간 뒤 그 지점과 가까운 지점에서 다시 활동 전위가 발생한다. 이처럼 연쇄적으로 활동 전위가 발생하여 흥분이 뉴런 내에서 이동하는 현상을 흥분의 전도라고 한다.

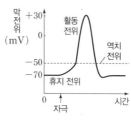

휴지 전위와 활동 전위

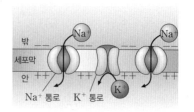

탈분극 시 이온의 이동

(5) 흥분의 전도 과정

① 뉴런의 특정 부위에 탈분극이 일어나 활동 전위가 발생하면 일정 시간 뒤 인접한 부위에서도 탈분극이 일어나 활동 전위가 발생한다. 이를 통해 흥분이 축삭 돌기를 따라 뉴런의 말단 부위까지 전도된다.

② 만약 축삭 돌기의 중간 지점에서 활동 전위가 발생하면 흥분 전도는 양방향으로 진행된다.

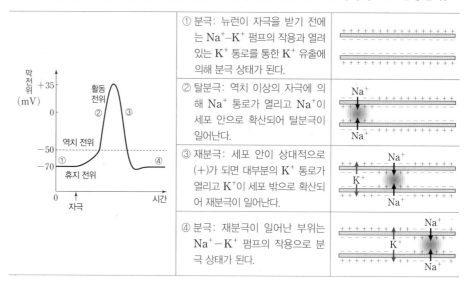

① **분극**: 뉴런이 자극을 받기 전에는 Na^+–K^+ 펌프의 작용과 열려 있는 K^+ 통로를 통한 K^+ 유출에 의해 분극 상태가 된다.	
② **탈분극**: 역치 이상의 자극에 의해 Na^+ 통로가 열리고 Na^+이 세포 안으로 확산되어 탈분극이 일어난다.	
③ **재분극**: 세포 안이 상대적으로 (+)가 되면 대부분의 K^+ 통로가 열리고 K^+이 세포 밖으로 확산되어 재분극이 일어난다.	
④ **분극**: 재분극이 일어난 부위는 Na^+–K^+ 펌프의 작용으로 분극 상태가 된다.	

3 흥분의 전달

(1) 흥분의 전달

① **흥분의 전달**: 자극을 받아 활동 전위가 발생한 뉴런에서 흥분이 다음 뉴런의 가지 돌기나 신경 세포체로 전달되는 현상을 흥분의 전달이라고 한다.

정답
1. 활동
2. 전도
3. ○
4. ○

② **시냅스**: 뉴런의 축삭 돌기 말단과 다른 뉴런의 가지 돌기나 신경 세포체가 약 20 nm의 틈을 두고 접한 부위를 시냅스라고 한다. 하나의 뉴런이 다수의 뉴런과 시냅스를 형성하기도 한다. 시냅스를 기준으로 흥분을 전달하는 뉴런을 시냅스 이전 뉴런이라고 하고, 흥분을 전달받는 뉴런을 시냅스 이후 뉴런이라고 한다.

③ **흥분의 전달 과정**: 시냅스 이전 뉴런의 흥분이 축삭 돌기 말단까지 전도되면 축삭 돌기 말단에 존재하는 시냅스 소포가 세포막과 융합되면서 시냅스 소포에 있던 신경 전달 물질이 시냅스 틈으로 분비된다. 이 신경 전달 물질이 확산되어 시냅스 이후 뉴런의 신경 전달 물질 수용체에 결합하면 시냅스 이후 뉴런의 이온 통로가 열리면서 탈분극이 일어난다.

(2) **흥분의 전달 방향**: 시냅스 소포는 축삭 돌기 말단에만 있으므로 흥분은 항상 시냅스 이전 뉴런의 축삭 돌기 말단에서 시냅스 이후 뉴런의 가지 돌기나 신경 세포체로만 전달된다.

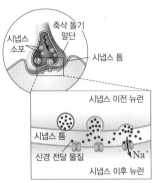

흥분 전달 과정

개념 체크

○ **흥분의 전달**
· 활동 전위가 발생한 뉴런에서 흥분이 다음 뉴런의 가지 돌기나 신경 세포체로 전달되는 현상
· 시냅스 이전 뉴런의 흥분이 축삭 돌기 말단까지 전도 → 시냅스 소포가 세포막과 융합 → 시냅스 소포에 있던 신경 전달 물질이 시냅스 틈으로 분비 → 신경 전달 물질이 확산되어 시냅스 이후 뉴런의 신경 전달 물질 수용체에 결합 → 시냅스 이후 뉴런에서 탈분극이 일어남

○ **흥분의 전달 방향**
시냅스 소포는 축삭 돌기 말단에만 있으므로 시냅스 이전 뉴런의 축삭 돌기 말단에서 시냅스 이후 뉴런의 가지 돌기나 신경 세포체로만 전달됨

1. 뉴런의 축삭 돌기 말단과 다른 뉴런의 가지 돌기나 신경 세포체가 틈을 두고 접한 부위를 (　　　)라고 한다.

2. 시냅스 이전 뉴런의 흥분이 축삭 돌기 말단까지 전도되면 시냅스 소포가 세포막과 융합되면서 (　　　)이 시냅스 틈으로 분비된다.

※ ○ 또는 ×

3. 신경 전달 물질이 시냅스 이후 뉴런의 세포막에 있는 수용체에 결합하면 시냅스 이후 뉴런에서 탈분극이 일어난다. (　　)

4. 시냅스 소포는 주로 축삭 돌기 말단에 분포한다. (　　)

🧪 **탐구자료 살펴보기** ▶ **뉴런의 각 지점에서의 막전위**

자료 탐구

· 그림 (가)는 민말이집 신경 A~C의 지점 d_1로부터 세 지점 d_2~d_4까지의 거리를, (나)는 A와 B의 d_1~d_4에서, (다)는 C의 d_1~d_4에서 활동 전위가 발생하였을 때 각 지점에서의 막전위 변화를 나타낸 것이다.
· A와 C의 흥분 전도 속도는 2 cm/ms이고, B의 흥분 전도 속도는 3 cm/ms이다.
· A~C의 d_1에 역치 이상의 자극을 동시에 1회 주고 4 ms가 경과되었다.

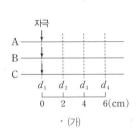

(가)

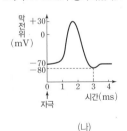

(나)

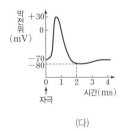

(다)

탐구 point

· d_1에서는 자극과 동시에 활동 전위가 발생하므로 경과된 시간이 4 ms일 때 A~C에서 d_1의 막전위는 모두 −70 mV이다.
· d_2~d_4에서 활동 전위가 발생하기 위해서는 흥분의 전도가 일어나야 한다. 각 지점에서 막전위 변화가 진행된 시간은 전체 경과된 시간 4 ms에서 흥분이 전도되는 데 걸린 시간을 뺀 시간이다.
· A의 흥분 전도 속도는 2 cm/ms이므로 d_1에서 d_2로 흥분이 전도될 때 경과되는 시간이 1 ms이다. 그러므로 d_2에서 막전위 변화는 3 ms 동안 진행되며, 이때 막전위는 −80 mV이다.
· B의 흥분 전도 속도는 3 cm/ms이므로 d_1에서 d_4로 흥분이 전도될 때 경과되는 시간이 2 ms이다. 그러므로 d_4에서 막전위 변화는 2 ms 동안 진행되며, 이때 막전위는 약 +10 mV이다.
· C의 흥분 전도 속도는 2 cm/ms이므로 d_1에서 d_3으로 흥분이 전도될 때 경과되는 시간이 2 ms이다. 그러므로 d_3에서 막전위 변화는 2 ms 동안 진행되며, 이때 막전위는 −80 mV이다.

정답

1. 시냅스
2. 신경 전달 물질
3. ○
4. ○

개념 체크

◎ **골격근의 작용**
골격근은 원심성 뉴런으로부터 흥분을 전달받아 수축함

◎ **골격근의 구조**
• 여러 개의 근육 섬유 다발로 구성되어 있고, 근육 섬유 다발은 여러 개의 근육 섬유로 구성되어 있음
• 근육 섬유는 근육을 구성하는 근육 세포로, 근육 세포에는 여러 개의 핵이 존재함
• 근육 섬유에는 미세한 근육 원섬유 다발이 들어 있으며, 이 근육 원섬유는 액틴 필라멘트와 마이오신 필라멘트 등으로 구성되어 있음
• 마이오신 필라멘트가 존재하는 부분은 A대, 액틴 필라멘트만 존재하는 부분은 I대, 근육 원섬유 마디 중앙에 마이오신 필라멘트만 존재하는 부분은 H대라고 함

1. 골격근은 구심성 뉴런과 원심성 뉴런 중 (   ) 뉴런으로부터 흥분을 전달받아 수축한다.

2. 근육 섬유에는 미세한 근육 (   ) 다발이 들어 있다.

※ ○ 또는 ×

3. 골격근의 근육 세포에는 여러 개의 핵이 존재한다.
　　　　　　　(   )

4. 근육 원섬유에서 액틴 필라멘트만 존재하는 부분은 H대이다. (   )

4 근육의 수축

(1) 골격근의 작용

① **골격근**: 힘줄에 의해서 뼈에 붙어 있으며, 몸의 움직임에 관여하는 근육을 골격근이라고 한다. 골격근을 이루는 근육 섬유의 세포막과 접해있는 원심성 뉴런(운동 뉴런)으로부터 흥분을 전달받아 수축한다.

② **골격근의 작용**: 골격근은 힘줄에 의해서 서로 다른 뼈에 붙어 있으며, 두 뼈는 관절과 인대에 의해서 서로 연결되어 있다. 한 쌍의 근육은 관절을 각각 반대 방향으로 움직이게 하는데, 예를 들면 팔을 굽힐 때는 이두박근이 수축하고, 팔을 펼 때는 삼두박근이 수축한다.

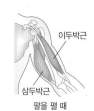

골격근의 수축과 이완

(2) 골격근의 구조

① **골격근의 구조**: 골격근은 여러 개의 근육 섬유 다발로 구성되어 있고, 근육 섬유 다발은 여러 개의 근육 섬유로 구성되어 있다. 근육 섬유는 근육을 구성하는 근육 세포로 근육 세포에는 여러 개의 핵이 존재한다. 근육 섬유에는 미세한 근육 원섬유 다발이 들어 있으며, 이 근육 원섬유는 가는 액틴 필라멘트와 굵은 마이오신 필라멘트 등으로 구성되어 있다. 근육 원섬유를 관찰하면 밝은 부분인 명대(I대)와 어두운 부분인 암대(A대)가 반복되어 나타나며, 명대의 중앙에 Z선이 관찰된다. Z선과 Z선 사이를 근육 원섬유 마디라고 한다.

② **근육 원섬유 마디의 구조**: 마이오신 필라멘트가 존재하는 부분은 A대, 액틴 필라멘트만 존재하는 부분은 I대이다. 근육 원섬유 마디의 중앙에는 마이오신 필라멘트만 존재하는 H대가 있으며, H대 양옆으로 마이오신 필라멘트와 액틴 필라멘트가 겹쳐진 부분이 존재한다. 이 부분 옆으로 액틴 필라멘트만 존재하는 I대가 있다.

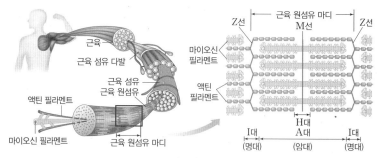

골격근의 구조

(3) 골격근의 수축 원리

① **활주설**: 액틴 필라멘트가 마이오신 필라멘트 사이로 미끄러져 들어가 근육 원섬유 마디의 길이가 짧아지면 근육의 길이가 짧아지는 근수축이 일어난다.

② 근수축이 일어나는 과정에서 H대의 길이, 액틴 필라멘트와 마이오신 필라멘트가 겹치는 부분의 길이, I대의 길이가 변하며, 액틴 필라멘트와 마이오신 필라멘트의 길이는 변하지 않는다.

정답
1. 원심성
2. 원섬유
3. ○
4. ×

③ 마이오신 필라멘트 길이와 같은 A대의 길이는 변하지 않는다. A대의 길이는 H대와 액틴 필라멘트와 마이오신 필라멘트가 겹치는 부분을 합한 길이이므로 근수축이 일어날 때 H대가 줄어든 길이만큼 액틴 필라멘트와 마이오신 필라멘트가 겹치는 부분의 길이는 증가한다.

④ 근수축이 강하게 일어나면 H대는 사라지기도 한다.

(4) 근수축의 에너지원

① **근수축의 에너지원**: 근육 원섬유가 수축하는 과정에 필요한 에너지는 ATP로부터 공급받는다. ATP가 분해될 때 방출되는 에너지는 액틴 필라멘트가 마이오신 필라멘트 사이로 미끄러져 들어가는 데 사용된다.

② **근육의 ATP 생성**: 근육에서 ATP는 크레아틴 인산의 분해와 세포 호흡 과정 등으로 생성된다. 크레아틴 인산의 인산이 ADP로 전달되면서 ATP가 빠르게 생성되지만 지속되는 시간이 짧다. 그러므로 근수축의 초기에는 크레아틴 인산의 분해로 생성되는 ATP를 이용하지만 이후에는 포도당 등을 이용한 세포 호흡을 통해 생성된 ATP가 근수축에 공급된다.

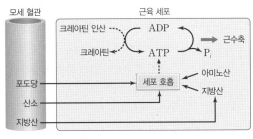

근수축의 에너지원

개념 체크

◐ **골격근의 수축 원리**
· 액틴 필라멘트가 마이오신 필라멘트 사이로 미끄러져 들어가 근육 원섬유 마디의 길이가 짧아지면 근육의 길이가 짧아지는 근수축이 일어남
· 근수축이 일어나는 과정에서 H대가 줄어든 길이만큼 액틴 필라멘트와 마이오신 필라멘트가 겹치는 부분의 길이는 증가하며, A대의 길이는 변화하지 않음

◐ **근수축의 에너지원**
· ATP가 분해될 때 방출되는 에너지를 사용함
· 근육에서 ATP는 크레아틴 인산의 분해와 세포 호흡 과정 등으로 생성됨

1. 근수축이 일어날 때 A대, I대, H대 중 (   )는 길이 변화가 없다.

2. 근육에서 크레아틴 인산의 인산이 ADP로 전달되면서 (   )가 빠르게 생성된다.

※ ○ 또는 ×

3. 근수축이 강하게 일어나면 H대는 사라지기도 한다.
(   )

4. 포도당 등을 이용한 세포 호흡을 통해 생성된 ATP는 근수축에 이용된다.
(   )

🧪 **탐구자료 살펴보기** ▷ **근수축 시 각 부분의 길이**

자료 탐구

· 표는 시점 ⓐ와 ⓑ일 때 근육 원섬유 마디 X의 길이를 나타낸 것이다.
· 그림은 X의 구조를 나타낸 것이다. ㉠은 액틴 필라멘트만 있는 부분, ㉡은 마이오신 필라멘트와 액틴 필라멘트가 겹치는 부분, ㉢은 마이오신 필라멘트만 있는 부분이다. ㉠의 길이와 ㉢의 길이를 더한 값은 $1.0\ \mu m$이고, 마이오신 필라멘트의 길이는 $1.6\ \mu m$이다. X는 좌우 대칭이다.

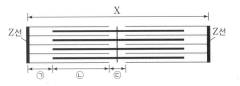

시점	X의 길이(μm)
ⓐ	3.0
ⓑ	2.2

탐구 point

· ⓐ일 때 ㉠의 길이는 $0.7\ \mu m$, ㉡의 길이는 $0.3\ \mu m$, ㉢의 길이는 $1.0\ \mu m$이다. ⓑ일 때 ㉠의 길이는 $0.3\ \mu m$, ㉡의 길이는 $0.7\ \mu m$, ㉢의 길이는 $0.2\ \mu m$이다.
· 근수축 시 ㉠의 길이는 X의 길이가 감소한 것의 절반만큼 감소한다.
· 근수축 시 ㉡의 길이는 X의 길이가 감소한 것의 절반만큼 증가한다.
· 근수축 시 ㉢의 길이는 X의 길이가 감소한 만큼 감소한다.

정답

1. A대
2. ATP
3. ○
4. ○

[24025-0053]

01 그림은 골격근에 연결된 어떤 뉴런의 구조를 나타낸 것이다. ⊙은 말이집을 구성하는 세포이다.

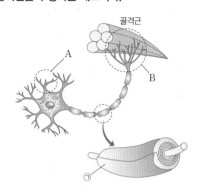

이에 대한 설명으로 옳은 것만을 〈보기〉에서 있는 대로 고른 것은?

● 보기 ●
ㄱ. 시냅스 소포의 밀도는 A에서가 B에서보다 크다.
ㄴ. ⊙은 슈반 세포이다.
ㄷ. 이 뉴런은 원심성 뉴런(운동 뉴런)이다.

① ㄱ   ② ㄴ   ③ ㄱ, ㄷ   ④ ㄴ, ㄷ   ⑤ ㄱ, ㄴ, ㄷ

[24025-0054]

02 그림은 시냅스로 연결된 뉴런 A~C를 나타낸 것이다. A~C는 연합 뉴런, 구심성 뉴런(감각 뉴런), 원심성 뉴런(운동 뉴런)을 순서 없이 나타낸 것이고, ⊙과 ⓛ은 각각 랑비에 결절과 말이집 중 하나이다.

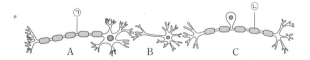

이에 대한 설명으로 옳은 것만을 〈보기〉에서 있는 대로 고른 것은?

● 보기 ●
ㄱ. A와 C는 모두 말초 신경계에 속한다.
ㄴ. B의 축삭 돌기 말단은 반응 기관에 분포한다.
ㄷ. ⓛ에 역치 이상의 자극을 주면 ⊙에서 활동 전위가 발생한다.

① ㄱ   ② ㄴ   ③ ㄱ, ㄴ   ④ ㄱ, ㄷ   ⑤ ㄴ, ㄷ

[24025-0055]

03 그림은 신경 A~C를 나타낸 것이다. A~C의 지점 P에 역치 이상의 자극을 동시에 1회씩 준 후 일정 시간이 지났을 때 지점 Q에서 막전위 변화를 측정하였다.

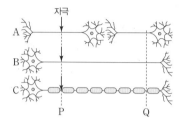

이에 대한 설명으로 옳은 것만을 〈보기〉에서 있는 대로 고른 것은? (단, A~C에서 시냅스 유무와 말이집 유무 이외의 조건은 동일하다.)

● 보기 ●
ㄱ. A에서 도약전도가 일어난다.
ㄴ. P에서부터 Q까지 흥분 전도 속도는 C에서 가장 빠르다.
ㄷ. C의 P보다 C의 Q에서 발생하는 활동 전위의 크기가 크다.

① ㄱ   ② ㄴ   ③ ㄱ, ㄷ   ④ ㄴ, ㄷ   ⑤ ㄱ, ㄴ, ㄷ

[24025-0056]

04 다음은 어떤 과학자의 오징어 거대 축삭 돌기 X에 대한 연구이다.

- X에는 말이집이 없고, 지름은 약 1000 μm로 지름이 1~2 μm인 사람의 축삭 돌기 지름의 500~1000배이다.
- X 연구를 통해 축삭 돌기가 굵을수록 흥분의 전도 속도가 (ⓐ)는 것을 밝혔으며, ⊙활동 전위 발생에 관여하는 이온의 이동을 확인하였다.

이에 대한 설명으로 옳은 것만을 〈보기〉에서 있는 대로 고른 것은?

● 보기 ●
ㄱ. X에서는 도약전도가 일어나지 않는다.
ㄴ. '빠르다'는 ⓐ에 해당한다.
ㄷ. ⊙의 예에 Na^+이 있다.

① ㄴ   ② ㄷ   ③ ㄱ, ㄴ   ④ ㄱ, ㄷ   ⑤ ㄱ, ㄴ, ㄷ

05 그림은 분극 상태인 뉴런의 한 지점에서 막단백질 A~C를 통한 이온의 이동을 나타낸 것이다. A~C는 Na^+ 통로, K^+ 통로, Na^+-K^+ 펌프를 순서 없이 나타낸 것이다. (가)와 (나)는 각각 세포 안과 세포 밖 중 하나이고, ⓐ와 ⓑ는 각각 Na^+과 K^+ 중 하나이다.

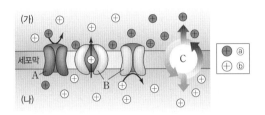

이에 대한 설명으로 옳은 것만을 〈보기〉에서 있는 대로 고른 것은?

● 보기 ●
ㄱ. ⓐ는 Na^+이다.
ㄴ. ⓑ의 농도는 (나)에서가 (가)에서보다 높다.
ㄷ. (가)는 (나)보다 상대적으로 음(−)전하를 띤다.

① ㄴ　　② ㄷ　　③ ㄱ, ㄴ　　④ ㄱ, ㄷ　　⑤ ㄱ, ㄴ, ㄷ

---

06 그림 (가)는 어떤 뉴런에 역치 이상의 자극을 주었을 때 이 뉴런의 축삭 돌기 한 지점에서 시간에 따른 막전위를, (나)는 이 지점에서 시간에 따른 Na^+과 K^+의 막 투과도를 나타낸 것이다. ㉠과 ㉡은 각각 Na^+과 K^+ 중 하나이다.

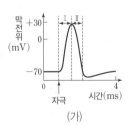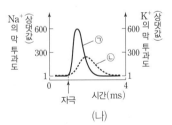

이에 대한 설명으로 옳은 것만을 〈보기〉에서 있는 대로 고른 것은? (단, 흥분의 전도는 1회 일어났고, 휴지 전위는 −70 mV이다.)

● 보기 ●
ㄱ. 구간 Ⅰ에서 ㉠은 세포 밖에서 안으로 확산된다.
ㄴ. 구간 Ⅱ에서 재분극이 일어나고 있다.
ㄷ. 자극을 주고 경과된 시간이 4 ms일 때 세포막을 통한 ㉡의 확산은 일어나지 않는다.

① ㄴ　　② ㄷ　　③ ㄱ, ㄴ　　④ ㄱ, ㄷ　　⑤ ㄱ, ㄴ, ㄷ

---

07 그림 (가)는 어떤 뉴런에 역치 이상의 자극을 주었을 때 이 뉴런의 축삭 돌기 한 지점에서의 막전위 변화를, (나)는 이 뉴런에 물질 X를 처리하고 역치 이상의 자극을 주었을 때 이 뉴런의 축삭 돌기 한 지점에서의 막전위 변화를 나타낸 것이다. X는 이온 통로를 통한 Na^+과 K^+ 이동 중 하나를 억제한다.

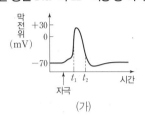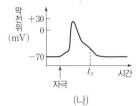

이에 대한 설명으로 옳은 것만을 〈보기〉에서 있는 대로 고른 것은? (단, 제시된 조건 이외는 고려하지 않는다.)

● 보기 ●
ㄱ. X는 이온 통로를 통한 Na^+의 이동을 억제한다.
ㄴ. Na^+의 막 투과도는 t_1일 때가 t_2일 때보다 크다.
ㄷ. t_3일 때 세포막을 통한 K^+의 이동은 없다.

① ㄱ　　② ㄴ　　③ ㄱ, ㄴ　　④ ㄱ, ㄷ　　⑤ ㄴ, ㄷ

---

08 그림 (가)와 (나)는 어떤 뉴런이 분극 상태에서 ㉠과 ㉡ 중 하나의 이온 통로 중 일부가 열렸을 때 이 뉴런의 축삭 돌기 한 지점에서 시간에 따른 막전위를 나타낸 것이다. ㉠과 ㉡은 각각 Na^+ 통로와 K^+ 통로 중 하나이다.

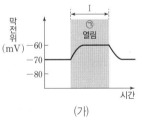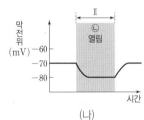

이에 대한 설명으로 옳은 것만을 〈보기〉에서 있는 대로 고른 것은? (단, 제시된 조건 이외는 고려하지 않는다.)

● 보기 ●
ㄱ. ㉠은 Na^+ 통로이다.
ㄴ. 구간 Ⅰ에서 Na^+의 $\dfrac{\text{세포 안의 농도}}{\text{세포 밖의 농도}}$ 는 1보다 크다.
ㄷ. 구간 Ⅱ에서 ㉡을 통한 이온의 이동에 ATP가 사용된다.

① ㄱ　　② ㄴ　　③ ㄱ, ㄴ　　④ ㄱ, ㄷ　　⑤ ㄴ, ㄷ

09 그림 (가)는 어떤 민말이집 뉴런의 지점 P와 Q 중 한 지점에 역치 이상의 자극을 1회 주었을 때 지점 ㉠~㉢에서의 막전위 변화를, (나)는 막전위 변화 ⓐ와 ⓑ를 나타낸 것이다. ⓐ와 ⓑ는 각각 I과 II 중 하나이다.

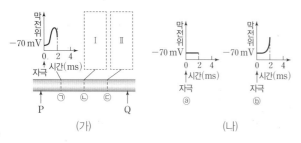

(가)   (나)

이에 대한 설명으로 옳은 것만을 〈보기〉에서 있는 대로 고른 것은? (단, 흥분의 전도는 1회 일어났고, 휴지 전위는 $-70\,\mathrm{mV}$이다.)

보 기
ㄱ. 자극을 준 지점은 P이다.
ㄴ. 1 ms일 때 ㉡과 ㉢ 모두에서 Na^+-K^+ 펌프에 의해 이온이 이동한다.
ㄷ. 2 ms일 때 ㉠에서 K^+은 K^+ 통로를 통해 확산된다.

① ㄴ ② ㄷ ③ ㄱ, ㄴ ④ ㄱ, ㄷ ⑤ ㄱ, ㄴ, ㄷ

[24025-0061]

10 그림은 시냅스에서의 흥분 전달 과정을 나타낸 것이다. X와 Y는 각각 시냅스 이전 뉴런과 골격근을 구성하는 근육 섬유 중 하나이고, 신경 전달 물질 ㉠은 아세틸콜린과 노르에피네프린 중 하나이며, ㉠이 Y에 작용하면 Y의 Na^+ 통로가 열린다.

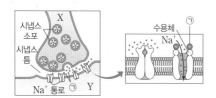

이에 대한 설명으로 옳은 것만을 〈보기〉에서 있는 대로 고른 것은?

보 기
ㄱ. X는 말초 신경계에 속한다.
ㄴ. ㉠은 노르에피네프린이다.
ㄷ. ㉠이 수용체와 결합하면 Y에서 탈분극이 일어난다.

① ㄴ ② ㄷ ③ ㄱ, ㄴ ④ ㄱ, ㄷ ⑤ ㄱ, ㄴ, ㄷ

[24025-0062]

11 그림 (가)는 어떤 민말이집 신경의 지점 P로부터 $d_1 \sim d_3$까지의 거리를, (나)는 이 신경에서 활동 전위가 발생하였을 때 각 지점에서의 막전위 변화를, 표는 P에 역치 이상의 자극을 1회 주고 경과된 시간이 5 ms일 때 ㉠~㉢에서의 막전위를 나타낸 것이다. ㉠~㉢은 $d_1 \sim d_3$을 순서 없이 나타낸 것이고, 이 신경의 흥분 전도 속도는 2 cm/ms보다 작다.

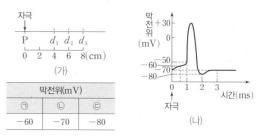

(가)   (나)

막전위(mV)		
㉠	㉡	㉢
-60	-70	-80

이에 대한 설명으로 옳은 것만을 〈보기〉에서 있는 대로 고른 것은? (단, 흥분의 전도는 1회 일어났고, 휴지 전위는 $-70\,\mathrm{mV}$이다.)

보 기
ㄱ. 이 신경의 흥분 전도 속도는 $\frac{3}{4}$ cm/ms이다.
ㄴ. ㉡은 d_3이다.
ㄷ. 자극을 주고 경과된 시간이 6 ms일 때 ㉠에서 탈분극이 일어나고 있다.

① ㄴ ② ㄷ ③ ㄱ, ㄴ ④ ㄱ, ㄷ ⑤ ㄱ, ㄴ, ㄷ

[24025-0063]

12 그림은 시냅스에서 흥분 전달에 영향을 미치는 약물 A와 B의 작용을 나타낸 것이다. A와 B는 신경 전달 물질에 의한 반응을 유도하는 약물과 신경 전달 물질에 의한 반응을 차단하는 약물을 순서 없이 나타낸 것이다. 시냅스 이후 뉴런의 수용체는 결합하는 물질과 입체 구조가 정확히 상보적이어야 활성화되며, 활성화 정도가 클수록 신경 전달 물질에 의한 반응이 크게 유도된다. 이에 대한 설명으로 옳은 것만을 〈보기〉에서 있는 대로 고른 것은?

보 기
ㄱ. A는 시냅스 이후 뉴런에 흥분을 전달할 수 있다.
ㄴ. B는 시냅스 이후 뉴런의 수용체에 결합하지 못한다.
ㄷ. A는 신경 전달 물질에 의한 반응을 유도하는 약물이다.

① ㄱ ② ㄴ ③ ㄱ, ㄷ ④ ㄴ, ㄷ ⑤ ㄱ, ㄴ, ㄷ

[24025-0064]

[24025-0065]

13 그림 (가)는 팔을 굽혔을 때의 모습을, (나)는 팔을 폈을 때의 모습을 나타낸 것이다.

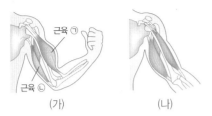

(가)   (나)

이에 대한 설명으로 옳은 것만을 〈보기〉에서 있는 대로 고른 것은?

┌─● 보기 ●────────────────────────┐
│ ㄱ. ㉠과 ㉡은 모두 여러 개의 근육 섬유 다발로 이루어져 │
│   있다.   │
│ ㄴ. ㉠의 근육 원섬유 마디에서 H대의 길이는 (가)일 때 │
│   가 (나)일 때보다 짧다.   │
│ ㄷ. ㉡의 근육 원섬유 마디에서 마이오신 필라멘트의 길 │
│   이는 (가)일 때가 (나)일 때보다 길다.   │
└──────────────────────────────┘

① ㄴ   ② ㄷ   ③ ㄱ, ㄴ   ④ ㄱ, ㄷ   ⑤ ㄱ, ㄴ, ㄷ

[24025-0066]

14 그림은 골격근의 구조를 나타낸 것이다. ㉠과 ㉡은 근육 섬유와 근육 원섬유를 순서 없이 나타낸 것이고, ⓐ와 ⓑ는 액틴 필라멘트와 마이오신 필라멘트를 순서 없이 나타낸 것이다.

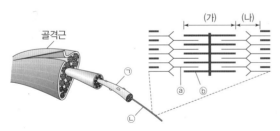

이에 대한 설명으로 옳은 것만을 〈보기〉에서 있는 대로 고른 것은?

┌─● 보기 ●────────────────────────┐
│ ㄱ. ㉠은 여러 개의 핵이 있는 세포이다.   │
│ ㄴ. 근수축이 일어나는 과정에서 ⓐ의 길이와 ⓑ의 길이 │
│   는 모두 변하지 않는다.   │
│ ㄷ. (가)와 (나) 부위를 전자 현미경으로 관찰하면 (가) 부 │
│   위가 (나) 부위보다 어둡게 보인다.   │
└──────────────────────────────┘

① ㄴ   ② ㄷ   ③ ㄱ, ㄴ   ④ ㄱ, ㄷ   ⑤ ㄱ, ㄴ, ㄷ

[24025-0067]

15 그림은 근육 원섬유 마디 X의 구조를, 표는 t_1과 t_2 시점일 때 ⓐ~ⓒ의 길이를 나타낸 것이다. ⓐ~ⓒ는 ㉠~㉢을 순서 없이 나타낸 것이고, X는 좌우 대칭이다.

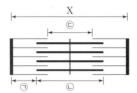

시점	길이(μm)		
	ⓐ	ⓑ	ⓒ
t_1	0.6	?	0.2
t_2	0.8	1.6	0.3

이에 대한 설명으로 옳은 것만을 〈보기〉에서 있는 대로 고른 것은?

┌─● 보기 ●────────────────────────┐
│ ㄱ. ⓐ는 ㉠이다.   │
│ ㄴ. t_1일 때 A대의 길이는 1.6 μm이다.   │
│ ㄷ. t_2일 때 액틴 필라멘트와 마이오신 필라멘트가 겹치는 │
│   구간의 길이는 1.3 μm이다.   │
└──────────────────────────────┘

① ㄴ   ② ㄷ   ③ ㄱ, ㄴ   ④ ㄱ, ㄷ   ⑤ ㄱ, ㄴ, ㄷ

[24025-0068]

16 그림은 근수축에 필요한 에너지를 생성하는 과정을 나타낸 것이다. ⓐ와 ⓑ는 ATP와 ADP를 순서 없이 나타낸 것이고, ㉠은 세포 호흡에 사용되는 영양소이다.

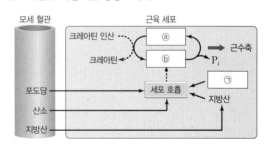

이에 대한 설명으로 옳은 것만을 〈보기〉에서 있는 대로 고른 것은?

┌─● 보기 ●────────────────────────┐
│ ㄱ. ⓐ는 ADP이다.   │
│ ㄴ. ⓑ가 ⓐ로 되는 과정에서 방출되는 에너지의 일부는 │
│   액틴 필라멘트가 마이오신 필라멘트 사이로 미끄러져 │
│   들어가는 데 사용된다.   │
│ ㄷ. 아미노산은 ㉠에 해당한다.   │
└──────────────────────────────┘

① ㄴ   ② ㄷ   ③ ㄱ, ㄴ   ④ ㄱ, ㄷ   ⑤ ㄱ, ㄴ, ㄷ

축삭 돌기의 중간 지점에서 활동 전위가 발생하면 흥분 전도는 양방향으로 진행된다.

[24025-0069]

01 그림 (가)는 어떤 민말이집 신경의 축삭 돌기에서 지점 $d_1 \sim d_4$의 위치를, (나)는 이 축삭 돌기의 $d_1 \sim d_4$ 중 한 지점에 역치 이상의 자극을 주었을 때 $d_1 \sim d_4$에서 동시에 일정 시간 동안 측정한 막전위 변화를 나타낸 것이다. $d_1 \sim d_4$에서의 막전위 변화는 각각 ㉠~㉢ 중 하나이고, 각 지점 사이의 거리는 같다.

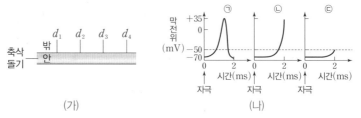

(가)   (나)

이에 대한 설명으로 옳은 것만을 〈보기〉에서 있는 대로 고른 것은? (단, 흥분의 전도는 1회 일어났고, 휴지 전위는 $-70\,\mathrm{mV}$이다.)

● 보기 ●

ㄱ. 2 ms 직후 d_2에서 Na^+의 막 투과도는 급격히 상승한다.

ㄴ. 2 ms일 때 d_1에서 K^+의 $\dfrac{\text{세포 안의 농도}}{\text{세포 밖의 농도}}$는 1보다 크다.

ㄷ. 1 ms일 때 d_4에서 세포 안은 세포 밖보다 상대적으로 음(−)전하를 띤다.

① ㄱ   ② ㄷ   ③ ㄱ, ㄴ   ④ ㄴ, ㄷ   ⑤ ㄱ, ㄴ, ㄷ

시냅스 이전 뉴런의 흥분이 축삭 돌기 말단까지 전도되면 축삭 돌기 말단에 존재하는 시냅스 소포가 세포막과 융합되면서 시냅스 소포에 있던 신경 전달 물질이 시냅스 틈으로 분비된다.

[24025-0070]

02 그림 (가)는 뉴런 X에 동일한 시간 동안 서로 다른 자극 Ⅰ~Ⅲ을 주었을 때 지점 P에서의 활동 전위 발생 여부와 빈도 수를, (나)는 X의 축삭 돌기 말단에서의 신경 전달 물질 방출을 나타낸 것이다. ㉠~㉢은 Ⅰ~Ⅲ을 주었을 때 X의 축삭 돌기 말단에서의 신경 전달 물질 방출을 순서 없이 나타낸 것이다. X에서는 단위 시간당 활동 전위 발생 빈도에 비례하여 신경 전달 물질이 방출된다.

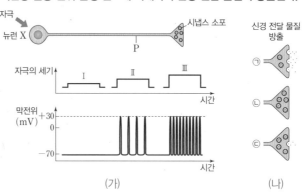

(가)   (나)

이에 대한 설명으로 옳은 것만을 〈보기〉에서 있는 대로 고른 것은?

● 보기 ●

ㄱ. Ⅰ을 주었을 때 P에서는 Na^+의 막 투과도가 증가하는 현상이 나타나지 않는다.

ㄴ. Ⅱ를 주었을 때와 Ⅲ을 주었을 때 발생한 활동 전위의 크기는 같다.

ㄷ. Ⅲ을 주었을 때 X의 축삭 돌기 말단에서의 신경 전달 물질 방출은 ㉢이다.

① ㄴ   ② ㄷ   ③ ㄱ, ㄴ   ④ ㄱ, ㄷ   ⑤ ㄱ, ㄴ, ㄷ

03 그림은 정상인과 세포 밖 K^+ 농도가 정상 범위보다 낮은 환자 P의 뉴런에 동일한 세기의 자극을 1회 주었을 때 이 뉴런의 한 지점에서의 막전위 변화를 나타낸 것이다.

이에 대한 설명으로 옳은 것만을 〈보기〉에서 있는 대로 고른 것은? (단, 제시된 조건 이외는 고려하지 않는다.)

[24025-0071]

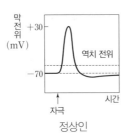

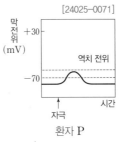

정상인 / 환자 P

> 자극을 받지 않아 휴지 상태인 뉴런은 Na^+-K^+ 펌프의 작용으로 Na^+ 농도는 항상 세포 밖이 안보다 높고, K^+ 농도는 항상 세포 안이 밖보다 높다. 세포 밖 K^+ 농도의 변화는 휴지 전위에 영향을 준다.

─● 보기 ●─
ㄱ. 자극을 주기 전 정상인의 $\dfrac{\text{세포 안 } K^+ \text{ 농도}}{\text{세포 밖 } K^+ \text{ 농도}} > 1$이다.

ㄴ. 활동 전위를 발생시키는 최소한의 자극의 세기는 정상인에서보다 P에서 더 크다.

ㄷ. 세포 밖 K^+의 농도 변화는 휴지 전위의 값에 영향을 준다.

① ㄱ   ② ㄴ   ③ ㄱ, ㄷ   ④ ㄴ, ㄷ   ⑤ ㄱ, ㄴ, ㄷ

[24025-0072]

04 그림 (가)는 신경 A와 B의 지점 d_1로부터 d_2, d_3까지의 거리를, (나)는 A와 B에서 활동 전위가 발생하였을 때 각 지점에서의 막전위 변화를, 표는 A와 B의 d_1에 역치 이상의 자극을 동시에 1회 주고 경과된 시간이 2 ms, 3 ms, 4 ms일 때 $d_1 \sim d_3$에서의 막전위를 순서 없이 나타낸 것이다. ㉮~㉰는 $d_1 \sim d_3$을 순서 없이 나타낸 것이며, ⓐ~ⓒ는 각각 2 ms, 3 ms, 4 ms 중 하나이다. $w \sim z$는 -80, -70, -60, $+30$을 순서 없이 나타낸 것이다. 흥분 전도 속도는 B가 A의 2배이다.

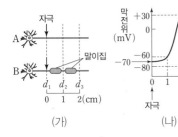

(가)

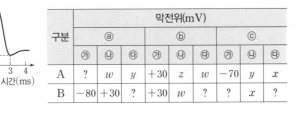

구분	ⓐ			ⓑ			ⓒ		
	㉮	㉯	㉰	㉮	㉯	㉰	㉮	㉯	㉰
A	?	w	y	$+30$	z	w	-70	y	x
B	-80	$+30$	?	$+30$	w	?	?	x	?

막전위(mV)

> d_1에 역치 이상의 자극을 A와 B에 동시에 주었으므로 경과한 시간에 상관없이 A와 B의 d_1에서 측정한 막전위는 같다.

이에 대한 설명으로 옳은 것만을 〈보기〉에서 있는 대로 고른 것은? (단, A와 B에서 흥분의 전도는 각각 1회 일어났고, 휴지 전위는 -70 mV이다.)

─● 보기 ●─
ㄱ. A의 흥분 전도 속도는 0.5 cm/ms이다.

ㄴ. z는 -70이다.

ㄷ. 3 ms일 때 B의 ㉯에서는 탈분극이 일어나고 있다.

① ㄴ   ② ㄷ   ③ ㄱ, ㄴ   ④ ㄱ, ㄷ   ⑤ ㄱ, ㄴ, ㄷ

말이집 뉴런에서 말이집에 의해 절연된 축삭 돌기 부분에서는 흥분이 발생하지 않고, 말이집으로 싸여 있지 않은 랑비에 결절에서만 흥분이 발생한다.

[24025-0073]

05 그림 (가)는 말이집이 일부 파괴된 어떤 환자의 뉴런 X와 Na^+ 통로의 밀도를, (나)는 X에 역치 이상의 자극을 1회 주었을 때 지점 P, ㉠, ㉡의 막전위 변화를 나타낸 것이다. ㉠과 ㉡은 각각 Q와 R 중 하나이고, X의 축삭 돌기 말단에서는 신경 전달 물질이 방출되지 않았다.

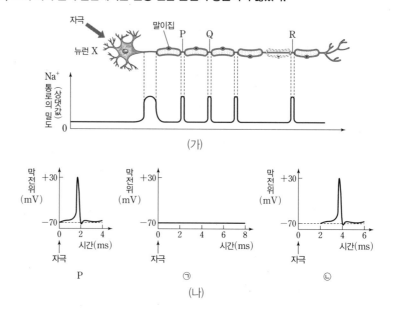

이에 대한 설명으로 옳은 것만을 〈보기〉에서 있는 대로 고른 것은? (단, 흥분의 전도는 1회 일어났고, 제시된 조건 이외는 고려하지 않는다.)

● 보기 ●
ㄱ. 2 ms일 때 P에서는 과분극이 일어나고 있다.
ㄴ. Na^+ 통로의 밀도는 말이집보다 랑비에 결절에서 더 크다.
ㄷ. ㉠은 R이다.

① ㄴ   ② ㄷ   ③ ㄱ, ㄴ   ④ ㄱ, ㄷ   ⑤ ㄱ, ㄴ, ㄷ

06 다음은 어떤 과학자의 신경 전달 물질에 대한 실험이다.

[24025-0074]

심장 박동은 교감 신경의 작용에 의해 촉진되고, 부교감 신경의 작용에 의해 억제된다.

[실험 과정]

(가) 자율 신경 ㉠과 ㉡ 중 ㉡만 제거한 개구리 심장 Ⅰ과 자율 신경 ㉠과 ㉡을 모두 제거한 개구리 심장 Ⅱ를 준비한다. ㉠과 ㉡은 교감 신경과 부교감 신경을 순서 없이 나타낸 것이다.

(나) 생리식염수가 담긴 비커 A와 B를 준비하고, A에는 Ⅰ을, B에는 Ⅱ를 넣는다.

(다) (나)의 Ⅰ과 Ⅱ의 심장 박동수를 동시에 측정하기 시작한다.

(라) Ⅰ의 ㉠에 전기 자극을 주고, A에 연결된 관을 통해 A의 용액이 B로 흘러가도록 한다. X는 흘러간 용액이다.

(마) Ⅰ과 Ⅱ의 심장 박동수 변화를 기록한다.

[실험 결과]

• (마)의 결과는 그림과 같다.

이에 대한 설명으로 옳은 것만을 〈보기〉에서 있는 대로 고른 것은? (단, 제시된 조건 이외는 고려하지 않는다.)

● 보 기 ●

ㄱ. ㉡은 부교감 신경이다.

ㄴ. 아세틸콜린은 X에 포함된다.

ㄷ. ㉠에 전기 자극을 주었을 때 Ⅱ에서 발생한 활동 전위의 발생 빈도는 일정하다.

① ㄴ   ② ㄷ   ③ ㄱ, ㄴ   ④ ㄱ, ㄷ   ⑤ ㄱ, ㄴ, ㄷ

[24025−0075]

경과된 시간이 $3\,ms$일 때 d_1의 막전위는 $-80\,mV$이고, 표에서 ⓑ의 ㉰와 ⓒ의 ㉱가 해당된다.

07 다음은 민말이집 신경 A~C의 흥분 전도와 전달에 대한 자료이다.

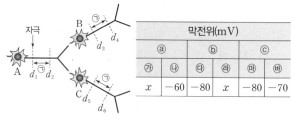

- 그림은 A~C의 지점 d_1~d_6의 위치를, 표는 지점 d_1에 역치 이상의 자극을 1회 주고 경과된 시간이 $3\,ms$일 때 d_1과 d_2, $5\,ms$일 때 d_3과 d_4, $7\,ms$일 때 d_5와 d_6에서의 막전위를 나타낸 것이다. ⓐ~ⓒ는 각각 $3\,ms$, $5\,ms$, $7\,ms$ 중 하나이고, ㉮~㉱는 d_1~d_6을 순서 없이 나타낸 것이다.

막전위(mV)					
ⓐ		ⓑ		ⓒ	
㉮	㉯	㉰	㉱	㉲	㉳
x	-60	-80	x	-80	-70

- x는 $+30$과 -70 중 하나이다.
- ㉠의 길이는 $3\,cm$이고, A와 B의 흥분 전도 속도는 $2v$, C의 흥분 전도 속도는 v이며, $1\,cm/ms < v < 2\,cm/ms$이다.
- 흥분이 d_2에서 d_3까지 전도 및 전달되는 데 걸린 시간과 흥분이 d_2에서 d_5까지 전도 및 전달되는 데 걸린 시간은 서로 다르다.
- 그림 (가)는 A와 B의 d_1~d_4에서, (나)는 C의 d_5와 d_6에서 활동 전위가 발생하였을 때 각 지점에서의 막전위 변화를 나타낸 것이다.

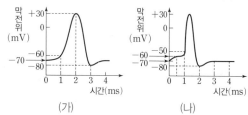

이에 대한 설명으로 옳은 것만을 〈보기〉에서 있는 대로 고른 것은? (단, A~C에서 흥분의 전도는 각각 1회 일어났고, 휴지 전위는 $-70\,mV$이다.)

● 보기 ●

ㄱ. A의 흥분 전도 속도는 $3\,cm/ms$이다.   ㄴ. x는 $+30$이다.

ㄷ. $d_1 \to d_2 \to d_5$의 경로로 흥분이 전도 및 전달되는 데 걸린 시간은 $4\,ms$이다.

① ㄱ   ② ㄷ   ③ ㄱ, ㄴ   ④ ㄴ, ㄷ   ⑤ ㄱ, ㄴ, ㄷ

[24025−0076]

골격근은 원심성 뉴런(운동 뉴런)으로부터 흥분을 전달받아 수축한다.

08 그림은 뉴런 X의 축삭 돌기 말단과 근육 섬유에 각각 전극을 연결한 모습과 X에서와 근육 섬유에서의 막전위 변화를 각각 나타낸 것이다. t_1일 때 근수축이 일어났다.

이에 대한 설명으로 옳은 것만을 〈보기〉에서 있는 대로 고른 것은? (단, 제시된 자료 이외는 고려하지 않는다.)

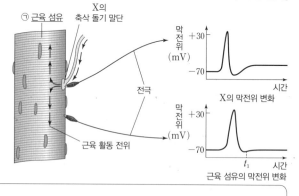

● 보기 ●

ㄱ. ㉠에 여러 개의 핵이 존재한다.   ㄴ. X는 원심성 뉴런(운동 뉴런)이다.

ㄷ. t_1일 때 ㉠을 구성하는 액틴 필라멘트의 길이는 짧아진다.

① ㄱ   ② ㄷ   ③ ㄱ, ㄴ   ④ ㄴ, ㄷ   ⑤ ㄱ, ㄴ, ㄷ

[24025-0077]

09 다음은 골격근의 수축 원리를 알아보기 위한 탐구이다.

[과정 1]

- 그림은 골격근을 이루는 근육 원섬유 마디를 전자 현미경으로 관찰한 결과를 나타낸 것이다. Ⅰ과 Ⅱ는 수축했을 때와 이완했을 때를 순서 없이 나타낸 것이다.

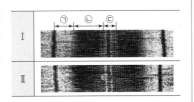

- 골격근이 Ⅰ에서 Ⅱ로 변화하는 과정에서 A대, ㉠, ㉡, ㉢의 길이 변화를 기록한다. 구간 ㉠은 액틴 필라멘트만 있는 부분이고, ㉡은 액틴 필라멘트와 마이오신 필라멘트가 겹치는 부분이며, ㉢은 마이오신 필라멘트만 있는 부분이다.

구분	A대	㉠	㉡	㉢
길이 변화	?	ⓐ만큼 변화	?	ⓑ만큼 변화

[과정 2]

(가) 굵은 빨대는 10 cm로, 가는 빨대는 6 cm로 잘라 여러 개 준비한다.

(나) 두꺼운 도화지의 가운데에 굵은 빨대를 2 cm 간격으로 배열하고, 셀로판테이프로 고정한다.

(다) 수수깡에 여러 개의 가는 빨대를 2 cm 간격으로 꽂은 후, 가는 빨대가 굵은 빨대 사이에 위치하도록 놓는다.

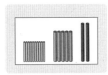   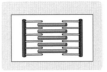

이에 대한 설명으로 옳은 것만을 〈보기〉에서 있는 대로 고른 것은?

● 보기 ●

ㄱ. Ⅰ에서 Ⅱ로 변화하는 과정에 ATP에 저장된 에너지가 사용된다.

ㄴ. ⓐ=ⓑ이다.

ㄷ. 수수깡은 실제 근육 원섬유에서 H대에 해당한다.

① ㄱ   ② ㄷ   ③ ㄱ, ㄴ   ④ ㄴ, ㄷ   ⑤ ㄱ, ㄴ, ㄷ

근육 원섬유는 액틴 필라멘트와 마이오신 필라멘트 등으로 구성되어 있으며, 현미경으로 관찰하면 밝은 부분인 명대와 어두운 부분인 암대가 반복되어 나타나고, 명대의 중앙에 Z선이 관찰된다.

액틴 필라멘트만 있는 부분,
액틴 필라멘트와 마이오신 필
라멘트가 겹치는 부분, 마이
오신 필라멘트만 있는 부분의
길이를 모두 더하였을 때 길
이가 길수록 근육 원섬유 마
디의 길이가 길다.

[24025-0078]

10 다음은 골격근의 수축 과정에 대한 자료이다.

- 그림은 근육 원섬유 마디 X의 구조를, 표는 골격근 수축 과정의 시점 t_1, t_2, t_3일 때 ⓐ~ⓒ의 길이를 나타낸 것이다. ⓐ~ⓒ는 ㉠~㉢을 순서 없이 나타낸 것이며, t_1일 때 A대의 길이는 1.6 μm이다. X는 좌우 대칭이다.
- 구간 ㉠은 액틴 필라멘트만 있는 부분이고, ㉡은 액틴 필라멘트와 마이오신 필라멘트가 겹치는 부분이며, ㉢은 마이오신 필라멘트만 있는 부분이다.

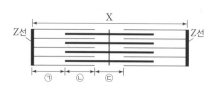

시점	길이(μm)		
	ⓐ	ⓑ	ⓒ
t_1	$2d$	$4d$	$4d$
t_2	$3d$	$2d$	$3d$
t_3	?	d	?

이에 대한 설명으로 옳은 것만을 〈보기〉에서 있는 대로 고른 것은?

● 보기 ●

ㄱ. t_1일 때 X의 길이는 3.2 μm이다.

ㄴ. t_2일 때 $\dfrac{\text{X의 길이}}{\text{H대의 길이}}=7$이다.

ㄷ. t_3일 때 ⓐ+ⓑ+ⓒ=$9d$이다.

① ㄱ ② ㄷ ③ ㄱ, ㄴ ④ ㄴ, ㄷ ⑤ ㄱ, ㄴ, ㄷ

[24025-0079]

11 다음은 골격근의 수축 과정에 대한 자료이다.

골격근이 수축할 때 I대의 길
이(㉠)는 감소하고, 액틴 필라
멘트와 마이오신 필라멘트가
겹치는 부분의 길이(㉡)는 증
가하므로 $\dfrac{㉡}{㉠}$은 수축할 때 값
이 커진다.

- 그림은 근육 원섬유 마디 X의 구조를, 표는 골격근 수축 과정의 시점 t_1과 t_2일 때 ㉡의 길이를 ㉠의 길이로 나눈 값($\dfrac{㉡}{㉠}$)과 ㉠의 길이를 ㉢의 길이로 나눈 값($\dfrac{㉠}{㉢}$)을 나타낸 것이다. X는 좌우 대칭이고, t_2일 때 X의 길이는 2.8 μm이다.
- 구간 ㉠은 액틴 필라멘트만 있는 부분이고, ㉡은 액틴 필라멘트와 마이오신 필라멘트가 겹치는 부분이며, ㉢은 마이오신 필라멘트만 있는 부분이다.

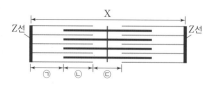

시점	$\dfrac{㉡}{㉠}$	$\dfrac{㉠}{㉢}$
t_1	$\dfrac{1}{5}$	ⓐ
t_2	1	$\dfrac{3}{2}$

이에 대한 설명으로 옳은 것만을 〈보기〉에서 있는 대로 고른 것은?

● 보기 ●

ㄱ. ⓐ는 1보다 크다.

ㄴ. (㉠의 길이+㉢의 길이)의 값은 t_1일 때가 t_2일 때보다 1.2 μm만큼 크다.

ㄷ. t_1일 때 X의 길이는 3.2 μm이다.

① ㄱ ② ㄴ ③ ㄱ, ㄴ ④ ㄴ, ㄷ ⑤ ㄱ, ㄴ, ㄷ

[24025-0080]

12 그림 (가)는 좌우 대칭인 근육 원섬유 마디 X의 구조를 나타낸 것이다. 구간 ㉠은 마이오신 필라멘트만 있는 부분이고, ㉡은 액틴 필라멘트와 마이오신 필라멘트가 겹치는 부분이며, ㉢은 액틴 필라멘트만 있는 부분이다. (나)는 X의 길이에 따른 수축 강도를, 표는 골격근 수축 과정에서 X의 길이가 ㉮~㉰일 때 ⓐ의 길이와 ⓑ의 길이를 더한 값(ⓐ+ⓑ), ⓐ의 길이와 ⓒ의 길이를 더한 값(ⓐ+ⓒ)을 나타낸 것이다. ⓐ~ⓒ는 ㉠~㉢을 순서 없이 나타낸 것이고, X의 길이가 ㉮~㉰일 때 ㉡의 길이는 ㉢의 길이보다 길거나 같다.

㉠~㉢의 길이 중 두 가지 길이를 더한 값이 변하지 않는 경우는 ㉡의 길이와 ㉢의 길이를 더한 경우이며, 이는 액틴 필라멘트의 길이이다.

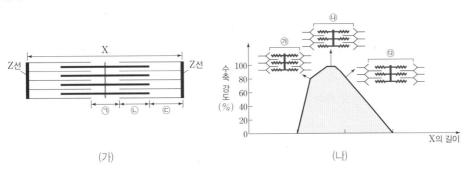

(가)   (나)

X의 길이(μm)	ⓐ+ⓑ(μm)	ⓐ+ⓒ(μm)
㉮=1.8	0.3	0.8
㉯=?	0.9	0.8
㉰=2l	l	?

이에 대한 설명으로 옳은 것만을 〈보기〉에서 있는 대로 고른 것은?

● 보기 ●

ㄱ. 근육 원섬유 마디의 길이가 길수록 수축 강도는 커진다.

ㄴ. ㉯는 2.4 μm이다.

ㄷ. X의 길이가 ㉰일 때 H대의 길이는 0.8 μm이다.

① ㄱ   ② ㄷ   ③ ㄱ, ㄴ   ④ ㄴ, ㄷ   ⑤ ㄱ, ㄴ, ㄷ

05 신경계

개념 체크

○ 신경계
· 중추 신경계와 말초 신경계로 구분됨
· 중추 신경계는 뇌와 척수로 구분됨
· 말초 신경계는 해부학적으로 뇌 신경과 척수 신경으로 구분되며, 기능적으로 구심성 신경(감각 신경)과 원심성 신경(운동 신경)으로 구분됨

○ 대뇌
· 겉질(회색질), 속질(백색질)
· 고등 정신 활동과 감각, 수의적 운동의 중추
· 기능에 따라 감각령, 연합령, 운동령으로 구분됨

1. 사람의 신경계 중 몸 밖과 안의 정보를 받아들여 통합하고 처리하는 신경계는 (　　　) 신경계이다.

2. 말초 신경계는 기능적으로 구심성 신경과 (　　　) 신경으로 구분된다.

※ ○ 또는 ×

3. 대뇌의 좌우 반구의 겉질은 각각 몸의 반대쪽을 담당한다. (　　　)

4. 대뇌의 겉질은 백색질이다. (　　　)

정답
1. 중추
2. 원심성
3. ○
4. ×

1 신경계

(1) 신경계의 구성

① 사람의 신경계는 크게 몸 밖과 안의 정보를 받아들여 통합하고 처리하는 중추 신경계와 정보를 중추 신경계에 전달하고 중추 신경계의 명령을 반응 기관으로 전달하는 말초 신경계로 구분된다.

② 중추 신경계는 뇌와 척수로 구분된다.

③ 말초 신경계는 해부학적으로 뇌와 연결된 뇌 신경과 척수와 연결된 척수 신경으로 구분되며, 기능적으로 구심성 신경(감각 신경)과 원심성 신경(운동 신경)으로 구분된다.

④ 원심성 신경(운동 신경)은 골격근에 명령을 전달하는 체성 신경과 심장근, 내장근, 분비샘에 명령을 전달하는 자율 신경으로 구분된다.

⑤ 자율 신경은 길항 작용을 하는 교감 신경과 부교감 신경으로 구분된다.

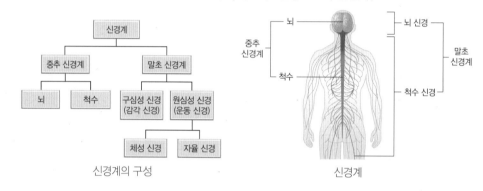

신경계의 구성 　　　　　신경계

2 중추 신경계

(1) 뇌: 사람의 뇌는 대뇌, 소뇌, 간뇌, 중간뇌, 뇌교, 연수로 구성된다.

① 대뇌

· 좌우 2개의 반구로 나누어지며 표면에 주름이 많아 표면적이 넓다.

· 좌우 반구의 겉질은 각각 몸의 반대쪽을 담당하므로 정보를 받아들이는 경로와 명령이 전달되는 경로가 좌우 교차된다.

· 언어, 기억, 추리, 상상, 감정 등의 고등 정신 활동과 감각, 수의(의식적) 운동의 중추이다.

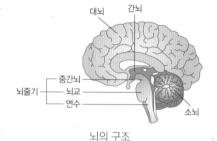

뇌의 구조

· 대뇌 겉질은 뉴런의 신경 세포체가 모인 회색질이며, 기능에 따라 감각령, 연합령, 운동령으로, 위치에 따라 전두엽, 두정엽, 측두엽, 후두엽으로 구분된다.

· 대뇌 속질은 주로 뉴런의 축삭 돌기가 모인 백색질이다. 대뇌 속질의 일부 신경 섬유에서 좌반구와 우반구가 연결되어 정보 교환이 이루어진다.

🧪 **탐구자료 살펴보기** ▷ 대뇌 기능의 분업화

탐구 과정

① 방사성 동위 원소가 포함된 물질과 이 물질이 활발히 사용되는 뇌의 부위를 확인할 수 있는 장치를 준비한다.

② 다양한 신체 활동을 하면서 대뇌 겉질 중 어느 부위가 활성화되는지 확인한다.

탐구 결과

그림 (가)는 여러 가지 신체 활동을 할 때 대뇌 겉질 중 물질대사가 활발한 부위를, (나)는 이 방법을 비롯한 여러 가지 연구를 통해 알아낸 대뇌 겉질의 영역별 기능을 나타낸 것이다.

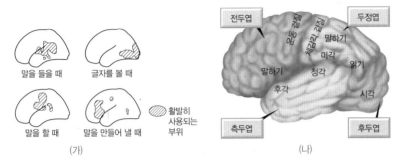

탐구 point

• 말을 들을 때는 측두엽 부분의 청각 영역이 활성화된다.

• 글자를 볼 때는 후두엽 부분의 시각 영역이 활성화된다.

• 말을 할 때와 말을 만들어 낼 때는 공통적으로 전두엽의 일부가 활성화된다.

• 대뇌 겉질은 부위에 따라 기능이 분업화되어 있다.

② 소뇌

• 대뇌 뒤쪽 아래에 위치하며 좌우 2개의 반구로 나누어진다.

• 대뇌에서 시작된 수의 운동이 정확하고 원활하게 일어나도록 조절한다.

• 평형 감각 기관으로부터 오는 정보에 따라 몸의 자세와 균형 유지를 담당하는 몸의 평형 유지 중추이다.

③ 간뇌

• 대뇌와 중간뇌 사이, 소뇌 앞에 위치하며 시상과 시상 하부로 구분된다.

• 시상은 후각 이외의 자극, 특히 척수나 연수로부터 오는 감각 신호를 대뇌 겉질의 적합한 부위로 보내는 역할을 한다.

• 시상 하부는 자율 신경과 내분비샘의 조절 중추로 체온, 혈당량, 혈장 삼투압 조절 등 항상성 조절에 중요한 역할을 한다.

④ 중간뇌

• 간뇌의 아래쪽과 뇌교의 위쪽 사이에 위치하며 뇌 중에 크기가 제일 작다.

• 소뇌와 함께 몸의 평형을 조절한다.

• 홍채를 이용한 동공의 크기 조절과 안구 운동의 중추이다.

• 뇌교, 연수와 함께 뇌줄기를 구성한다.

⑤ 뇌교

• 중간뇌의 아래쪽과 연수의 위쪽 사이에 위치한다. 소뇌의 좌우 반구를 다리처럼 연결하고 있다.

• 소뇌와 대뇌 사이의 정보 전달을 중계하며, 호흡 운동의 조절에 관여한다.

개념 체크

○ **소뇌**

• 좌우 2개 반구로 나뉨

• 수의 운동 조절

• 몸의 평형 유지 중추

○ **간뇌**

• 시상과 시상 하부로 구분됨

• 시상 하부는 체온, 혈당량, 혈장 삼투압 조절 중추

○ **중간뇌**

• 소뇌와 함께 몸의 평형 조절

• 동공 크기 조절과 안구 운동의 중추

• 뇌교, 연수와 함께 뇌줄기 구성

○ **뇌교**

• 소뇌와 대뇌 사이의 정보 전달을 중계

• 호흡 운동의 조절에 관여

1. (　　　)는 대뇌에서 시작된 수의 운동이 정확하고 원활하게 일어나도록 조절한다.

2. 간뇌는 시상과 (　　　)로 구분된다.

※ ○ 또는 ×

3. 간뇌는 뇌줄기를 구성한다.
(　　　)

4. 중간뇌는 소뇌와 함께 몸의 평형을 조절한다.
(　　　)

정답

1. 소뇌

2. 시상 하부

3. ×

4. ○

개념 체크

○ **연수**
• 대뇌와 연결되는 대부분의 신경이 교차됨
• 심장 박동, 호흡 운동, 소화 운동, 소화액 분비 등을 조절하는 중추
• 기침, 재채기, 하품, 침 분비 등에 관여

○ **척수**
• 뇌와 척수 신경 사이에서 정보 전달
• 겉질(백색질), 속질(회색질)

○ **의식적인 반응**
대뇌의 판단과 명령에 따라 일어나는 행동

○ **무조건 반사**
• 중간뇌, 연수, 척수 등이 반사의 중추
• 의식적인 반응에 비해 반응 속도가 빠름

1. 연수는 대뇌와 연결되는 대부분의 신경이 (   ) 되는 장소이다.

2. 척수의 겉질은 주로 축삭 돌기로 이루어진 (   ) 이다.

※ ○ 또는 ×

3. 척추의 마디마다 배 쪽으로는 구심성 뉴런(감각 뉴런) 다발이 좌우로 1개씩 전근을 이룬다.   (   )

4. 재채기, 하품, 침 분비의 반사 중추는 척수이다.
                    (   )

정답
1. 교차
2. 백색질
3. ×
4. ×

⑥ **연수**
  • 뇌교의 아래쪽과 척수의 위쪽 사이에 위치하며, 대뇌와 연결되는 대부분의 신경이 교차되는 장소이다.
  • 심장 박동, 호흡 운동, 소화 운동, 소화액 분비 등을 조절하는 중추이며, 기침, 재채기, 하품, 침 분비 등에도 관여한다.

(2) 척수
① 뇌와 척수 신경 사이에서 정보를 전달하는 역할을 한다.
② 대뇌와 달리 척수의 겉질은 주로 축삭 돌기로 이루어진 백색질이고, 속질은 신경 세포체로 이루어진 회색질이다.
③ 척추의 마디마다 배 쪽으로는 원심성 뉴런(운동 뉴런) 다발이 좌우로 1개씩 전근을 이루고, 등 쪽으로 구심성 뉴런(감각 뉴런) 다발이 좌우로 1개씩 후근을 이룬다.

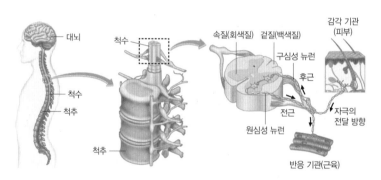

척수의 구조와 흥분 전달 경로

(3) 의식적인 반응과 무조건 반사
① **의식적인 반응**: 대뇌의 판단과 명령에 따라 일어나는 행동이다.
② **무조건 반사**: 반응의 중추가 대뇌가 아니라 중간뇌, 연수, 척수 등이며, 주로 자극에 대해 무의식적이고 순간적인 반응을 일으키며, 의식적인 반응에 비해 반응 속도가 빠르다.

반사	중추	반응
중간뇌 반사	중간뇌	동공 반사, 안구 운동 등
연수 반사	연수	재채기, 하품, 침 분비 등
척수 반사	척수	무릎 반사, 회피 반사, 배변·배뇨 반사 등

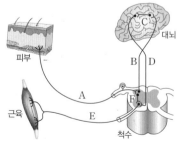

• 의식적인 반응의 경로:
  $A \rightarrow B \rightarrow C \rightarrow D \rightarrow E$
• 척수 반사의 경로:
  $A \rightarrow F \rightarrow E$

의식적인 반응과 척수 반사의 경로

3 말초 신경계

(1) 뇌 신경과 척수 신경
① 뇌와 주변 기관 사이를 연결하고 있는 신경을 뇌 신경이라고 하며, 좌우 12쌍으로 구성된다.
② 척수와 주변 기관 사이를 연결하고 있는 신경을 척수 신경이라고 하며, 좌우 31쌍으로 구성된다.

(2) 구심성 신경(감각 신경): 감각 기관에서 수용한 자극을 중추 신경계로 전달한다.

(3) 원심성 신경(운동 신경)
① 중추 신경계의 명령을 반응 기관으로 전달한다.
② 원심성 신경(운동 신경)에는 체성 신경과 자율 신경이 있다.
③ 체성 신경
  • 주로 대뇌의 지배를 받으며, 골격근에 아세틸콜린을 분비하여 명령을 전달한다.
  • 중추 신경계와 반응 기관 사이에서 하나의 신경이 명령을 전달하며 신경절이 없다.
④ 자율 신경
  • 대뇌의 직접적인 지배를 받지 않으며 중간뇌, 연수, 척수의 명령을 심장근, 내장근, 분비샘 등에 전달한다.
  • 교감 신경과 부교감 신경은 심장근, 내장근, 분비샘 등의 반응 기관에 연결되며, 일반적으로 길항 작용을 하면서 반응 기관을 조절한다.
  • 대부분 중추 신경계와 반응 기관 사이에 하나의 신경절이 존재한다.
  • 교감 신경: 척수와 연결되어 있으며, 신경절 이전 뉴런의 축삭 돌기 말단에서는 아세틸콜린이, 신경절 이후 뉴런의 축삭 돌기 말단에서는 노르에피네프린이 분비된다. 일반적으로 신경절 이전 뉴런이 신경절 이후 뉴런보다 짧다.
  • 부교감 신경: 중간뇌, 연수, 척수와 연결되어 있으며, 신경절 이전 뉴런과 신경절 이후 뉴런의 축삭 돌기 말단에서 모두 아세틸콜린이 분비된다. 신경절 이전 뉴런이 신경절 이후 뉴런보다 길다.

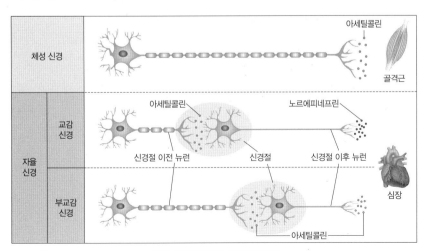

체성 신경과 자율 신경의 비교

개념 체크

○ 뇌 신경과 척수 신경
뇌 신경은 좌우 12쌍, 척수 신경은 좌우 31쌍으로 구성됨

○ 구심성 신경(감각 신경)
감각 기관에서 수용한 자극을 중추 신경계로 전달

○ 원심성 신경(운동 신경)
• 중추 신경계의 명령을 반응 기관으로 전달
• 체성 신경은 주로 대뇌의 지배를 받음
• 자율 신경은 대뇌의 지배를 받지 않음
• 자율 신경은 교감 신경, 부교감 신경으로 구성되며, 중추 신경계와 반응 기관 사이에 하나의 신경절이 존재
• 교감 신경: 척수와 연결되어 있음, 신경절 이전 뉴런이 신경절 이후 뉴런보다 짧음
• 부교감 신경: 중간뇌, 연수, 척수와 연결되어 있음, 신경절 이전 뉴런이 신경절 이후 뉴런보다 길

1. 원심성 신경(운동 신경)에는 체성 신경과 (   ) 신경이 있다.

2. 체성 신경은 골격근에 (   )을 분비하여 명령을 전달한다.

※ ○ 또는 ×

3. 교감 신경의 신경절 이전 뉴런의 축삭 돌기 말단에서 노르에피네프린이 분비된다.　(   )

4. 부교감 신경의 신경절 이전 뉴런은 신경절 이후 뉴런보다 길다.　(   )

정답
1. 자율
2. 아세틸콜린
3. ×
4. ○

개념 체크

○ 교감 신경
신경절 이전 뉴런의 축삭 돌기 말
단에서는 아세틸콜린이, 신경절
이후 뉴런의 축삭 돌기 말단에서
는 노르에피네프린이 분비됨

○ 부교감 신경
신경절 이전 뉴런과 신경절 이후
뉴런의 축삭 돌기 말단에서 모두
아세틸콜린이 분비됨

1. 교감 신경은 소화 작용을
   (   )한다.

2. 부교감 신경은 방광을
   (   )시킨다.

※ ○ 또는 ×

3. 동공의 크기를 조절하는
   부교감 신경은 중간뇌와
   연결되어 있다.   (   )

4. 교감 신경과 부교감 신경
   은 일반적으로 길항 작용
   을 하면서 반응 기관을 조
   절한다.   (   )

부교감 신경과 교감 신경의 분포와 기능

정답

1. 억제
2. 수축
3. ○
4. ○

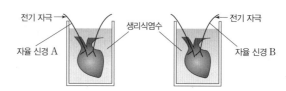

🧪 **탐구자료 살펴보기** ▶ **자율 신경에 의한 심장 박동 조절**

탐구 과정

① 자율 신경 A와 B가 연결된 2개의 개구리 심장을 준비한다.
② 심장을 생리식염수가 담긴 비커에 넣는다.
③ A에 전기 자극을 준 후 심장 세포에서 활동 전위가 발생하는 빈도를 측정한다.
④ B에 전기 자극을 준 후 심장 세포에서 활동 전위가 발생하는 빈도를 측정한다.

탐구 결과

A를 자극하였을 때보다 B를 자극하였을 때 심장 세포에서 활동 전위의 발생 빈도가 낮게 나타났다.

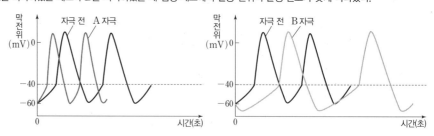

탐구 point

• A는 심장 박동을 촉진하는 데 관여하는 교감 신경이다.
• B는 심장 박동을 억제하는 데 관여하는 부교감 신경이다.

4 신경계의 이상과 질환

(1) 중추 신경계 이상

① **알츠하이머병**: 대뇌 기능의 저하로 기억력과 인지 기능이 약화되는 질환이다.

② **파킨슨병**: 중간뇌에서 분비되는 신경 전달 물질 중 도파민의 분비 이상으로 몸이 경직되고 자세가 불안정해지는 질환이다.

(2) 운동 신경 이상

① **근위축성 측삭 경화증**: 골격근을 조절하는 체성 신경이 파괴되어 근육이 경직되고 경련을 일으키며 점차 약해지는 질환이다.

알츠하이머병

파킨슨병

근위축성 측삭 경화증

개념 체크

◉ **중추 신경계 이상**
· 알츠하이머병: 대뇌 기능의 저하로 나타남
· 파킨슨병: 중간뇌에서 도파민의 분비 이상으로 나타남

◉ **운동 신경 이상**
근위축성 측삭 경화증은 골격근을 조절하는 체성 신경이 파괴되어 나타남

1. 알츠하이머병은 (   )의 기능 저하로 기억력과 인지 기능이 약화되는 질환이다.

2. 근위축성 측삭 경화증은 골격근을 조절하는 (   ) 신경이 파괴되어 근육이 경직되고 경련을 일으키며 점차 약해지는 질환이다.

※ ○ 또는 ×

3. 파킨슨병은 중추 신경계 이상으로 나타나는 질환이다.
(   )

4. 알츠하이머 환자는 정상인보다 뇌의 활동성이 낮은 부위가 많다. (   )

탐구자료 살펴보기 ▶ 알츠하이머 진단

탐구 과정

① PET 스캔 장비를 이용하여 정상인, 가벼운 인지 장애인, 알츠하이머 환자의 뇌를 스캔한다.
※ PET(양전자 방출 단층 촬영): PET 스캔은 방사성 양전자를 이용하여 신체의 물질대사와 화학적인 활성 정도를 관찰하는 기술이다. 방사성 동위 원소로 표지된 포도당을 주입한 후 이 포도당이 활발히 소모되는 부분을 분석할 수 있다.

② 각각의 스캔 이미지를 비교하여 알츠하이머 질환과 관련된 대뇌 겉질 부분을 분석한다.

탐구 결과

그림은 정상인, 가벼운 인지 장애인, 알츠하이머 환자의 PET 스캔 이미지를 나타낸 것이다.

활동성 최대

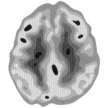
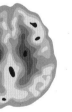

활동성 최소

정상인

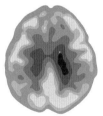

가벼운 인지 장애인

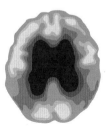

알츠하이머 환자

탐구 point

· 뇌의 활동성이 낮은 부위는 알츠하이머 환자 > 가벼운 인지 장애인 > 정상인 순서로 많다.
· 알츠하이머 환자는 두정엽, 측두엽, 전두엽 등의 대뇌 겉질에 이상이 있다.

정답

1. 대뇌
2. 체성
3. ○
4. ○

01 그림은 사람의 신경계를 구분하여 나타낸 것이다.

[24025-0081]

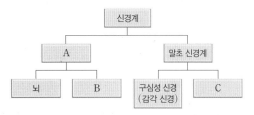

이에 대한 설명으로 옳은 것만을 〈보기〉에서 있는 대로 고른 것은?

●보기●
ㄱ. A는 정보를 받아들여 통합하고 처리한다.
ㄴ. B의 속질은 백색질이다.
ㄷ. 자율 신경은 C에 속한다.

① ㄴ ② ㄷ ③ ㄱ, ㄴ ④ ㄱ, ㄷ ⑤ ㄱ, ㄴ, ㄷ

02 표 (가)는 사람의 중추 신경계를 구성하는 구조에서 나타나는 4가지 특징을, (나)는 (가)의 특징 중 ㉠~㉣에서 나타나는 특징의 개수를 나타낸 것이다. ㉠~㉣은 대뇌, 소뇌, 간뇌, 중간뇌를 순서 없이 나타낸 것이다.

[24025-0082]

특징
• 좌우 2개의 반구가 있다.
• 정신 활동의 중추이다.
• 연합 뉴런이 있다.
• 동공 반사의 중추이다.

(가)

구분	특징의 개수
㉠	3
㉡	ⓐ
㉢	ⓑ
㉣	1

(나)

이에 대한 설명으로 옳은 것만을 〈보기〉에서 있는 대로 고른 것은?

●보기●
ㄱ. ㉠의 겉질은 회색질이다.
ㄴ. ⓐ+ⓑ=4이다.
ㄷ. ㉣은 항상성 조절에 중요한 역할을 한다.

① ㄴ ② ㄷ ③ ㄱ, ㄴ ④ ㄱ, ㄷ ⑤ ㄱ, ㄴ, ㄷ

03 그림 (가)는 여러 가지 신체 활동을 할 때 대뇌 겉질 중 활발히 사용되는 부위를, (나)는 대뇌 겉질의 영역별 기능을 나타낸 것이다. ㉠~㉣은 두정엽, 전두엽, 측두엽, 후두엽을 순서 없이 나타낸 것이다.

[24025-0083]

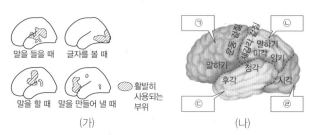

이에 대한 설명으로 옳은 것만을 〈보기〉에서 있는 대로 고른 것은?

●보기●
ㄱ. ㉠은 전두엽이다.
ㄴ. 글자를 볼 때는 ㉣의 시각 영역이 활성화된다.
ㄷ. 말을 할 때와 말을 만들어 낼 때는 공통적으로 ㉠의 일부가 활성화된다.

① ㄴ ② ㄷ ③ ㄱ, ㄴ ④ ㄱ, ㄷ ⑤ ㄱ, ㄴ, ㄷ

04 다음은 사람의 중추 신경계를 구성하는 구조 A의 특징에 대한 설명이다.

[24025-0084]

• 대뇌와 연결되는 대부분의 신경이 교차되는 장소이다.
• ㉠, 소화 운동 등을 조절하는 중추이다.
• ⓐ기침, 재채기, 하품 등에 관여한다.

이에 대한 설명으로 옳은 것만을 〈보기〉에서 있는 대로 고른 것은?

●보기●
ㄱ. A는 뇌줄기를 구성한다.
ㄴ. '혈장 삼투압'은 ㉠에 해당한다.
ㄷ. ⓐ는 무조건 반사에 해당한다.

① ㄴ ② ㄷ ③ ㄱ, ㄴ ④ ㄱ, ㄷ ⑤ ㄱ, ㄴ, ㄷ

05 그림은 척수의 단면과 척수에 연결된 뉴런을 나타낸 것이다. B는 척수의 겉질과 속질 중 하나이다.

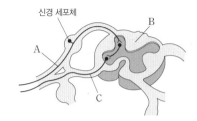

이에 대한 설명으로 옳은 것만을 〈보기〉에서 있는 대로 고른 것은?

● 보기 ●
ㄱ. A는 원심성 뉴런(운동 뉴런)이다.
ㄴ. B는 백색질이다.
ㄷ. C는 후근을 구성한다.

① ㄱ ② ㄴ ③ ㄱ, ㄴ ④ ㄱ, ㄷ ⑤ ㄴ, ㄷ

[24025-0086]

06 그림은 사람에서 자극에 의한 반응이 일어날 때 흥분 전달 경로의 일부를 나타낸 것이다.

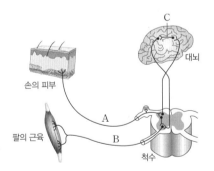

이에 대한 설명으로 옳은 것만을 〈보기〉에서 있는 대로 고른 것은?

● 보기 ●
ㄱ. A와 B는 모두 말초 신경계에 속한다.
ㄴ. C는 연합 뉴런이다.
ㄷ. 압정에 손이 찔리는 자극에 의해 발생한 흥분은 A에서 C로 전달되지 않는다.

① ㄴ ② ㄷ ③ ㄱ, ㄴ ④ ㄱ, ㄷ ⑤ ㄱ, ㄴ, ㄷ

[24025-0087]

07 그림은 무릎 반사가 일어날 때 흥분 전달 경로를 나타낸 것이다.

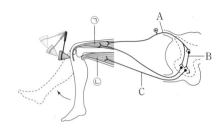

이에 대한 설명으로 옳은 것만을 〈보기〉에서 있는 대로 고른 것은?

● 보기 ●
ㄱ. A의 흥분에 의해 ㉠이 수축한다.
ㄴ. B와 C는 모두 체성 신경에 속한다.
ㄷ. 이 반사 과정에서 ㉡은 수축한다.

① ㄱ ② ㄴ ③ ㄱ, ㄴ ④ ㄱ, ㄷ ⑤ ㄴ, ㄷ

[24025-0088]

08 그림은 사람의 신경계를 구분하여 나타낸 것이다. A~D는 뇌, 뇌 신경, 척수, 척수 신경을 순서 없이 나타낸 것이다.

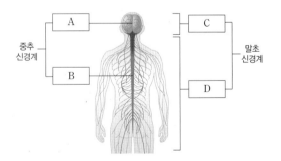

이에 대한 설명으로 옳은 것만을 〈보기〉에서 있는 대로 고른 것은?

● 보기 ●
ㄱ. A는 뇌 신경이다.
ㄴ. C는 연합 뉴런으로 구성되어 있다.
ㄷ. D는 좌우 31쌍으로 구성된다.

① ㄴ ② ㄷ ③ ㄱ, ㄴ ④ ㄱ, ㄷ ⑤ ㄱ, ㄴ, ㄷ

09 그림은 골격근에 연결된 뉴런 A를 나타낸 것이다. ㉠은 A에 역치 이상의 자극이 주어졌을 때 분비되는 신경 전달 물질이다.

[24025-0089]

이에 대한 설명으로 옳은 것만을 〈보기〉에서 있는 대로 고른 것은?

┌─ 보기 ─────────────────────────────┐
│ ㄱ. A는 원심성 신경(운동 신경)에 속한다.   │
│ ㄴ. ㉠은 아세틸콜린이다.   │
│ ㄷ. A에서 흥분이 전도될 때 도약전도가 일어난다.   │
└───────────────────────────────────┘

① ㄴ   ② ㄷ   ③ ㄱ, ㄴ   ④ ㄱ, ㄷ   ⑤ ㄱ, ㄴ, ㄷ

10 그림은 중추 신경계를 구성하는 기관 X와 홍채, 심장, 방광 각각에 연결된 자율 신경이 중추 신경계를 구성하는 기관 X에 연결된 경로를 나타낸 것이다. ㉠~㉢은 모두 (가)이며, (가)는 교감 신경과 부교감 신경 중 하나이다. A~C는 홍채, 심장, 방광 각각과 연결된 신경의 신경절 이전 뉴런이다. X는 뇌와 척수 중 하나이고, ㉠~㉢에 각각 하나의 신경절이 있다.

[24025-0090]

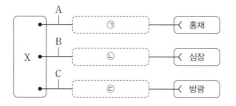

이에 대한 설명으로 옳은 것만을 〈보기〉에서 있는 대로 고른 것은?

┌─ 보기 ─────────────────────────────┐
│ ㄱ. ㉠은 뇌 신경에 속한다.   │
│ ㄴ. B의 축삭 돌기 말단에서는 아세틸콜린이 분비된다.   │
│ ㄷ. C의 축삭 돌기 말단의 신경 전달 물질 분비가 촉진되   │
│   면 방광이 수축한다.   │
└───────────────────────────────────┘

① ㄴ   ② ㄷ   ③ ㄱ, ㄴ   ④ ㄱ, ㄷ   ⑤ ㄱ, ㄴ, ㄷ

11 그림은 중추 신경계와 반응 기관을 연결하는 자율 신경 A의 흥분 발생 빈도가 증가할 때 각 반응 기관에서 일어나는 반응을 나타낸 것이다. ㉠과 ㉡은 각각 억제와 촉진 중 하나이다.

[24025-0091]

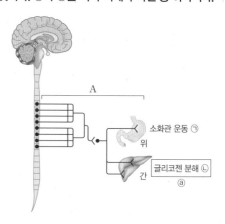

이에 대한 설명으로 옳은 것만을 〈보기〉에서 있는 대로 고른 것은?

┌─ 보기 ─────────────────────────────┐
│ ㄱ. A는 원심성 뉴런(운동 뉴런)으로 구성된다.   │
│ ㄴ. ㉠은 억제이다.   │
│ ㄷ. 에피네프린은 ⓐ에 관여한다.   │
└───────────────────────────────────┘

① ㄴ   ② ㄷ   ③ ㄱ, ㄴ   ④ ㄱ, ㄷ   ⑤ ㄱ, ㄴ, ㄷ

12 그림은 자율 신경 A와 B를 나타낸 것이다. ㉠~㉢은 신경 전달 물질이고, ㉡과 ㉢은 서로 다른 물질이다.

[24025-0092]

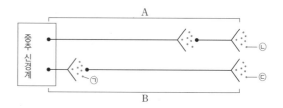

이에 대한 설명으로 옳은 것만을 〈보기〉에서 있는 대로 고른 것은?

┌─ 보기 ─────────────────────────────┐
│ ㄱ. A에는 연합 뉴런이 있다.   │
│ ㄴ. B의 신경절 이전 뉴런의 신경 세포체는 척수의 회색   │
│   질에 있다.   │
│ ㄷ. ㉢은 노르에피네프린이다.   │
└───────────────────────────────────┘

① ㄱ   ② ㄴ   ③ ㄱ, ㄷ   ④ ㄴ, ㄷ   ⑤ ㄱ, ㄴ, ㄷ

13 그림 (가)는 심장 및 심장과 연결된 혈관에 연결된 신경 A~C가 중추 신경계에 연결된 경로를, (나)는 동맥 혈압의 변화에 따른 압력 수용체 신경(감각 신경)과 자율 신경의 흥분 발생 빈도를 나타낸 것이다. A~C는 교감 신경, 부교감 신경, 압력 수용체 신경을 순서 없이 나타낸 것이다.

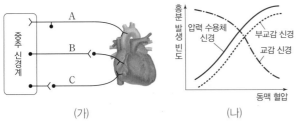

(가)   (나)

이에 대한 설명으로 옳은 것만을 〈보기〉에서 있는 대로 고른 것은?

● 보기 ●
ㄱ. A는 구심성 신경(감각 신경)에 속한다.
ㄴ. B의 신경절 이전 뉴런의 신경 세포체는 연수에 있다.
ㄷ. 동맥 혈압이 감소하면 C의 흥분 발생 빈도는 감소한다.

① ㄴ   ② ㄷ   ③ ㄱ, ㄴ   ④ ㄱ, ㄷ   ⑤ ㄱ, ㄴ, ㄷ

14 그림은 어떤 환자에서 척수의 왼쪽 전체가 손상된 모습을 나타낸 것이다. 이 환자는 감각 및 운동 기능 일부가 정상적으로 일어나지 않으며, 오른쪽 다리를 만졌을 때 감각을 느낄 수 있다.

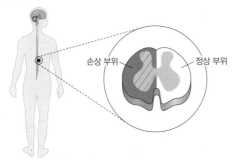

손상 부위   정상 부위

이 환자에 대한 설명으로 옳은 것만을 〈보기〉에서 있는 대로 고른 것은? (단, 제시된 손상 이외는 고려하지 않는다.)

● 보기 ●
ㄱ. 동공 반사가 일어나지 않는다.
ㄴ. 왼손을 움직일 수 없다.
ㄷ. 오른쪽 다리를 만졌을 때 발생한 흥분은 오른쪽 척수를 통해 대뇌로 전달될 수 있다.

① ㄱ   ② ㄷ   ③ ㄱ, ㄴ   ④ ㄴ, ㄷ   ⑤ ㄱ, ㄴ, ㄷ

15 그림은 여러 가지 자극에 대한 반응의 경로를, 표는 일상생활에서의 자극에 대한 반응의 예를 나타낸 것이다. A~I는 뉴런이며, ㉠~㉤은 눈, 입, 발의 피부, 팔의 골격근, 다리의 골격근을 순서 없이 나타낸 것이다.

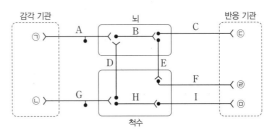

구분	자극에 대한 반응의 예
(가)	바닥에 놓여 있는지 모른 상태로 안경을 밟고 자신도 모르게 발을 떼었다.
(나)	날아오는 셔틀콕을 보고 팔을 휘둘러 라켓 중심에 셔틀콕을 맞추는 운동을 하였다.

이에 대한 설명으로 옳은 것만을 〈보기〉에서 있는 대로 고른 것은? (단, 제시된 반응 경로 이외는 고려하지 않는다.)

● 보기 ●
ㄱ. B는 뇌 신경이다.
ㄴ. (가)에서 흥분은 ㉡ → G → H → I → ㉤으로 전달된다.
ㄷ. (나)에서 반응 기관은 ㉣이다.

① ㄱ   ② ㄴ   ③ ㄱ, ㄴ   ④ ㄱ, ㄷ   ⑤ ㄴ, ㄷ

16 다음은 신경계 질환인 파킨슨병에 대한 설명이다. ㉠은 소뇌와 중간뇌 중 하나이다.

• ㉠에서 ⓐ도파민이라는 신경 전달 물질의 분비 이상으로 나타나는 퇴행성 질환이다.
• ⓑ몸이 경직되고 자세가 불안정해지는 증상이 있다.

이에 대한 설명으로 옳은 것만을 〈보기〉에서 있는 대로 고른 것은?

● 보기 ●
ㄱ. ㉠은 뇌줄기에 속한다.
ㄴ. 정상인에서 ⓐ는 도파민을 분비하는 뉴런의 축삭 돌기 말단에 존재하는 시냅스 소포에 있다.
ㄷ. ⓑ는 근위축성 측삭 경화증에서도 나타나는 증상이다.

① ㄴ   ② ㄷ   ③ ㄱ, ㄴ   ④ ㄱ, ㄷ   ⑤ ㄱ, ㄴ, ㄷ

[24025-0097]

신경계는 중추 신경계와 말초 신경계로 나뉘며, 중추 신경계는 뇌와 척수로 나뉘고, 말초 신경계는 기능적으로 구심성 신경(감각 신경)과 원심성 신경(운동 신경)으로 나뉜다. 원심성 신경(운동 신경)에는 체성 신경과 자율 신경이 있다.

01 그림은 사람의 신경계를 구분하여 나타낸 것이다. A~E는 척수, 교감 신경, 자율 신경, 부교감 신경, 원심성 신경(운동 신경)을 순서 없이 나타낸 것이다.

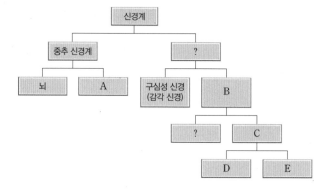

이에 대한 설명으로 옳은 것만을 〈보기〉에서 있는 대로 고른 것은?

● 보기 ●
ㄱ. A는 좌우 31쌍으로 구성된다.
ㄴ. B는 원심성 신경(운동 신경)이다.
ㄷ. D와 E의 각 신경절 이후 뉴런의 축삭 돌기 말단에서 분비되는 물질은 같다.

① ㄴ   ② ㄷ   ③ ㄱ, ㄴ   ④ ㄱ, ㄷ   ⑤ ㄱ, ㄴ, ㄷ

[24025-0098]

중간뇌는 동공 크기 조절의 중추이고, 중간뇌, 뇌교, 연수는 뇌줄기에 속한다.

02 그림 (가)는 중추 신경계의 구조를, (나)는 빛의 세기에 따른 동공 크기의 변화를 나타낸 것이다. A~E는 간뇌, 대뇌, 소뇌, 연수, 중간뇌를 순서 없이 나타낸 것이다.

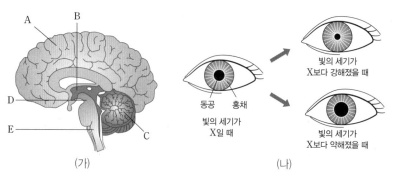

(가)   (나)

이에 대한 설명으로 옳은 것만을 〈보기〉에서 있는 대로 고른 것은?

● 보기 ●
ㄱ. A와 C는 모두 좌우 2개의 반구로 나누어진다.
ㄴ. B는 (나)에서 일어나는 반응의 중추이다.
ㄷ. D와 E는 모두 뇌줄기에 속한다.

① ㄴ   ② ㄷ   ③ ㄱ, ㄴ   ④ ㄱ, ㄷ   ⑤ ㄱ, ㄴ, ㄷ

뇌량은 대뇌의 좌반구와 우반구를 연결하는 전달 통로이며, 뇌량을 절제하면 대뇌의 좌반구와 우반구에서 처리되는 각각의 정보를 공유할 수 없다.

[24025-0099]

03 다음은 어떤 과학자의 대뇌에 대한 연구이다.

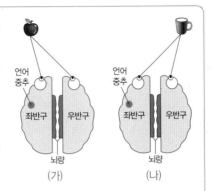

- 뇌량은 대뇌의 좌반구와 우반구를 연결하는 정보의 전달 통로이다.
- 시각 정보는 시야에 따라 어떤 한쪽 뇌반구에서만 처리된다.
- 대뇌에서 처리된 시각 정보에 대해 말하기 위해서는 시각 정보가 언어 중추로 전달되어야 한다.
- 그림은 뇌량 절제 수술을 받은 환자 P의 시각 인지 검사 (가)와 (나)를 나타낸 것이다.

[검사 과정]

① P는 화면 중앙의 점에 시선을 고정한다.

② 화면의 왼쪽이나 오른쪽에 사물의 영상을 0.1초 정도 비춰준 다음 무엇을 보았는지 묻는다.

[검사 결과]

- (가)의 결과 사과에 대한 시각 정보는 좌반구와 우반구 중 하나에서만 처리되었고, P는 본 것이 없다고 답했다. (나)의 결과 컵에 대한 시각 정보는 좌반구와 우반구 중 하나에서만 처리되었고, P는 컵을 보았다고 답했다.

이에 대한 설명으로 옳은 것만을 〈보기〉에서 있는 대로 고른 것은? (단, 제시된 조건 이외는 고려하지 않는다.)

● 보기 ●

ㄱ. 사과와 컵에 대한 시각 정보는 대뇌 겉질에서 처리된다.

ㄴ. (나)에서 컵에 대한 시각 정보는 우반구에서 처리된다.

ㄷ. (가)에서 사과에 대한 시각 정보는 언어 중추로 전달되지 않았다.

① ㄱ   ② ㄴ   ③ ㄱ, ㄷ   ④ ㄴ, ㄷ   ⑤ ㄱ, ㄴ, ㄷ

[24025-0100]

04 그림은 눈, 방광, 심장, 위 각각에 연결된 자율 신경이 중추 신경계와 연결된 경로를 나타낸 것이다. (가)~(다)는 연수, 척수, 중간뇌를 순서 없이 나타낸 것이고, I 에 있는 교감 신경과 부교감 신경의 수는 같다. ⓐ는 억제와 촉진 중 하나이다.

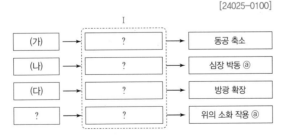

이에 대한 설명으로 옳은 것만을 〈보기〉에서 있는 대로 고른 것은?

● 보기 ●

ㄱ. (가)는 중간뇌이다.   ㄴ. (나)는 뇌줄기에 속한다.   ㄷ. ⓐ는 촉진이다.

① ㄱ   ② ㄴ   ③ ㄱ, ㄴ   ④ ㄱ, ㄷ   ⑤ ㄴ, ㄷ

부교감 신경은 동공을 축소시키고 심장 박동을 억제한다. 교감 신경은 방광을 확장시키고 위의 소화 작용을 억제시킨다.

무조건 반사는 자극에 대해 무의식적이고 순간적인 반응을 일으키며, 일반적으로 의식적인 반응에 비해 반응 속도가 빠르다.

[24025-0101]

05 그림은 깨진 접시 조각에 발이 찔리는 자극에 의해 일어나는 반응을 나타낸 것이다. A~C는 뉴런이다.

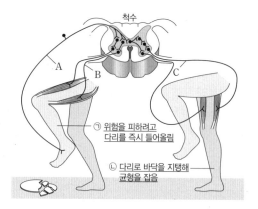

이에 대한 설명으로 옳은 것만을 〈보기〉에서 있는 대로 고른 것은?

● 보기 ●
ㄱ. A~C는 모두 말초 신경계에 속한다.
ㄴ. ㉠ 반응의 중추는 척수이다.
ㄷ. 소뇌는 ㉡ 반응에 관여한다.

① ㄱ   ② ㄷ   ③ ㄱ, ㄴ   ④ ㄴ, ㄷ   ⑤ ㄱ, ㄴ, ㄷ

척수 반사의 예로는 무릎 반사, 배뇨 반사 등이 있고, 연수 반사의 예로는 재채기, 하품, 침 분비 등이 있다.

[24025-0102]

06 표는 일상생활에서의 자극에 대한 반응의 예를 나타낸 것이다. ⓐ는 교감 신경과 부교감 신경 중 하나이다.

구분	자극에 대한 반응의 예
(가)	사탕을 먹으면 자신도 모르게 침이 다량 분비된다.
(나)	방광에 오줌이 채워져 방광 벽이 늘어나 흥분이 발생하면 방광 벽에 연결된 ㉠구심성 신경(감각 신경)을 통해 흥분이 척수에 전달된다. 척수는 ⓐ를 통해 방광을 수축시키며, 배뇨 반사의 중추이다. 그러나 배뇨는 의식적인 조절이 가능한데, 요도의 골격근에 연결된 체성 신경을 통해 수의적으로 배뇨를 조절할 수 있다.

이에 대한 설명으로 옳은 것만을 〈보기〉에서 있는 대로 고른 것은?

● 보기 ●
ㄱ. (가) 반응의 중추는 연수이다.
ㄴ. ㉠은 척수의 전근을 이룬다.
ㄷ. ⓐ는 교감 신경이다.

① ㄱ   ② ㄷ   ③ ㄱ, ㄴ   ④ ㄴ, ㄷ   ⑤ ㄱ, ㄴ, ㄷ

[24025-0103]

07 그림은 소장, 심장, 골격근에 각각 연결된 말초 신경 (가)~(다)와 물질 X~Z를 투여하였을 때 작용 위치를, 표는 (가)~(다)에 각각 역치 이상의 자극을 준 후 X~Z의 투여 여부에 따라 (가)~(다)에 연결된 반응 기관에서 나타나는 변화를 나타낸 것이다. X~Z는 아세틸콜린의 작용을 저해하는 물질, 아세틸콜린 분해 효소를 저해하는 물질, 노르에피네프린의 작용을 저해하는 물질을 순서 없이 나타낸 것이다. 아세틸콜린 분해 효소는 아세틸콜린이 표적 기관에 작용하여 흥분이 일어나는 것을 막는다. (가)와 (나)는 교감 신경과 부교감 신경을 순서 없이 나타낸 것이고, ㉠과 ㉡은 각 신경의 신경절을 나타낸 것이다.

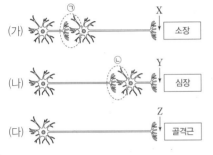

신경	(가)~(다)에 연결된 기관에서 나타나는 변화
(가)	X를 투여했을 때가 X를 투여하지 않았을 때보다 소장에서의 소화액 분비가 촉진된다.
(나)	ⓐ
(다)	Z를 투여했을 때가 Z를 투여하지 않았을 때보다 골격근의 수축이 더욱 강하게 일어난다.

이에 대한 설명으로 옳은 것만을 〈보기〉에서 있는 대로 고른 것은? (단, X~Z는 투여 지점에만 작용하며, 제시된 조건 이외는 고려하지 않는다.)

● 보기 ●
ㄱ. ㉠과 ㉡에 각각 작용하는 신경 전달 물질의 종류는 같다.
ㄴ. 'Y를 투여했을 때가 Y를 투여하지 않았을 때보다 심장 박동이 촉진된다.'는 ⓐ에 해당한다.
ㄷ. Z는 아세틸콜린의 작용을 저해하는 물질이다.

① ㄱ   ② ㄷ   ③ ㄱ, ㄴ   ④ ㄴ, ㄷ   ⑤ ㄱ, ㄴ, ㄷ

> 교감 신경의 신경절 이후 뉴런의 축삭 돌기 말단에서는 노르에피네프린이, 부교감 신경의 신경절 이후 뉴런의 축삭 돌기 말단과 골격근에 연결된 운동 뉴런의 축삭 돌기 말단에서는 아세틸콜린이 분비된다.

[24025-0104]

08 표는 신경계 질환 A~C의 원인과 주요 증상을 나타낸 것이다. A~C는 파킨슨병, 알츠하이머병, 근위축성 측삭 경화증을 순서 없이 나타낸 것이다. ㉠과 ㉡은 각각 중추 신경계와 말초 신경계 중 하나에 속한다.

질환	원인	주요 증상
A	㉠의 파괴	ⓐ
B	중간뇌에서 도파민 분비 부족	손발 떨림, 자세 불안정
C	㉡의 기능 저하	기억력 약화

이에 대한 설명으로 옳은 것만을 〈보기〉에서 있는 대로 고른 것은?

● 보기 ●
ㄱ. 대뇌의 신경 세포는 ㉠에 해당한다.
ㄴ. B는 근위축성 측삭 경화증이다.
ㄷ. 경련은 ⓐ에 해당한다.

① ㄱ   ② ㄷ   ③ ㄱ, ㄴ   ④ ㄴ, ㄷ   ⑤ ㄱ, ㄴ, ㄷ

> 중추 신경계의 이상으로 나타나는 질환의 예로는 알츠하이머병과 파킨슨병이 있고, 운동 신경의 이상으로 나타나는 질환의 예로는 근위축성 측삭 경화증이 있다.

06 항상성

● 신호 전달 속도는 호르몬의 작용이 신경의 작용보다 느리고, 효과는 호르몬의 작용이 신경의 작용보다 지속적이다.

1. 호르몬은 내분비샘에서 생성되어 별도의 분비관 없이 (　　)이나 조직액으로 분비된다.

2. 호르몬은 미량으로 생리 작용을 조절하며 부족하면 (　　)이, 많으면 (　　) 이 나타난다.

※ ○ 또는 ×

3. 땀을 분비하는 땀샘은 내분비샘이고, 호르몬을 분비하는 뇌하수체는 외분비샘이다. (　　)

4. 호르몬은 특정 호르몬 수용체가 있는 표적 세포(기관)에만 작용한다. (　　)

1 호르몬의 특성과 종류

(1) 호르몬의 특성

① 내분비샘에서 생성되어 혈액이나 조직액으로 분비된다.
② 혈액을 따라 이동하다가 특정 호르몬 수용체를 가진 표적 세포(기관)에 작용한다.
③ 미량으로 생리 작용을 조절하며 부족하면 결핍증이, 많으면 과다증이 나타난다.

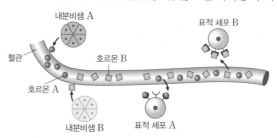

호르몬의 분비와 작용

> **과학 돋보기** **내분비샘과 외분비샘**
>
> • 내분비샘: 분비관 없이 분비물(호르몬 등)을 혈액이나 조직액으로 내보낸다. 예 뇌하수체, 갑상샘 등
> • 외분비샘: 분비관을 통해 분비물(소화액 등)을 체외로 내보낸다. 예 땀샘, 소화샘, 침샘, 눈물샘 등
>
>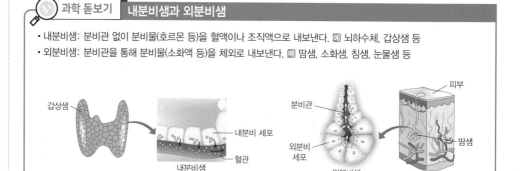

(2) 호르몬과 신경의 작용 비교

① **호르몬의 작용**: 혈액을 통해 온몸 구석구석 퍼져 멀리 떨어진 표적 세포(기관)에 신호를 전달하므로 신경의 작용보다 전달 속도가 느리고, 효과가 지속적이다.
② **신경의 작용**: 뉴런이나 시냅스를 통해 특정 세포(기관)로 신호를 전달하므로 호르몬의 작용보다 전달 속도가 빠르고, 효과가 일시적이다.

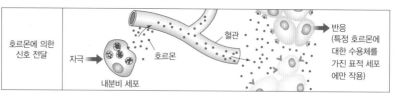

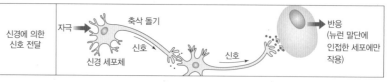

호르몬과 신경의 작용 비교

정답
1. 혈액
2. 결핍증, 과다증
3. ×
4. ○

(3) 사람의 내분비샘과 호르몬

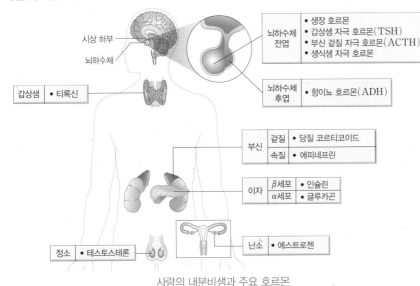

사람의 내분비샘과 주요 호르몬

내분비샘		호르몬의 종류	특징
뇌하수체	전엽	• 생장 호르몬	생장 촉진
		• 갑상샘 자극 호르몬(TSH)	갑상샘에서 티록신 분비 촉진
		• 부신 겉질 자극 호르몬(ACTH)	부신 겉질에서 코르티코이드 분비 촉진
	후엽	• 항이뇨 호르몬(ADH)	콩팥에서 물의 재흡수 촉진
갑상샘		• 티록신	물질대사 촉진
부신	겉질	• 당질 코르티코이드	혈당량 증가
	속질	• 에피네프린	혈당량 증가, 심장 박동 촉진, 혈압 상승
이자	β세포	• 인슐린	혈당량 감소(포도당이 글리코젠으로 전환되는 과정 촉진, 조직 세포로 포도당 흡수 촉진)
	α세포	• 글루카곤	혈당량 증가(글리코젠이 포도당으로 전환되는 과정 촉진)

② 내분비계 질환

(1) 당뇨병

① 원인: 인슐린 분비 이상이나 표적 세포가 인슐린에 적절하게 반응하지 못하기 때문에 나타나는 질병으로, 탄수화물 섭취 후 혈중 포도당 농도가 정상 수준으로 감소하지 못하고 높게 나타난다.

② 증상: 오줌으로 포도당이 빠져나가는 질환으로 당뇨병에 걸린 사람은 오줌이 자주 마렵고 갈증과 식욕을 많이 느끼며, 시각이 흐려지거나 쉽게 피곤해지는 증상이 나타난다.

③ 합병증: 체중이 급격하게 줄고, 콩팥, 눈, 손, 발 등에 심각한 합병증이 나타날 수 있다.

④ 종류

종류	원인	예방 및 치료
제1형 당뇨병	이자의 β세포가 파괴되어 인슐린을 생성하지 못함	인슐린 처방, 혈당량을 급속히 증가시키는 음식물 섭취 조절
제2형 당뇨병	인슐린의 표적 세포가 인슐린에 정상적으로 반응하지 못함	약물 치료, 음식물 섭취 조절, 운동

개념 체크

◐ 당뇨병에는 이자의 β세포가 파괴되어 인슐린을 생성하지 못하는 제1형 당뇨병과 인슐린의 표적 세포에 이상이 있는 제2형 당뇨병이 있다.

1. 티록신은 (　　)에서 분비되는 호르몬이다.

2. 부신 속질에서 분비되는 호르몬인 (　　)에 의해 혈당량이 증가된다.

※ ○ 또는 ×

3. 항이뇨 호르몬(ADH)은 뇌하수체 전엽에서 분비된다. (　　)

4. 인슐린을 분비하는 내분비 세포는 이자의 α세포이다. (　　)

정답

1. 갑상샘
2. 에피네프린
3. ×
4. ×

개념 체크

○ 갑상샘 기능 이상에는 대사량이 증가되는 갑상샘 기능 항진증과 대사량이 감소하는 갑상샘 기능 저하증이 있다.

1. 갑상샘 기능 항진증은 대사량( )로 체중이 ( )한다.

2. 혈중 티록신의 농도가 정상 범위보다 높아지면 티록신에 의해 시상 하부에서 ( )의 분비와 뇌하수체 전엽에서 ( )의 분비가 각각 억제된다.

※ ○ 또는 ×

3. 항상성 유지의 원리 중 어느 과정의 산물이 그 과정을 억제하는 조절을 음성 피드백이라고 한다. ( )

4. 두 가지 요인이 같은 생리 작용에 대해 서로 반대로 작용하여 서로의 효과를 줄이는 것을 길항 작용이라고 한다. ( )

(2) 거인증과 소인증

① 원인

• 생장 호르몬의 분비량이 너무 많으면 거인증이 나타나고, 생장 호르몬의 분비량이 너무 적으면 소인증이 나타난다.

• 거인증은 주로 뇌하수체 종양으로 인해 발병하며, 뼈의 생장판이 닫힌 이후에도 생장 호르몬이 과다 분비되면 말단 비대증의 형태로 나타난다.

② 치료: 약물 치료나 뇌하수체 종양 제거로 치료할 수 있다.

(3) 갑상샘 기능 항진증과 저하증

① 원인: 티록신 분비량이 너무 많으면 갑상샘 기능 항진증이 나타나고, 티록신 분비량이 너무 적으면 갑상샘 기능 저하증이 나타난다.

② 증상 및 치료

종류	증상	치료
갑상샘 기능 항진증	• 대사량 증가: 땀을 많이 흘리고, 체중이 감소하고, 심박수와 심장 박출량이 증가한다. • 성격이 과민해지고, 눈이 돌출되는 경우도 있다.	갑상샘 기능 억제제 복용 방사성 아이오딘 치료
갑상샘 기능 저하증	• 대사량 감소: 동작이 느려지고, 추위를 많이 타고, 체중이 증가하고, 심박수와 심장 박출량이 감소한다.	갑상샘 호르몬(티록신) 복용

③ 항상성

항상성이란 체내·외의 환경 변화에 대해 혈당량, 체온, 혈장 삼투압 등의 체내 환경을 정상 범위로 유지하는 성질이며, 주로 내분비계와 신경계의 작용에 의해 조절된다.

(1) 항상성 유지의 원리

① 음성 피드백: 어느 과정의 산물이 그 과정을 억제하는 조절을 음성 피드백이라고 한다.

예 티록신의 분비 조절

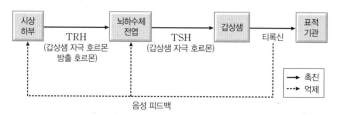

음성 피드백에 의한 티록신의 분비 조절

• 혈중 티록신의 농도가 높아지면 티록신에 의해 시상 하부의 TRH 분비와 뇌하수체 전엽의 TSH 분비가 각각 억제되어 혈중 티록신의 농도가 감소한다.

• 혈중 티록신의 농도가 낮아지면 시상 하부의 TRH 분비와 뇌하수체 전엽의 TSH 분비가 각각 촉진되어 혈중 티록신의 농도가 증가한다.

② 길항 작용: 두 가지 요인이 같은 생리 작용에 대해 서로 반대로 작용하여 서로의 효과를 줄이는 것을 길항 작용이라고 한다. **예** 교감 신경과 부교감 신경에 의한 심장 박동 속도 조절, 인슐린과 글루카곤에 의한 혈당량 조절

정답

1. 증가, 감소
2. TRH, TSH
3. ○
4. ○

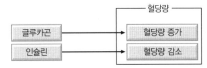

교감 신경과 부교감 신경의 길항 작용 | 인슐린과 글루카곤의 길항 작용

개념 체크

◑ 글루카곤이 작용하면 혈당량이 증가하고, 인슐린이 작용하면 혈당량이 감소한다.

1. 이자의 α세포에서는 ( )이 분비되고, β세포에서는 ( )이 분비되어 혈당량을 조절한다.

2. 인슐린은 간에서 ( )이 ( )으로 전환되는 과정을 촉진한다.

※ ○ 또는 ×

3. 혈당량이 정상 범위보다 높아지면 글루카곤의 분비량이 증가하여 혈당량을 낮추는 작용을 한다.
( )

4. 인슐린은 혈액에서 조직 세포로의 포도당 흡수를 촉진한다. ( )

(2) 혈당량 조절: 혈액 속에 있는 포도당의 농도를 혈당량이라고 하고, 공복 시 정상 혈당량은 100 mL당 70 mg~99 mg이다. 포도당은 체내의 중요한 에너지원이므로 혈당량이 일정하게 유지되는 것은 중요하다. 혈당량은 주로 이자에서 체내 혈당량을 직접 감지하여 조절함으로써 일정하게 유지되기도 하고, 간뇌의 시상 하부에서 자율 신경을 통해 이자나 부신을 자극하여 혈당량 조절 호르몬의 분비를 조절함으로써 일정하게 유지되기도 한다.

① 정상인의 혈당량은 인슐린과 글루카곤의 길항 작용에 의해 정상 범위로 유지된다.

 인슐린 : 간에서 포도당이 글리코젠으로 전환되는 과정을 촉진 → 혈당량 감소
글루카곤 : 간에서 글리코젠이 포도당으로 전환되는 과정을 촉진 → 혈당량 증가

② 혈당량 조절 과정

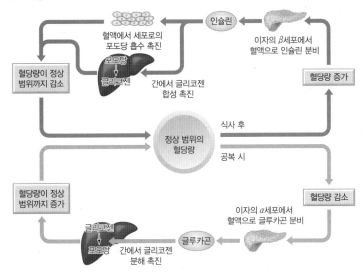

혈당량 조절 과정

- 혈당량이 정상 범위보다 높을 때의 조절: 이자의 β세포에서 인슐린의 분비가 증가 → 분비된 인슐린이 간에 작용하면 포도당이 글리코젠으로 합성되는 과정이 촉진되고, 혈액에서 조직 세포로의 포도당 흡수가 촉진 → 혈당량이 정상 범위까지 낮아지면 음성 피드백에 따라 인슐린 분비량이 감소
- 혈당량이 정상 범위보다 낮을 때의 조절: 이자의 α세포에서 글루카곤의 분비가 증가 → 분비된 글루카곤이 간에 작용하면 글리코젠이 포도당으로 전환되는 과정을 촉진하여 포도당을 혈액으로 방출 → 혈당량이 정상 범위까지 높아지면 음성 피드백에 따라 글루카곤의 분비량이 감소

정답
1. 글루카곤, 인슐린
2. 포도당, 글리코젠
3. ×
4. ○

개념 체크

○ 교감 신경은 이자의 α세포에서 글루카곤의 분비를 촉진하고, 부교감 신경은 이자의 β세포에서 인슐린의 분비를 촉진한다.

1. 식사 후 혈당량이 증가하면 이자의 β세포에서 ( )의 분비량이 증가한다.

2. 신경계에 의한 혈당량 조절에서 이자에 연결된 ( ) 신경은 인슐린의 분비를 촉진한다.

※ ○ 또는 ×

3. 운동 시작 후 혈당량이 빠르게 감소하면서 이자의 α세포에서 글루카곤의 분비량이 증가한다. ( )

4. 우리 몸에서 체온 변화 감지와 조절의 중추는 연수이다. ( )

탐구자료 살펴보기 > **식사와 운동 후의 혈당량 조절**

자료 탐구

그림 (가)는 탄수화물 위주의 식사 후 혈중 포도당, 인슐린, 글루카곤의 농도 변화를, (나)는 운동 시작 후 혈중 글루카곤의 농도 변화를 나타낸 것이다.

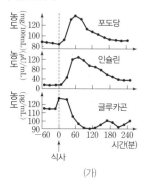
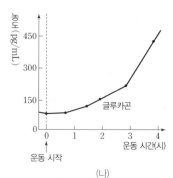

(가) (나)

탐구 분석

• (가)에서 식사 후 혈당량이 증가하면 인슐린의 농도는 증가하고, 글루카곤의 농도는 감소하여 혈당량이 점차 낮아진다. 식사 후 1시간이 지나 혈당량이 감소되면 인슐린의 농도도 감소한다.

• (나)에서 운동을 시작하면 평소보다 많은 양의 포도당이 필요하여 혈당량이 빠르게 감소한다. 운동으로 부족해진 혈당을 보충하기 위해 글루카곤의 분비량이 증가한다.

과학 돋보기 **신경계에 의한 혈당량 조절**

1. 신경계에 의한 혈당량 조절

① 이자에 연결된 교감 신경은 α세포에서 글루카곤의 분비를 촉진하고, 이자에 연결된 부교감 신경은 β세포에서 인슐린의 분비를 촉진한다.

② 부신 속질에 연결된 교감 신경은 에피네프린의 분비를 촉진한다. 에피네프린은 간에 저장되어 있는 글리코젠을 포도당으로 분해하여 혈당량을 증가시킨다.

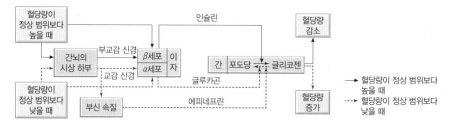

2. 추위나 긴장 등의 스트레스 상황에서 시상 하부는 신경계와 내분비계를 조절하여 에피네프린과 당질 코르티코이드의 작용으로 혈당량을 높인다.

(3) **체온 조절**: 우리 몸에서 일어나는 다양한 물질대사에는 효소가 관여하는데, 단백질이 주성분인 효소는 체온이 너무 낮거나 높으면 제 기능을 할 수 없다. 따라서 체온을 일정하게 유지하는 일은 생명 유지에 매우 중요하다.

① **체온 유지 원리**: 체온 변화 감지와 조절의 중추는 간뇌의 시상 하부이며, 자율 신경과 호르몬의 작용으로 열 발생량과 열 발산량을 조절함으로써 체온을 일정하게 유지시킨다.

정답

1. 인슐린
2. 부교감
3. ○
4. ×

② 체온 조절 과정

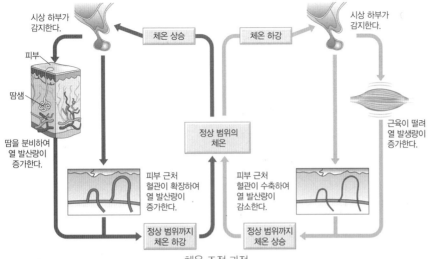

체온 조절 과정

개념 체크

▶ 시상 하부가 저체온을 감지하면 교감 신경의 작용으로 열 발산량이 감소하고, 교감 신경과 호르몬의 작용으로 열 발생량이 증가한다.

1. 체온이 정상 범위보다 낮아지면 (　　)이 증가하고, (　　)이 감소한다.

2. 시상 하부가 (고체온/저체온)을 감지하면 열 발생량이 증가한다.

※ ○ 또는 ×

3. 체온이 정상 범위보다 낮아지면 피부 혈관이 확장되어 열 발산량이 증가한다.
(　　)

4. 체온이 정상 범위보다 높아지면 땀 분비가 촉진되어 열 발산량이 증가한다.
(　　)

- 체온이 정상 범위보다 높아졌을 때: 시상 하부가 고체온을 감지하면 피부 근처 혈관이 확장되어 피부 근처를 흐르는 혈액의 양이 증가하고, 땀 분비가 촉진됨으로써 열 발산량이 증가한다.
- 체온이 정상 범위보다 낮아졌을 때: 시상 하부가 저체온을 감지하면 골격근이 빠르게 수축·이완되어 몸이 떨리고, 열 발생량이 증가한다. 또한 피부 근처 혈관이 수축됨으로써 피부 근처를 흐르는 혈액의 양이 감소하여 열 발산량이 감소한다.

🔍 **과학 돋보기** | **신경계와 내분비계의 조절 작용을 통한 체온 조절**

1. 체온이 정상 범위보다 낮아졌을 때의 체온 조절
① 열 발생량의 증가: 신경계와 내분비계의 조절에 의해 간과 근육에서 물질대사가 촉진되고, 몸 떨림과 같은 근육 운동이 일어나 열 발생량이 증가한다.
② 열 발산량의 감소: 교감 신경의 작용 강화에 의해 피부 근처 혈관이 수축하여 피부 근처로 흐르는 혈액량이 감소함으로써 체표면을 통한 열 발산량이 감소한다.
2. 체온이 정상 범위보다 높아졌을 때의 체온 조절
① 열 발생량의 감소: 신경계와 내분비계의 조절에 의해 간과 근육에서 물질대사가 억제되어 열 발생량이 감소한다.
② 열 발산량의 증가: 피부 근처 혈관이 확장되며, 땀 분비가 촉진되어 체표면을 통한 열 발산량이 증가한다.

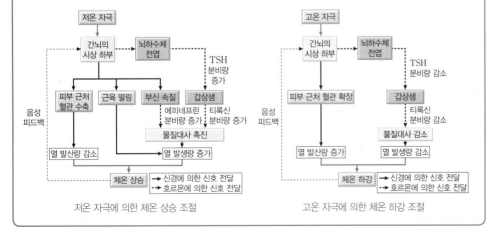

저온 자극에 의한 체온 상승 조절　　　　고온 자극에 의한 체온 하강 조절

정답

1. 열 발생량, 열 발산량
2. 저체온
3. ×
4. ○

개념 체크

○ 혈장 삼투압이 정상 범위보다 높아지면 뇌하수체 후엽에서 항이뇨 호르몬(ADH)의 분비량이 증가하여 콩팥에서 물의 재흡수를 촉진한다.

1. 전체 혈액량이 안정 상태일 때보다 감소하면 혈중 ADH의 농도는 (　　) 한다.

2. 혈장 삼투압이 정상 범위보다 높아지면 ADH의 분비량이 (　　)하여 콩팥에서 물의 재흡수량이 (　　)하고, 생성되는 오줌의 삼투압은 (　　)한다.

※ ○ 또는 ×

3. 간뇌의 시상 하부는 혈장 삼투압을 감지하여 혈장 삼투압을 정상 범위로 유지할 수 있도록 조절하는 중추이다. (　　)

4. ADH의 분비량이 감소하면 콩팥에서 물의 재흡수량이 증가하여 오줌양은 감소한다. (　　)

(4) 삼투압 조절: 혈장 삼투압은 세포의 모양과 기능을 유지하는 데 중요하다. 혈장 삼투압이 정상 범위보다 높거나 낮으면 세포는 부피가 변하고 정상적으로 기능을 하기 어렵다.

① 간뇌의 시상 하부는 삼투압 조절 중추로 혈장 삼투압을 감지하여 항이뇨 호르몬(ADH)의 분비량을 조절함으로써 정상 범위의 혈장 삼투압을 유지할 수 있도록 조절한다.

② 뇌하수체 후엽에서 분비되는 항이뇨 호르몬(ADH)은 콩팥에서 물의 재흡수를 촉진하여 혈장 삼투압을 감소시킨다.

③ 혈장 삼투압은 항이뇨 호르몬(ADH)에 의해 조절된다.

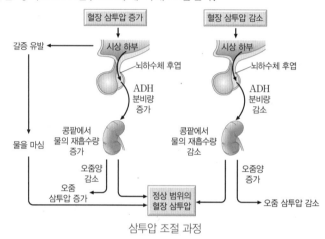

삼투압 조절 과정

• 혈장 삼투압이 정상 범위보다 높을 때: 뇌하수체 후엽에서 항이뇨 호르몬(ADH)의 분비량 증가 → 콩팥에서 물의 재흡수량 증가 → 혈장 삼투압 감소, 오줌양 감소, 오줌 삼투압 증가

• 혈장 삼투압이 정상 범위보다 낮을 때: 뇌하수체 후엽에서 항이뇨 호르몬(ADH)의 분비량 감소 → 콩팥에서 물의 재흡수량 감소 → 혈장 삼투압 증가, 오줌양 증가, 오줌 삼투압 감소

🧪 **탐구자료 살펴보기**　**삼투압 조절**

자료 탐구

그림 (가)와 (나)는 건강한 사람에서 각각 ㉠과 ㉡이 변할 때 혈중 ADH의 농도 변화를 나타낸 것이다. ㉠과 ㉡은 각각 혈장 삼투압과 전체 혈액량 중 하나이다.

탐구 분석

• (가)에서 ㉠이 안정 상태일 때보다 감소했을 때 혈중 ADH 농도가 증가하는 것으로 보아 ㉠은 전체 혈액량이다.

• (나)에서 ㉡이 안정 상태일 때보다 증가했을 때 혈중 ADH 농도가 증가하는 것으로 보아 ㉡은 혈장 삼투압이다.

• 혈중 ADH 농도가 증가할수록 콩팥의 단위 시간당 수분 재흡수량이 증가하므로 (가)에서 t_1일 때와 (나)에서 t_2일 때는 안정 상태일 때보다 오줌양이 적고, 오줌 삼투압이 높다.

정답

1. 증가
2. 증가, 증가, 증가
3. ○
4. ×

01 다음은 호르몬에 대한 학생 A∼C의 대화 내용이다.

미량으로 생리 작용을 조절해.

분비량이 부족하면 결핍증이 나타나기도 해.

혈액을 따라 이동하며 표적 세포에 작용해.

학생 A 학생 B 학생 C

제시한 내용이 옳은 학생만을 있는 대로 고른 것은?

① A   ② C   ③ A, B
④ B, C   ⑤ A, B, C

[24025-0105]

03 그림은 사람의 내분비샘 A와 B에서 각각 분비되는 호르몬 ㉠과 ㉡의 표적 기관을 나타낸 것이다. A와 B는 각각 뇌하수체 전엽과 뇌하수체 후엽 중 하나이며, ㉠과 ㉡은 각각 갑상샘 자극 호르몬(TSH)과 항이뇨 호르몬(ADH) 중 하나이다.

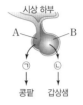

시상 하부

A   B

㉠   ㉡

콩팥   갑상샘

이에 대한 설명으로 옳은 것만을 〈보기〉에서 있는 대로 고른 것은?

● 보 기 ●
ㄱ. A는 뇌하수체 후엽이다.
ㄴ. 항이뇨 호르몬(ADH)은 ㉡에 해당한다.
ㄷ. 분비되는 호르몬의 가짓수는 A에서가 B에서보다 많다.

① ㄱ   ② ㄴ   ③ ㄷ   ④ ㄱ, ㄴ   ⑤ ㄱ, ㄷ

[24025-0107]

02 그림 (가)와 (나)는 신경에 의한 신호 전달과 호르몬에 의한 신호 전달을 순서 없이 나타낸 것이다. 물질 A와 B는 세포 ㉠과 ㉡에 각각 작용한다.

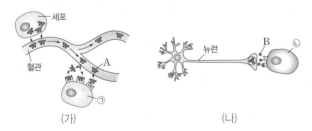

세포

혈관

A

(가)

뉴런

B

㉡

㉠

(나)

이에 대한 설명으로 옳은 것만을 〈보기〉에서 있는 대로 고른 것은?

● 보 기 ●
ㄱ. ㉡에는 B에 대한 수용체가 있다.
ㄴ. 신호 전달은 (가)에서가 (나)에서보다 빠르다.
ㄷ. 혈당량 조절에는 (가)와 (나)가 모두 관여한다.

① ㄱ   ② ㄷ   ③ ㄱ, ㄴ   ④ ㄱ, ㄷ   ⑤ ㄴ, ㄷ

[24025-0106]

04 그림은 정상인의 내분비샘 중 일부를 나타낸 것이다. (가)∼(다)는 각각 부신, 이자, 갑상샘 중 하나이다.

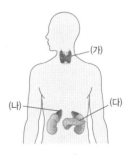

(가)

(나)   (다)

이에 대한 설명으로 옳은 것만을 〈보기〉에서 있는 대로 고른 것은?

● 보 기 ●
ㄱ. (가)에서 티록신이 분비된다.
ㄴ. (나)는 이자이다.
ㄷ. (나)와 (다)에서 모두 혈당량 조절에 관여하는 호르몬이 분비된다.

① ㄱ   ② ㄴ   ③ ㄱ, ㄷ   ④ ㄴ, ㄷ   ⑤ ㄱ, ㄴ, ㄷ

[24025-0108]

[24025-0109]

05 표는 사람의 호르몬 A~C에서 3가지 특징의 유무를 나타낸 것이다. A~C는 인슐린, 글루카곤, 항이뇨 호르몬(ADH)을 순서 없이 나타낸 것이고, ⓐ와 ⓑ는 '있음'과 '없음'을 순서 없이 나타낸 것이다.

특징＼호르몬	A	B	C
혈당량을 증가시킨다.	?	ⓑ	?
콩팥에서 물의 재흡수를 촉진한다.	?	ⓐ	ⓐ
(가)	ⓐ	ⓑ	ⓑ

이에 대한 설명으로 옳은 것만을 〈보기〉에서 있는 대로 고른 것은?

• 보기 •

ㄱ. ⓐ는 '있음'이다.

ㄴ. B는 간에서 글리코젠이 포도당으로 전환되는 과정을 촉진한다.

ㄷ. '이자에서 분비된다.'는 (가)에 해당한다.

① ㄱ ② ㄴ ③ ㄷ ④ ㄱ, ㄷ ⑤ ㄴ, ㄷ

[24025-0110]

06 그림은 세포 ㉠과 ㉡에서 각각 분비된 호르몬 A와 B가 세포 ㉢과 ㉣에 각각 작용하는 과정을 나타낸 것이다. ㉢과 ㉣ 중 하나는 A의 표적 세포이고, 나머지 하나는 B의 표적 세포이다.

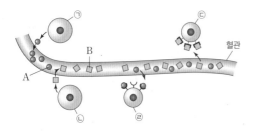

이에 대한 설명으로 옳은 것만을 〈보기〉에서 있는 대로 고른 것은?

• 보기 •

ㄱ. ㉠은 내분비 세포이다.

ㄴ. ㉢은 B의 표적 세포이다.

ㄷ. A와 B는 모두 혈액을 통해 이동한다.

① ㄱ ② ㄷ ③ ㄱ, ㄴ ④ ㄴ, ㄷ ⑤ ㄱ, ㄴ, ㄷ

[24025-0111]

07 그림 (가)는 세포 ㉠에서 분비물 A가 혈관으로 분비되는 과정을, (나)는 세포 ㉡에서 분비물 B가 분비관으로 분비되는 과정을 나타낸 것이다. ㉠과 ㉡은 각각 내분비 세포와 외분비 세포 중 하나이다.

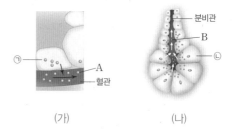

(가)　　　　　(나)

이에 대한 설명으로 옳은 것만을 〈보기〉에서 있는 대로 고른 것은?

• 보기 •

ㄱ. ㉠은 내분비 세포이다.

ㄴ. 땀은 A가 분비되는 과정과 같은 방식으로 분비된다.

ㄷ. 인슐린은 B가 분비되는 과정과 같은 방식으로 분비된다.

① ㄱ ② ㄴ ③ ㄷ ④ ㄱ, ㄴ ⑤ ㄴ, ㄷ

[24025-0112]

08 표는 사람의 호르몬과 이 호르몬이 분비되는 내분비샘을 나타낸 것이다. A와 B는 각각 티록신과 갑상샘 자극 호르몬(TSH) 중 하나이다.

호르몬	내분비샘
A	뇌하수체 전엽
B	갑상샘
에피네프린	㉠

이에 대한 설명으로 옳은 것만을 〈보기〉에서 있는 대로 고른 것은?

• 보기 •

ㄱ. A는 TSH이다.

ㄴ. 정상인에서 혈중 B의 농도가 증가하면 A의 분비가 촉진된다.

ㄷ. 부신 속질은 ㉠에 해당한다.

① ㄱ ② ㄴ ③ ㄱ, ㄴ ④ ㄱ, ㄷ ⑤ ㄴ, ㄷ

09 표는 사람 A~C의 혈중 호르몬 ㉠~㉢의 농도를 정상인과 비교하여 나타낸 것이다. A~C는 각각 갑상샘, 시상 하부, 뇌하수체 전엽 중 서로 다른 한 곳에만 이상이 생겼으며, 모두 혈중 티록신의 농도가 정상보다 높은 사람이다. ㉠~㉢은 각각 티록신, 갑상샘 자극 호르몬 방출 호르몬(TRH), 갑상샘 자극 호르몬(TSH) 중 하나이다.

[24025-0113]

구분	정상인	A	B	C
㉠	정상	+	?	+
㉡	정상	+	+	−
㉢	정상	−	+	?

(+ : 정상보다 높음. − : 정상보다 낮음)

이에 대한 설명으로 옳은 것만을 〈보기〉에서 있는 대로 고른 것은?

● 보기 ●
ㄱ. ㉡은 TRH이다.
ㄴ. B는 시상 하부에 이상이 생긴 사람이다.
ㄷ. A~C에게서 모두 갑상샘 기능 저하증이 나타난다.

① ㄱ   ② ㄴ   ③ ㄱ, ㄴ   ④ ㄱ, ㄷ   ⑤ ㄴ, ㄷ

10 그림은 정상인에게 t_1일 때 인슐린을 주사한 후 ㉠과 ㉡의 변화를 나타낸 것이다. ㉠과 ㉡은 각각 혈중 글루카곤 농도와 혈중 포도당 농도 중 하나이다.
이에 대한 설명으로 옳은 것만을 〈보기〉에서 있는 대로 고른 것은? (단, 제시된 조건 이외는 고려하지 않는다.)

[24025-0114]

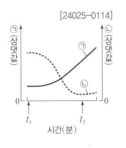

● 보기 ●
ㄱ. ㉠은 혈중 글루카곤 농도이다.
ㄴ. 글루카곤은 간에서 글리코젠이 포도당으로 전환되는 과정을 촉진한다.
ㄷ. 간에서 단위 시간당 생성되는 포도당의 양은 t_1일 때가 t_2일 때보다 많다.

① ㄴ   ② ㄷ   ③ ㄱ, ㄴ   ④ ㄱ, ㄷ   ⑤ ㄱ, ㄴ, ㄷ

11 그림은 이자의 α세포와 β세포에서 호르몬 ㉠과 ㉡이 분비되는 과정을 나타낸 것이다. ㉠과 ㉡은 인슐린과 글루카곤을 순서없이 나타낸 것이다.

[24025-0115]

이에 대한 설명으로 옳은 것만을 〈보기〉에서 있는 대로 고른 것은?

● 보기 ●
ㄱ. ㉠은 인슐린이다.
ㄴ. ㉡은 혈액에서 세포로의 포도당 흡수를 촉진한다.
ㄷ. ㉠과 ㉡은 혈당량 조절에 길항적으로 작용한다.

① ㄱ   ② ㄴ   ③ ㄱ, ㄷ   ④ ㄴ, ㄷ   ⑤ ㄱ, ㄴ, ㄷ

12 그림은 정상인에서 혈당량이 낮은 상태일 때와 혈당량이 높은 상태일 때 혈중 ㉠의 농도 변화를 나타낸 것이다. ㉠은 글루카곤과 인슐린 중 하나이다.

[24025-0116]

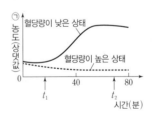

이에 대한 설명으로 옳은 것만을 〈보기〉에서 있는 대로 고른 것은? (단, 제시된 조건 이외는 고려하지 않는다.)

● 보기 ●
ㄱ. 이자의 β세포에서 ㉠이 분비된다.
ㄴ. 이자에 연결된 교감 신경에서 흥분 발생 빈도가 증가하면 ㉠의 분비가 촉진된다.
ㄷ. 혈당량이 낮은 상태일 때 간에서 단위 시간당 글리코젠의 분해량은 t_1일 때가 t_2일 때보다 많다.

① ㄱ   ② ㄴ   ③ ㄷ   ④ ㄱ, ㄴ   ⑤ ㄴ, ㄷ

13 그림은 사람에서 혈당량 조절 과정의 일부를 나타낸 것이다. [24025-0117]
A와 B는 교감 신경과 부교감 신경을 순서 없이 나타낸 것이고, A의 흥분 발생 빈도가 증가하면 호르몬 ㉠의 분비가 촉진되고, B의 흥분 발생 빈도가 증가하면 호르몬 ㉡의 분비가 촉진된다. ㉠과 ㉡ 중 하나는 간에서 글리코젠 합성을 촉진한다.

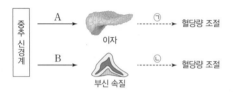

이에 대한 설명으로 옳은 것만을 〈보기〉에서 있는 대로 고른 것은?

• 보기 •
ㄱ. B는 교감 신경이다.
ㄴ. ㉠의 분비는 음성 피드백에 의해 조절된다.
ㄷ. ㉠과 ㉡은 모두 혈당량을 증가시킨다.

① ㄱ　　② ㄴ　　③ ㄷ　　④ ㄱ, ㄴ　　⑤ ㄴ, ㄷ

14 그림은 정상인에게 저온 자극을 주었을 때, 체온 조절 중추 [24025-0118]
로부터 자율 신경 A를 통해 피부 근처 혈관의 수축이 일어나는 과정을 나타낸 것이다.

저온
자극 ┄┄→ ㉠조절 중추 ──A──→ 피부 근처
　　　　　　　　　　　　　　 혈관 수축

이에 대한 설명으로 옳은 것만을 〈보기〉에서 있는 대로 고른 것은?
(단, 제시된 조건 이외는 고려하지 않는다.)

• 보기 •
ㄱ. ㉠은 시상 하부이다.
ㄴ. A의 신경절 이후 뉴런의 축삭 돌기 말단에서 분비되는 신경 전달 물질은 아세틸콜린이다.
ㄷ. 피부 근처 혈관 수축에 의해 열 발산량이 증가한다.

① ㄱ　　② ㄷ　　③ ㄱ, ㄴ　　④ ㄴ, ㄷ　　⑤ ㄱ, ㄴ, ㄷ

15 표는 정상인의 피부에 온도 자극 A와 B를 각각 주었을 [24025-0119]
때, 피부 근처 혈관의 변화를 나타낸 것이다. A와 B는 온도 자극 20 ℃와 40 ℃를 순서 없이 나타낸 것이며, A와 B 중 하나를 주었을 때 골격근의 떨림이 일어났다.

온도 자극	피부 근처 혈관
A	수축
B	확장

이에 대한 설명으로 옳은 것만을 〈보기〉에서 있는 대로 고른 것은? (단, 제시된 조건 이외는 고려하지 않는다.)

• 보기 •
ㄱ. A는 온도 자극 20 ℃이다.
ㄴ. A를 주었을 때 골격근의 떨림이 일어났다.
ㄷ. $\dfrac{\text{열 발생량}}{\text{열 발산량}}$ 은 A를 주었을 때가 B를 주었을 때보다 크다.

① ㄱ　　② ㄷ　　③ ㄱ, ㄴ　　④ ㄴ, ㄷ　　⑤ ㄱ, ㄴ, ㄷ

16 그림은 정상인에게 ⓐ와 ⓑ를 주었을 때 땀 분비량의 변화 [24025-0120]
를 나타낸 것이다. ⓐ와 ⓑ는 고온 자극과 저온 자극을 순서 없이 나타낸 것이다.

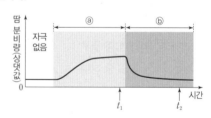

이에 대한 설명으로 옳은 것만을 〈보기〉에서 있는 대로 고른 것은? (단, 제시된 조건 이외는 고려하지 않는다.)

• 보기 •
ㄱ. ⓐ는 고온 자극이다.
ㄴ. 피부 근처 혈관을 흐르는 단위 시간당 혈액량은 t_1일 때가 t_2일 때보다 많다.
ㄷ. 시상 하부가 정상 체온보다 높은 온도를 감지하면 열 발생량은 증가한다.

① ㄱ　　② ㄴ　　③ ㄷ　　④ ㄱ, ㄴ　　⑤ ㄴ, ㄷ

17 그림은 정상인에서 항이뇨 호르몬(ADH)의 분비가 촉진되는 과정을 나타낸 것이다.

[24025-0121]

정상 범위
보다 높은 → 조절 중추 → ㉠ 내분비샘 → ADH 분비 촉진
혈장 삼투압

이에 대한 설명으로 옳은 것만을 〈보기〉에서 있는 대로 고른 것은? (단, 제시된 조건 이외는 고려하지 않는다.)

━● 보기 ●━
ㄱ. ㉠은 뇌하수체 전엽이다.
ㄴ. 체내 삼투압의 조절 중추는 연수이다.
ㄷ. 혈중 ADH의 농도가 감소하면 혈장 삼투압이 증가한다.

① ㄱ　② ㄴ　③ ㄷ　④ ㄱ, ㄴ　⑤ ㄴ, ㄷ

18 그림은 정상인에서 전체 혈액량이 정상 상태일 때와 ㉠일 때 혈장 삼투압에 따른 혈중 항이뇨 호르몬(ADH) 농도를 나타낸 것이다. ㉠은 전체 혈액량이 정상보다 증가한 상태와 정상보다 감소한 상태 중 하나이다.

[24025-0122]

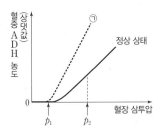

이에 대한 설명으로 옳은 것만을 〈보기〉에서 있는 대로 고른 것은? (단, 제시된 조건 이외는 고려하지 않는다.)

━● 보기 ●━
ㄱ. 콩팥은 ADH의 표적 기관이다.
ㄴ. ㉠은 전체 혈액량이 정상보다 감소한 상태이다.
ㄷ. 정상 상태일 때 단위 시간당 오줌 생성량은 p_1일 때가 p_2일 때보다 많다.

① ㄱ　② ㄷ　③ ㄱ, ㄴ　④ ㄴ, ㄷ　⑤ ㄱ, ㄴ, ㄷ

19 표는 정상인과 콩팥에서의 수분 재흡수에 이상이 있는 두 환자 A, B에서 평상시와 항이뇨 호르몬(ADH) 투여 시 단위 시간당 오줌 생성량을 나타낸 것이다. A와 B는 ADH가 정상보다 적게 분비되는 환자와 콩팥의 세포가 ADH에 반응하지 않는 환자를 순서 없이 나타낸 것이다.

[24025-0123]

구분	단위 시간당 오줌 생성량(상댓값)	
	평상시	ADH 투여 시
정상인	1.5	ⓐ
A	7.5	7.5
B	7.5	3

이에 대한 설명으로 옳은 것만을 〈보기〉에서 있는 대로 고른 것은? (단, 제시된 조건 이외는 고려하지 않는다.)

━● 보기 ●━
ㄱ. ⓐ는 1.5보다 크다.
ㄴ. A는 ADH가 정상보다 적게 분비되는 환자이다.
ㄷ. B의 혈장 삼투압은 평상시가 ADH 투여 시보다 높다.

① ㄱ　② ㄷ　③ ㄱ, ㄴ　④ ㄴ, ㄷ　⑤ ㄱ, ㄴ, ㄷ

20 그림은 정상인이 X를 섭취하였을 때 오줌 삼투압과 혈장 삼투압의 변화를 나타낸 것이다. X는 물과 소금물 중 하나이다.

[24025-0124]

이에 대한 설명으로 옳은 것만을 〈보기〉에서 있는 대로 고른 것은? (단, 제시된 조건 이외는 고려하지 않으며, 소금물의 농도는 체액의 농도보다 높다.)

━● 보기 ●━
ㄱ. X는 물이다.
ㄴ. 단위 시간당 오줌 생성량은 t_1일 때가 t_2일 때보다 많다.
ㄷ. ADH의 분비 조절 중추는 시상 하부이다.

① ㄱ　② ㄴ　③ ㄱ, ㄷ　④ ㄴ, ㄷ　⑤ ㄱ, ㄴ, ㄷ

갑상샘 자극 호르몬(TSH)과 부신 겉질 자극 호르몬(ACTH)은 모두 뇌하수체 전엽에서 분비되고, 항이뇨 호르몬(ADH)은 뇌하수체 후엽에서 분비된다.

[24025-0125]

01 표 (가)는 사람의 뇌하수체에서 분비되는 호르몬 A~C에서 특징 ⊙과 ⓒ의 유무를, (나)는 ⊙과 ⓒ을 순서 없이 나타낸 것이다. A~C는 갑상샘 자극 호르몬(TSH), 부신 겉질 자극 호르몬(ACTH), 항이뇨 호르몬(ADH)을 순서 없이 나타낸 것이다.

호르몬＼특징	⊙	ⓒ
A	×	○
B	?	×
C	○	ⓐ

(○: 있음, ×: 없음)

(가)

특징(⊙, ⓒ)
• 뇌하수체 전엽에서 분비된다.
• 티록신 분비를 촉진한다.

(나)

이에 대한 설명으로 옳은 것만을 〈보기〉에서 있는 대로 고른 것은?

● 보기 ●

ㄱ. ⓐ는 '○'이다.

ㄴ. B는 콩팥에서 물의 재흡수를 촉진한다.

ㄷ. ⓒ은 '뇌하수체 전엽에서 분비된다.'이다.

① ㄱ　　② ㄷ　　③ ㄱ, ㄴ　　④ ㄴ, ㄷ　　⑤ ㄱ, ㄴ, ㄷ

이자의 α세포에서는 글루카곤이, 이자의 β세포에서는 인슐린이 분비되어 혈당량이 조절된다.

[24025-0126]

02 그림 (가)는 이자의 세포 Ⅰ과 Ⅱ에서 각각 분비되는 인슐린과 글루카곤을, (나)는 정상인과 당뇨병 환자에서 혈중 ⓐ 농도에 따른 혈액에서 세포로의 포도당 유입량을 나타낸 것이다. Ⅰ과 Ⅱ는 α세포와 β세포를 순서 없이 나타낸 것이고, ⓐ는 인슐린과 글루카곤 중 하나이다.

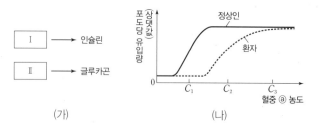

(가)　　　　　　　　(나)

이에 대한 설명으로 옳은 것만을 〈보기〉에서 있는 대로 고른 것은? (단, 제시된 조건 이외는 고려하지 않는다.)

● 보기 ●

ㄱ. Ⅰ은 α세포이다.

ㄴ. (나)의 환자에게 ⓐ를 투여하여 혈중 ⓐ 농도가 C_3보다 높아지면 혈당량이 감소될 수 있다.

ㄷ. 정상인의 간에서 단위 시간당 글리코젠의 합성량은 C_1일 때가 C_2일 때보다 많다.

① ㄱ　　② ㄴ　　③ ㄷ　　④ ㄱ, ㄴ　　⑤ ㄴ, ㄷ

[24025-0127]

03 그림 (가)는 어떤 동물 종의 개체에서 호르몬 X의 분비와 작용을, (나)는 이 동물 종의 개체 ㉠과 ㉡에 각각 X의 분비를 촉진하는 자극을 주었을 때 단위 시간당 오줌 생성량의 변화를 나타낸 것이다. ㉠과 ㉡은 정상 개체와 뇌하수체 후엽이 제거된 개체를 순서 없이 나타낸 것이다.

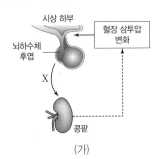
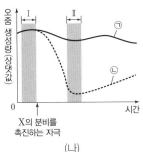

(가)　　　　　　　(나)

이에 대한 설명으로 옳은 것만을 〈보기〉에서 있는 대로 고른 것은? (단, 제시된 조건 이외는 고려하지 않는다.)

● 보 기 ●
ㄱ. 콩팥은 X의 표적 기관이다.
ㄴ. ㉠은 뇌하수체 후엽이 제거된 개체이다.
ㄷ. ㉡에서 생성되는 오줌의 삼투압은 구간 I에서가 II에서보다 높다.

① ㄱ　　　　② ㄷ　　　　③ ㄱ, ㄴ　　　　④ ㄴ, ㄷ　　　　⑤ ㄱ, ㄴ, ㄷ

혈장 삼투압이 정상 범위보다 높아지면 뇌하수체 후엽에서 항이뇨 호르몬(ADH)의 분비량이 증가하여 콩팥에서 물의 재흡수량이 증가한다.

[24025-0128]

04 그림 (가)는 정상인이 탄수화물을 섭취하였을 때 혈중 호르몬 ㉠과 ㉡의 농도 변화를, (나)는 간에서 일어나는 포도당과 글리코젠 사이의 전환을 나타낸 것이다. ㉠과 ㉡은 각각 인슐린과 글루카곤 중 하나이다.

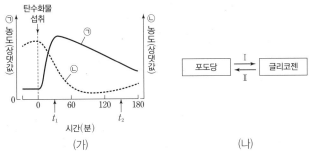

(가)　　　　　　　(나)

이에 대한 설명으로 옳은 것만을 〈보기〉에서 있는 대로 고른 것은? (단, 제시된 조건 이외는 고려하지 않는다.)

● 보 기 ●
ㄱ. ㉠은 과정 I을 촉진한다.
ㄴ. ㉡은 이자의 β세포에서 분비된다.
ㄷ. 혈당량은 t_1일 때가 t_2일 때보다 높다.

① ㄱ　　　　② ㄴ　　　　③ ㄷ　　　　④ ㄱ, ㄷ　　　　⑤ ㄴ, ㄷ

글루카곤은 글리코젠을 포도당으로 분해하는 과정을 촉진하고, 인슐린은 포도당을 글리코젠으로 합성하는 과정을 촉진한다.

[24025-0129]

시상 하부에 설정된 온도가
체온보다 높아지면 골격근의
떨림과 물질대사가 촉진되어
체온이 증가한다.

05 그림 (가)는 정상인에서 시상 하부에 설정된 온도가 변화함에 따른 체온 변화를, (나)는 구간 Ⅰ～Ⅲ 중 하나에서 일어난 자율 신경 X에 의한 체온 조절 과정을 나타낸 것이다.

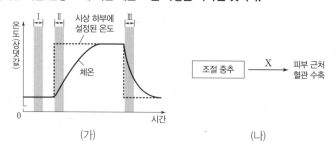

(가)　　　　　　　　　　　　　(나)

이에 대한 설명으로 옳은 것만을 〈보기〉에서 있는 대로 고른 것은? (단, 제시된 조건 이외는 고려하지 않는다.)

┌─ 보기 ●─────────────────────────────
ㄱ. X에 의한 피부 근처 혈관 수축은 Ⅲ에서 일어났다.
ㄴ. 땀 분비량은 Ⅱ에서가 Ⅲ에서보다 적다.
ㄷ. $\dfrac{열\ 발생량}{열\ 발산량}$은 Ⅰ에서가 Ⅱ에서보다 작다.
└──────────────────────────────────

① ㄱ 　　② ㄷ 　　③ ㄱ, ㄴ 　　④ ㄴ, ㄷ 　　⑤ ㄱ, ㄴ, ㄷ

[24025-0130]

저온 자극을 주었을 때 피부
근처 혈관을 흐르는 단위 시
간당 혈액량은 감소하고, 고
온 자극을 주었을 때 피부 근
처 혈관을 흐르는 단위 시간
당 혈액량은 증가한다.

06 그림 (가)는 정상인에게 ⓐ와 ⓑ를 주었을 때 피부 근처 혈관을 흐르는 단위 시간당 혈액량을, (나)는 이 사람에서 체온 조절 과정의 일부를 나타낸 것이다. Ⅰ과 Ⅱ는 신호 전달 경로이고, ⓐ와 ⓑ는 체온보다 높은 온도의 물에 들어가는 자극과 체온보다 낮은 온도의 물에 들어가는 자극을 순서 없이 나타낸 것이다.

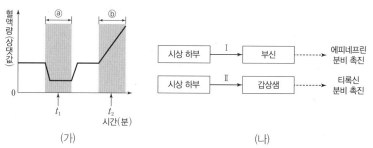

(가)　　　　　　　　　　　　　(나)

이에 대한 설명으로 옳은 것만을 〈보기〉에서 있는 대로 고른 것은? (단, 제시된 조건 이외는 고려하지 않는다.)

┌─ 보기 ●─────────────────────────────
ㄱ. ⓐ는 체온보다 높은 온도의 물에 들어가는 자극이다.
ㄴ. Ⅰ을 통한 신호 전달은 Ⅱ를 통한 신호 전달보다 빠르게 일어난다.
ㄷ. (나)는 t_1일 때가 t_2일 때보다 활발하게 일어난다.
└──────────────────────────────────

① ㄱ 　　② ㄴ 　　③ ㄷ 　　④ ㄱ, ㄴ 　　⑤ ㄴ, ㄷ

07 표는 갑상샘, 시상 하부, 뇌하수체 전엽 중 서로 다른 한 부위에만 호르몬 분비량이 감소하는 이상을 가진 환자 Ⅰ~Ⅲ에서 혈중 호르몬 ㉠~㉢의 농도를 나타낸 것이다. ㉠~㉢은 티록신, 갑상샘 자극 호르몬 방출 호르몬(TRH), 갑상샘 자극 호르몬(TSH)을 순서 없이 나타낸 것이다. ⓐ와 ⓑ는 '정상인보다 높음'과 '정상인보다 낮음'을 순서 없이 나타낸 것이다.

[24025-0131]

호르몬 \ 환자	Ⅰ	Ⅱ	Ⅲ
㉠	ⓐ	ⓑ	ⓐ
㉡	?	ⓐ	ⓐ
㉢	ⓑ	ⓑ	?

이에 대한 설명으로 옳은 것만을 〈보기〉에서 있는 대로 고른 것은? (단, 제시된 조건 이외는 고려하지 않는다.)

● 보기 ●
ㄱ. ⓐ는 '정상인보다 낮음'이다.
ㄴ. ㉠의 표적 기관은 뇌하수체 전엽이다.
ㄷ. Ⅰ은 시상 하부에 이상이 있는 환자이다.

① ㄱ   ② ㄷ   ③ ㄱ, ㄴ   ④ ㄱ, ㄷ   ⑤ ㄴ, ㄷ

시상 하부에서 분비된 갑상샘 자극 호르몬 방출 호르몬(TRH)은 뇌하수체 전엽을 자극해 갑상샘 자극 호르몬(TSH)의 분비를 촉진한다. TSH는 갑상샘을 자극해 티록신의 분비를 촉진하고, 티록신은 표적 세포에서 물질대사를 촉진한다. 또한 티록신은 시상 하부와 뇌하수체 전엽에서 TRH와 TSH의 분비를 억제한다.

08 표 (가)는 사람의 호르몬의 3가지 특징을, (나)는 (가)의 특징 중 호르몬 A~C가 가지는 특징의 개수를 나타낸 것이다. A~C는 인슐린, 글루카곤, 에피네프린을 순서 없이 나타낸 것이고, ⓐ는 ⓑ보다 크다.

[24025-0132]

특징
• 이자에서 분비된다.
• 혈당량 조절에 관여한다.
• 간에서 글리코젠 합성을 촉진한다.

(가)

호르몬	특징의 개수
A	1
B	ⓐ
C	ⓑ

(나)

이에 대한 설명으로 옳은 것만을 〈보기〉에서 있는 대로 고른 것은?

● 보기 ●
ㄱ. A는 부신 속질에서 분비된다.
ㄴ. A와 C는 모두 혈당량을 증가시킨다.
ㄷ. B와 C는 모두 교감 신경에 의해 분비가 촉진된다.

① ㄱ   ② ㄷ   ③ ㄱ, ㄴ   ④ ㄱ, ㄷ   ⑤ ㄴ, ㄷ

인슐린은 이자에서 분비되고, 부교감 신경에 의해 분비가 촉진된다. 글루카곤은 이자에서 분비되고, 교감 신경에 의해 분비가 촉진된다. 인슐린, 글루카곤, 에피네프린은 모두 혈당량 조절에 관여한다.

[24025-0133]

혈중 ADH 농도가 증가하면
콩팥에서 물의 재흡수량이 증가
하여 오줌 삼투압이 증가한다.

09 그림 (가)는 정상인에서 혈중 항이뇨 호르몬(ADH) 농도에 따른 ㉠을, (나)는 이 사람이 1 L의 물을 섭취하였을 때 ㉡의 변화를 나타낸 것이다. ㉠과 ㉡은 각각 오줌 삼투압과 단위 시간당 오줌 생성량 중 하나이다.

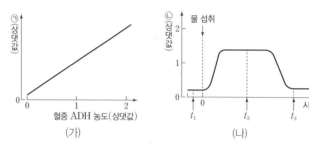

이에 대한 설명으로 옳은 것만을 〈보기〉에서 있는 대로 고른 것은? (단, 제시된 조건 이외는 고려하지 않는다.)

●보기●
ㄱ. ㉠은 오줌 삼투압이다.
ㄴ. 혈중 ADH의 농도는 t_1일 때가 t_2일 때보다 높다.
ㄷ. 혈장 삼투압은 t_2일 때가 t_3일 때보다 높다.

① ㄱ　　　　② ㄷ　　　　③ ㄱ, ㄴ　　　　④ ㄱ, ㄷ　　　　⑤ ㄴ, ㄷ

[24025-0134]

전체 혈액량이 증가하면 혈중
ADH 농도가 감소하고, 혈장
삼투압이 증가하면 갈증 정도
가 증가한다.

10 그림 (가)는 정상인에서 ㉠의 변화량에 따른 혈중 항이뇨 호르몬(ADH) 농도를, (나)는 이 사람에서 ㉡의 변화량에 따른 갈증을 느끼는 정도를 나타낸 것이다. ㉠과 ㉡은 각각 혈장 삼투압과 전체 혈액량 중 하나이다.

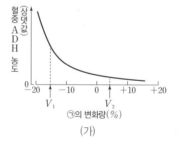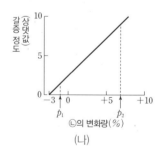

이에 대한 설명으로 옳은 것만을 〈보기〉에서 있는 대로 고른 것은? (단, 제시된 조건 이외는 고려하지 않는다.)

●보기●
ㄱ. ㉠은 혈장 삼투압이다.
ㄴ. 콩팥에서 단위 시간당 물의 재흡수량은 V_1일 때가 V_2일 때보다 많다.
ㄷ. 단위 시간당 오줌 생성량은 p_1일 때가 p_2일 때보다 많다.

① ㄱ　　　　② ㄷ　　　　③ ㄱ, ㄴ　　　　④ ㄱ, ㄷ　　　　⑤ ㄴ, ㄷ

[24025-0135]

11 그림은 어떤 사람에서 체온 조절 과정과 혈당량 조절 과정의 일부를 나타낸 것이다. 내분비샘 A~C는 이자, 갑상샘, 뇌하수체 전엽을 순서 없이 나타낸 것이고, 호르몬 ⓐ~ⓒ는 인슐린, 티록신, 갑상샘 자극 호르몬(TSH)을 순서 없이 나타낸 것이다. ㉠과 ㉡은 자극 전달 경로이다.

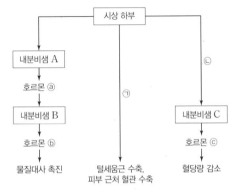

이에 대한 설명으로 옳은 것만을 〈보기〉에서 있는 대로 고른 것은?

┌─ 보기 ●─────────────────────────────────────┐
ㄱ. A는 뇌하수체 전엽이다.
ㄴ. 시상 하부가 체온보다 높은 온도를 감지하면 털세움근이 수축한다.
ㄷ. ㉠과 ㉡은 모두 교감 신경에 의한 자극 전달 경로이다.
└──┘

① ㄱ   ② ㄷ   ③ ㄱ, ㄴ   ④ ㄱ, ㄷ   ⑤ ㄴ, ㄷ

갑상샘에서 분비되는 티록신에 의해 표적 세포에서 물질대사가 촉진되고, 이자에서 분비되는 인슐린에 의해 표적 세포에서 포도당의 흡수가 촉진되어 혈당량이 감소한다.

[24025-0136]

12 그림 (가)는 정상인에서 혈중 항이뇨 호르몬(ADH) 농도에 따른 ㉠을, (나)는 이 사람이 X를 섭취하였을 때 단위 시간당 오줌 생성량의 변화를 나타낸 것이다. ㉠은 단위 시간당 오줌 생성량과 오줌 삼투압 중 하나이고, X는 물과 소금물 중 하나이다.

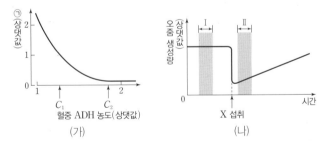

(가)   (나)

이에 대한 설명으로 옳은 것만을 〈보기〉에서 있는 대로 고른 것은? (단, 제시된 조건 이외는 고려하지 않는다.)

┌─ 보기 ●─────────────────────────────────────┐
ㄱ. X는 소금물이다.
ㄴ. 생성되는 오줌 삼투압은 C_1일 때가 C_2일 때보다 크다.
ㄷ. 혈장 삼투압은 구간 Ⅰ에서가 구간 Ⅱ에서보다 높다.
└──┘

① ㄱ   ② ㄷ   ③ ㄱ, ㄴ   ④ ㄱ, ㄷ   ⑤ ㄴ, ㄷ

혈중 ADH 농도가 증가하면 오줌 생성량이 감소하고, 소금물을 섭취하면 혈장 삼투압이 급격히 증가하여 ADH의 분비가 증가하고 오줌 생성량이 감소한다.

07

개념 체크

❍ 질병을 일으키는 생명체와 바이러스 등을 통틀어 병원체라 하고, 병원체에 의해 나타나는 질병을 감염성 질병이라고 한다.

1. 감염성 질병은 세균, 바이러스, 원생생물 등의 (   )에 의해 나타난다.

2. 병원체 중 (   )은 핵이 없는 단세포 원핵생물이다.

※ ○ 또는 ×

3. 말라리아를 일으키는 병원체는 세포의 구조를 갖추고 있지 않다.   (   )

4. 당뇨병은 전염되지 않는 질병이다.   (   )

1 질병

(1) 질병의 구분
① 감염성 질병
- 병원체에 의해 나타나는 질병으로 전염이 되기도 한다.
- 병원체가 숙주로 침입하는 경로에는 호흡기, 소화기, 매개 곤충, 신체적 접촉 등이 있다.
  예 독감, 감기, 천연두, 콜레라, 결핵 등
② 비감염성 질병
- 병원체에 감염되지 않아도 나타나는 질병으로 전염이 되지 않는다.
- 환경, 유전, 생활 방식 등의 여러 가지 원인이 복합적으로 작용하여 발병한다.
  예 고혈압, 당뇨병, 혈우병 등

(2) 병원체: 감염성 질병을 일으키는 인자이다.
① 세균
- 분열법으로 증식하고 핵이 없는 단세포 원핵생물이다.
- 모양에 따라 구균, 간균, 나선균 등으로 분류한다.
- 감염된 생물의 조직을 파괴하거나 독소를 분비하여 질병을 일으킨다.
- 세균에 의한 질병은 항생제를 이용하여 치료한다.
  질병 결핵, 세균성 식중독, 세균성 폐렴 등
② 바이러스
- 세포로 이루어져 있지 않으며 일반적으로 세균보다 작다.
- 살아 있는 숙주 세포 내에서 증식한 후 방출될 때 숙주 세포를 파괴한다.
- 바이러스에 의한 질병은 항바이러스제를 이용하여 치료한다.
  질병 감기, 독감, 홍역, 소아마비, 후천성 면역 결핍증(AIDS) 등
③ 원생생물: 핵을 가지고 있는 진핵생물로 대부분 열대 지역에서 매개 곤충을 통하여 사람 몸 안으로 들어와 질병을 일으킨다. 질병 말라리아, 수면병 등
④ 균류
- 핵을 가지고 있는 진핵생물이다.
- 균류가 몸에 직접 증식하거나 균류가 생산한 독성 물질에 의해 증상이 나타날 수 있다.
- 균류에 의한 질병은 항진균제를 이용하여 치료한다.
  질병 무좀 등

🔍 **과학 돋보기** **세균과 바이러스**

세균	바이러스
• 세포 구조이다. • 막으로 둘러싸인 세포 소기관이나 핵이 없으며, DNA가 세포질에 분포한다. • 세균성 질병은 항생제를 이용하여 치료한다.	• 세포의 구조를 갖추고 있지 않다. • 유전 물질(DNA 또는 RNA)과 단백질로 되어 있다. • 바이러스성 질병은 항바이러스제를 이용하여 치료한다.

정답
1. 병원체
2. 세균
3. ×
4. ○

⑤ 변형된 프라이온
- 단백질성 감염 입자이며 신경계의 퇴행성 질병을 유발하고 크기는 바이러스보다 작다.
- 정상적인 프라이온 단백질은 변형된 프라이온 단백질과 접촉하면 변형된 프라이온 단백질로 구조가 변하며, 변형된 프라이온 단백질이 축적되면 신경 세포가 파괴된다.

질병 크로이츠펠트 · 야코프병(사람), 광우병(소) 등

(3) 감염성 질병의 예방
① 마스크를 착용하면 호흡기를 통한 병원체 감염을 예방할 수 있다.
② 올바른 손 씻기로 손을 통해 감염되는 질병을 예방할 수 있다.
③ 음식을 익혀 먹고, 물을 끓여서 먹으면 음식과 물속 병원체에 의한 질병을 예방할 수 있다.

2 우리 몸의 방어 작용

(1) 비특이적 방어 작용(선천성 면역): 병원체의 종류나 감염 경험의 유무와 관계없이 감염 발생 시 신속하게 반응이 일어난다.
① 피부
- 피부는 병원체가 침투하지 못하게 하는 물리적 장벽 역할을 한다.
- 피부에서 분비되는 지방과 땀의 산성 성분은 세균의 증식을 억제한다.
② 점막
- 점막은 기관, 소화관 등의 내벽을 덮는 세포층이며, 점액으로 덮여 있다.
- 기관과 기관지에서 먼지와 병원체는 점막 세포의 섬모 운동으로 점액과 함께 바깥으로 내보내진다.
③ 분비액: 땀, 눈물, 침, 호흡기 통로의 점액에 있는 라이소자임은 세균의 세포벽을 분해한다.

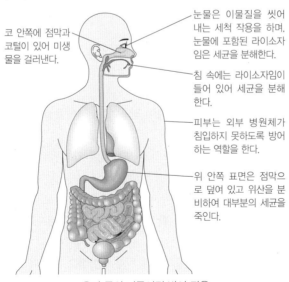

코 안쪽에 점막과 코털이 있어 미생물을 걸러낸다.

눈물은 이물질을 씻어 내는 세척 작용을 하며, 눈물에 포함된 라이소자임은 세균을 분해한다.

침 속에는 라이소자임이 들어 있어 세균을 분해한다.

피부는 외부 병원체가 침입하지 못하도록 방어하는 역할을 한다.

위 안쪽 표면은 점막으로 덮여 있고 위산을 분비하여 대부분의 세균을 죽인다.

우리 몸의 비특이적 방어 작용

④ **식세포 작용(식균 작용):** 대식세포와 같은 백혈구는 체내로 침투한 병원체를 자신의 세포 안으로 끌어들여 분해하는 식세포 작용(식균 작용)을 한다.
⑤ **염증 반응:** 병원체가 체내로 침입하면 열, 부어오름, 붉어짐, 통증이 나타나는 염증 반응이 일어난다. 염증은 병원체를 제거하기 위한 방어 작용이다.

개념 체크

◆ 피부, 점막, 분비액, 식세포 작용(식균 작용), 염증 반응은 병원체의 종류나 감염 경험의 유무와 관계없이 일어나는 비특이적 방어 작용이다.

1. 병원체 중 변형된 ( )은 크로이츠펠트 · 야코프병을 유발한다.

2. 대식세포는 체내로 침투한 병원체를 ( )을 통해 분해한다.

※ ○ 또는 ×

3. 땀, 눈물, 침, 점액에는 세균의 세포벽을 분해하는 효소인 라이소자임이 있다.
( )

4. 염증 반응은 특이적 방어 작용(후천성 면역)에 해당한다. ( )

정답
1. 프라이온
2. 식세포 작용(식균 작용)
3. ○
4. ×

개념 체크

○ 항체의 구조

항원 결합 부위

○ 항원 항체 반응

항원 결합 부위
항체 A
항체 B 항체 C

항체와 결합하는
항원의 부위

1. B 림프구는 (   )에
서 성숙하고, T 림프구는
(   )에서 성숙한다.

2. (   )는 활성화된 보조
T 림프구에 의해 항체를
생성하는 (   )로 분화
된다..

※ ○ 또는 ×

3. 세포성 면역은 활성화된
세포독성 T림프구가 병원
체에 감염된 세포를 제거
하는 면역 반응이다.
(   )

4. 특이적 방어 작용에는 세
포성 면역과 체액성 면역
이 있다. (   )

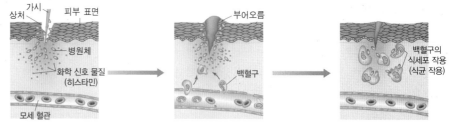

| 상처 가시 피부 표면 | 부어오름 | 백혈구의 식세포 작용 (식균 작용) |

피부가 손상되어 병원체가 체내로 들어오면 손상된 부위의 비만세포에서 화학 신호 물질(히스타민)을 분비한다.

화학 신호 물질(히스타민)이 모세 혈관을 확장시켜 혈관벽의 투과성이 증가되면 상처 부위는 붉게 부어오르고 백혈구는 손상된 조직으로 유입된다.

상처 부위에 모인 백혈구가 식세포 작용(식균 작용)으로 병원체를 제거한다.

염증 반응의 과정

(2) **특이적 방어 작용(후천성 면역):** 특정 항원을 인식하여 제거하는 방어 작용이며, T 림프구(T 세포)와 B 림프구(B 세포)에 의해 이루어진다.

> **과학 돋보기** **B 림프구와 T 림프구의 성숙**
>
> • 림프구는 백혈구의 일종으로, 골수에 있는 조혈 모세포로부터 만들어진다.
> • 골수에서 만들어진 림프구 중 일부는 골수에서 B 림프구로 성숙하고, 다른 일부는 가슴샘으로 이동하여 T 림프구로 성숙한다.
>
>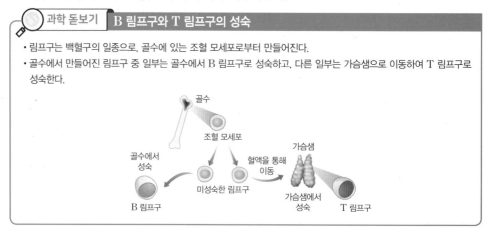

① **항원과 항체**

• 항원은 체내에서 면역 반응을 일으키는 원인 물질이다.

• 항체는 B 림프구로부터 분화된 형질 세포가 생성하여 분비하는 면역 단백질로 항원과 결합하여 항원을 무력화시킨다.

• 특정 항체는 항원의 특정 부위에 결합하여 작용하는데, 이를 항원 항체 반응의 특이성이라 한다.

② **세포성 면역:** 활성화된 세포독성 T림프구가 병원체에 감염된 세포를 제거하는 면역 반응이다.

• 대식세포가 병원체를 삼킨 후 분해하여 항원 조각을 제시 → 보조 T 림프구가 이를 인식하여 활성화됨 → 세포독성 T림프구가 활성화됨 → 활성화된 세포독성 T림프구가 병원체에 감염된 세포 제거

③ **체액성 면역:** 형질 세포가 생성하는 항체가 항원과 결합함으로써 더 효율적으로 항원을 제거할 수 있는 면역 반응이다.

• 대식세포가 병원체를 삼킨 후 분해하여 항원 조각을 제시 → 보조 T 림프구가 이를 인식하여 활성화됨 → B 림프구가 형질 세포와 기억 세포로 분화됨 → 항원 항체 반응이 일어남

• 1차 면역 반응: 항원의 1차 침입 시 활성화된 보조 T 림프구의 도움을 받은 B 림프구는 기억 세포와 형질 세포로 분화되며, 형질 세포는 항체를 생성한다.

정답

1. 골수, 가슴샘
2. B 림프구, 형질 세포
3. ○
4. ○

• 2차 면역 반응: 동일 항원의 재침입 시 그 항원에 대한 기억 세포가 빠르게 분화하여 기억 세포와 형질 세포를 만들며 형질 세포가 항체를 생성한다.

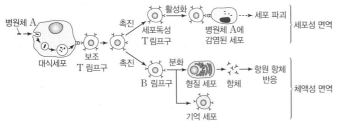

세포성 면역과 체액성 면역

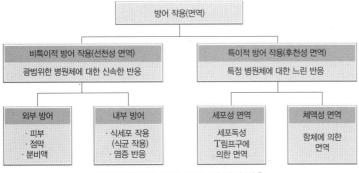

비특이적 방어 작용과 특이적 방어 작용

개념 체크

◐ 2차 면역 반응은 1차 면역 반응에 비해 항체 생성 속도가 빠르고, 생성되는 항체의 농도가 높다.

1. 2차 면역 반응은 1차 면역 반응에 비해 항체가 생성되기까지 소요되는 시간이 (   ), 항체 생성량은 (   ).

2. 세포성 면역과 체액성 면역이 일어날 때 모두 (   ) T 림프구가 관여한다.

※ ○ 또는 ×

3. 동일 항원이 재침입하면 형질 세포가 기억 세포로 빠르게 분화한다. (   )

4. 1차 면역 반응에서 B 림프구는 형질 세포와 기억 세포로 분화된다. (   )

🧪 **탐구자료 살펴보기** **1차 면역 반응과 2차 면역 반응 시 항체 농도**

자료 탐구

그림은 이전에 항원 A와 B에 노출된 적이 없는 어떤 쥐에게 항원 A와 B를 주입했을 때 생성되는 항체 a와 b의 농도 변화를 나타낸 것이다. 항체 a는 항원 A에 대한 항체이고, 항체 b는 항원 B에 대한 항체이다.

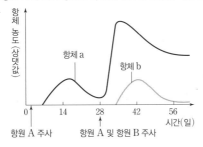

탐구 point

1. 항원 A에 대한 항체 농도 변화
   • 첫 번째 주사(1차 면역 반응): 항체가 생성되기까지 소요되는 시간이 길고 생성되는 항체의 농도가 낮다.
   • 두 번째 주사(2차 면역 반응): 기억 세포가 빠르게 형질 세포로 분화되어 항체가 생성되기까지 소요되는 시간이 짧고 생성되는 항체의 농도가 높다.
2. 항원 B에 대한 항체 농도 변화
   • 항원 B는 처음 주사하는 것이므로 항원 B에 대한 1차 면역 반응이 나타난다.
   • 항체가 생성되기까지 소요되는 시간이 길고 생성되는 항체의 농도가 낮다.

정답

1. 짧고, 많다
2. 보조
3. ×
4. ○

개념 체크

❍ 백신을 투여하면 기억 세포를 형성시켜 병원체가 재침입하였을 때 항체를 신속하게 다량으로 생성할 수 있다.

1. (   )을 투여하면 항원에 대한 기억 세포가 형성되어 동일한 항원이 재침입하였을 때 2차 면역 반응이 일어난다.

2. 항원이 1차 침입하였을 때 (   )가 형성되지 않으면 동일한 항원이 2차 침입하더라도 2차 면역 반응이 일어나지 않는다.

※ ○ 또는 ×

3. 우측 [탐구자료 살펴보기]의 (가)와 (나)를 통해 A에 대한 기억 세포는 B에 대한 항체를 분비하는 형질 세포로 분화함을 알 수 있다.   (   )

4. 우측 [탐구자료 살펴보기]의 (라)에서 살아 있는 B를 주사한 닭에서는 B에 대한 2차 면역 반응이 일어났다.   (   )

정답
1. 백신
2. 기억 세포
3. ×
4. ○

④ 백신의 개발

- 1차 면역 반응을 일으키기 위해 체내에 주입하는 항원을 포함하는 물질을 백신이라 한다.
- 백신을 투여하면 주입한 항원에 대한 기억 세포가 형성되어 이후 동일한 항원이 다시 침입하였을 때 2차 면역 반응이 일어나 보다 신속하게 다량의 항체가 생성되어 항원을 무력화시키기 때문에 질병을 예방할 수 있다.

탐구자료 살펴보기   백신을 이용한 닭의 면역

자료 탐구

- 병원성 세균 A와 B를 이용하여 다음과 같은 실험을 진행하였다. (가)~(라)에서 사용된 닭은 모두 유전적으로 동일하며, A와 B에 감염된 적이 없다.

구분	과정	결과
(가)	죽은 A를 닭에게 주사하고 10일 후 살아 있는 A를 주사하였다.	생존
(나)	죽은 A를 닭에게 주사하고 10일 후 살아 있는 B를 주사하였다.	죽음
(다)	죽은 B를 닭에게 주사하고 10일 후 살아 있는 A를 주사하였다.	죽음
(라)	죽은 B를 닭에게 주사하고 10일 후 살아 있는 B를 주사하였다.	생존

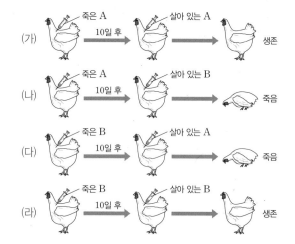

탐구 분석

- (가)에서 죽은 A를 닭에게 주사하였을 때 A에 대한 1차 면역 반응이 일어나 항체가 생성되고 기억 세포가 형성되었다. 10일 후 살아 있는 A를 주사하였을 때 닭에게서 A에 대한 2차 면역 반응이 일어나 생존하였다.
- (나)에서 죽은 A를 닭에게 주사하였을 때 A에 대한 1차 면역 반응이 일어나 항체가 생성되고 기억 세포가 형성되었다. 10일 후 살아 있는 B를 주사하였을 때는 닭이 B에 처음 감염되었으므로 죽었다.
- (다)에서 죽은 B를 닭에게 주사하였을 때 B에 대한 1차 면역 반응이 일어나 항체가 생성되고 기억 세포가 형성되었다. 10일 후 살아 있는 A를 주사하였을 때는 닭이 A에 처음 감염되었으므로 죽었다.
- (라)에서 죽은 B를 닭에게 주사하였을 때 B에 대한 1차 면역 반응이 일어나 항체가 생성되고 기억 세포가 형성되었다. 10일 후 살아 있는 B를 주사하였을 때 닭에게서 B에 대한 2차 면역 반응이 일어나 생존하였다.

탐구 point

- 죽은 A를 주사한 후 살아 있는 A를 주사했을 때와 죽은 B를 주사한 후 살아 있는 B를 주사했을 때만 닭이 생존했으므로 면역 반응은 병원체에 따라 특이적이다.
- 죽은 세균이 백신으로 작용하여 닭에게서 그 세균에 대한 기억 세포가 형성되었기 때문에 살아 있는 세균을 주사했을 때 닭이 생존하였다.

3 혈액형에 따른 수혈 관계

(1) ABO식 혈액형

① ABO식 혈액형의 구분
- 응집원(항원)은 적혈구 막 표면에, 응집소(항체)는 혈장에 있다. 응집원은 A와 B 두 종류이고, 응집소는 α와 β 두 종류이다.
- 응집원의 종류에 따라 A형, B형, AB형, O형으로 구분한다.

혈액형	A형	B형	AB형	O형
응집원	응집원 A / 적혈구	응집원 B	응집원 B / 응집원 A	없음
응집소	응집소 β	응집소 α	없음	응집소 α / 응집소 β

② ABO식 혈액형의 판정

혈청 \ 혈액형	A형	B형	AB형	O형
항 A 혈청 (응집소 α 함유)	응집됨	응집 안 됨	응집됨	응집 안 됨
항 B 혈청 (응집소 β 함유)	응집 안 됨	응집됨	응집됨	응집 안 됨

③ ABO식 혈액형의 수혈 관계: 기본적으로 수혈은 혈액을 주는 사람과 받는 사람의 혈액형이 동일한 경우에 하며, 혈액을 주는 쪽의 응집원과 받는 쪽의 응집소 사이에 응집 반응이 나타나지 않으면 서로 다른 혈액형이라도 소량 수혈은 가능하다.

과학 돋보기 · Rh식 혈액형

- Rh식 혈액형의 구분: Rh 응집원(항원)은 적혈구 막 표면에 있으며 Rh 응집소(항체)는 혈장에 존재한다.
- Rh^-형인 사람이 Rh 응집원에 노출되면 Rh 응집소를 생성한다.

구분	Rh^+형	Rh^-형
응집원	있음	없음
응집소	없음	응집원에 노출되면 생성됨

- Rh식 혈액형은 붉은털원숭이의 적혈구를 토끼의 혈액에 주사하여 응집소가 생긴 토끼의 혈청을 표준 혈청(항 Rh 혈청)으로 이용하여 판정한다. 항 Rh 혈청에 응집하면 Rh^+형, 응집하지 않으면 Rh^-형이다.

혈청 \ 혈액형	Rh^+형	Rh^-형
항 Rh 혈청 (Rh 응집소 함유)	응집됨	응집 안 됨

개념 체크

○ 항 A 혈청에는 응집소 α가 있고, 응집원 A가 있는 A형, AB형 혈액과 응집 반응을 일으키며, 항 B 혈청에는 응집소 β가 있고, 응집원 B가 있는 B형, AB형 혈액과 응집 반응을 일으킨다.

1. ABO식 혈액형이 ( )인 사람은 적혈구 표면에 응집원 A가 있고, 혈장에 응집소 β가 있다.

2. 항 B 혈청에는 응집소 ( )가 있고, 항 B 혈청은 ABO식 혈액형이 ( ), AB형인 혈액과 응집 반응을 일으킨다.

※ ○ 또는 ×

3. AB형의 혈액에는 ABO식 혈액형에 대한 응집소가 존재하지 않는다. ( )

4. ABO식 혈액형이 B형인 사람의 적혈구와 O형인 사람의 혈장을 섞으면 응집 반응이 일어난다. ( )

정답
1. A형
2. β, B형
3. ○
4. ○

개념 체크

● 알레르기와 자가 면역 질환은 모두 백신으로 예방하기 어려운 질환이다.

1. 일부 사람들에게 꽃가루, 먼지, 약물 등은 두드러기, 가려움, 기침, 콧물 등의 ( ) 반응을 일으킨다.

2. ( ) 질환은 면역계가 자기 조직 성분을 항원으로 인식하여 생기는 질환이다.

※ ○ 또는 ×

3. 사람 면역 결핍 바이러스(HIV)가 원인이 되어 나타나는 후천성 면역 결핍증(AIDS)은 면역 결핍의 대표적인 예이다. ( )

4. 우측 [탐구자료 살펴보기]의 탐구 결과에서 (마)의 Ⅱ에서 2차 면역 반응이 일어났다. ( )

4 면역 관련 질환

(1) 알레르기

① 특정 항원에 대한 면역 반응이 과민하게 나타나는 현상이다.

② 일부 사람에게는 꽃가루, 먼지, 약물 등이 두드러기, 가려움, 기침, 콧물 등의 알레르기 반응을 일으킬 수 있다.

(2) 자가 면역 질환

① 면역계가 자기 조직 성분을 항원으로 인식하여 세포나 조직을 공격하여 생기는 질환이다.

② 류머티즘 관절염이 대표적이다.

(3) 면역 결핍

① 면역을 담당하는 세포나 기관에 이상이 생겨 면역 기능을 제대로 할 수 없어서 생기는 질환이다. 이 경우 약한 세균의 침입에도 면역 반응이 잘 일어나지 못해 생명을 잃기도 한다.

② 사람 면역 결핍 바이러스(HIV)가 원인이 되어 나타나는 후천성 면역 결핍증(AIDS)이 있다.

🧪 **탐구자료 살펴보기** ▶ **병원체 X에 대한 생쥐의 방어 작용 실험**

탐구 과정

(가) 유전적으로 동일하고 X에 노출된 적이 없는 생쥐 Ⅰ~Ⅲ을 준비한다.

(나) Ⅰ과 Ⅲ에 생리식염수를, Ⅱ에 죽은 X를 주사한다.

(다) 1주 후, (나)의 Ⅰ과 Ⅱ에서 혈액을 채취하여 혈청을 분리한 뒤 X에 대한 기억 세포와 항체 생성 여부를 조사한다.

(라) (다)의 Ⅱ에서 얻은 혈청을 Ⅲ에 주사한다.

(마) 1일 후 Ⅰ~Ⅲ을 살아 있는 X로 감염시킨 뒤, 생존 여부를 확인한다.

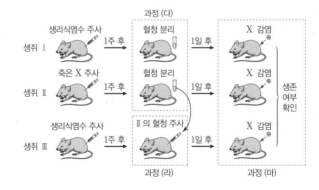

탐구 결과

생쥐	(다)에서 기억 세포와 항체 생성 여부		생쥐	(마)에서 생존 여부
	기억 세포	항체	Ⅰ	죽는다
Ⅰ	생성 안 됨	생성 안 됨	Ⅱ	산다
Ⅱ	생성됨	생성됨	Ⅲ	산다

탐구 point

• 죽은 X를 주사한 Ⅱ에서는 면역 반응이 일어나 X에 대한 항체가 생성되었으며, 생리식염수를 주사한 Ⅰ에서는 면역 반응이 일어나지 않아서 항체가 생성되지 않았음을 알 수 있다.

• Ⅱ로부터 혈청을 분리하여 Ⅰ에는 주사하지 않고 Ⅲ에게 주사한 후 살아 있는 X를 각각 감염시켰을 때, Ⅰ은 죽었고, Ⅲ은 살았으므로 Ⅱ로부터 분리한 혈청에 항체가 있음을 알 수 있다.

• (다)에서 Ⅱ는 X에 대한 기억 세포와 항체가 생성되었으며, (마)에서 살아 있는 X를 감염시켰을 때 2차 면역 반응이 일어났고, Ⅲ은 살았으므로 Ⅱ로부터 분리한 혈청의 항체에 의한 체액성 면역이 일어났음을 알 수 있다.

정답

1. 알레르기
2. 자가 면역
3. ○
4. ○

01 표는 사람의 질병 A~C의 특징을 나타낸 것이다. A~C는 수면병, 낫 모양 적혈구 빈혈증, 후천성 면역 결핍증(AIDS)을 순서 없이 나타낸 것이다.

[24025-0137]

질병	특징
A	비정상적인 헤모글로빈이 생성된다.
B	(가)
C	병원체는 핵을 가진다.

이에 대한 설명으로 옳은 것만을 〈보기〉에서 있는 대로 고른 것은?

━● 보기 ●━
ㄱ. A는 낫 모양 적혈구 빈혈증이다.
ㄴ. '병원체는 단백질을 가진다.'는 (가)에 해당한다.
ㄷ. B와 C의 병원체는 모두 세포로 이루어져 있다.

① ㄱ ② ㄷ ③ ㄱ, ㄴ ④ ㄴ, ㄷ ⑤ ㄱ, ㄴ, ㄷ

02 표는 병원체 ㉠과 ㉡의 특징을 나타낸 것이다. ㉠과 ㉡은 세균과 바이러스를 순서 없이 나타낸 것이다.

[24025-0138]

병원체	특징
㉠	세포로 이루어져 있지 않다.
㉡	(가)

이에 대한 설명으로 옳은 것만을 〈보기〉에서 있는 대로 고른 것은?

━● 보기 ●━
ㄱ. 소아마비의 병원체는 ㉠이다.
ㄴ. ㉡에 의한 질병을 치료할 때 항생제가 사용된다.
ㄷ. '스스로 물질대사를 할 수 있다.'는 (가)에 해당한다.

① ㄱ ② ㄷ ③ ㄱ, ㄴ ④ ㄴ, ㄷ ⑤ ㄱ, ㄴ, ㄷ

03 그림은 가시에 찔려 손상된 피부를 통해 세균 X가 침입하여 염증 반응이 일어나는 과정을 나타낸 것이다. ㉠과 ㉡은 비만세포와 대식세포를 순서 없이 나타낸 것이고, ㉡은 보조 T 림프구에게 항원을 제시한다.

[24025-0139]

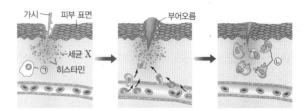

이에 대한 설명으로 옳은 것만을 〈보기〉에서 있는 대로 고른 것은?

━● 보기 ●━
ㄱ. ㉠은 비만세포이다.
ㄴ. ㉡에 의해 식세포 작용(식균 작용)이 일어난다.
ㄷ. 히스타민은 백혈구가 상처 부위로 이동하는 것을 촉진한다.

① ㄱ ② ㄴ ③ ㄱ, ㄷ ④ ㄴ, ㄷ ⑤ ㄱ, ㄴ, ㄷ

04 표 (가)는 사람의 질병 A~C에서 특징 ㉠~㉢의 유무를, (나)는 ㉠~㉢을 순서 없이 나타낸 것이다. A~C는 무좀, 홍역, 당뇨병을 순서 없이 나타낸 것이다.

[24025-0140]

질병 \ 특징	㉠	㉡	㉢
A	?	×	○
B	×	ⓐ	?
C	○	○	?

(○: 있음, ×: 없음)

(가)

특징(㉠~㉢)
• 비감염성 질병이다. • 병원체가 곰팡이이다. • 병원체가 세포 분열을 한다.

(나)

이에 대한 설명으로 옳은 것만을 〈보기〉에서 있는 대로 고른 것은?

━● 보기 ●━
ㄱ. ⓐ는 '×'이다.
ㄴ. ㉢은 '병원체가 곰팡이이다.'이다.
ㄷ. B와 C의 병원체는 모두 핵산을 가진다.

① ㄱ ② ㄴ ③ ㄷ ④ ㄱ, ㄴ ⑤ ㄱ, ㄷ

05 다음은 사람의 방어 작용에 대한 자료이다.

[24025−0141]

> (가) 병원체에 대한 ⓐ항체가 생성되어 병원체를 무력화 시킨다.
> (나) 기관지 점막은 섬모 운동으로 병원체의 침입을 막는다.
> (다) 타액에는 ⓑ병원체의 침입을 막는 물질이 있다.

이에 대한 설명으로 옳은 것만을 〈보기〉에서 있는 대로 고른 것은?

● 보기 ●
ㄱ. ⓐ는 면역 단백질이다.
ㄴ. 라이소자임은 ⓑ에 해당한다.
ㄷ. (나)와 (다)는 모두 비특이적 방어 작용의 예에 해당한다.

① ㄱ   ② ㄴ   ③ ㄱ, ㄷ   ④ ㄴ, ㄷ   ⑤ ㄱ, ㄴ, ㄷ

06 표는 사람의 질병 ㉠~㉢을 일으키는 병원체의 종류와 특징을 나타낸 것이다. ㉠~㉢은 독감, 말라리아, 세균성 식중독을 순서 없이 나타낸 것이다.

[24025−0142]

질병	병원체의 종류	특징
㉠	세균	?
㉡	?	?
㉢	ⓐ	매개 곤충을 통해 감염된다.

이에 대한 설명으로 옳은 것만을 〈보기〉에서 있는 대로 고른 것은?

● 보기 ●
ㄱ. ㉡은 독감이다.
ㄴ. ⓐ는 곰팡이이다.
ㄷ. '음식 익혀 먹기'는 ㉠을 예방하는 방법 중 하나이다.

① ㄱ   ② ㄷ   ③ ㄱ, ㄴ   ④ ㄱ, ㄷ   ⑤ ㄴ, ㄷ

07 다음은 어떤 사람이 병원체 X에 감염되었을 때 나타나는 방어 작용에 대한 자료이다. ㉠~㉢은 기억 세포, 형질 세포, 세포 독성 T림프구를 순서 없이 나타낸 것이다.

[24025−0143]

> (가) ㉠은 X에 감염된 세포를 직접 파괴한다.
> (나) X에 2차 감염되었을 때 ㉡이 ㉢으로 분화한다.

이에 대한 설명으로 옳은 것만을 〈보기〉에서 있는 대로 고른 것은?

● 보기 ●
ㄱ. ㉡은 형질 세포이다.
ㄴ. (가)는 체액성 면역 반응에 해당한다.
ㄷ. (가)와 (나)는 모두 특이적 방어 작용에 해당한다.

① ㄱ   ② ㄷ   ③ ㄱ, ㄴ   ④ ㄴ, ㄷ   ⑤ ㄱ, ㄴ, ㄷ

08 그림은 어떤 사람이 병원체 X에 감염되었을 때 생성된 X에 대한 항체 (가)와 (나)를 나타낸 것이다.

[24025−0144]

(가)   (나)

이에 대한 설명으로 옳은 것만을 〈보기〉에서 있는 대로 고른 것은?

● 보기 ●
ㄱ. ㉠과 ㉡은 모두 X와 결합하는 부위이다.
ㄴ. (가)와 (나)는 모두 단백질로 이루어져 있다.
ㄷ. X에 대한 항원 항체 반응은 세포성 면역에 해당한다.

① ㄱ   ② ㄴ   ③ ㄷ   ④ ㄱ, ㄴ   ⑤ ㄴ, ㄷ

09 그림은 사람에서 림프구가 분화하는 과정의 일부를 나타낸 것이다. ㉠과 ㉡은 B 림프구와 보조 T 림프구를 순서 없이 나타낸 것이다.

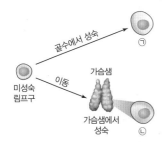

이에 대한 설명으로 옳은 것만을 〈보기〉에서 있는 대로 고른 것은?

┌─● 보기 ●──────────────────────
│ ㄱ. 미성숙 림프구는 골수에서 생성된다.
│ ㄴ. ㉠은 B 림프구이다.
│ ㄷ. ㉠과 ㉡은 모두 체액성 면역 반응에 관여한다.
└─────────────────────────────

① ㄱ　②ㄷ　③ㄱ,ㄴ　④ㄴ,ㄷ　⑤ㄱ,ㄴ,ㄷ

11 그림은 사람의 면역 반응 (가)와 (나)를 나타낸 것이다. (가)와 (나)는 각각 세포성 면역과 체액성 면역 중 하나이며, ㉠~㉢은 기억 세포, 형질 세포, 세포독성 T림프구를 순서 없이 나타낸 것이다.

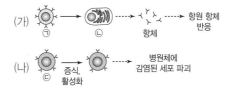

이에 대한 설명으로 옳은 것만을 〈보기〉에서 있는 대로 고른 것은?

┌─● 보기 ●──────────────────────
│ ㄱ. (가)는 체액성 면역이다.
│ ㄴ. 보조 T 림프구는 ㉢의 활성화를 촉진한다.
│ ㄷ. 2차 면역 반응에서 ㉡은 기억 세포로 분화한다.
└─────────────────────────────

① ㄱ　②ㄴ　③ㄱ,ㄴ　④ㄱ,ㄷ　⑤ㄴ,ㄷ

10 그림 (가)는 병원체 X_1과 X_2의 항원을, (나)는 어떤 사람이 X_1과 X_2에 모두 감염되었을 때 생성되는 항체 ㉠~㉢을 나타낸 것이다.

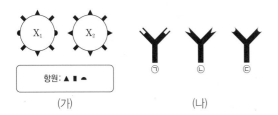

이에 대한 설명으로 옳은 것만을 〈보기〉에서 있는 대로 고른 것은?

┌─● 보기 ●──────────────────────
│ ㄱ. X_1은 면역 반응을 일으키는 원인에 해당한다.
│ ㄴ. ㉢은 X_1과 X_2 모두에 결합한다.
│ ㄷ. X_2에 감염되면 ㉠과 ㉡이 모두 생성된다.
└─────────────────────────────

① ㄱ　②ㄷ　③ㄱ,ㄴ　④ㄱ,ㄷ　⑤ㄴ,ㄷ

12 그림은 어떤 사람의 혈액에 항 A 혈청을 섞었을 때 일어나는 응집 반응을 나타낸 것이다. ㉠과 ㉡은 응집소 α와 응집소 β를 순서 없이 나타낸 것이다.

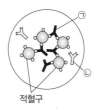

이에 대한 설명으로 옳은 것만을 〈보기〉에서 있는 대로 고른 것은?

┌─● 보기 ●──────────────────────
│ ㄱ. ㉡은 응집소 β이다.
│ ㄴ. 이 사람의 ABO식 혈액형은 A형이다.
│ ㄷ. ABO식 혈액형이 O형인 사람은 ㉠과 ㉡을 모두 가진다.
└─────────────────────────────

① ㄱ　②ㄷ　③ㄱ,ㄴ　④ㄴ,ㄷ　⑤ㄱ,ㄴ,ㄷ

13 표는 사람의 질병 A와 B
에서 특징 ㈀과 ㈁의 유무를 나
타낸 것이다. A와 B는 알레르기
와 자가 면역 질환을 순서 없이

[24025-0149]

구분	㈀	㈁
A	ⓐ	○
B	?	×

(○: 있음, ×: 없음)

나타낸 것이고, ㈀과 ㈁은 '비감염성 질병이다.'와 '면역계가 자신의
세포를 공격하여 나타난다.'를 순서 없이 나타낸 것이다.
이에 대한 설명으로 옳은 것만을 〈보기〉에서 있는 대로 고른 것은?

● 보기 ●
ㄱ. ⓐ는 '○'이다.
ㄴ. A는 알레르기이다.
ㄷ. A와 B는 모두 백신을 이용하여 예방할 수 있다.

① ㄱ　② ㄷ　③ ㄱ, ㄴ　④ ㄴ, ㄷ　⑤ ㄱ, ㄴ, ㄷ

14 다음은 어떤 가족 구성원의 ABO식 혈액형에 대한 자료
이다.

[24025-0150]

• 이 가족은 아버지, 어머니, 자녀 1, 자녀 2로 구성되고,
ABO식 혈액형은 모두 다르다.
• 아버지와 자녀 1의 혈액을 각각 항 B 혈청과 섞으면 모
두 응집 반응이 일어난다.
• 자녀 1의 적혈구를 어머니의 혈장과 섞으면 응집 반응
이 일어나고, 어머니의 적혈구를 자녀 2의 혈장과 섞으
면 응집 반응이 일어난다.

이에 대한 설명으로 옳은 것만을 〈보기〉에서 있는 대로 고른 것은?
(단, ABO식 혈액형만 고려하며, 돌연변이는 없다.)

● 보기 ●
ㄱ. 아버지의 혈장에는 응집소 α가 있다.
ㄴ. 어머니와 자녀 2의 혈장에는 공통된 응집소가 있다.
ㄷ. 자녀 1의 혈장과 자녀 2의 적혈구를 섞으면 응집 반
응이 일어난다.

① ㄱ　② ㄷ　③ ㄱ, ㄴ　④ ㄴ, ㄷ　⑤ ㄱ, ㄴ, ㄷ

15 그림은 어떤 사람이 병원체 X에 감염되었을 때 일어나는
방어 작용의 일부를 나타낸 것이다. ㈀~㈂은 대식세포, 형질 세
포, 보조 T 림프구를 순서 없이 나타낸 것이다.

[24025-0151]

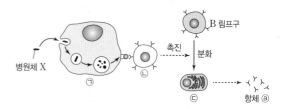

이에 대한 설명으로 옳은 것만을 〈보기〉에서 있는 대로 고른 것은?

● 보기 ●
ㄱ. ㈁은 보조 T 림프구이다.
ㄴ. ㈀에 의한 식세포 작용(식균 작용)은 비특이적 방어
작용에 해당한다.
ㄷ. ⓐ는 X에 특이적으로 결합한다.

① ㄱ　② ㄷ　③ ㄱ, ㄴ　④ ㄴ, ㄷ　⑤ ㄱ, ㄴ, ㄷ

16 표는 100명의 학생으로 구성된 어떤 집단을 대상으로
ABO식 혈액형에 대한 응집원 ㈀, 응집원 ㈁, 응집소 α의 유무에
따른 학생 수를 조사한 것이다. 이 집단에서 A형인 학생 수는 B형
인 학생 수의 2배이다.

[24025-0152]

구분	학생 수(명)
응집원 ㈀이 있는 학생	60
응집원 ㈁이 있는 학생	46
응집소 α가 있는 학생	ⓐ

이에 대한 설명으로 옳은 것만을 〈보기〉에서 있는 대로 고른 것은?

● 보기 ●
ㄱ. ⓐ는 40이다.
ㄴ. ㈀과 ㈁이 모두 없는 학생 수는 32이다.
ㄷ. $\dfrac{\text{AB형인 학생 수}}{\text{A형인 학생 수}+\text{O형인 학생 수}}=\dfrac{4}{5}$이다.

① ㄱ　② ㄴ　③ ㄷ　④ ㄱ, ㄴ　⑤ ㄱ, ㄷ

[24025-0153]

17 표는 어떤 생쥐가 병원체 X에 감염되었을 때 일어나는 방어 작용의 일부를, 그림은 이 생쥐가 X에 감염되었을 때 X에 대한 혈중 항체 농도의 변화를 나타낸 것이다. ㉠과 ㉡은 기억 세포와 형질 세포를 순서 없이 나타낸 것이다.

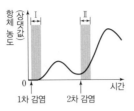

방어 작용
• ⓐB 림프구는 ㉠과 ㉡으로 분화한다.
• ㉡에서 항체가 분비된다.

이에 대한 설명으로 옳은 것만을 〈보기〉에서 있는 대로 고른 것은?

● 보기 ●
ㄱ. 보조 T 림프구는 ⓐ에 관여한다.
ㄴ. 구간 Ⅱ에서 ㉠이 ㉡으로 분화되었다.
ㄷ. 구간 Ⅰ과 Ⅱ에서 모두 비특이적 방어 작용이 일어났다.

① ㄱ ② ㄷ ③ ㄱ, ㄴ ④ ㄴ, ㄷ ⑤ ㄱ, ㄴ, ㄷ

[24025-0154]

18 다음은 어떤 사람이 병원체 X에 처음 감염되었을 때 일어나는 방어 작용 중 일부를 순서 없이 나타낸 것이다. ㉠~㉢은 대식세포, B 림프구, 보조 T 림프구를 순서 없이 나타낸 것이다.

(가) ㉠은 ㉡이 제시한 X의 항원 조각을 인식하고 활성화된다.
(나) ㉡이 X를 세포 안으로 끌어들여 분해하는 식세포 작용(식균 작용)을 한다.
(다) ㉢은 기억 세포와 형질 세포로 분화한다.

이에 대한 설명으로 옳은 것만을 〈보기〉에서 있는 대로 고른 것은?

● 보기 ●
ㄱ. ㉠은 대식세포이다.
ㄴ. (가)~(다)를 시간 순으로 배열하면 (나) → (가) → (다)이다.
ㄷ. 이 사람이 X에 재감염되면 (다)에서 형성된 기억 세포에 의해 2차 면역 반응이 일어난다.

① ㄱ ② ㄴ ③ ㄷ ④ ㄱ, ㄷ ⑤ ㄴ, ㄷ

[24025-0155]

19 그림은 생쥐 ㉠과 ㉡에서 X를 주사했을 때 생성되는 X에 대한 혈중 항체 농도 변화를 나타낸 것이다. ㉠과 ㉡은 X에 대한 백신을 접종한 생쥐와 접종하지 않은 생쥐를 순서 없이 나타낸 것이며, ㉠과 ㉡은 유전적으로 동일하고 X에 노출된 적이 없다.

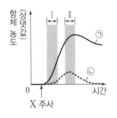

이에 대한 설명으로 옳은 것만을 〈보기〉에서 있는 대로 고른 것은?

● 보기 ●
ㄱ. ㉠은 X에 대한 백신을 접종한 생쥐이다.
ㄴ. 구간 Ⅰ의 ㉠에서 2차 면역 반응이 일어났다.
ㄷ. 구간 Ⅱ의 ㉠과 ㉡에서 모두 체액성 면역 반응이 일어났다.

① ㄱ ② ㄷ ③ ㄱ, ㄴ ④ ㄴ, ㄷ ⑤ ㄱ, ㄴ, ㄷ

[24025-0156]

20 다음은 면역 관련 질환에 대한 학생 A~C의 발표 내용이다.

제시한 내용이 옳은 학생만을 있는 대로 고른 것은?

① A ② B ③ C ④ A, B ⑤ A, C

질병은 병원체에 의해 나타나는 감염성 질병과 환경, 유전, 생활 방식 등의 여러 가지 원인이 복합적으로 작용하여 나타나는 비감염성 질병으로 구분할 수 있다.

01 표 (가)는 사람의 질병 A~D의 특징을, (나)는 특징 ㉠~㉣을 순서 없이 나타낸 것이다. A~D는 결핵, 독감, 무좀, 고혈압을 순서 없이 나타낸 것이다.

[24025-0157]

구분	특징
A	㉠
B	㉡
C	㉠, ㉢
D	㉠, ㉢, ㉣

(가)

특징(㉠~㉣)

• 비감염성 질병이다.
• 병원체가 핵막을 가진다.
• 병원체가 유전 물질을 가진다.
• 병원체가 스스로 물질대사를 한다.

(나)

이에 대한 설명으로 옳은 것만을 〈보기〉에서 있는 대로 고른 것은?

● 보기 ●

ㄱ. A는 고혈압이다.
ㄴ. C의 병원체는 세포 구조를 가진다.
ㄷ. ㉢은 '병원체가 유전 물질을 가진다.'이다.

① ㄱ　　　② ㄴ　　　③ ㄷ　　　④ ㄱ, ㄴ　　　⑤ ㄴ, ㄷ

세균은 세포 구조이고, 세균에 의한 질병은 항생제를 이용하여 치료할 수 있다.

02 표는 사람의 질병 ㉠~㉢의 특징을, 그림은 병원체 X를 나타낸 것이다. ㉠~㉢은 결핵, 홍역, 당뇨병을 순서 없이 나타낸 것이고, X는 ㉠~㉢ 중 하나의 병원체이다.

[24025-0158]

특징

• ㉠과 ㉡은 모두 해당 질병이 걸린 사람과의 접촉을 통해 감염될 수 있다.
• ㉡과 ㉢ 중 하나는 항생제를 이용하여 치료한다.

세포막

이에 대한 설명으로 옳은 것만을 〈보기〉에서 있는 대로 고른 것은?

● 보기 ●

ㄱ. X는 ㉠의 병원체이다.
ㄴ. X에는 단백질이 있다.
ㄷ. ㉢은 대사성 질환에 해당한다.

① ㄱ　　　② ㄷ　　　③ ㄱ, ㄴ　　　④ ㄴ, ㄷ　　　⑤ ㄱ, ㄴ, ㄷ

[24025-0159]

03 표는 어떤 생쥐가 병원체 X에 처음 감염되었을 때 일어나는 방어 작용 중 일부를, 그림은 유전적으로 동일하고 X에 노출된 적이 없는 생쥐 A~C에 같은 양의 X를 감염시킨 후 혈중 X의 수 변화를 나타낸 것이다. ㉠~㉣은 대식세포, 형질 세포, B 림프구, 보조 T 림프구를 순서 없이 나타낸 것이고, A~C는 정상 생쥐, ㉠이 결핍된 생쥐, ㉢이 결핍된 생쥐를 순서 없이 나타낸 것이다.

방어 작용
• ㉠은 ㉢에게 X의 항원 조각을 제시한다.
• ㉢의 도움을 받은 ㉡은 ㉣로 분화한다.

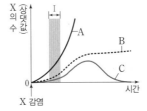

이에 대한 설명으로 옳은 것만을 〈보기〉에서 있는 대로 고른 것은?

● 보기 ●
ㄱ. A는 ㉠이 결핍된 생쥐이다.
ㄴ. ㉣은 가슴샘에서 성숙한다.
ㄷ. 구간 Ⅰ에서 X에 대한 식세포 작용(식균 작용)은 B와 C에서 모두 일어났다.

① ㄱ   ② ㄴ   ③ ㄱ, ㄷ   ④ ㄴ, ㄷ   ⑤ ㄱ, ㄴ, ㄷ

> 대식세포는 병원체를 삼킨 후 분해하여 항원 조각을 제시하고, 보조 T 림프구가 이를 인식하여 활성화된다.

[24025-0160]

04 그림 (가)는 병원체 X_1과 X_2에 있는 모든 항원을, (나)는 어떤 사람이 X_1과 X_2에 감염되었을 때 생성되는 혈중 항체 ㉠과 ㉡의 농도 변화를 나타낸 것이다. ⓐ와 ⓑ는 각각 X_1과 X_2 중 하나이고, ㉠과 ㉡은 항원 A에 대한 항체와 항원 B에 대한 항체를 순서 없이 나타낸 것이다.

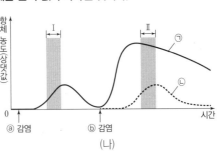

(가)   (나)

이에 대한 설명으로 옳은 것만을 〈보기〉에서 있는 대로 고른 것은?

● 보기 ●
ㄱ. ⓐ는 X_1이다.
ㄴ. 구간 Ⅰ에서 형질 세포로부터 항체가 생성되었다.
ㄷ. 구간 Ⅰ과 Ⅱ에서 모두 항원 A에 대한 특이적 방어 작용이 일어났다.

① ㄱ   ② ㄷ   ③ ㄱ, ㄴ   ④ ㄴ, ㄷ   ⑤ ㄱ, ㄴ, ㄷ

> 어떤 항원에 대한 기억 세포가 존재하면 이 항원이 체내에 침입하였을 때 2차 면역 반응이 일어난다.

세포성 면역에는 세포독성 T 림프구가, 체액성 면역에는 B 림프구가 관여한다.

[24025-0161]

05 그림은 사람의 면역 반응 (가)와 (나)를 나타낸 것이다. ㉠~㉣은 각각 기억 세포, 형질 세포, B 림프구, 세포독성 T림프구 중 하나이다.

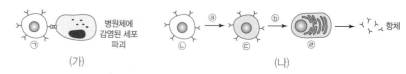

이에 대한 설명으로 옳은 것만을 〈보기〉에서 있는 대로 고른 것은?

> **• 보기 •**
> ㄱ. (가)는 비특이적 방어 작용에 해당한다.
> ㄴ. 보조 T 림프구는 과정 ⓐ를 촉진한다.
> ㄷ. 1차 면역 반응에서 과정 ⓐ와 ⓑ가 모두 일어난다.

① ㄴ　　　　② ㄷ　　　　③ ㄱ, ㄴ　　　　④ ㄱ, ㄷ　　　　⑤ ㄴ, ㄷ

항체에는 항원과 결합할 수 있는 부위가 있어 특정 항체는 이 결합 부위와 맞는 항원의 특정 부위에만 결합할 수 있다.

[24025-0162]

06 다음은 병원체 A에 대한 생쥐의 방어 작용 실험이다.

[실험 과정 및 결과]
(가) A로부터 항원 ㉠과 ㉡을 얻는다.
(나) 유전적으로 동일하고, A, ㉠, ㉡에 노출된 적이 없는 생쥐 Ⅰ~Ⅴ를 준비한다.
(다) 표와 같이 주사액을 Ⅰ~Ⅲ에게 주사하고, 일정 시간이 지난 후, 생쥐의 생존 여부를 확인한다.

생쥐	주사액의 조성	생존 여부
Ⅰ	A	죽는다
Ⅱ	㉠	산다
Ⅲ	㉡	산다

(라) (다)의 Ⅱ에서 ㉠에 대한 기억 세포를 분리하여 Ⅳ에게 주사하고, Ⅲ에서 ㉡에 대한 기억 세포를 분리하여 Ⅴ에게 주사한다.
(마) (다)의 Ⅱ와 Ⅲ, (라)의 Ⅳ와 Ⅴ에게 각각 A를 주사하고 일정 시간이 지난 후, 생쥐의 생존 여부를 확인한다.

생쥐	생존 여부
Ⅱ	죽는다
Ⅲ	산다
Ⅳ	ⓐ
Ⅴ	산다

이에 대한 설명으로 옳은 것만을 〈보기〉에서 있는 대로 고른 것은? (단, 제시된 조건 이외는 고려하지 않는다.)

> **• 보기 •**
> ㄱ. ⓐ는 '죽는다'이다.
> ㄴ. (다)의 Ⅱ와 Ⅲ에서 모두 비특이적 방어 작용이 일어났다.
> ㄷ. (마)의 Ⅴ에서 기억 세포로부터 형질 세포로의 분화가 일어났다.

① ㄱ　　　　② ㄷ　　　　③ ㄱ, ㄴ　　　　④ ㄴ, ㄷ　　　　⑤ ㄱ, ㄴ, ㄷ

07 그림은 사람 면역 결핍 바이러스(HIV)에 감염되어 면역 기능이 저하된 사람에서 시간에 따른 ㉠과 ㉡의 수를, 표는 사람이 병원체에 감염되었을 때 ㉠과 ㉢에 의해 일어나는 면역 반응을 나타낸 것이다. ㉠~㉢은 HIV, 보조 T 림프구, 세포독성 T림프구를 순서 없이 나타낸 것이다.

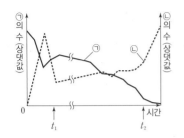

구분	면역 반응
㉠	㉢의 증식 및 활성화 촉진
㉢	병원체에 감염된 세포를 직접 파괴

이에 대한 설명으로 옳은 것만을 〈보기〉에서 있는 대로 고른 것은?

● 보 기 ●

ㄱ. ㉡은 세포 분열을 통해 증식한다.

ㄴ. ㉠은 체액성 면역 반응에 관여한다.

ㄷ. ㉢에 의한 면역 반응은 t_1일 때가 t_2일 때보다 활발하게 일어난다.

① ㄱ   ② ㄷ   ③ ㄱ, ㄴ   ④ ㄴ, ㄷ   ⑤ ㄱ, ㄴ, ㄷ

HIV는 보조 T 림프구를 파괴하여 세포성 면역과 체액성 면역을 모두 약화시킨다.

---

08 표는 ABO식 혈액형이 모두 다른 사람 Ⅰ~Ⅳ의 혈장을 Ⅱ~Ⅳ의 적혈구와 각각 섞었을 때 응집 반응 결과를, 그림은 Ⅰ의 적혈구를 항 A 혈청과 항 B 혈청에 각각 섞었을 때의 응집원과 응집소의 반응을 나타낸 것이다. ⓐ와 ⓑ는 '응집됨'과 '응집 안 됨'을 순서 없이 나타낸 것이다.

혈장 \ 적혈구	Ⅱ	Ⅲ	Ⅳ
Ⅰ	ⓐ	ⓑ	ⓐ
Ⅱ	?	ⓑ	ⓑ
Ⅲ	?	?	?
Ⅳ	ⓐ	?	?

항 A 혈청	항 B 혈청
적혈구	적혈구

이에 대한 설명으로 옳은 것만을 〈보기〉에서 있는 대로 고른 것은? (단, ABO식 혈액형만 고려한다.)

● 보 기 ●

ㄱ. ⓐ는 '응집됨'이다.

ㄴ. Ⅱ에는 응집원 A와 B가 모두 있다.

ㄷ. Ⅲ의 혈장과 Ⅳ의 적혈구를 섞으면 응집 반응이 일어난다.

① ㄱ   ② ㄷ   ③ ㄱ, ㄴ   ④ ㄴ, ㄷ   ⑤ ㄱ, ㄴ, ㄷ

응집소 α가 있는 항 A 혈청과 응집원 A가 있는 혈액을 섞으면 응집 반응이 일어나고, 응집소 β가 있는 항 B 혈청과 응집원 B가 있는 혈액을 섞으면 응집 반응이 일어난다.

A형의 혈액에는 응집원 A와 응집소 β, B형의 혈액에는 응집원 B와 응집소 α가 있다. AB형의 혈액에는 응집원 A와 B가 있고 응집소는 없으며, O형의 혈액에는 응집원은 없고 응집소 α와 β가 있다.

[24025–0165]

09 다음은 집단 X에 속한 모든 학생들의 ABO식 혈액형에 대한 자료이다.

- X에 속한 모든 학생의 수는 100명이고, A형, B형, AB형, O형인 학생의 수는 모두 다르다.
- $\dfrac{\text{응집원 A가 있는 학생의 수}}{\text{응집원 B가 있는 학생의 수}} = \dfrac{10}{9}$ 이고, $\dfrac{\text{응집소 }\alpha\text{가 있는 학생의 수}}{\text{응집소 }\beta\text{가 있는 학생의 수}} = \dfrac{20}{23}$ 이다.
- 응집소 ㉠이 있는 학생 중 혈액을 ㉡과 섞으면 응집되는 학생의 수는 24이다. ㉠은 α와 β 중 하나이고, ㉡은 항 A 혈청과 항 B 혈청 중 하나이다.

이에 대한 설명으로 옳은 것만을 〈보기〉에서 있는 대로 고른 것은? (단, ABO식 혈액형만 고려한다.)

● 보기 ●
ㄱ. ㉠은 β이다.
ㄴ. X에서 응집원 A와 B가 모두 있는 학생의 수는 22이다.
ㄷ. X에서 ㉡에 응집되는 혈액을 가진 학생의 수는 ㉡에 응집되지 않는 혈액을 가진 학생의 수보다 적다.

① ㄱ   ② ㄴ   ③ ㄱ, ㄴ   ④ ㄱ, ㄷ   ⑤ ㄴ, ㄷ

병원체 감염 시 B 림프구는 형질 세포로 분화되며, 형질 세포는 항체를 생성한다.

[24025–0166]

10 그림 (가)는 어떤 사람이 병원체 X에 감염되었을 때 일어나는 면역 반응 ㉮와 ㉯를 나타낸 것이고, (나)는 이 사람이 X에 감염되었을 때 생성되는 X에 대한 혈중 항체 농도 변화를 나타낸 것이다. ㉠~㉢은 대식세포, 형질 세포, B 림프구를 순서 없이 나타낸 것이다.

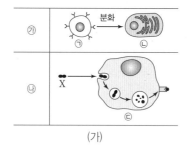 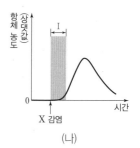

(가)   (나)

이에 대한 설명으로 옳은 것만을 〈보기〉에서 있는 대로 고른 것은?

● 보기 ●
ㄱ. ㉠은 X에 감염된 세포를 직접 파괴한다.
ㄴ. 구간 Ⅰ에서 ㉮와 ㉯가 모두 일어났다.
ㄷ. 구간 Ⅰ에서 ㉢으로부터 항체가 생성되었다.

① ㄱ   ② ㄷ   ③ ㄱ, ㄴ   ④ ㄴ, ㄷ   ⑤ ㄱ, ㄴ, ㄷ

11 다음은 항원 A~C에 대한 생쥐의 방어 작용 실험이다.

[24025-0167]

[실험 과정]
(가) 유전적으로 동일하고, A~C에 노출된 적이 없는 생쥐 Ⅰ~Ⅳ를 준비한다.
(나) Ⅰ에 ㉠을, Ⅱ에 ㉡을, Ⅲ에 ㉢을, Ⅳ에는 생리식염수를 각각 1회 주사한다. ㉠~㉢은 A~C를 순서 없이 나타낸 것이다.
(다) 일정 시간이 지난 후, (나)의 Ⅰ에서 ㉠에 대한 기억 세포를 분리하여 Ⅱ에, (나)의 Ⅱ에서 ㉡에 대한 기억 세포를 분리하여 Ⅲ에, (나)의 Ⅲ에서 ㉢에 대한 기억 세포를 분리하여 Ⅳ에 주사한다.
(라) 일정 시간이 지난 후, (다)의 Ⅱ~Ⅳ에 일정 시간 간격으로 A~C를 주사한다.

[실험 결과]
Ⅱ~Ⅳ에서 A~C에 대한 혈중 항체 농도 변화는 그림과 같다.

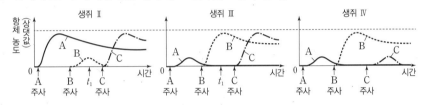

이에 대한 설명으로 옳은 것만을 〈보기〉에서 있는 대로 고른 것은? (단, 제시된 조건 이외는 고려하지 않는다.)

● 보기 ●
ㄱ. ㉠은 A이다.
ㄴ. (나)의 Ⅰ~Ⅲ에서 모두 특이적 방어 작용이 일어났다.
ㄷ. t_1일 때 Ⅱ와 Ⅲ에는 모두 C에 대한 기억 세포가 있다.

① ㄱ　　　② ㄷ　　　③ ㄱ, ㄴ　　　④ ㄴ, ㄷ　　　⑤ ㄱ, ㄴ, ㄷ

항원에 노출된 적이 없는 생쥐에 항원을 주사하면 B 림프구가 기억 세포와 형질 세포로 분화하는 1차 면역 반응이 일어난다. 이후 같은 항원이 다시 침입하면 기억 세포의 작용으로 다량의 항체가 신속하게 생성되는 2차 면역 반응이 일어난다.

[24025-0168]

12 그림은 병원체 X에 감염되었을 때 순차적으로 일어나는 면역 반응을 나타낸 것이다. ㉠~㉢은 각각 대식세포, 형질 세포, 보조 T 림프구 중 하나이다.

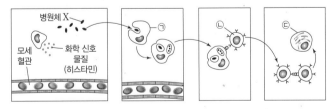

이에 대한 설명으로 옳은 것만을 〈보기〉에서 있는 대로 고른 것은?

● 보기 ●
ㄱ. 화학 신호 물질(히스타민)은 모세 혈관을 확장시키는 데 관여한다.
ㄴ. ㉡은 X에 감염된 세포를 직접 공격하여 파괴한다.
ㄷ. ㉢은 기억 세포로 분화된다.

① ㄱ　　　② ㄴ　　　③ ㄷ　　　④ ㄱ, ㄴ　　　⑤ ㄱ, ㄷ

비특이적 방어 작용은 병원체의 종류나 감염 경험 유무에 관계없이 일어나는 반응이며, 특이적 방어 작용은 특정 항원을 인식하여 제거하는 반응이다.

08 유전 정보와 염색체

개념 체크

○ **염색체와 유전자**

염색체는 DNA가 히스톤 단백질을 감아 형성된 많은 수의 뉴클레오솜으로 구성되며, 하나의 염색체에는 여러 유전자가 있음

1. ( )은 DNA가 ( ) 단백질을 감아 형성된 구조이다.

2. ( )는 분열 중인 세포에서 광학 현미경으로 보면 두꺼운 끈이나 막대 모양으로 관찰된다.

3. 세포 분열 시 ( )는 염색체의 잘록한 부분인 동원체에 부착된다.

※ ○ 또는 ×

4. 사람의 염색체는 세포가 분열하지 않을 때에는 핵 안에 가는 실 모양으로 풀어져 있다. ( )

5. 유전체란 개체의 유전 형질에 대한 정보가 저장된 DNA의 특정 부위를 뜻한다. ( )

1 염색체와 유전자

(1) 염색체

① 세포 안에 있으며, 유전 물질인 DNA가 포함된 구조이다.

② 유전 정보를 저장하고, 세포가 분열할 때 딸세포로 이동해 유전 정보를 전달하는 역할을 한다.

③ 세포가 분열하지 않을 때에는 핵 안에 가는 실 모양으로 풀어져 있다가, 세포가 분열할 때 이동과 분리가 쉽도록 두껍게 응축한다. 핵 안에 가는 실 모양으로 풀어져 있는 상태를 염색사라고 부르기도 한다.

④ 분열 중인 세포에서 광학 현미경으로 보면 두꺼운 끈이나 막대 모양으로 관찰된다.

(2) 염색체의 구조

① 염색체는 DNA와 히스톤 단백질로 이루어진 복합체이다.

② 염색체에서 DNA는 히스톤 단백질을 감아 뉴클레오솜을 형성하며, 하나의 염색체는 많은 수의 뉴클레오솜으로 이루어진다.

③ 동원체는 염색체의 잘록한 부분으로 세포 분열 시 방추사가 부착되는 곳이다.

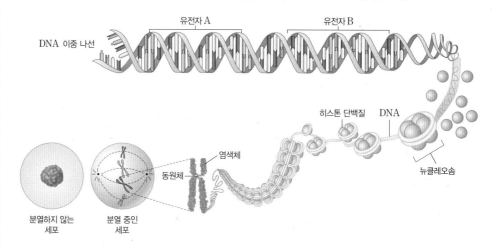

(3) 유전자, DNA, 염색체, 유전체

구분	특징
유전자	개체의 유전 형질에 대한 정보가 저장된 DNA의 특정 부위이다.
DNA	• 부모로부터 자손에게 전달되어 유전 현상을 일으키는 물질이다. • 하나의 DNA에 많은 수의 유전자가 있다.
염색체	• 세포가 분열할 때에는 막대 모양으로 응축되고, 세포가 분열하지 않을 때에는 실 모양으로 풀어져 있다. • 염색체는 DNA를 포함하므로 하나의 염색체에 많은 수의 유전자가 있다.
유전체	한 개체가 가진 모든 염색체를 구성하는 DNA에 저장된 유전 정보 전체이다.

정답

1. 뉴클레오솜, 히스톤
2. 염색체
3. 방추사
4. ○
5. ×

과학 돋보기 ── DNA의 구조

- DNA의 기본 구성 단위는 인산, 당, 염기로 이루어진 뉴클레오타이드이다.
- DNA는 많은 수의 뉴클레오타이드가 길게 결합한 폴리뉴클레오타이드 두 가닥이 나선 모양으로 꼬인 이중 나선 구조이다.
- DNA에 포함된 염기는 4종류(A, G, C, T)이며, 이 4종류 염기의 배열 순서로 유전 정보를 저장하고 있다.

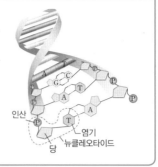

인산
염기
당
뉴클레오타이드

과학 돋보기 ── 연관과 연관군

- 하나의 염색체에는 많은 수의 유전자가 함께 있으며, 이렇게 여러 유전자가 한 염색체에 있는 경우를 연관이라고 한다.
- 연관된 유전자들의 무리를 연관군이라고 하며, 한 연관군에 속한 유전자들은 교차나 돌연변이가 일어나지 않으면 세포가 분열할 때 같은 딸세포로 이동한다.

(4) 핵형

① 한 생물이 가진 염색체의 수, 모양, 크기 등과 같이 관찰할 수 있는 염색체의 형태적인 특징이다.

② 생물은 종에 따라 핵형이 서로 다르므로 핵형은 생물종의 고유한 특성이다.

③ 같은 종의 생물에서는 성별이 같으면 핵형이 같다.

④ 서로 다른 종의 두 생물은 염색체 수가 같을 수 있지만, 염색체의 모양과 크기에 차이가 있으므로 핵형이 서로 다르다.

⑤ **핵형 분석**: 체세포 분열 중기 세포의 염색체 사진을 이용해 분석하며, 핵형을 분석하면 성별과 염색체 수나 구조의 이상을 확인할 수 있다.

탐구자료 살펴보기 ── 염색체 모형을 이용한 사람의 핵형 분석

탐구 과정

① 여자의 염색체 모형과 남자의 염색체 모형을 각각 모두 오려 낸다.
② 오려 낸 여자의 염색체와 남자의 염색체를 각각 크기와 형태적 특징이 같은 것끼리 짝을 짓는다.
③ 짝 지은 염색체 쌍을 크기가 큰 것부터 작은 것 순서대로 종이 위에 배열하여 붙인다.
④ 여자와 남자에서 차이가 있는 염색체 쌍은 맨 끝에 붙인다.
⑤ 종이 위에 배열된 염색체에 큰 것부터 작은 것 순서대로 번호를 표시한다.

개념 체크

○ 핵형
서로 다른 생물종은 같은 염색체 수를 가진다고 하더라도 모양과 크기가 서로 다른 염색체를 가지고 있으므로 서로 핵형이 다름. 또한 같은 종이라도 성별이 다르면 핵형이 다름

1. 인산, 당, (   )로 이루어진 뉴클레오타이드는 DNA의 기본 단위이다.

2. 같은 종의 생물에서 성별이 같은 두 개체는 핵형이 (같다/다르다).

3. (   )을 분석하면 성별과 염색체 수나 구조의 이상을 확인할 수 있다.

※ ○ 또는 ×

4. 염색체의 모양, 수, 크기에 차이가 있는 두 생물종은 핵형이 서로 다르다.
(   )

5. 체세포 분열 중기 세포의 염색체 사진을 이용하여 핵형 분석을 할 수 있다.
(   )

정답
1. 염기
2. 같다
3. 핵형
4. ○
5. ○

개념 체크

○ 사람의 염색체
남자와 여자의 체세포에는 22쌍의 상염색체와 1쌍의 성염색체가 있음. 상염색체는 남녀에서 모두 공통이며 성염색체는 남자에서 XY, 여자에서 XX임

1. (상/성)염색체는 여자와 남자가 공통으로 가지는 염색체로 사람의 체세포에는 (   )쌍이 있다.

2. 성염색체 중 (   ) 염색체는 남녀가 공통으로 가지며, 남자의 체세포에 (   )개, 여자의 체세포에 (   )개가 있다.

3. 사람의 체세포에는 모양과 크기 등 형태적 특징이 서로 같은 (   ) 염색체가 2개씩 있다.

※ ○ 또는 ×

4. 자녀의 체세포에 있는 1쌍의 상동 염색체는 각각 어머니(모계)와 아버지(부계)로부터 하나씩 물려받은 것이다. (   )

5. 사람의 체세포에는 46개의 염색체가 있다. (   )

탐구 결과

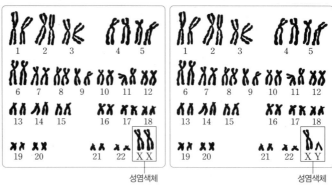

여자의 핵형 　　　　　　　　　 남자의 핵형

탐구 point
• 사람의 체세포에는 총 23쌍(46개)의 염색체가 있다.
• 상염색체와 성염색체

구분	특징
상염색체	• 여자와 남자가 공통으로 가지는 염색체이다. • 사람은 1번부터 22번까지 22쌍(44개)의 상염색체를 가진다.
성염색체	• 여자와 남자가 서로 다른 구성으로 가지는 염색체이다. • 사람은 1쌍(2개)의 성염색체를 가지며, 크기가 큰 것이 X 염색체, 크기가 작은 것이 Y 염색체이다. • 사람의 성염색체 구성은 여자가 XX, 남자가 XY이다.

과학 돋보기 | **세포를 이용한 사람의 핵형 분석**

• 염색체가 많이 응축되어 관찰하기 좋은 체세포 분열 중기의 세포를 이용해 분석한다.
• 일반적인 분석 과정

혈액에서 분리한 백혈구에 체세포 분열을 유도한 후 중기에서 세포 분열을 중지시킨다.

↓

백혈구의 염색체를 염색한 후 카메라가 부착된 현미경으로 관찰하여 촬영한다.

↓

염색체를 크기, 모양, 염색된 띠 등을 이용해 같은 것끼리 묶은 후 크기에 따라 배열한다.

정답
1. 상, 22
2. X, 1, 2
3. 상동
4. ○
5. ○

(5) 상동 염색체와 대립유전자

① **상동 염색체**: 사람의 체세포를 핵형 분석하면 모양과 크기가 같은 염색체가 2개씩 있는 것을 알 수 있는데 이렇게 형태적 특징이 같은 염색체를 상동 염색체라고 한다.
　• 하나는 어머니(모계)로부터, 다른 하나는 아버지(부계)로부터 물려받은 것이다.
　• 상동 염색체의 같은 위치에는 같은 형질을 결정하는 대립유전자가 있다.

② **대립유전자**: 상동 염색체의 같은 위치에 존재하며, 하나의 형질을 결정하는 유전자이다.

• 상동 염색체는 부모로부터 하나씩 물려받으므로 상동 염색체에 있는 대립유전자는 같을 수도 있고, 서로 다를 수도 있다.

• **예** 사람의 눈꺼풀 모양을 결정하는 쌍꺼풀 대립유전자와 외까풀 대립유전자

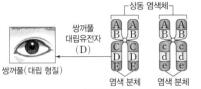
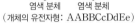

③ **핵상**: 한 세포에 들어 있는 염색체의 구성 상태로, 염색체의 상대적인 수로 표시한다.

• 많은 생물의 경우 체세포는 모든 염색체가 2개씩 상동 염색체 쌍을 이루고 있으므로 $2n$으로 표시한다.

• 생식세포는 상동 염색체 중 1개씩만 있어 염색체가 쌍을 이루고 있지 않으므로 n으로 표시한다.

• 사람은 체세포의 핵상과 염색체 수를 $2n=46$으로 표시하고, 생식세포의 핵상과 염색체 수를 $n=23$으로 표시한다.

체세포($2n=8$)　　생식세포($n=4$)

(6) 염색 분체의 형성과 분리

① **염색 분체**: 세포가 분열할 때 관찰되는 X자 모양의 염색체에서 하나의 염색체를 이루는 두 가닥이다.

② **염색 분체의 형성**: 염색 분체는 DNA가 복제되어 형성된다.

세포가 분열하기 전에 DNA가 복제된다.

↓

세포 분열이 시작되어 염색체가 응축하면 염색체는 2개의 염색 분체가 붙어 있는 형태가 된다.

↓

두 염색 분체는 동원체 부위에서 연결되어 하나의 염색체를 이룬다.

• 두 염색 분체의 DNA는 하나가 복제된 것이므로 저장되어 있는 유전 정보가 같다.

• 두 염색 분체는 같은 위치에 동일한 대립유전자가 있으므로 대립유전자 구성이 같다.

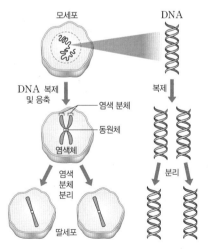

③ **염색 분체의 분리**: 체세포 분열이 일어날 때 두 염색 분체는 분리되어 서로 다른 딸세포로 이동하며, 이 과정에서 복제된 DNA가 두 딸세포로 나뉘어 들어간다.

개념 체크

◗ **염색 분체의 분리**
한 염색체를 이루는 두 염색 분체는 서로 대립유전자 구성이 같으므로 세포 분열 과정에서 염색 분체의 분리가 일어나 형성된 딸세포는 서로 대립유전자 구성이 같은 염색체를 가짐

1. ( )은 한 세포에 들어 있는 염색체의 구성 상태로, 염색체의 상대적인 수로 표시한다.

2. 생식세포는 상동 염색체 중 1개씩만 있어 염색체가 쌍을 이루지 않으므로 핵상을 ( )으로 표시한다.

3. 어떤 동물의 체세포의 핵상과 염색체 수가 $2n=8$일 때, 이 동물의 생식세포의 핵상과 염색체 수는 $n=($)이다.

※ ○ 또는 ×

4. 세포가 분열할 때 관찰되는 X자 모양의 염색체 1개는 2개의 염색 분체로 구성된다. ( )

5. 체세포 분열이 일어날 때 염색 분체의 분리가 일어난다. ( )

정답
1. 핵상
2. n
3. 4
4. ○
5. ○

개념 체크

○ **세포 주기**

세포 주기의 대부분은 간기(G_1기, S기, G_2기)가 차지하며, 분열기는 매우 짧고, 사람의 몸을 구성하는 세포는 환경 조건에 따라 세포 주기가 다름

1. ( )는 분열을 마친 딸세포가 생장하여 다시 분열을 마칠 때까지의 기간이다.

2. 세포 주기에서 S기가 끝나면 세포 1개당 DNA양이 G_1기 세포의 ( )배가 된다.

3. 체세포 분열 ( )기에 핵막이 사라지고, 방추사가 염색체의 동원체 부위에 부착된다.

※ ○ 또는 ×

4. 체세포 분열 과정에서 방추사가 부착된 염색체가 세포 중앙에 배열되는 시기는 후기이다. ( )

5. 체세포 분열 과정에서 상동 염색체의 분리가 일어난다. ( )

정답

1. 세포 주기
2. 2
3. 전
4. ×
5. ×

과학 돋보기 | **세포 주기**

• 분열을 마친 딸세포가 생장하여 다시 분열을 마칠 때까지의 기간이다.
• 크게 간기와 분열기(M기)로 나뉘며, 간기는 다시 G_1기, S기, G_2기로 나뉜다.

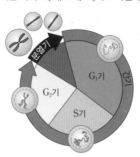

시기		주요 현상
간기	G_1기	세포의 구성 물질을 합성하고, 세포 소기관의 수가 늘어나면서 세포가 가장 많이 생장한다.
	S기	DNA를 복제하므로 S기가 끝나면 세포당 DNA양이 2배가 된다.
	G_2기	방추사를 구성하는 단백질을 합성하고, 세포가 생장하면서 세포 분열을 준비한다.
분열기(M기)		핵분열(DNA 분리)과 세포질 분열이 일어난다.

과학 돋보기 | **체세포 분열**

• 하나의 체세포가 둘로 나누어지는 과정으로, 생물의 발생과 생장, 조직 재생, 무성 생식 과정에서 일어난다.
• 체세포 분열 과정: 염색체의 행동에 따라 분열기가 전기, 중기, 후기, 말기로 나뉜다.

간기		세포가 생장하고, DNA를 복제한다.
분열기	전기	• 핵막이 사라진다. • 염색체가 응축하며, 각 염색체는 2개의 염색 분체로 구성된다. • 방추사가 염색체의 동원체 부위에 부착된다.
	중기	방추사가 부착된 염색체가 세포 중앙(적도판)에 배열된다.
	후기	방추사의 작용으로 염색 분체가 분리되어 세포의 양극으로 이동한다.
	말기	응축된 염색체가 풀어지고, 핵막이 나타나며, 세포질 분열이 시작된다.

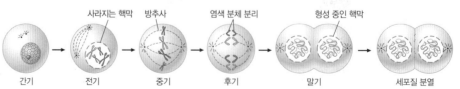

• 체세포 분열 과정에서 상동 염색체는 분리되지 않고, 염색 분체만 분리되므로 체세포 분열 결과 형성된 두 딸세포는 모세포와 대립유전자 구성이 같다.

2 생식세포의 형성과 유전적 다양성

(1) 생식세포의 형성

① 감수 분열(생식세포 분열): 생식세포를 형성하기 위해 일어나는 세포 분열이다.
- 간기(S기)에 DNA를 복제한 후 체세포 분열과 달리 연속 2회의 분열이 일어나므로 감수 1분열과 감수 2분열로 구분되며, 딸세포 하나가 가지는 유전 물질의 양은 G_1기 세포 하나가 가지는 양의 절반이다.

② 감수 분열 과정
- 감수 1분열: 상동 염색체가 분리되어 핵상이 $2n$에서 n으로 변하고, 염색체 수가 절반으로 감소한다.
- 감수 2분열: 염색 분체가 분리되어 핵상이 n에서 n으로 유지되며, 염색체 수도 변하지 않는다.

시기		주요 현상
간기		세포가 생장하고, DNA를 복제한다.
감수 1분열	전기	상동 염색체끼리 접합해 2가 염색체가 형성되며, 방추사가 2가 염색체의 동원체 부위에 부착된다.
	중기	방추사가 부착된 2가 염색체가 세포 중앙(적도판)에 배열된다.
	후기	방추사의 작용으로 상동 염색체가 분리되어 세포의 양극으로 이동한다.
	말기	세포질 분열이 시작되며, 염색체 수가 모세포($2n$)의 절반인 2개의 딸세포(n)가 형성된다.
감수 2분열	전기	방추사가 염색체의 동원체 부위에 부착된다.
	중기	방추사가 부착된 염색체가 세포 중앙(적도판)에 배열된다.
	후기	방추사의 작용으로 염색 분체가 분리되어 세포의 양극으로 이동한다.
	말기	세포질 분열이 시작되며, 핵상이 n인 4개의 생식세포(딸세포)가 형성된다.

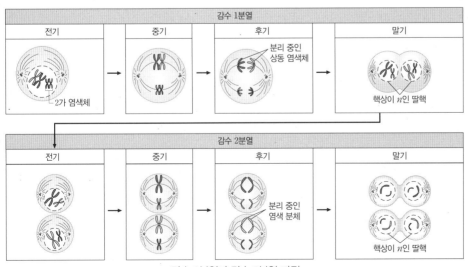

감수 1분열과 감수 2분열 과정

개념 체크

○ **감수 분열과 수정**
감수 분열을 통해 생식세포가 형성되는 과정에서 연속적인 2회 분열이 일어나므로 1개의 세포로부터 4개의 딸세포가 형성됨. 각각의 딸세포의 염색체 수는 모세포의 절반이므로 수정을 통해 태어나는 자손의 염색체 수는 부모와 같음

1. 감수 (   )분열에서 관찰되는 상동 염색체가 접합된 염색체를 (   )가 염색체라고 한다.

2. 핵상이 $2n$에서 n으로 감소하는 변화는 감수 (   ) 분열에서 일어난다.

3. 감수 분열 과정에서 DNA가 복제되는 S기는 (   ) 회만 일어난다.

※ ○ 또는 ×

4. 감수 1분열의 결과 세포당 염색체 수는 절반으로 감소한다.   (   )

5. 감수 2분열에서는 방추사의 작용으로 염색 분체가 분리되어 세포 양극으로 이동한다.   (   )

정답

1. 1, 2
2. 1
3. 1
4. ○
5. ○

개념 체크

○ 핵상과 염색체

체세포 분열에서 딸세포는 핵상과 염색체 수가 모세포와 같지만, 감수 분열에서 딸세포는 핵상과 염색체 수가 모두 모세포의 절반임

1. 체세포 분열에서 형성된 두 딸세포는 유전적 구성이 서로 (같다/다르다).

2. 하나의 모세포가 체세포 분열하여 형성되는 딸세포의 수는 (   )이고, 감수 분열하여 형성되는 딸세포의 수는 (   )이다.

※ ○ 또는 ×

3. 감수 분열에서는 하나의 모세포로부터 대립유전자 구성이 서로 다른 생식세포가 형성될 수 있다. (   )

4. 감수 1분열과 감수 2분열 사이에 DNA의 복제가 일어난다. (   )

정답
1. 같다
2. 2, 4
3. ○
4. ×

탐구자료 살펴보기 | **체세포 분열과 감수 분열의 비교**

자료 탐구

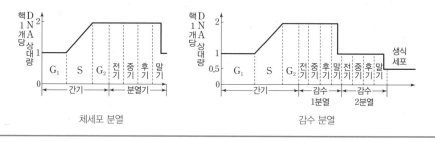

탐구 분석

구분	체세포 분열	감수 분열
DNA 복제	간기(S기)에 1회 일어난다.	
핵분열 횟수	1회 일어나며, 염색 분체가 분리된다.	2회 일어나며, 상동 염색체가 분리된 후 염색 분체가 분리된다.
상동 염색체의 접합	일어나지 않는다.	접합이 일어나 2가 염색체가 형성된다.
딸세포의 수(핵상)	2개($2n$)	4개(n)

탐구 point

• 체세포 분열에서는 염색체 수와 DNA양이 모두 모세포와 같은 딸세포가 형성되며, 하나의 모세포로부터 형성된 두 딸세포는 대립유전자 구성이 같다.

• 감수 분열에서는 염색체 수와 DNA양이 각각 모세포의 절반인 딸세포(생식세포)가 형성되며, 하나의 모세포로부터 대립유전자 구성이 서로 다른 생식세포가 형성될 수 있다.

• 체세포 분열과 감수 분열에서 핵 1개당 DNA 상대량의 변화

체세포 분열

감수 분열

(2) 유전적 다양성

① 같은 생물종이라도 한 형질에 대해 개체마다 대립유전자 조합이 달라 표현형이 다양하게 나타나는 것이다. **예** 사람의 다양한 피부색, 고양이의 다양한 털 무늬 등

② **유전적 다양성이 나타나는 까닭**: 감수 분열 시 상동 염색체가 무작위로 배열된 후 독립적으로 분리되어 염색체 조합(유전자 조합)이 다양한 생식세포가 형성되기 때문이다.

• 상동 염색체의 무작위 분리 과정

> 감수 1분열 시 2가 염색체가 세포 중앙에 무작위로 배열한다.
>
> ⬇
>
> 한 상동 염색체 쌍의 분리가 다른 상동 염색체 쌍의 분리와 독립적으로 일어난다.

• 상동 염색체의 무작위 분리 예: 어떤 개체의 유전자형이 AaBb이고, A(a)와 B(b)가 서로 다른 염색체에 있는 경우, 감수 분열 결과 염색체 조합(대립유전자 조합)이 각각 AB, Ab, aB, ab인 4종류의 생식세포가 형성될 수 있다.

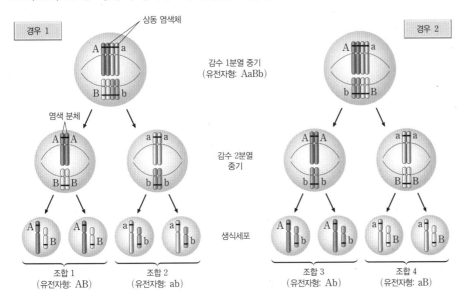

• x쌍의 상동 염색체를 가진 생물($2n=2x$)로부터 염색체 조합(대립유전자 조합)이 서로 다른 2^x종류의 생식세포가 형성될 수 있다.
• 사람($2n=46$)은 감수 분열 시 상동 염색체의 무작위 배열과 독립적인 분리에 의해 유전적으로 서로 다른 2^{23}종류의 생식세포가 형성될 수 있다.

③ 유전적 다양성이 높은 종은 다양한 형질의 개체들이 존재하므로 환경이 변했을 때 유리한 형질을 가진 개체가 존재할 가능성이 높아 쉽게 멸종되지 않으며, 환경 변화에 대한 적응력이 높다.

🔍 과학 돋보기 | 유성 생식과 유전적 다양성

• 유성 생식으로 태어난 자손은 부모로부터 DNA(유전자)를 각각 절반씩 물려받으므로 자손은 부모를 닮지만, 부모 중 어느 한쪽과도 유전적으로 동일하지 않다.
• 유성 생식 과정에서 염색체 조합(대립유전자 조합)이 다양한 생식세포들이 무작위로 수정되어 자손이 태어나므로 자손의 유전적 다양성이 증가한다.

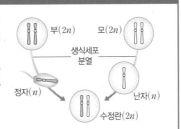

개념 체크

○ **유전적 다양성**
감수 분열 과정에서 상동 염색체의 분리가 일어나며, 각각의 상동 염색체 쌍의 분리는 독립적으로 일어나 유전적으로 다양한 구성을 가진 생식세포가 형성됨

1. 어떤 개체의 유전자형이 AaBb이고, A(a)와 B(b)가 서로 다른 염색체에 있는 경우, 감수 분열 결과 형성되는 생식세포의 대립유전자 조합은 최대 (   )가지가 가능하다.

2. 어떤 개체의 유전자형이 AaBb이고, A와 B가 함께 같은 염색체에 있고, a와 b가 함께 같은 염색체에 있는 경우, 감수 분열 결과 형성되는 생식세포의 대립유전자 조합은 (   )와 (   )이다.

※ ○ 또는 ×

3. 사람에게서 감수 분열 시 상동 염색체의 무작위 배열과 독립적인 분리에 의해 유전적으로 서로 다른 46종류의 생식세포가 형성될 수 있다. (   )

4. 유전적 다양성이 높은 종일수록 멸종될 가능성이 높다. (   )

정답

1. 4
2. AB, ab(ab, AB)
3. ×
4. ×

개념 체크

○ **유전적 다양성의 획득**
자손의 유전적 다양성은 부모 세대에서 생식세포가 형성되는 과정에서 상동 염색체의 무작위적인 분리와 생식세포의 무작위적인 수정에 의해 획득됨

1. [탐구자료 살펴보기] 탐구 활동 1에서 모형을 이용하여 생식세포의 염색체 조합을 확인할 때 진한 색깔의 염색체 모형이 모두 함께 있을 확률은 (　　　)이다.

2. [탐구자료 살펴보기] 탐구 활동 2에서 모형을 이용하여 감수 분열 과정을 표현하면 생식세포가 갖는 염색체 수는 (　　　)이다.

※ ○ 또는 ✕

3. [탐구자료 살펴보기] 탐구 활동 1에서 길이가 같은 염색체 모형은 상동 염색체이다.　　(　　)

4. [탐구자료 살펴보기] 탐구 활동 2의 과정 ④에서 한쪽에 있는 염색체 세트에 A, b, D가 있다면 다른 쪽에 있는 염색체 세트에는 a, B, d가 있다.　(　　)

탐구자료 살펴보기 　　**생식세포의 유전적 다양성 획득 과정 모의 활동**

탐구 활동 1

과정

① 털실 철사와 자석을 이용하여 길이가 서로 다른 3쌍의 상동 염색체 모형을 만든다. 이때 각 염색체는 2개의 염색 분체로 이루어져 있고, 한 쌍의 상동 염색체는 색깔을 서로 다르게 만든다.
② 3쌍의 상동 염색체 모형을 이용해 감수 1분열 중기 세포의 염색체 배열을 나타낸다.
③ 감수 분열 과정을 모형을 이용해 표현하고, 생식세포의 염색체 조합을 확인한다.
④ 과정 ②와 ③을 여러 차례 반복하면서 생식세포의 가능한 염색체 조합을 모두 확인한다.

탐구 결과

• 활동 결과 8(또는 2^3)종류의 서로 다른 염색체 조합을 가진 생식세포가 형성된다.

탐구 활동 2

과정

① A와 a, B와 b, D와 d가 각각 적힌 길이가 다른 3쌍의 상동 염색체 모형을 준비한다.
② 3쌍의 상동 염색체 모형을 원 안에 대립유전자가 적힌 글씨가 보이지 않도록 뒤집어 올려놓는다.
③ 염색체를 잘 섞은 후, 원의 중앙에 각 상동 염색체 쌍을 무작위로 배열한다.
④ 각 상동 염색체 쌍을 그대로 양방향으로 분리한 후, 양쪽 염색체 세트에서 생식세포의 유전자형을 확인한다.
⑤ 과정 ②∼④를 여러 차례 반복하면서 생식세포의 유전자형을 기록한다.

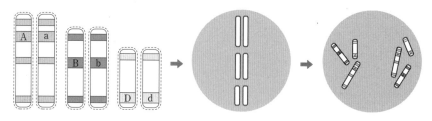

탐구 결과

• 활동 결과 유전자형이 각각 ABD, ABd, AbD, Abd, aBD, aBd, abD, abd인 8종류의 생식세포가 형성된다.

탐구 point

• 활동 1에서 색깔이 서로 다른 한 쌍의 상동 염색체와 활동 2에서 서로 다른 대립유전자가 적힌 한 쌍의 상동 염색체는 각각 아버지와 어머니로부터 하나씩 물려받은 것을 의미한다.
• 활동 1과 2를 통해 감수 분열 시 여러 상동 염색체 쌍이 독립적으로 무작위로 분리되어 염색체와 대립유전자 조합이 다양한 생식세포가 형성됨을 알 수 있다.

정답
1. 1/8
2. 3
3. ○
4. ○

01 그림은 사람의 체세포에 있는 염색체의 구조를 나타낸 것이다. A~C는 뉴클레오솜, 염색체, DNA를 순서 없이 나타낸 것이다. ㉠은 세포 분열 시 방추사가 결합하는 부위이다.

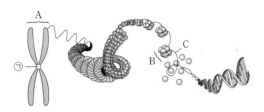

이에 대한 설명으로 옳은 것만을 〈보기〉에서 있는 대로 고른 것은?

보기

ㄱ. ㉠은 동원체이다.

ㄴ. B는 뉴클레오솜이다.

ㄷ. C에는 유전 정보가 저장되어 있다.

① ㄱ　　② ㄴ　　③ ㄱ, ㄷ　　④ ㄴ, ㄷ　　⑤ ㄱ, ㄴ, ㄷ

[24025-0170]

02 표는 염색체, 유전자, 유전체의 특징을 나타낸 것이다. A~C는 염색체, 유전자, 유전체를 순서 없이 나타낸 것이다.

구분	특징
A	한 개체가 가진 유전 정보 전체이다.
B	세포가 분열할 때 막대 모양으로 응축된다.
C	㉠

이에 대한 설명으로 옳은 것만을 〈보기〉에서 있는 대로 고른 것은?

보기

ㄱ. A는 유전체이다.

ㄴ. B에는 C가 있다.

ㄷ. '유전 정보가 저장된 DNA의 특정 부위이다.'는 ㉠에 해당한다.

① ㄴ　　② ㄷ　　③ ㄱ, ㄴ　　④ ㄱ, ㄷ　　⑤ ㄱ, ㄴ, ㄷ

[24025-0171]

03 그림은 사람 P의 체세포에 있는 일부 염색체를 나타낸 것이다. ㉠~㉕은 3쌍의 상동 염색체를 이루는 6개의 염색체를 나타낸 것이다.

이에 대한 설명으로 옳은 것만을 〈보기〉에서 있는 대로 고른 것은? (단, 돌연변이는 고려하지 않는다.)

보기

ㄱ. ㉠은 상염색체이다.

ㄴ. P는 남자이다.

ㄷ. ㉡은 ㉣과 상동 염색체이다.

① ㄴ　　② ㄷ　　③ ㄱ, ㄴ　　④ ㄱ, ㄷ　　⑤ ㄱ, ㄴ, ㄷ

[24025-0172]

04 그림은 동물 종 P($2n=6$)의 서로 다른 두 개체의 세포 A와 B에 있는 모든 염색체를 나타낸 것이다. P의 성염색체는 암컷이 XX이고, 수컷이 XY이다.

이에 대한 설명으로 옳은 것만을 〈보기〉에서 있는 대로 고른 것은? (단, 돌연변이는 고려하지 않는다.)

보기

ㄱ. ⓐ에는 단백질이 있다.

ㄴ. A를 갖는 개체와 B를 갖는 개체의 체세포는 핵형이 서로 같다.

ㄷ. B를 갖는 개체의 감수 2분열 중기 세포의 상염색체 염색 분체 수는 8이다.

① ㄱ　　② ㄷ　　③ ㄱ, ㄴ　　④ ㄱ, ㄷ　　⑤ ㄴ, ㄷ

05 그림은 어떤 사람의 세포에 있는
2개의 염색체와 유전자를 나타낸 것이다.
A는 a와, B는 b와 대립유전자이고, ㉠
은 A와 a 중 하나이다.
이에 대한 설명으로 옳은 것만을 〈보기〉에
서 있는 대로 고른 것은? (단, 돌연변이와 교차는 고려하지 않는다.)

[24025-0173]

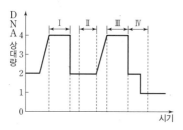

● 보기 ●

ㄱ. ㉠은 a이다.

ㄴ. 염색체 ㉮는 ㉯와 상동 염색체이다.

ㄷ. 이 사람에게서 형성되는 생식세포가 A와 b를 모두
　　 가질 확률은 $\frac{1}{2}$이다.

① ㄴ　　② ㄷ　　③ ㄱ, ㄴ　　④ ㄱ, ㄷ　　⑤ ㄴ, ㄷ

06 그림은 어떤 동물($2n=?$)의 세포가 분열하는 동안 세포
1개당 DNA 상대량의 변화를 나타낸 것이다.

[24025-0174]

이에 대한 설명으로 옳은 것만을 〈보기〉에서 있는 대로 고른 것은?
(단, 돌연변이는 고려하지 않는다.)

● 보기 ●

ㄱ. 구간 Ⅱ에서 핵막이 관찰되는 세포가 있다.

ㄴ. 구간 Ⅰ과 구간 Ⅲ 모두에서 2가 염색체가 관찰되는
　　 세포가 있다.

ㄷ. 구간 Ⅳ에서 염색 분체의 분리가 일어나는 세포가 있다.

① ㄱ　　② ㄴ　　③ ㄷ　　④ ㄱ, ㄷ　　⑤ ㄴ, ㄷ

07 그림은 어떤 동물($2n=4$)에서 세포 분열 과정의 중기 세
포 Ⅰ～Ⅲ의 염색체를 나타낸 것이다.

[24025-0175]

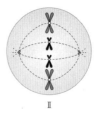

Ⅰ　　　　　　Ⅱ　　　　　　Ⅲ

이에 대한 설명으로 옳은 것만을 〈보기〉에서 있는 대로 고른 것은?
(단, 돌연변이는 고려하지 않는다.)

● 보기 ●

ㄱ. Ⅰ과 Ⅱ는 핵상이 서로 같다.

ㄴ. Ⅰ은 감수 1분열 중기 세포이다.

ㄷ. Ⅲ은 Ⅱ의 분열 결과 형성된 세포이다.

① ㄴ　　② ㄷ　　③ ㄱ, ㄴ　　④ ㄱ, ㄷ　　⑤ ㄴ, ㄷ

08 그림 (가)는 어떤 동물의 체세포를 배양한 후 세포당 DNA
양에 따른 세포 수를, (나)는 이 동물 체세포의 세포 주기를 나타낸
것이다. ㉠과 ㉡은 G_1기와 S기를 순서 없이 나타낸 것이다.

[24025-0176]

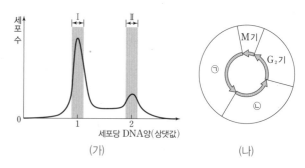

(가)　　　　　　　　　　　(나)

이에 대한 설명으로 옳은 것만을 〈보기〉에서 있는 대로 고른 것은?

● 보기 ●

ㄱ. 구간 Ⅰ에는 ㉠ 시기의 세포가 있다.

ㄴ. ㉡ 시기에서 DNA의 복제가 일어난다.

ㄷ. 구간 Ⅱ에는 방추사가 동원체에 결합한 세포가 있다.

① ㄱ　　② ㄷ　　③ ㄱ, ㄴ　　④ ㄴ, ㄷ　　⑤ ㄱ, ㄴ, ㄷ

09 [24025-0177]
그림은 서로 다른 두 종의 동물($2n=6$) A~C의 세포 (가)~(라) 각각에 들어 있는 모든 염색체를 나타낸 것이다. (가)~(라) 중 2개는 A의 세포이고, 나머지 2개 중 1개는 B의 세포이며, 나머지 1개는 C의 세포이다. A~C의 성염색체는 암컷이 XX, 수컷이 XY이며, A와 C의 성별은 서로 같다.

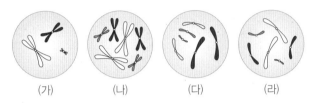

(가)   (나)   (다)   (라)

이에 대한 설명으로 옳은 것만을 〈보기〉에서 있는 대로 고른 것은? (단, 돌연변이는 고려하지 않는다.)

● 보기 ●
ㄱ. (가)는 A의 세포이다.
ㄴ. A와 B는 서로 같은 종이다.
ㄷ. 체세포 1개당 $\dfrac{\text{상염색체 수}}{\text{X 염색체 수}}$ 는 B가 C보다 크다.

① ㄱ   ② ㄷ   ③ ㄱ, ㄴ   ④ ㄴ, ㄷ   ⑤ ㄱ, ㄴ, ㄷ

10 [24025-0178]
그림은 어떤 사람의 감수 분열 과정 일부를, 표는 세포 Ⅰ~Ⅲ의 핵상과 X 염색체 수를 나타낸 것이다. ㉠과 ㉡은 각각 Ⅰ과 Ⅱ 중 하나이고, Ⅰ~Ⅲ은 모두 중기의 세포이다.

세포	핵상	X 염색체 수
㉠	?	0
㉡	?	1
Ⅲ	n	?

이에 대한 설명으로 옳은 것만을 〈보기〉에서 있는 대로 고른 것은? (단, 돌연변이는 고려하지 않는다.)

● 보기 ●
ㄱ. ㉠의 핵상은 $2n$이다.
ㄴ. ㉡에는 2가 염색체가 있다.
ㄷ. X 염색체 수는 ㉡이 Ⅲ보다 크다.

① ㄱ   ② ㄴ   ③ ㄱ, ㄷ   ④ ㄴ, ㄷ   ⑤ ㄱ, ㄴ, ㄷ

11 [24025-0179]
그림 (가)는 어떤 동물($2n=?$)의 세포가 분열하는 동안 세포 1개당 DNA 상대량의 변화 일부를, (나)는 (가)의 구간 Ⅰ에서 관찰되는 세포를 나타낸 것이다.

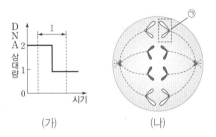

(가)   (나)

이에 대한 설명으로 옳은 것만을 〈보기〉에서 있는 대로 고른 것은? (단, 돌연변이는 고려하지 않는다.)

● 보기 ●
ㄱ. ㉠에는 동원체가 있다.
ㄴ. 구간 Ⅰ에서 상동 염색체가 분리된다.
ㄷ. (나)의 분열 결과 형성되는 딸세포의 핵상은 $2n$이다.

① ㄱ   ② ㄴ   ③ ㄷ   ④ ㄱ, ㄷ   ⑤ ㄴ, ㄷ

12 [24025-0180]
사람의 유전 형질 ⓐ는 2쌍의 대립유전자 A와 a, B와 b에 의해 결정되며, ⓐ의 유전자는 서로 다른 2개의 상염색체에 있다. 표는 사람 P의 G_1기 세포 Ⅰ로부터 생식세포가 형성되는 과정의 세포 Ⅰ~Ⅲ의 유전자 A, a, B, b의 DNA 상대량을 나타낸 것이다. Ⅱ와 Ⅲ은 모두 중기의 세포이다.

세포	DNA 상대량			
	A	a	B	b
Ⅰ	?	?	1	?
Ⅱ	2	0	?	2
Ⅲ	?	0	2	0

이에 대한 설명으로 옳은 것만을 〈보기〉에서 있는 대로 고른 것은? (단, 돌연변이와 교차는 고려하지 않으며, A, a, B, b 각각의 1개당 DNA 상대량은 1이다.)

● 보기 ●
ㄱ. Ⅱ의 핵상은 $2n$이다.
ㄴ. P의 ⓐ의 유전자형은 AaBb이다.
ㄷ. 세포 1개당 A의 DNA 상대량은 Ⅰ과 Ⅲ이 같다.

① ㄴ   ② ㄷ   ③ ㄱ, ㄴ   ④ ㄱ, ㄷ   ⑤ ㄴ, ㄷ

13 사람의 유전 형질 ⓐ는 대립유전자 A와 a에 의해, ⓑ는 대립유전자 B와 b에 의해 결정된다. 표는 아버지, 자녀 Ⅰ과 Ⅱ의 체세포에서 A, a, B, b의 유무를 나타낸 것이다. 자녀 Ⅰ과 Ⅱ의 성별은 서로 다르다.

[24025-0181]

구분	유전자			
	A	a	B	b
아버지	○	×	×	○
자녀 Ⅰ	×	○	○	○
자녀 Ⅱ	○	×	×	○

(○: 있음. ×: 없음)

이에 대한 설명으로 옳은 것만을 〈보기〉에서 있는 대로 고른 것은? (단, 돌연변이와 교차는 고려하지 않는다.)

● 보기 ●
ㄱ. Ⅱ는 남자이다.
ㄴ. A는 상염색체에 있다.
ㄷ. 어머니에게서 형성된 생식세포가 A와 b를 모두 가질 확률은 $\frac{1}{4}$이다.

① ㄴ ② ㄷ ③ ㄱ, ㄴ ④ ㄱ, ㄷ ⑤ ㄴ, ㄷ

14 표는 4종의 생물에서 체세포 1개당 총염색체 수와 생식세포 1개당 상염색체 수를 나타낸 것이다. 4종의 생물의 체세포에는 모두 1쌍의 성염색체가 있다.

[24025-0182]

생물종	체세포 1개당 총염색체 수	생식세포 1개당 상염색체 수
사람	?	22
고릴라	?	ⓐ
침팬지	48	ⓐ
금붕어	94	ⓑ

이에 대한 설명으로 옳은 것만을 〈보기〉에서 있는 대로 고른 것은? (단, 돌연변이는 고려하지 않는다.)

● 보기 ●
ㄱ. ⓑ는 ⓐ의 2배이다.
ㄴ. 고릴라와 침팬지는 핵형이 서로 같다.
ㄷ. $\frac{\text{고릴라의 체세포 1개당 상염색체 수}}{\text{사람의 생식세포 1개당 총염색체 수}}=2$이다.

① ㄱ ② ㄴ ③ ㄷ ④ ㄱ, ㄷ ⑤ ㄴ, ㄷ

15 그림 (가)는 어떤 형질의 유전자형이 Aa인 동물($2n=8$)에서 1쌍의 상동 염색체를, (나)는 이 동물의 분열 중인 세포 P에서 (가)의 두 염색체 사이의 거리를 나타낸 것이다. A와 a는 대립유전자이고, ⓐ는 A와 a 중 하나이다.

[24025-0183]

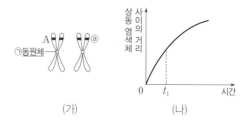

(가) (나)

이에 대한 설명으로 옳은 것만을 〈보기〉에서 있는 대로 고른 것은? (단, 돌연변이와 교차는 고려하지 않는다.)

● 보기 ●
ㄱ. ⓐ는 a이다.
ㄴ. ㉠은 방추사가 결합하는 부위이다.
ㄷ. t_1일 때 P에서 감수 2분열이 일어나고 있다.

① ㄱ ② ㄷ ③ ㄱ, ㄴ ④ ㄱ, ㄷ ⑤ ㄴ, ㄷ

16 사람의 유전 형질 ⓐ는 서로 다른 2개의 상염색체에 있는 2쌍의 대립유전자 A와 a, B와 b에 의해 결정된다. 그림은 사람 P의 세포 ㉠~㉢의 A와 b의 DNA 상대량을 나타낸 것이다. ㉠~㉢은 각각 G_1기 세포, 감수 2분열 중기 세포, 생식세포 중 하나이다.

[24025-0184]

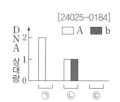

이에 대한 설명으로 옳은 것만을 〈보기〉에서 있는 대로 고른 것은? (단, 돌연변이와 교차는 고려하지 않으며, A, a, B, b 각각의 1개당 DNA 상대량은 1이다.)

● 보기 ●
ㄱ. P의 ⓐ의 유전자형은 AaBb이다.
ㄴ. ㉠은 감수 2분열 중기 세포이다.
ㄷ. 세포 1개당 a와 B의 DNA 상대량을 더한 값은 ㉡이 ㉢보다 크다.

① ㄱ ② ㄷ ③ ㄱ, ㄴ ④ ㄴ, ㄷ ⑤ ㄱ, ㄴ, ㄷ

[24025-0185]

01 그림 (가)는 어떤 동물의 염색체 구조 변화를, (나)는 이 동물의 체세포의 세포 주기를 나타낸 것이다. ⓐ와 ⓑ는 각각 DNA와 단백질 중 하나이고, ㉠과 ㉡은 M기(분열기)와 S기를 순서 없이 나타낸 것이다.

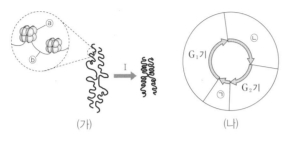

(가)   (나)

이에 대한 설명으로 옳은 것만을 〈보기〉에서 있는 대로 고른 것은?

┌─ 보기 ────────────────────────┐
ㄱ. ⓐ는 단백질이다.
ㄴ. ㉠ 시기에 과정 Ⅰ이 일어난다.
ㄷ. ㉡ 시기에 세포 1개당 ⓑ의 양은 증가한다.
└──────────────────────────────┘

① ㄱ　　　② ㄷ　　　③ ㄱ, ㄴ　　　④ ㄴ, ㄷ　　　⑤ ㄱ, ㄴ, ㄷ

> 세포에서는 간기 중 S기에 DNA의 복제가 일어나며, 염색체는 분열기에 더 응축된 구조로 변화한다.

[24025-0186]

02 그림은 사람 P의 체세포를 이용한 핵형 분석 결과 중 3쌍의 상염색체와 1쌍의 성염색체를, 표는 P의 세포 Ⅰ~Ⅲ에서 세포 1개당 상염색체 수, 성염색체 ㉠과 ㉡의 유무를 나타낸 것이다. Ⅰ~Ⅲ은 모두 중기의 세포이다.

세포	세포 1개당 상염색체 수	성염색체	
		㉠	㉡
Ⅰ	22	○	?
Ⅱ	?	×	?
Ⅲ	?	○	○

(○: 있음, ×: 없음)

이에 대한 설명으로 옳은 것만을 〈보기〉에서 있는 대로 고른 것은? (단, 돌연변이는 고려하지 않는다.)

┌─ 보기 ────────────────────────┐
ㄱ. ⓐ에는 뉴클레오솜이 있다.
ㄴ. 세포 1개당 $\dfrac{\text{X 염색체 수}}{\text{상염색체의 염색 분체 수}}$ 는 Ⅰ에서가 Ⅲ에서의 2배이다.
ㄷ. Ⅱ로부터 형성된 생식세포와 정상 생식세포의 수정으로 태어난 아이의 성별은 여자이다.
└──────────────────────────────┘

① ㄱ　　　② ㄷ　　　③ ㄱ, ㄴ　　　④ ㄴ, ㄷ　　　⑤ ㄱ, ㄴ, ㄷ

> 사람의 체세포에는 상염색체가 22쌍, 성염색체가 1쌍이 있다. 감수 분열 과정에서 23쌍의 상동 염색체는 각각 분리되어 서로 다른 세포로 이동한다.

세포 주기는 간기와 분열기로 구성되며, 간기는 G_1기 → S기 → G_2기로 진행된다. S기에는 유전 물질의 복제가 일어난다.

[24025-0187]

03 표 (가)는 사람의 체세포의 세포 주기에서 나타나는 4가지 특징을, (나)는 (가)의 특징 중 어떤 사람의 세포 I ~ III이 가지는 특징의 개수를 나타낸 것이다. I ~ III은 G_1기 세포, M기(분열기) 세포, S기 세포를 순서 없이 나타낸 것이다.

특징
• 핵막이 소실된다.
• ㉠뉴클레오솜이 있다.
• 방추사가 동원체에 부착된다.
• 핵에서 DNA 복제가 일어난다.

(가)

세포	(가)의 특징 중 가지는 특징의 개수
I	1
II	2
III	?

(나)

이에 대한 설명으로 옳은 것만을 〈보기〉에서 있는 대로 고른 것은? (단, 돌연변이는 고려하지 않는다.)

● 보기 ●

ㄱ. ㉠에 DNA가 있다.

ㄴ. II는 S기 세포이다.

ㄷ. 세포 1개당 DNA 상대량은 I과 III이 서로 같다.

① ㄱ ② ㄷ ③ ㄱ, ㄴ ④ ㄴ, ㄷ ⑤ ㄱ, ㄴ, ㄷ

핵상이 $2n$인 세포에는 서로 모양과 크기가 서로 같은 상동 염색체가 2개씩 있다.

[24025-0188]

04 그림은 동물 종 A($2n$=?)와 B($2n$=?)의 개체 I ~ III의 세포 (가)~(라) 각각에서 X 염색체를 제외한 나머지 모든 염색체를 나타낸 것이다. I과 II는 종 A의 개체이고, II와 III은 성별이 서로 같다. I ~ III의 성염색체는 암컷이 XX, 수컷이 XY이다.

(가) (나) (다) (라)

이에 대한 설명으로 옳은 것만을 〈보기〉에서 있는 대로 고른 것은? (단, 돌연변이는 고려하지 않는다.)

● 보기 ●

ㄱ. (가)는 I의 세포이다.

ㄴ. (나)와 (다)는 핵상이 같다.

ㄷ. 체세포 1개당 $\dfrac{\text{상염색체 수}}{\text{X 염색체 수}}$ 는 II와 III에서 서로 같다.

① ㄱ ② ㄴ ③ ㄱ, ㄷ ④ ㄴ, ㄷ ⑤ ㄱ, ㄴ, ㄷ

[24025–0189]

05 다음은 어떤 동물 종($2n=8$)의 염색체에 대한 자료이다.

- 이 동물 종의 성염색체는 암컷이 XX, 수컷이 XY이다.
- 표는 이 동물 종의 개체 P의 세포 Ⅰ, Ⅱ와 개체 Q의 세포 Ⅲ, Ⅳ에서 염색체 ㉠~㉤의 유무를 나타낸 것이다.

구분		㉠	㉡	㉢	㉣	㉤
P의 세포	Ⅰ	○	○	○	○	○
	Ⅱ	×	○	×	○	×
Q의 세포	Ⅲ	○	○	○	×	○
	Ⅳ	×	○	○	○	○

(○: 있음, ×: 없음)

- ㉠~㉤은 이 동물 종의 체세포에 존재하는 8개의 염색체 중 하나이고, 크기와 모양이 모두 다르다.

이에 대한 설명으로 옳은 것만을 〈보기〉에서 있는 대로 고른 것은? (단, 돌연변이는 고려하지 않는다.)

● 보기 ●
ㄱ. ㉡은 성염색체이다.
ㄴ. Ⅱ와 Ⅲ은 핵상이 같다.
ㄷ. Q에서 형성된 생식세포가 ㉠, ㉡, ㉢, ㉣을 모두 가질 확률은 $\frac{1}{16}$이다.

① ㄱ   ② ㄴ   ③ ㄱ, ㄷ   ④ ㄴ, ㄷ   ⑤ ㄱ, ㄴ, ㄷ

[24025–0190]

06 동물 종 P($2n=6$)의 유전 형질 @는 2쌍의 대립유전자 A와 a, B와 b에 의해 결정된다. 그림은 P의 개체 Ⅰ과 Ⅱ의 세포 (가)~(다)에 들어 있는 모든 염색체를 나타낸 것이다. (가)~(다) 중 1개만 Ⅰ의 세포이고, P의 성염색체는 암컷이 XX, 수컷이 XY이다. Ⅰ의 @의 유전자형은 AaBB이고, ㉠은 A와 a 중 하나이며, ㉡은 B와 b 중 하나이다.

(가)

(나)

(다)

이에 대한 설명으로 옳은 것만을 〈보기〉에서 있는 대로 고른 것은? (단, 돌연변이와 교차는 고려하지 않으며, A, a, B, b 각각의 1개당 DNA 상대량은 1이다.)

● 보기 ●
ㄱ. ㉠은 A이다.
ㄴ. (나)는 Ⅱ의 세포이다.
ㄷ. G_1기 세포 1개당 A와 B의 DNA 상대량을 더한 값은 Ⅰ에서가 Ⅱ에서보다 크다.

① ㄱ   ② ㄴ   ③ ㄱ, ㄷ   ④ ㄴ, ㄷ   ⑤ ㄱ, ㄴ, ㄷ

핵상과 염색체 수가 $2n=8$인 동물 종의 암컷 체세포에는 서로 모양과 크기가 서로 같은 상염색체 3쌍과 X 염색체 1쌍이 있고, 수컷 체세포에는 서로 모양과 크기가 서로 같은 상염색체 3쌍과 모양과 크기가 서로 다른 X 염색체와 Y 염색체가 있다.

Ⅰ의 @의 유전자형이 AaBB이므로 Ⅰ의 감수 분열 과정에서 형성되는 세포에는 A와 a 중 하나와 B가 있다.

[24025–0191]

07 사람의 유전 형질 (가)는 같은 염색체에 있는 3쌍의 대립유전자 A와 a, B와 b, D와 d에 의해 결정된다. 표는 어떤 가족 구성원의 세포에서 세포 1개당 유전자 A, a, B, b, D, d의 DNA 상대량을 나타낸 것이다. 세포 Ⅰ~Ⅳ는 G_1기 세포, 감수 1분열 중기 세포, 감수 2분열 중기 세포, 생식세포를 순서 없이 나타낸 것이다.

A와 B의 DNA 상대량이 각각 2와 1로 서로 다른 Ⅰ은 핵상이 $2n$인 세포이다. 감수 1분열 중기 세포와 감수 2분열 중기 세포에서 각 대립유전자의 DNA 상대량은 0, 2, 4 중 하나이다.

세포	DNA 상대량					
	A	a	B	b	D	d
아버지의 세포 Ⅰ	2	?	1	?	?	1
어머니의 세포 Ⅱ	?	0	2	?	0	ⓑ
자녀 1의 세포 Ⅲ	ⓐ	0	?	2	0	?
자녀 2의 세포 Ⅳ	0	?	?	1	1	?

이에 대한 설명으로 옳은 것만을 〈보기〉에서 있는 대로 고른 것은? (단, 돌연변이와 교차는 고려하지 않으며, A, a, B, b, D, d 각각의 1개당 DNA 상대량은 1이다.)

● 보기 ●
ㄱ. ⓐ와 ⓑ는 서로 같다.
ㄴ. Ⅱ와 Ⅳ는 핵상이 같다.
ㄷ. 어머니의 (가)의 유전자형은 AaBbDd이다.

① ㄱ   ② ㄴ   ③ ㄱ, ㄷ   ④ ㄴ, ㄷ   ⑤ ㄱ, ㄴ, ㄷ

[24025–0192]

08 사람의 유전 형질 (가)는 2쌍의 대립유전자 D와 d, E와 e에 의해 결정된다. D와 d는 상염색체에 있고, E와 e는 X 염색체에 있다. 그림은 남자 P의 G_1기 세포 Ⅰ과 Ⅱ로부터 각각 정자가 형성되는 과정의 일부를, 표는 세포 ⓪~ⓒ에서 유전자 ⓐ~ⓓ의 유무와 세포 1개당 D와 E의 DNA 상대량을 더한 값(D+E)을 나타낸 것이다. ⓪~ⓒ은 Ⅱ~Ⅳ를 순서 없이 나타낸 것이고, ⓐ~ⓓ는 D, d, E, e를 순서 없이 나타낸 것이다. Ⅲ은 중기의 세포이다.

ⓒ에 있는 유전자가 ⓒ에 없으므로 ⓒ은 핵상이 n인 세포이다. 감수 2분열 중기 세포인 Ⅲ에서 D, E 각각의 DNA 상대량은 0과 2 중 하나이고, 생식세포인 Ⅳ에서 D, E 각각의 DNA 상대량은 0과 1 중 하나이다.

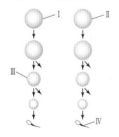

세포	대립유전자				DNA 상대량을 더한 값
	ⓐ	ⓑ	ⓒ	ⓓ	D+E
⓪	×	○	?	×	1
ⓛ	?	○	×	○	?
ⓒ	○	○	?	×	2

(○: 있음, ×: 없음)

이에 대한 설명으로 옳은 것만을 〈보기〉에서 있는 대로 고른 것은? (단, 돌연변이와 교차는 고려하지 않으며, D, d, E, e 각각의 1개당 DNA 상대량은 1이다.)

● 보기 ●
ㄱ. ⓛ에서 D+E는 2이다.
ㄴ. ⓒ는 E이다.
ㄷ. Ⅲ과 Ⅳ에는 모두 X 염색체가 있다.

① ㄱ   ② ㄴ   ③ ㄱ, ㄴ   ④ ㄱ, ㄷ   ⑤ ㄴ, ㄷ

09 어떤 동물 종($2n=8$)의 유전 형질 ㉮는 2쌍의 대립유전자 A와 a, B와 b에 의해 결정된다. 그림은 이 동물 종의 개체 P의 G_1기 세포 I로부터 생식세포가 형성되는 과정을, 표는 세포 (가)~(라)의 상염색체 수와 유전자 ㉠~㉢ 중 두 유전자의 DNA 상대량을 더한 값(㉠+㉡, ㉠+㉢, ㉡+㉢)을 나타낸 것이다. (가)~(라)는 I~Ⅳ를 순서 없이 나타낸 것이고, P의 성염색체는 XX이다. ㉠~㉢은 A, a, B를 순서 없이 나타낸 것이고, Ⅳ에는 A가 있다. Ⅱ와 Ⅲ은 모두 중기의 세포이다.

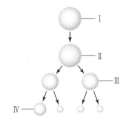

세포	상염색체 수	DNA 상대량		
		㉠+㉡	㉠+㉢	㉡+㉢
(가)	3	2	?	?
(나)	ⓐ	?	3	?
(다)	?	?	1	2
(라)	6	4	?	?

이에 대한 설명으로 옳은 것만을 〈보기〉에서 있는 대로 고른 것은? (단, 돌연변이와 교차는 고려하지 않으며, A, a, B, b 각각의 1개당 DNA 상대량은 1이다.)

보기

ㄱ. ⓐ는 3이다.
ㄴ. ㉡은 b와 대립유전자이다.
ㄷ. Ⅱ의 세포 1개당 유전자 ㉠과 ㉢의 DNA 상대량을 더한 값은 ⓐ이다.

① ㄴ　　　　② ㄷ　　　　③ ㄱ, ㄴ　　　　④ ㄱ, ㄷ　　　　⑤ ㄴ, ㄷ

10 그림 (가)는 동물 종 P($2n=?$)의 개체 I에서, (나)는 동물 종 Q($2n=?$)의 개체 Ⅱ에서 일어나는 감수 분열 과정 일부를, 표는 세포 ㉠~㉣의 핵상과 $\dfrac{\text{X 염색체 수}}{\text{총염색체 수}}$를 나타낸 것이다. ㉠~㉣은 모두 중기의 세포이고, P와 Q 모두에서 성염색체는 암컷이 XX, 수컷이 XY이다. I과 Ⅱ는 성별이 서로 다르고, ㉮와 ㉯는 서로 다르다.

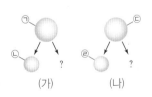

(가)　　　(나)

세포	핵상	$\dfrac{\text{X 염색체 수}}{\text{총염색체 수}}$
㉠	$2n$	㉮
㉡	n	㉮
㉢	?	㉯
㉣	n	㉮

이에 대한 설명으로 옳은 것만을 〈보기〉에서 있는 대로 고른 것은? (단, 돌연변이는 고려하지 않는다.)

보기

ㄱ. I의 성별은 수컷이다.
ㄴ. ㉢으로부터 ㉣이 형성되는 과정에서 상동 염색체의 분리가 일어났다.
ㄷ. 체세포 1개당 상염색체 수는 I과 Ⅱ가 서로 같다.

① ㄴ　　　　② ㄷ　　　　③ ㄱ, ㄴ　　　　④ ㄱ, ㄷ　　　　⑤ ㄴ, ㄷ

(나)에서 두 유전자 ㉠과 ㉢의 DNA 상대량을 더한 값이 3이므로 ㉠과 ㉢은 서로 대립유전자가 아니며, (나)의 핵상은 $2n$이다.

감수 1분열에서는 상동 염색체의 분리가 일어나고, 감수 2분열에서는 염색 분체의 분리가 일어나므로 $\dfrac{\text{X 염색체 수}}{\text{총염색체 수}}$는 감수 2분열 중기 세포와 생식세포에서 서로 같다.

[24025-0195]

11 사람의 유전 형질 (가)는 3쌍의 대립유전자 A와 a, B와 b, D와 d에 의해 결정되며, (가)의 유전자는 서로 다른 3개의 상염색체에 있다. 표는 사람 P의 세포 Ⅰ~Ⅲ에서 대립유전자 ⓐ, ⓑ, ⓒ의 유무를, 그림은 세포 ㉠~㉢의 세포 1개당 a와 B의 DNA 상대량을 더한 값(a+B)과 B와 D의 DNA 상대량을 더한 값(B+D)을 나타낸 것이다. ⓐ는 A와 a 중 하나, ⓑ는 B와 b 중 하나, ⓒ는 D와 d 중 하나이고, ㉠~㉢은 Ⅰ~Ⅲ을 순서 없이 나타낸 것이며, Ⅰ과 Ⅲ 중 하나는 중기의 세포이다.

a와 B의 DNA 상대량을 더한 값이 3인 세포 ㉠은 핵상이 2n인 세포이다.

세포	대립유전자		
	ⓐ	ⓑ	ⓒ
Ⅰ	?	○	○
Ⅱ	×	?	×
Ⅲ	○	○	×

(○: 있음, ×: 없음)

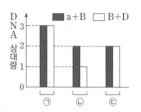

이에 대한 설명으로 옳은 것만을 〈보기〉에서 있는 대로 고른 것은? (단, 돌연변이와 교차는 고려하지 않으며, A, a, B, b, D, d 각각의 1개당 DNA 상대량은 1이다.)

● 보기 ●
ㄱ. P에게서 a, b, D를 모두 갖는 생식세포가 형성될 수 있다.
ㄴ. Ⅰ은 ㉠이다.
ㄷ. 세포 1개당 $\dfrac{ⓐ의\ DNA\ 상대량 + ⓒ의\ DNA\ 상대량}{ⓑ의\ DNA\ 상대량}$ 은 ㉡이 ㉢보다 작다.

① ㄴ ② ㄷ ③ ㄱ, ㄴ ④ ㄱ, ㄷ ⑤ ㄴ, ㄷ

[24025-0196]

12 그림은 특정 형질에 대한 유전자형이 Hh인 어떤 식물(2n=?)에서 체세포 분열 과정의 세포 Ⅰ~Ⅳ를 나타낸 것이고, 표는 Ⅰ~Ⅳ 중 특징 ㉠을 갖는 세포를 모두 나타낸 것이다. H는 h와 대립유전자이다. Ⅰ~Ⅳ는 간기, 전기, 중기, 후기 중 서로 다른 시기의 세포이다.

체세포 분열 과정의 전기에는 핵막이 사라지고, 중기에는 염색체가 세포의 중앙에 일렬로 배열되며, 후기에는 염색분체가 분리되어 세포 양극으로 이동한다.

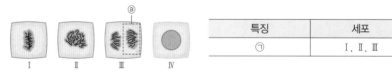

특징	세포
㉠	Ⅰ, Ⅱ, Ⅲ

이에 대한 설명으로 옳은 것만을 〈보기〉에서 있는 대로 고른 것은? (단, 돌연변이와 교차는 고려하지 않으며, Ⅰ~Ⅳ를 관찰한 배율은 동일하다.)

● 보기 ●
ㄱ. ⓐ에는 H와 h 중 하나만 있다.
ㄴ. Ⅰ~Ⅳ를 분열 진행 순서대로 나열하면 Ⅳ → Ⅱ → Ⅰ → Ⅲ 순이다.
ㄷ. '뉴클레오솜이 있다.'는 ㉠에 해당한다.

① ㄱ ② ㄴ ③ ㄱ, ㄷ ④ ㄴ, ㄷ ⑤ ㄱ, ㄴ, ㄷ

13 어떤 동물 종($2n=6$)의 유전 형질 ⓐ는 2쌍의 대립유전자 H와 h, T와 t에 의해 결정된다. 그림은 이 동물 종의 개체 P의 세포 (가)~(다)에서 Y 염색체를 제외한 나머지 염색체를 모두 나타낸 것이고, 표는 세포 Ⅰ~Ⅲ에서 H와 t의 DNA 상대량을 더한 값(H+t)과 h와 T의 DNA 상대량을 더한 값(h+T)을 나타낸 것이다. 이 동물 종의 성염색체는 암컷이 XX, 수컷이 XY이고, 염색체 ㉠~㉢의 모양과 크기는 나타내지 않았다. Ⅰ~Ⅲ은 (가)~(다)를 순서 없이 나타낸 것이다.

[24025-0197]

(가)

(나)

(다)

구분	세포		
	Ⅰ	Ⅱ	Ⅲ
H+t	2	2	2
h+T	0	2	1

이에 대한 설명으로 옳은 것만을 〈보기〉에서 있는 대로 고른 것은? (단, 돌연변이와 교차는 고려하지 않으며, H, h, T, t 각각의 1개당 DNA 상대량은 1이다.)

● 보기 ●
ㄱ. Ⅲ의 핵상은 $2n$이다.
ㄴ. Ⅰ은 (나)이다.
ㄷ. ㉠에 h가 있다.

① ㄴ ② ㄷ ③ ㄱ, ㄴ ④ ㄱ, ㄷ ⑤ ㄴ, ㄷ

> H, h, T, t의 DNA 상대량을 모두 더한 값이 3인 세포 Ⅲ의 핵상은 $2n$이다. H와 h가 상염색체에 있다면 핵상이 n인 세포에는 H와 h 중 하나가 반드시 있어야 한다.

14 표는 유전자형이 AaBbDd인 어떤 동물($2n=?$)의 G₁기 세포 Ⅰ로부터 생식세포가 형성되는 과정에서 관찰되는 세포 Ⅱ~Ⅳ의 세포 1개당 DNA 상대량과 a의 유무를, 그림은 Ⅱ~Ⅳ 중 한 세포에 있는 모든 염색체(㉮~㉶)를 나타낸 것이다. Ⅱ~Ⅳ는 중기 세포, 후기 세포, 생식세포를 순서 없이 나타낸 것이다. 이 동물의 생식세포 중 유전자형이 ABD인 생식세포의 비율은 $\frac{1}{4}$이고, ㉮에는 A가, ㉯에는 D가, ㉱와 ㉲에는 모두 b가 있다. 이 동물의 성염색체는 XX이고, ㉮~㉶의 모양과 크기는 나타내지 않았다.

[24025-0198]

세포	세포 1개당 DNA 상대량	a의 유무
Ⅱ	2	있음
Ⅲ	?	있음
Ⅳ	1	없음

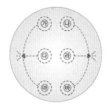

이에 대한 설명으로 옳은 것만을 〈보기〉에서 있는 대로 고른 것은? (단, 돌연변이와 교차는 고려하지 않는다.)

● 보기 ●
ㄱ. ㉯에는 a가 있다.
ㄴ. Ⅱ에는 3개의 2가 염색체가 있다.
ㄷ. 세포 1개당 DNA 상대량은 Ⅰ과 Ⅳ에서 서로 같다.

① ㄱ ② ㄷ ③ ㄱ, ㄴ ④ ㄴ, ㄷ ⑤ ㄱ, ㄴ, ㄷ

> 감수 분열 과정에서 상동 염색체에 있는 두 대립유전자는 각각 서로 다른 딸세포로 분리되어 이동한다. 이 동물의 생식세포 중 유전자형이 ABD인 생식세포의 비율이 $\frac{1}{4}$이므로 이 동물의 생식세포에는 A, B, D 중 두 개가 함께 있는 염색체가 있다.

09 사람의 유전

개념 체크

○ **형질 발현**
형질이란 생물이 갖는 모양이나 특성을 의미하며 형질 발현이란 그러한 특성이 나타나는 것을 의미함

1. 한 집안의 구성원과 그 혈연 관계에 있는 사람들의 유전적 특성을 쉽게 이해하기 위해 그린 그림을 (　　)라고 한다.

2. 하나의 수정란이 발생 초기에 나뉘어져 각각 독립적인 개체로 발생하는 쌍둥이를 (　　)라고 한다.

※ ○ 또는 ×

3. 사람의 유전 연구가 어려운 까닭은 임의 교배가 가능하기 때문이다. (　　)

4. 쌍둥이 연구는 형질 발현에 미치는 유전적 영향과 환경적 영향을 알아볼 수 있다. (　　)

1 사람의 유전 연구

(1) 사람의 유전 연구가 어려운 까닭

① 한 세대가 길다. → 여러 세대에 걸친 유전 현상을 직접적으로 관찰하기 어렵다.

② 자손의 수가 적다. → 통계 결과에 대한 신뢰성이 낮다.

③ 임의 교배가 불가능하다. → 직접적인 실험을 통해 특정 형질에 대한 유전을 확인할 수 없다.

④ 형질이 복잡하고 유전자의 수가 많다. → 형질 발현 결과를 분석하기 어렵다.

⑤ 형질 발현에 환경적 요인의 영향을 많이 받는다. → 형질 발현의 규칙성을 발견하기 어렵다.

(2) 사람의 유전 연구 방법

① **가계도 조사**: 특정 유전 형질을 가지는 집안의 가계도를 조사하여 그 형질의 우열 관계와 유전자의 전달 경로 등을 알아낼 수 있다.

과학 돋보기 ┃ 가계도 기호와 예시

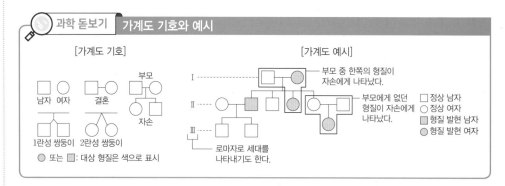

② **쌍둥이 연구**: 1란성 쌍둥이와 2란성 쌍둥이를 대상으로 성장 환경과 형질 발현의 일치율을 조사하여, 형질의 차이가 유전에 의한 것인지 환경에 의한 것인지를 알아낼 수 있다.

과학 돋보기 ┃ 쌍둥이 연구를 통한 유전 연구

- 1란성 쌍둥이와 2란성 쌍둥이 연구를 통해 형질 발현에 미치는 유전적 영향과 환경적 영향을 알아볼 수 있다.

구분	1란성 쌍둥이	2란성 쌍둥이
발생 과정	하나의 수정란이 발생 초기에 나뉘어져 각각 독립적인 개체로 발생한다.	2개 이상의 난자가 배란되어 각각 다른 정자와 수정된 후 각각 독립적인 개체로 발생한다.
형질 차이	유전자 구성이 동일하므로 형질의 차이는 주로 환경의 영향에 의해 나타난다.	유전자 구성이 다르므로 형질의 차이는 환경과 유전의 영향에 의해 나타난다.

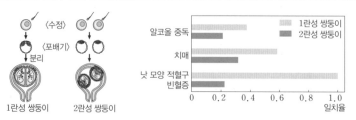

- 낫 모양 적혈구 빈혈증은 알코올 중독과 치매에 비해 유전적 영향을 많이 받는다는 것을 알 수 있다. 또한, 치매는 알코올 중독에 비해 유전적 영향을 많이 받는다는 것을 알 수 있다.

정답

1. 가계도
2. 1란성 쌍둥이
3. ×
4. ○

③ **집단 조사**: 여러 가계를 포함한 집단에서 유전 형질이 나타나는 빈도를 조사하고 자료를 통계 처리하여 유전 형질의 특징과 분포 등을 알아낼 수 있다.

과학 돋보기 **멘델 법칙에 따른 유전 현상 이해**

멘델은 완두를 이용한 교배 실험을 통해 한 개체가 특정 형질에 대해 대립유전자를 서로 다르게 가질 때 우성 형질만 나타나고 열성 형질은 나타나지 않는다는 우열의 원리를 가정하였고, 이를 토대로 분리 법칙과 독립 법칙을 설명하였다.

(1) 우열의 원리
① 대립 형질 관계인 서로 다른 형질을 가진 순종의 개체를 교배하면 자손 1대(F_1)에서 부모 세대(P)의 대립 형질 중 한 가지만 나타난다. 이때 자손 1대(F_1)에서 나타나는 형질이 우성이고, 나타나지 않는 형질이 열성이다.
② 순종의 둥근 완두(RR)를 주름진 완두(rr)와 교배하면 자손 1대(F_1)에서 우성 형질인 둥근 완두(Rr)만 나타난다.

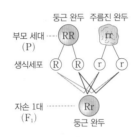

(2) 분리 법칙
① 생식세포를 형성할 때 대립유전자 쌍이 서로 분리되어 각각 다른 세포로 들어가 자손에게 일정한 비율로 표현형이 나타나는 현상이다.
② 자손 1대(F_1) 둥근 완두(Rr)를 자가 수분하면 자손 2대(F_2)에서는 둥근 완두와 주름진 완두가 3 : 1의 비율로 나타난다. 즉, 이형 접합성인 개체를 자가 수분하면 다음 세대의 표현형 비는 우성 형질 : 열성 형질=3 : 1이다.
③ 자손 2대(F_2)에서 유전자형의 분리비는 RR : Rr : rr=1 : 2 : 1이고, 표현형의 분리비는 둥근 완두 : 주름진 완두 =3 : 1이다.

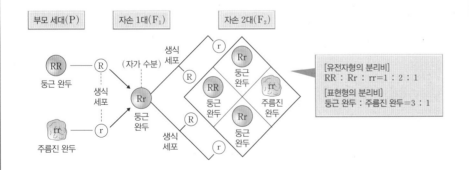

(3) 독립 법칙
① 2쌍 이상의 대립 형질이 유전될 때 서로의 유전에 영향을 미치지 않고 각각 독립적으로 유전되는 현상이다.
② 둥글고 황색인 순종 완두(RRYY)와 주름지고 녹색인 순종 완두(rryy)를 교배하였더니 자손 1대(F_1)에서는 유전자형이 RrYy인 둥글고 황색인 완두만 나타났다.
③ 이 자손 1대(F_1)를 자가 수분하면 자손 2대(F_2)에서는 R_Y_(둥글고 황색) : R_yy(둥글고 녹색) : rrY_(주름지고 황색) : rryy(주름지고 녹색)=9 : 3 : 3 : 1의 비율로 나타난다.
④ 자손 2대(F_2)에서 표현형의 비가 위와 같이 나타나는 까닭은 서로 다른 염색체에 있는 유전자는 서로의 유전에 영향을 미치지 않기 때문이다.

개념 체크

○ **순종**
멘델은 완두의 교배 실험을 위해 여러 대에 걸친 교배를 통해 항상 같은 표현형을 나타내는 완두를 얻었는데 이를 순종이라고 함. 순종의 유전자형은 동형 접합성임

1. 대립 형질 관계인 서로 다른 형질을 가진 순종의 개체를 교배하면 자손 1대에서 부모 세대의 대립 형질 중 한 가지만 나타나게 되는데 이때 겉으로 드러나는 형질을 (   )이라고 한다.

2. 멘델의 실험에서 이형 접합성인 개체를 자가 수분하면 다음 세대의 표현형의 비는 우성 형질 : 열성 형질=(   ) : (   )로 나타난다.

※ ○ 또는 ×

3. 멘델의 분리 법칙에 따르면 둥근 완두(RR)를 둥근 완두(Rr)와 교배시켰을 때, 자손 1대(F_1)에서 표현형이 주름진 완두만 나타난다. (   )

4. 독립 법칙이란 하나의 염색체에 여러 개의 대립유전자가 존재하여 생식세포를 형성할 때 같은 세포로 함께 이동하는 것을 의미한다. (   )

정답
1. 우성
2. 3, 1
3. ×
4. ×

개념 체크

● **대립유전자**
상동 염색체의 같은 위치에 존재하며, 하나의 형질을 결정하는 유전자를 의미함. 상동 염색체에 있는 대립유전자는 서로 같을 수도 있고 다를 수도 있음. 서로 같은 경우를 동형 접합성, 서로 다른 경우를 이형 접합성이라고 함

1. 멘델의 독립 법칙을 따르는 형질에서 유전자형이 RrYy인 둥글고 황색인 완두에서 생성된 생식세포의 유전자형에 따른 비는 RY : Ry : rY : ry = ( ) : ( ) : ( ) : ( )이다.

2. 사람의 유전을 구분할 때, 형질을 결정하는 유전자가 어떤 염색체에 있는지에 따라 상염색체 유전과 ( ) 유전으로 구분한다.

※ ○ 또는 ×

3. 사람의 유전에서 보조개가 있는 형질은 열성 형질이다. ( )

4. 돌연변이를 고려하지 않을 때, 혀 말기가 불가능한 부부 사이에서 혀 말기가 가능한 아이가 태어날 수 있다. ( )

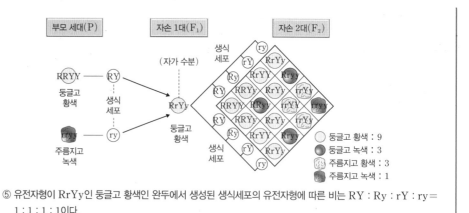

부모 세대(P) — 자손 1대(F₁) — 자손 2대(F₂)

RRYY — RY 둥글고 황색 — (자가 수분) — RrYy 둥글고 황색
rryy — ry 주름지고 녹색

⬤ 둥글고 황색 : 9
⬤ 둥글고 녹색 : 3
⬤ 주름지고 황색 : 3
⬤ 주름지고 녹색 : 1

⑤ 유전자형이 RrYy인 둥글고 황색인 완두에서 생성된 생식세포의 유전자형에 따른 비는 RY : Ry : rY : ry = 1 : 1 : 1 : 1이다.

(3) **사람의 유전 구분**: 형질을 결정하는 유전자가 어떤 염색체에 있는지에 따라 상염색체 유전과 성염색체 유전으로, 한 가지 형질을 결정하는 유전자의 수에 따라 단일 인자 유전과 다인자 유전으로 구분한다.

2 상염색체 유전

형질을 결정하는 유전자가 상염색체에 있는 유전이다.

(1) **형질 결정 대립유전자가 2가지인 경우**: 하나의 유전 형질 발현에 1쌍의 대립유전자가 관여하며 멘델 법칙(분리 법칙)에 따라 유전된다. 1쌍의 대립유전자 조합에 따라 대립 형질이 명확하게 구분된다.

구분	이마선 모양	보조개 유무	혀 말기
우성	V(M)자형	있다	가능
열성	일자형	없다	불가능

① 귓불 모양을 결정하는 대립유전자 중 분리형 대립유전자를 A, 부착형 대립유전자를 a라 할 때, 유전자형이 Aa인 사람의 감수 분열 과정에서 A와 a는 분리되어 서로 다른 생식세포로 들어간다.

② 분리형 귓불을 가지고 유전자형이 Aa인 부모에서 각각 형성된 정자와 난자가 수정되어 아이가 태어날 때, 이 아이의 귓불이 분리형(AA, Aa)일 확률은 $\frac{3}{4}$, 부착형(aa)일 확률은 $\frac{1}{4}$이다.

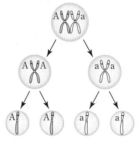

감수 분열에서 대립유전자의 분리

부		모
Aa	×	Aa

난자 \ 정자	$\frac{1}{2}$ Ⓐ	$\frac{1}{2}$ ⓐ
$\frac{1}{2}$ Ⓐ	$\frac{1}{4}$ AA 분리형	$\frac{1}{4}$ Aa 분리형
$\frac{1}{2}$ ⓐ	$\frac{1}{4}$ Aa 분리형	$\frac{1}{4}$ aa 부착형

귓불 모양 유전에 따른 표현형 비율

정답
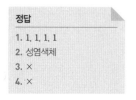
1. 1, 1, 1, 1
2. 성염색체
3. ×
4. ×

탐구자료 살펴보기 ▶ 귓불 모양 유전 가계도 분석

자료 탐구

그림은 어떤 집안에서 귓불 모양을 조사하여 가계도로 나타낸 것이다. 귓불 모양을 결정하는 대립유전자는 A와 a이며, A는 우성 대립유전자, a는 열성 대립유전자이다.

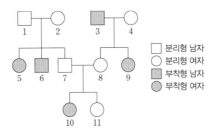

□ 분리형 남자
○ 분리형 여자
▨ 부착형 남자
● 부착형 여자

탐구 분석

• 귓불 모양은 1쌍의 대립유전자로 결정된다.
• 분리형인 1과 2로부터 부착형인 5와 6이 태어났으므로 분리형이 우성 형질, 부착형이 열성 형질이다.
• 귓불 모양이 성염색체 유전이라면 귓불 모양에 대한 유전자 구성으로 1은 $X^A Y$를 갖고 1의 자녀인 5는 X^A를 갖게 되어 분리형이 나타나야 하지만, 5는 부착형이다. 따라서 귓불 모양은 상염색체 유전을 따른다.
• 귓불 모양의 유전자형으로 1은 Aa, 2는 Aa, 3은 aa, 4는 Aa, 5는 aa, 6은 aa, 7은 Aa, 8은 Aa, 9는 aa, 10은 aa, 11은 AA 또는 Aa를 갖는다.

탐구 point

• 부모의 표현형이 같을 때, 부모에게서 나타나지 않던 형질이 자녀에게 나타나면 부모의 형질이 우성, 자녀의 형질이 열성(aa)이다. 열성(aa)인 자녀는 부모에게서 열성 대립유전자(a)를 하나씩 물려받은 것이므로 부모의 유전자형은 모두 Aa이다.

(2) 형질 결정 대립유전자가 3가지 이상인 경우(복대립 유전)

① 하나의 형질을 결정하는 데 3가지 이상의 대립유전자가 관여하는 경우를 복대립 유전이라고 한다.

② 하나의 형질에 대한 대립유전자가 3가지 이상이기 때문에 대립유전자가 2가지일 때보다 유전자형과 표현형이 다양하게 나타난다.

③ 개체의 형질은 1쌍의 대립유전자에 의해 결정되며, 대립유전자의 유전 방식은 멘델 법칙(분리 법칙)을 따른다.

예 ABO식 혈액형: 혈액형 형질 결정에 3가지의 대립유전자(I^A, I^B, i)가 관여한다. I^A와 I^B는 i에 대해 우성이며, I^A와 I^B는 우열 관계가 없다.

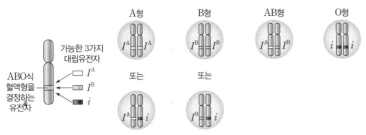

ABO식 혈액형에 따른 염색체에서의 대립유전자 구성과 위치

개념 체크

◆ ABO식 혈액형의 구분
적혈구 표면의 응집원에 의해서 구분되며 적혈구의 세포막에 결합된 탄수화물의 사슬 중 가장 마지막 탄수화물이 N-아세틸갈락토사민이면 A형, 갈락토스면 B형, 두 종류가 모두 존재하면 AB형, 마지막 탄수화물에 위 두 가지 물질이 없으면 O형임

1. 우성 형질(Aa)인 부모로부터 자녀가 태어날 때, 자녀가 우성 형질을 나타낼 확률은 (　　)이다.

2. ABO식 혈액형과 같이 1쌍의 대립유전자에 의해 형질이 결정되고, 대립유전자가 3가지 이상인 경우를 (　　) 유전이라고 한다.

※ ○ 또는 ×

3. 귓불 모양을 결정하는 유전자는 상염색체에 있다.
(　　)

4. 부모의 표현형이 같을 때, 부모에게서 나타나지 않던 형질이 자녀에게 나타나면 부모의 형질이 열성이다.
(　　)

정답
1. $\frac{3}{4}$
2. 복대립
3. ○
4. ×

개념 체크

○ **사람의 성염색체**
X 염색체와 Y 염색체가 있으며 크기와 모양이 다르지만 이 둘은 상동 염색체임. 감수 분열을 할 때 X 염색체와 Y 염색체는 접합을 통해 2가 염색체를 형성하고, 서로 다른 생식세포로 분리됨

1. ABO식 혈액형의 우열 관계에서 대립유전자 I^A는 i에 대해 (　　)이다.

2. ABO식 혈액형이 AB형인 사람의 유전자형은 (　　) 접합성이다.

※ ○ 또는 ×

3. ABO식 혈액형 AB형과 O형인 부모 사이에서 A형인 자녀가 태어날 확률은 $\frac{1}{2}$이다. (　　)

4. 자녀의 성별은 난자가 어떤 성염색체를 가진 정자와 수정하는가에 따라 결정된다. (　　)

탐구자료 살펴보기 | **ABO식 혈액형 유전 가계도 분석**

자료 탐구

그림은 어떤 집안의 ABO식 혈액형의 가계도를 나타낸 것이다.

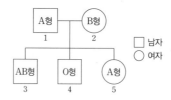

□ 남자
○ 여자

탐구 분석

· ABO식 혈액형은 상염색체에 있는 1쌍의 대립유전자로 결정되며, 대립유전자는 3가지(I^A, I^B, i)이다.
· 1과 2로부터 O형인 자녀 4가 태어났으므로 1과 2는 ABO식 혈액형에 대한 유전자형이 이형 접합성이다. ABO식 혈액형에 대한 유전자형으로 1은 $I^A i$, 2는 $I^B i$, 3은 $I^A I^B$, 4는 ii, 5는 $I^A i$를 갖는다.

탐구 point

· A형과 B형인 부모 사이에서 부모와 다른 혈액형인 AB형 혹은 O형인 자녀가 태어날 수 있다.
· ABO식 혈액형 결정에 관여하는 대립유전자는 3가지이다.

3 성염색체 유전

형질을 결정하는 유전자가 성염색체에 있는 유전이다.

(1) 사람의 성 결정

① 사람의 성염색체에는 X 염색체와 Y 염색체가 있다. 성염색체에는 남녀의 성을 결정하는 유전자 외에 다른 형질에 대한 유전자도 있어 성에 따라 형질의 발현 빈도가 달라지기도 한다.

② 사람은 체세포 1개당 44개의 상염색체와 2개의 성염색체를 가진다. 염색체 구성이 남자는 44＋XY, 여자는 44＋XX이다.

③ 감수 1분열에서 1쌍의 성염색체가 분리된 후 각각 서로 다른 세포로 들어간다.

④ 감수 분열 결과 형성된 난자는 모두 X 염색체를 가지고, 정자는 X 염색체를 가진 것과 Y 염색체를 가진 것이 있다.

⑤ 자녀의 성별은 X 염색체를 가진 난자가 어떤 성염색체를 가진 정자와 수정하는가에 따라 결정된다.

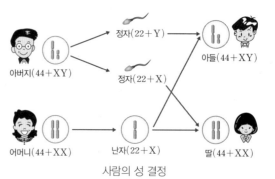

사람의 성 결정

정답

1. 우성
2. 이형
3. ○
4. ○

(2) X 염색체 유전: 특정 형질을 결정하는 유전자가 성염색체인 X 염색체에 있으면 남녀에 따라 X 염색체의 수가 다르므로 유전 형질이 발현되는 빈도도 달라진다. 예 적록 색맹, 혈우병

① 남자의 X 염색체의 대립유전자는 어머니에게서 물려받으며, 남자의 X 염색체의 대립유전자는 딸에게만 전달된다.

② 여자의 X 염색체의 대립유전자는 부모로부터 하나씩 물려받으며, 여자의 X 염색체의 대립유전자는 아들과 딸 모두에게 전달된다.

③ **적록 색맹 유전**: 적록 색맹은 색을 구별하는 시각 세포에 이상이 생긴 유전병이다.
- 적록 색맹은 X 염색체 열성으로 유전되며, 정상 대립유전자가 있으면 X, 적록 색맹 대립유전자가 있으면 X′이라고 할 때, X는 X′에 대해 우성이다.
- 남자는 적록 색맹 대립유전자가 1개(X′Y)만 있어도 적록 색맹이 된다.
- 여자는 적록 색맹 대립유전자가 1개(XX′)만 있는 경우에는 보인자이고, 표현형은 정상이며, 적록 색맹 대립유전자가 2개(X′X′)인 경우에만 적록 색맹이 된다.
- 여자보다 남자에서 적록 색맹의 발현 빈도가 높다.

구분	남자		여자		
유전자형	XY	X′Y	XX	XX′	X′X′
표현형	정상	적록 색맹	정상	정상(보인자)	적록 색맹

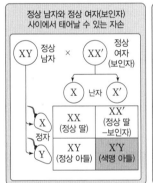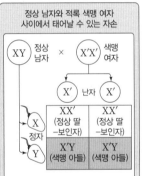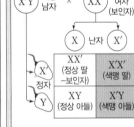

적록 색맹 유전

과학 돋보기 | 혈우병 유전

- X 염색체 열성 유전병으로, 혈액 응고가 지연되어 출혈이 지속되는 병이다.
- 정상 대립유전자가 있으면 X, 혈우병 대립유전자가 있으면 X′이라고 할 때, X는 X′에 대해 우성이다.
- 남자는 혈우병 대립유전자가 1개(X′Y)만 있어도 혈우병이 나타난다.
- 여자는 혈우병 대립유전자가 1개인 이형 접합성(XX′)이면 혈우병이 나타나지 않는 보인자이다.
  예 유럽 왕가의 혈우병: 19세기 유럽의 어느 나라 여왕은 혈우병 보인자였다. 이 여왕의 아들 4명 중 1명은 혈우병으로 사망하였으며, 딸 중에는 혈우병 보인자가 있었다. 이 여왕의 자녀들은 유럽의 다른 나라 왕가와 결혼하여 혈우병 유전자가 유럽의 여러 왕가로 전해졌다.

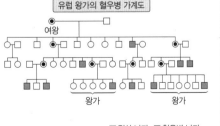

유럽 왕가의 혈우병 가계도

□정상 남자 ■혈우병 남자
○정상 여자 ◉혈우병 보인자

개념 체크

◯ **적록 색맹의 발현 빈도**
적록 색맹의 유전자는 X 염색체에 있고 열성 형질이므로 여성의 경우 보인자가 가능하여 남성에 비해 적록 색맹의 발현 빈도가 낮음

1. 적록 색맹 유전자를 1개만 가지고 있는 여자를 적록 색맹에 대한 (   )라고 한다.

2. 적록 색맹인 어머니와 정상인 아버지 사이에서 태어난 딸이 적록 색맹일 확률은 (   )이다.

※ ◯ 또는 ×

3. 어머니가 적록 색맹이면 아들도 적록 색맹이 된다. (   )

4. 정상의 부모에게서 유전병을 가진 딸이 태어났을 때, 이 유전병의 유전자는 X 염색체에 있다. (   )

정답
1. 보인자
2. 0
3. ◯
4. ×

개념 체크

● 적록 색맹

적록 색맹은 부분 색맹 중에서 가장 많이 나타나는 색맹으로 이 색맹에는 빨강 색맹(적색각 이상)과 녹색 색맹(녹색각 이상) 두 가지가 있으며, 빨강 색맹은 빨강의 보색인 청록이 무색으로 보이고, 녹색 색맹은 녹색의 보색인 자주가 무색으로 보임

1. 유전병인 부모에게서 정상인 아이가 태어났다면, 유전병은 우성과 열성 중 ( ) 형질이다.

2. 어머니가 유전병이고 아들이 정상이라면 ( ) 염색체 열성 유전이 아니다.

※ ○ 또는 ×

3. 일반적으로 상염색체 유전을 따르는 형질은 남녀에서 발현 빈도가 서로 같다. ( )

4. 가계도 분석을 통해 특정 형질에 대한 유전 양상을 파악하고 이를 통해 가계도 구성원의 유전자형을 알 수 있다. ( )

정답

1. 우성
2. X
3. ○
4. ○

탐구자료 살펴보기 ▶ 적록 색맹 유전 가계도 분석

자료 탐구

그림은 어떤 집안의 적록 색맹에 대한 가계도를 나타낸 것이다.

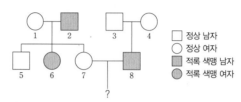

탐구 분석

• 적록 색맹은 성염색체인 X 염색체에 있는 정상 대립유전자(X)와 적록 색맹 대립유전자(X′)에 의해 결정된다.
• 정상인 3과 4로부터 적록 색맹인 8이 태어났으므로 정상이 우성 형질, 적록 색맹이 열성 형질이다.
• 적록 색맹의 유전자형은 1이 XX′, 2가 X′Y, 3이 XY, 4가 XX′, 5가 XY, 6이 X′X′, 7이 XX′, 8이 X′Y이다.
• 7과 8로부터 아이가 태어날 때, 이 아이가 적록 색맹일 확률은 $\frac{1}{2}$이다.

탐구 point

• 일반적으로 상염색체 유전을 따르는 형질은 남녀에서 발현 빈도가 같지만 성염색체 유전을 따르는 형질은 남녀에 따라 발현 빈도가 다르다.

과학 돋보기 ▶ 가계도 분석하는 방법

가계도를 분석하여 특정 형질에 대한 유전 양상을 파악하고 이를 통해 가계도 구성원의 유전자형을 알 수 있다. 그림은 어떤 가족의 유전병 가계도를 나타낸 것이다.

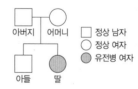

① 우열 관계 분석하기
• 부모의 표현형이 같고 아이의 표현형이 부모와 다른 경우 부모의 표현형이 우성, 아이에게서 새로 나타난 표현형이 열성이다. 가계도에서 정상 형질이 우성, 유전병 형질이 열성이다.
② 상염색체 유전인지 성염색체 유전인지 판단하기
• 유전병인 여자가 존재하므로 이 유전병은 Y 염색체 유전을 따르지 않는다.
• 이 유전병이 X 염색체 유전을 따른다면 우성 형질을 가진 아버지로부터는 우성 형질을 가진 딸만 태어나야 하는데 열성 형질을 가진 딸이 태어났으므로 이 유전병의 유전은 상염색체 유전임을 알 수 있다.
③ 가족 구성원의 유전자형 판단하기
• 상염색체 유전이므로 정상 대립유전자를 A, 유전병 대립유전자를 a라 하면 유전자형으로 아버지는 Aa, 어머니는 Aa, 딸은 aa, 아들은 AA 또는 Aa를 갖는다.

4 단일 인자 유전과 다인자 유전

(1) **단일 인자 유전**: 한 가지 형질에 대해 1쌍의 대립유전자가 영향을 미쳐 형질이 결정되는 유전 현상이다. 예 귓불 모양, ABO식 혈액형, 적록 색맹 등

(2) **다인자 유전**: 한 가지 형질에 대해 여러 쌍의 대립유전자가 영향을 미쳐 형질이 결정되는 유전 현상이다. 예 피부색, 키, 몸무게, 지능 등

(3) **다인자 유전의 특징**

① 여러 쌍의 대립유전자가 하나의 유전 형질의 발현에 관여한다.

② 여러 쌍의 대립유전자에 의한 다양한 유전자 조합이 다양한 표현형을 만든다.

③ 대립 형질이 뚜렷하게 구별되지 않고, 연속적인 변이로 나타난다.

④ 형질 발현에 환경의 영향을 받는다.

개념 체크

○ **연속적인 변이**
변이란 같은 종의 개체 사이에서 형질이 달라짐을 의미하며, 연속적인 변이는 형질의 달라짐이 급격하게 변하지 않고 연속적으로 달라짐을 의미함

1. 한 가지 형질에 대해 여러 쌍의 대립유전자가 영향을 미쳐 형질이 결정되는 유전 현상을 (　　) 유전이라고 한다.

2. 단일 인자 유전은 한 가지 형질에 대해 (　　)쌍의 대립유전자가 영향을 미쳐 형질이 결정되는 유전 현상이다.

※ ○ 또는 ×

3. 다인자 유전은 대립 형질이 매우 뚜렷하여 연속적인 변이로 나타나지 않고, 환경의 영향을 받지 않는다. (　　)

4. 피부색, 키, 몸무게의 유전은 다인자 유전의 예에 해당한다. (　　)

탐구자료 살펴보기 ▶ 사람 피부색의 다인자 유전 모델

자료 탐구

사람의 피부색은 3쌍의 대립유전자 A와 a, B와 b, D와 d에 의해 결정되며, 유전자형에서 대립유전자 A, B, D(검은 동그라미)의 수가 많을수록 피부색이 검고, 대립유전자 a, b, d(흰 동그라미)의 수가 많을수록 희다고 가정하자. 그림은 매우 흰 피부(aabbdd)와 매우 검은 피부(AABBDD)를 가진 부모 사이에서 태어나는 자손 2대(F₂)에서 나타날 수 있는 피부색의 종류와 빈도를 나타낸 것이다.

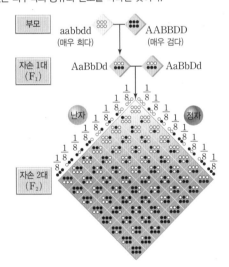 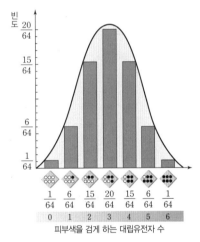

탐구 분석

• 유전자형이 각각 aabbdd와 AABBDD인 부모 사이에서 태어난 자녀는 AaBbDd인 중간 피부색을 가진다.

• 유전자형이 모두 AaBbDd인 남녀 사이에서 태어난 자손은 피부색을 검게 만드는 대립유전자를 0~6개 가질 수 있으므로 피부색의 표현형은 최대 7가지이다.

• 자손 2대(F₂)에서 피부색을 검게 하는 대립유전자가 3개인 사람의 빈도가 가장 높고, 피부색을 검게 하는 대립유전자가 0개와 6개인 사람의 빈도가 각각 가장 낮다.

• 자손 2대(F₂)에서 피부색을 검게 하는 대립유전자 수에 대한 빈도는 정규 분포 곡선 형태를 나타낸다.

탐구 point

• 다인자 유전은 하나의 유전 형질 발현에 여러 쌍의 대립유전자가 관여한다.

정답

1. 다인자
2. 1
3. ×
4. ○

개념 체크

⊙ 유전적 다양성
같은 생물종이라도 개체의 대립유전자 구성이 다르기 때문에 유전적 다양성이 나타남. 유전적 다양성을 높이기 위한 방법으로 유전자 조합이 다양한 생식세포를 형성하는 것이 있음

1. [탐구자료 살펴보기]의 과정 ④에서 염색체 모형을 무작위로 던지는 것은 상동 염색체가 무작위로 배열되어 분리되는 과정을 나타낸 것으로 자손의 ( ) 다양성을 높이는 역할을 한다.

2. [탐구자료 살펴보기]에서 귓불 모양과 보조개의 유전자형이 AaBb인 사람과 aaBb인 사람 사이에서 아이가 태어날 때, 이 아이의 표현형이 과정 ⑥에서 나온 아이의 표현형과 모두 같을 확률은 ( )이다.

※ ○ 또는 ×

3. 보조개가 있는 남자(Bb)의 생식세포 형성 과정에서 B가 있는 염색체와 b가 있는 염색체는 같은 정자로 들어간다. ( )

4. [탐구자료 살펴보기]에서 귓불 모양과 보조개의 유전은 멘델의 분리 법칙을 따른다. ( )

정답
1. 유전적
2. $\frac{3}{8}$
3. ×
4. ○

🧪 **탐구자료 살펴보기** | 유전 형질이 자손에게 전달되는 과정을 재연하는 역할 놀이

탐구 과정

① 두 명이 한 모둠이 되어 한 명은 아버지 역할, 다른 한 명은 어머니 역할을 맡는다.

② 아버지 역할을 하는 사람은 상염색체 (가)~(다) 3쌍과 성염색체 XY를 가지고, 어머니 역할을 하는 사람은 상염색체 (가)~(다) 3쌍과 성염색체 XX를 가진다.

③ 제시된 표를 참고하여 부모의 표현형과 유전자형을 임의로 정한 후, 염색체 모형의 가운데 빈칸에는 대립유전자를 쓰고, 아래쪽 빈칸에는 부 또는 모를 쓴다.

④ 자신이 가진 염색체 모형을 접어서 붙인 후 무작위로 던져 염색체 모형에서 위로 나온 면을 정자와 난자의 염색체 구성으로 한다.

⑤ 과정 ④에서 결정된 정자와 난자의 염색체를 상동 염색체끼리 짝 짓는다.

⑥ 과정 ⑤에서 나온 결과를 아이의 표현형과 유전자형으로 기록한다.

(과정 ③의 예)
이 부분을 접는다.

염색체	(가)		(나)		(다)		성염색체	
형질	귓불 모양		보조개		이마선		적록 색맹	
대립 형질	우성	열성	우성	열성	우성	열성	우성	열성
	분리형	부착형	있음	없음	V(M)자형	일자형	정상	적록 색맹
대립유전자	A	a	B	b	D	d	X	X'

탐구 결과

• 과정 ③에서 정한 부모의 표현형과 유전자형을 표에 써 보자.

염색체		(가)	(나)	(다)	성염색체
형질		귓불 모양	보조개	이마선	적록 색맹
아버지	표현형	분리형	있음	V(M)자형	정상
	유전자형	Aa	Bb	Dd	XY
어머니	표현형	분리형	없음	V(M)자형	정상(보인자)
	유전자형	Aa	bb	Dd	XX'

• 과정 ⑥에서 나온 아이의 표현형과 유전자형을 표에 쓰고, 이 아이의 형질을 그림으로 그려 보자.

형질	귓불 모양	보조개	이마선	적록 색맹
표현형	분리형	있음	일자형	정상
유전자형	AA	Bb	dd	XX

(성별: 여자)

탐구 point

• 과정 ④에서 염색체 모형을 무작위로 던지는 것은 생식세포가 형성될 때 상동 염색체가 무작위로 배열되어 분리되는 과정을 뜻한다.

• 과정 ⑤에서 상동 염색체끼리 짝짓는 것은 정자와 난자의 수정으로 수정란이 형성되어 상동 염색체가 다시 쌍을 이루는 것을 뜻한다.

01 그림은 어떤 가족의 귓불 모양에 대한 가계도를 나타낸 것이다. [24025-0199]

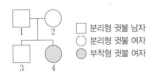

분리형 귓불 남자
분리형 귓불 여자
부착형 귓불 여자

이에 대한 설명으로 옳은 것만을 〈보기〉에서 있는 대로 고른 것은? (단, 돌연변이는 고려하지 않는다.)

●보기●
ㄱ. 귓불 모양의 유전자는 상염색체에 있다.
ㄴ. 1의 귓불 모양의 유전자형은 동형 접합성이다.
ㄷ. 4의 동생이 태어날 때, 이 아이의 귓불 모양이 분리형 귓불일 확률은 $\frac{1}{4}$이다.

① ㄱ ② ㄷ ③ ㄱ, ㄴ ④ ㄴ, ㄷ ⑤ ㄱ, ㄴ, ㄷ

02 다음은 사람의 유전 연구에 대한 학생 A~C의 대화 내용이다. [24025-0200]

임의 교배가 가능하기 때문에 직접적인 실험을 통해 특정 형질에 대한 유전을 확인할 수 있어.

형질이 복잡하고 유전자의 수가 많아 형질 발현 결과를 분석하기 어려워.

한 세대가 길기 때문에 여러 세대에 걸친 유전 현상을 관찰하기 어려워.

학생 A   학생 B   학생 C

제시한 내용이 옳은 학생만을 있는 대로 고른 것은?

① A ② B ③ A, C ④ B, C ⑤ A, B, C

03 표는 사람의 유전 연구 방법 (가)와 (나)의 특징을 나타낸 것이다. (가)와 (나)는 가계도 조사와 쌍둥이 연구를 순서 없이 나타낸 것이다. [24025-0201]

방법	특징
(가)	특정 유전 형질을 가지는 집안의 ⓐ가계도를 조사하여 그 형질의 우열 관계나 유전자의 전달 경로 등을 연구함
(나)	ⓑ1란성 쌍둥이와 2란성 쌍둥이를 대상으로 성장 환경이나 형질 발현의 일치율을 조사하여 연구함

이에 대한 설명으로 옳은 것만을 〈보기〉에서 있는 대로 고른 것은? (단, 돌연변이는 고려하지 않는다.)

●보기●
ㄱ. (가)는 가계도 조사이다.
ㄴ. ⓐ에서 남자와 여자를 서로 구분하여 표시한다.
ㄷ. ⓑ은 성별이 서로 같다.

① ㄱ ② ㄷ ③ ㄱ, ㄴ ④ ㄴ, ㄷ ⑤ ㄱ, ㄴ, ㄷ

04 그림은 어떤 집안의 유전 형질 (가)에 대한 가계도를 나타낸 것이다. (가)는 대립유전자 A와 a에 의해 결정되며, A는 a에 대해 완전 우성이다. [24025-0202]

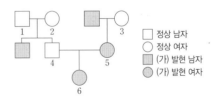

정상 남자
정상 여자
(가) 발현 남자
(가) 발현 여자

이에 대한 설명으로 옳은 것만을 〈보기〉에서 있는 대로 고른 것은? (단, 돌연변이는 고려하지 않는다.)

●보기●
ㄱ. (가)는 열성 형질이다.
ㄴ. 1~4의 (가)의 유전자형은 모두 동형 접합성이다.
ㄷ. 6의 동생이 태어날 때, 이 아이에게서 (가)가 발현될 확률은 $\frac{1}{4}$이다.

① ㄱ ② ㄴ ③ ㄷ ④ ㄱ, ㄴ ⑤ ㄴ, ㄷ

05 그림은 어떤 집안의 유전 형질 (가)에 대한 가계도를 나타낸
것이다. (가)는 대립유전자 A와 a에 의해 결정되며, A는 a에 대해
완전 우성이다.

[24025-0203]

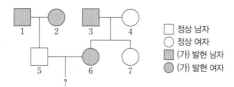

□ 정상 남자
○ 정상 여자
■ (가) 발현 남자
● (가) 발현 여자

이에 대한 설명으로 옳은 것만을 〈보기〉에서 있는 대로 고른 것은?
(단, 돌연변이는 고려하지 않는다.)

● 보 기 ●

ㄱ. (가)는 우성 형질이다.

ㄴ. (가)의 유전자는 상염색체에 있다.

ㄷ. 5와 6 사이에서 아이가 태어날 때, 이 아이에게서
    (가)가 발현될 확률은 $\frac{1}{2}$이다.

① ㄱ   ② ㄴ   ③ ㄱ, ㄷ   ④ ㄴ, ㄷ   ⑤ ㄱ, ㄴ, ㄷ

06 그림은 어떤 가족의 적록 색맹에 대한 가계도를 나타낸 것
이다. 가계도에 구성원 1과 2의 적록 색맹 발현 여부는 표시하지
않았다. 적록 색맹은 대립유전자 A와 a에 의해 결정되며, A는 a
에 대해 완전 우성이다.

[24025-0204]

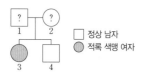

□ 정상 남자
● 적록 색맹 여자

이에 대한 설명으로 옳은 것만을 〈보기〉에서 있는 대로 고른 것은?
(단, 돌연변이와 교차는 고려하지 않는다.)

● 보 기 ●

ㄱ. 1은 적록 색맹이 발현되었다.

ㄴ. 2의 적록 색맹의 유전자형은 동형 접합성이다.

ㄷ. 1~4는 모두 a를 갖는다.

① ㄱ   ② ㄷ   ③ ㄱ, ㄴ   ④ ㄴ, ㄷ   ⑤ ㄱ, ㄴ, ㄷ

07 그림은 어떤 집안의 유전 형질 (가)에 대한 가계도를 나타낸
것이다. (가)는 대립유전자 A와 a에 의해 결정되며, A는 a에 대해
완전 우성이다. 구성원 5에서 체세포 1개당 a의 DNA 상대량은
1이다.

[24025-0205]

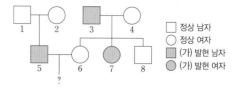

□ 정상 남자
○ 정상 여자
■ (가) 발현 남자
● (가) 발현 여자

이에 대한 설명으로 옳은 것만을 〈보기〉에서 있는 대로 고른 것은?
(단, 돌연변이와 교차는 고려하지 않으며, A와 a 각각의 1개당
DNA 상대량은 1이다.)

● 보 기 ●

ㄱ. (가)의 유전자는 상염색체에 있다.

ㄴ. 1~8 각각의 체세포 1개당 A의 DNA 상대량의 합
    은 5이다.

ㄷ. 5와 6 사이에서 아이가 태어날 때, 이 아이의 (가)의
    유전자형이 4와 같을 확률은 $\frac{1}{4}$이다.

① ㄱ   ② ㄴ   ③ ㄷ   ④ ㄱ, ㄴ   ⑤ ㄴ, ㄷ

08 표 (가)는 사람의 유전 형질 A~C에서 특징 ㉠~㉢의 유무
를, (나)는 ㉠~㉢을 순서 없이 나타낸 것이다. A~C는 귓불 모양,
적록 색맹, ABO식 혈액형을 순서 없이 나타낸 것이다.

[24025-0206]

특징 형질	㉠	㉡	㉢
A	ⓐ	○	?
B	○	×	ⓑ
C	?	×	×

(○: 있음, ×: 없음)

(가)

특징(㉠~㉢)

• 단일 인자 유전에 해당한다.

• 형질을 결정하는 대립유전자는
  2가지이다.

• 형질을 결정하는 유전자가 X 염
  색체에 있다.

(나)

이에 대한 설명으로 옳은 것만을 〈보기〉에서 있는 대로 고른 것은?

● 보 기 ●

ㄱ. ⓐ와 ⓑ는 모두 '○'이다.

ㄴ. ㉠은 '단일 인자 유전에 해당한다.'이다.

ㄷ. B와 C의 유전자는 모두 상염색체에 있다.

① ㄱ   ② ㄷ   ③ ㄱ, ㄴ   ④ ㄴ, ㄷ   ⑤ ㄱ, ㄴ, ㄷ

09 다음은 어떤 가족의 ABO식 혈액형에 대한 자료이다.

- 이 가족의 구성원은 아버지, 어머니, 아들, 딸 4명이다.
- 구성원의 ABO식 혈액형은 각각 서로 다르다.
- 구성원 중 아들의 ABO식 혈액형에 대한 유전자형만 동형 접합성이다.

이에 대한 설명으로 옳은 것만을 〈보기〉에서 있는 대로 고른 것은? (단, 돌연변이는 고려하지 않으며, ABO식 혈액형만 고려한다.)

● 보기 ●
ㄱ. 아들의 ABO식 혈액형은 A형이다.
ㄴ. 딸의 적혈구를 아버지의 혈청과 섞으면 응집 반응이 일어난다.
ㄷ. 아들의 동생이 태어날 때, 이 아이의 ABO식 혈액형이 A형이면서 딸일 확률은 $\frac{1}{4}$이다.

① ㄱ   ② ㄴ   ③ ㄷ   ④ ㄱ, ㄴ   ⑤ ㄴ, ㄷ

10 다음은 어떤 가족의 유전 형질 (가)와 ABO식 혈액형에 대한 자료이다.

- (가)는 대립유전자 R와 r에 의해 결정되고, R는 r에 대해 완전 우성이다.
- 가계도는 구성원 1~4에게서 (가)의 발현 여부를 나타낸 것이다.
- 1과 2는 각각 R와 r 중 서로 다른 한 종류만 갖는다.
- 3의 ABO식 혈액형은 AB형이다.
- 3의 적혈구와 4의 혈청을 섞으면 응집 반응이 일어나지 않는다.

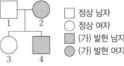

□ 정상 남자
○ 정상 여자
■ (가) 발현 남자
● (가) 발현 여자

이에 대한 설명으로 옳은 것만을 〈보기〉에서 있는 대로 고른 것은? (단, 돌연변이와 교차는 고려하지 않으며, ABO식 혈액형만 고려한다.)

● 보기 ●
ㄱ. (가)의 유전자는 상염색체에 있다.
ㄴ. 4의 ABO식 혈액형은 AB형이다.
ㄷ. 4의 동생이 태어날 때, 이 아이에게서 (가)가 발현될 확률은 $\frac{1}{2}$이다.

① ㄱ   ② ㄷ   ③ ㄱ, ㄴ   ④ ㄴ, ㄷ   ⑤ ㄱ, ㄴ, ㄷ

11 다음은 사람의 유전 형질 (가)에 대한 자료이다.

- (가)는 상염색체에 있는 1쌍의 대립유전자에 의해 결정되며, 대립유전자에는 A, B, C, D가 있다.
- D는 A, B, C에 대해, B는 A, C에 대해, C는 A에 대해 각각 완전 우성이고, (가)의 표현형은 4가지이다.

(가)의 유전자형이 AB인 남자와 CD인 여자 사이에서 아이가 태어날 때, 이 아이에게서 나타날 수 있는 표현형의 최대 가짓수는? (단, 돌연변이는 고려하지 않는다.)

① 1   ② 2   ③ 3   ④ 4   ⑤ 5

12 다음은 사람의 유전 형질 (가)에 대한 자료이다.

- (가)는 서로 다른 3개의 상염색체에 있는 3쌍의 대립유전자 A와 a, B와 b, D와 d에 의해 결정된다.
- (가)의 표현형은 유전자형에서 대문자로 표시되는 대립유전자의 수에 의해서만 결정되며, 이 대립유전자의 수가 다르면 표현형이 다르다.
- 유전자형이 ㉠AaBbDD인 아버지와 AaBBDd인 어머니 사이에서 아이가 태어날 때, 이 아이의 (가)의 표현형이 어머니와 같을 확률은 ⓐ이다.

이에 대한 설명으로 옳은 것만을 〈보기〉에서 있는 대로 고른 것은? (단, 돌연변이는 고려하지 않는다.)

● 보기 ●
ㄱ. (가)의 유전은 다인자 유전이다.
ㄴ. ㉠에서 A, b, D를 모두 갖는 생식세포가 형성될 수 있다.
ㄷ. ⓐ는 $\frac{1}{4}$이다.

① ㄱ   ② ㄷ   ③ ㄱ, ㄴ   ④ ㄴ, ㄷ   ⑤ ㄱ, ㄴ, ㄷ

13 다음은 어떤 집안의 유전 형질 (가)와 (나)에 대한 자료이다.

[24025-0211]

- (가)는 대립유전자 A와 a에 의해, (나)는 대립유전자 B와 b에 의해 결정된다. A는 a에 대해, B는 b에 대해 각각 완전 우성이다.
- (가)와 (나)의 유전자 중 하나는 상염색체에, 나머지 하나는 X 염색체에 있다.
- 가계도는 구성원 1∼9에게서 (가)와 (나)의 발현 여부를 나타낸 것이다.

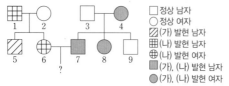

□ 정상 남자
○ 정상 여자
▨ (가) 발현 남자
▦ (나) 발현 남자
⊕ (나) 발현 여자
■ (가), (나) 발현 남자
● (가), (나) 발현 여자

- 2와 6에서 체세포 1개당 a의 DNA 상대량은 서로 같다.

이에 대한 설명으로 옳은 것만을 〈보기〉에서 있는 대로 고른 것은? (단, 돌연변이와 교차는 고려하지 않으며, A, a, B, b 각각의 1개당 DNA 상대량은 1이다.)

━● 보기 ●━
ㄱ. (가)는 열성 형질이다.
ㄴ. 8의 (나)의 유전자형은 동형 접합성이다.
ㄷ. 6과 7 사이에서 아이가 태어날 때, 이 아이에게서 (가)와 (나)가 모두 발현될 확률은 $\frac{3}{8}$이다.

① ㄱ   ② ㄴ   ③ ㄱ, ㄷ   ④ ㄴ, ㄷ   ⑤ ㄱ, ㄴ, ㄷ

14 다음은 사람의 유전 형질 (가)와 (나)에 대한 자료이다.

[24025-0212]

- (가)의 유전자와 (나)의 유전자는 서로 다른 상염색체에 있다.
- (가)는 대립유전자 A와 a에 의해 결정되며, 유전자형이 다르면 표현형이 다르다.
- (나)는 서로 다른 상염색체에 있는 2쌍의 대립유전자 B와 b, D와 d에 의해 결정된다. 표현형은 유전자형에서 대문자로 표시되는 대립유전자의 수에 의해서만 결정되며, 이 대립유전자의 수가 다르면 표현형이 다르다.

유전자형이 AaBbDD인 아버지와 AaBbDd인 어머니 사이에서 아이가 태어날 때, 이 아이의 (가)와 (나)의 표현형이 모두 어머니와 같을 확률은? (단, 돌연변이는 고려하지 않는다.)

① $\frac{1}{16}$ ② $\frac{3}{16}$ ③ $\frac{1}{4}$ ④ $\frac{3}{8}$ ⑤ $\frac{1}{2}$

15 다음은 사람의 유전 형질 (가)에 대한 자료이다.

[24025-0213]

- (가)는 서로 다른 3개의 상염색체에 있는 3쌍의 대립유전자 A와 a, B와 b, D와 d에 의해 결정된다.
- (가)의 표현형은 유전자형에서 대문자로 표시되는 대립유전자의 수에 의해서만 결정되며, 이 대립유전자의 수가 다르면 표현형이 다르다.

이에 대한 설명으로 옳은 것만을 〈보기〉에서 있는 대로 고른 것은? (단, 돌연변이는 고려하지 않는다.)

━● 보기 ●━
ㄱ. (가)의 유전은 다인자 유전이다.
ㄴ. (가)의 유전자형이 AaBbDD인 개체와 AABbDd인 개체의 (가)의 표현형은 서로 같다.
ㄷ. (가)의 유전자형이 AaBbDd인 아버지와 AabbDd인 어머니 사이에서 아이가 태어날 때, 이 아이의 (가)의 표현형이 아버지와 같을 확률은 $\frac{5}{16}$이다.

① ㄱ   ② ㄴ   ③ ㄱ, ㄷ   ④ ㄴ, ㄷ   ⑤ ㄱ, ㄴ, ㄷ

16 다음은 어떤 집안의 유전 형질 (가)와 ABO식 혈액형에 대한 자료이다.

[24025-0214]

- (가)는 대립유전자 T와 t에 의해 결정된다. T는 t에 대해 완전 우성이다.
- (가)의 유전자는 ABO식 혈액형 유전자와 같은 염색체에 있다.
- 가계도는 구성원 1∼11에게서 (가)의 발현 여부와 7과 8을 제외한 나머지 구성원에게서 ABO식 혈액형을 나타낸 것이다.

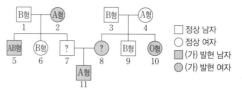

□ 정상 남자
○ 정상 여자
■ (가) 발현 남자
● (가) 발현 여자

이에 대한 설명으로 옳은 것만을 〈보기〉에서 있는 대로 고른 것은? (단, 돌연변이와 교차는 고려하지 않는다.)

━● 보기 ●━
ㄱ. 8의 ABO식 혈액형은 O형이다.
ㄴ. 1과 9의 ABO식 혈액형의 유전자형은 서로 같다.
ㄷ. 11의 동생이 태어날 때, 이 아이의 ABO식 혈액형이 B형이면서 (가)가 발현될 확률은 $\frac{1}{4}$이다.

① ㄱ   ② ㄴ   ③ ㄱ, ㄷ   ④ ㄴ, ㄷ   ⑤ ㄱ, ㄴ, ㄷ

정답과 해설 36쪽

[24025-0215]

01 다음은 사람의 유전 형질 (가)~(라)에 대한 자료이다.

자녀의 표현형은 아버지의 생식세포의 유전자형에 영향을 받는다.

- (가)는 대립유전자 A와 a에 의해, (나)는 대립유전자 B와 b에 의해, (다)는 대립유전자 D와 d에 의해, (라)는 대립유전자 E와 e에 의해 결정된다. A는 a에 대해, B는 b에 대해, D는 d에 대해, E는 e에 대해 각각 완전 우성이다.
- (가)~(라)의 유전자는 서로 다른 2개의 상염색체에 있다.
- (가)의 유전자는 (다)의 유전자와 같은 염색체에 있고, (나)의 유전자는 (라)의 유전자와 같은 염색체에 있다.
- ㉠(가)~(라)가 모두 우성으로 발현된 아버지와 (가)~(라)가 모두 열성으로 발현된 어머니 사이에서 ⓐ가 태어났다. ⓐ의 (가)~(라) 중 (가)만 우성으로 발현될 확률과 (다)만 우성으로 발현될 확률은 $\frac{1}{4}$로 서로 같다.

이에 대한 설명으로 옳은 것만을 〈보기〉에서 있는 대로 고른 것은? (단, 돌연변이와 교차는 고려하지 않는다.)

• 보기 •

ㄱ. ㉠의 (라)의 유전자형은 이형 접합성이다.

ㄴ. ⓐ에서 (가)~(라) 중 (나)만 우성으로 발현될 확률은 $\frac{1}{4}$이다.

ㄷ. ⓐ의 (가)~(라)의 표현형이 모두 ㉠과 같을 확률은 $\frac{1}{2}$이다.

① ㄱ ② ㄷ ③ ㄱ, ㄴ ④ ㄴ, ㄷ ⑤ ㄱ, ㄴ, ㄷ

[24025-0216]

02 다음은 어떤 집안의 유전 형질 (가)와 적록 색맹에 대한 자료이다.

㉠은 유전 형질 (가)이고, ㉡은 적록 색맹이다.

- (가)는 대립유전자 A와 a에 의해, 적록 색맹은 대립유전자 B와 B*에 의해 결정된다. A는 a에 대해 완전 우성이고, B와 B* 사이의 우열 관계는 분명하며, (가)의 유전자와 적록 색맹 유전자는 서로 다른 염색체에 있다.
- 가계도는 구성원 ⓐ와 ⓑ를 제외한 구성원 1~8에게서 ㉠과 ㉡의 발현 여부를 나타낸 것이다. ㉠과 ㉡은 (가)와 적록 색맹을 순서 없이 나타낸 것이고, ⓑ의 (가)의 표현형은 정상이다.
- 표는 ⓐ와 ⓑ에서 체세포 1개당 대립유전자 a와 B의 DNA 상대량을 나타낸 것이다.

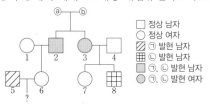

	정상 남자
	정상 여자
	㉠ 발현 남자
	㉡ 발현 남자
	㉠, ㉡ 발현 남자
	㉠, ㉡ 발현 여자

구성원		ⓐ	ⓑ
DNA 상대량	a	2	1
	B	1	0

이에 대한 설명으로 옳은 것만을 〈보기〉에서 있는 대로 고른 것은? (단, 돌연변이와 교차는 고려하지 않으며, A, a, B, B* 각각의 1개당 DNA 상대량은 1이다.)

• 보기 •

ㄱ. 3은 A와 B*를 모두 갖는다.   ㄴ. ⓐ는 여자이다.

ㄷ. 5와 6 사이에서 아이가 태어날 때, 이 아이에게서 (가)와 적록 색맹의 표현형이 모두 정상일 확률은 $\frac{3}{8}$이다.

① ㄱ ② ㄴ ③ ㄷ ④ ㄱ, ㄷ ⑤ ㄴ, ㄷ

(가)는 X 염색체 열성 형질이고, (나)는 상염색체 우성 형질이며, (다)는 상염색체 열성 형질이다.

[24025-0217]

03 다음은 사람의 유전 형질 (가)~(다)에 대한 자료이다.

- (가)는 대립유전자 A와 a에 의해, (나)는 대립유전자 B와 b에 의해, (다)는 대립유전자 D와 d에 의해 결정된다. A는 a에 대해, B는 b에 대해, D는 d에 대해 각각 완전 우성이다.
- (가)~(다)의 유전자 중 2개는 서로 다른 상염색체에 있고, 나머지 1개는 X 염색체에 있다.
- 가계도는 구성원 ㉠~㉢을 제외한 구성원 1~6에게서 (가)~(다)의 발현 여부를 나타낸 것이다.

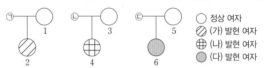

○ 정상 여자
▨ (가) 발현 여자
⊞ (나) 발현 여자
⬤ (다) 발현 여자

- 1의 체세포에는 A가 있고, ㉡의 체세포에는 B와 b가 모두 있다.
- 3의 (나)의 유전자형은 동형 접합성이며, ㉢과 5의 (다)의 유전자형은 서로 같다.

이에 대한 설명으로 옳은 것만을 〈보기〉에서 있는 대로 고른 것은? (단, 돌연변이와 교차는 고려하지 않는다.)

● 보기 ●
ㄱ. ㉠~㉢ 각각의 (가)~(다)의 표현형은 모두 정상이다.
ㄴ. 4의 (나)의 유전자형은 이형 접합성이다.   ㄷ. (다)의 유전자는 X 염색체에 있다.

① ㄱ   ② ㄴ   ③ ㄱ, ㄷ   ④ ㄴ, ㄷ   ⑤ ㄱ, ㄴ, ㄷ

[24025-0218]

자녀 1의 ABO식 혈액형은 O형이고, 자녀 2의 ABO식 혈액형은 B형이며, 자녀 3의 ABO식 혈액형은 AB형이다.

04 다음은 어떤 가족의 유전 형질 (가)와 ABO식 혈액형에 대한 자료이다.

- (가)는 대립유전자 R와 r에 의해 결정되며, R는 r에 대해 완전 우성이다.
- (가)의 유전자는 ABO식 혈액형 유전자와 같은 염색체에 있다.
- 표는 이 가족의 구성원에서 ABO식 혈액형과 (가)의 발현 여부를 나타낸 것이다.

구분	아버지	어머니	자녀 1	자녀 2	자녀 3
ABO식 혈액형	A형	?	㉠	㉡	㉢
(가) 발현 여부	×	ⓐ	○	○	?

(○: 발현됨, ×: 발현 안 됨)

- 아버지의 적혈구와 자녀 3의 혈청을 섞으면 응집 반응이 일어나지 않고, 자녀 2의 적혈구와 자녀 1의 혈청을 섞으면 응집 반응이 일어난다. ㉠~㉢은 AB형, B형, O형을 순서 없이 나타낸 것이다.
- 자녀 1의 (가)의 유전자형은 동형 접합성이다.

이에 대한 설명으로 옳은 것만을 〈보기〉에서 있는 대로 고른 것은? (단, 돌연변이와 교차는 고려하지 않으며, ABO식 혈액형만 고려한다.)

● 보기 ●
ㄱ. 자녀 2의 적혈구와 자녀 3의 혈청을 섞으면 응집 반응이 일어난다.
ㄴ. ⓐ는 '×'이다.   ㄷ. 자녀 3의 (가)의 유전자형은 이형 접합성이다.

① ㄱ   ② ㄷ   ③ ㄱ, ㄴ   ④ ㄴ, ㄷ   ⑤ ㄱ, ㄴ, ㄷ

[24025-0219]

05 다음은 어떤 집안의 유전 형질 (가)와 (나)에 대한 자료이다.

- (가)는 대립유전자 R와 r에 의해 결정되며, R는 r에 대해 완전 우성이다.
- (나)는 1쌍의 대립유전자에 의해 결정되며, 대립유전자에는 E, F, G가 있다. E는 F, G에 대해, F는 G에 대해 각각 완전 우성이고, (나)의 표현형은 ㉠~㉢으로 3가지이다.
- (가)의 유전자와 (나)의 유전자는 같은 염색체에 있다.
- 가계도는 구성원 1~7에게서 (가)의 발현 여부를 나타낸 것이다.
- $\dfrac{1, 2, 3, 4 \text{ 각각의 체세포 1개당 E의 DNA 상대량의 합}}{5, 6, 7 \text{ 각각의 체세포 1개당 E의 DNA 상대량의 합}}=3$이다.
- (나)의 표현형은 1, 2, 3, 5가 ㉠이고, 4, 6은 ㉡이며, 7은 ㉢이다.
- 1의 (가)의 유전자형과 4와 7의 (나)의 유전자형은 동형 접합성이다.

정상 남자 □
정상 여자 ○
(가) 발현 여자 ◉

이에 대한 설명으로 옳은 것만을 〈보기〉에서 있는 대로 고른 것은? (단, 돌연변이와 교차는 고려하지 않으며, E, F, G 각각의 1개당 DNA 상대량은 1이다.)

● 보기 ●
ㄱ. (가)의 유전자는 상염색체에 있다.
ㄴ. 4의 (나)의 표현형은 (나)의 유전자형이 EE인 사람의 표현형과 서로 같다.
ㄷ. 7의 동생이 태어날 때, 이 아이의 (가)와 (나)의 표현형이 모두 3과 같을 확률은 $\dfrac{1}{2}$이다.

① ㄱ   ② ㄷ   ③ ㄱ, ㄴ   ④ ㄴ, ㄷ   ⑤ ㄱ, ㄴ, ㄷ

㉠은 EE, EF, EG의 표현형을, ㉡은 FF, FG의 표현형을, ㉢은 GG의 표현형을 나타낸다.

[24025-0220]

06 다음은 가족 Ⅰ과 Ⅱ의 유전 형질 (가)와 (나)에 대한 자료이다.

- (가)는 대립유전자 A와 a에 의해, (나)는 대립유전자 B와 b에 의해 결정된다. A는 a에 대해, B는 b에 대해 각각 완전 우성이다.
- Ⅰ에서 (가)의 표현형이 정상인 부모 사이에서 (가)가 발현된 딸이 태어났다.
- Ⅱ에서 (나)의 표현형이 정상인 부모 사이에서 (나)가 발현된 아들이 태어났다.
- 표는 Ⅰ과 Ⅱ에서 부모의 체세포 1개당 A, a, B, b의 DNA 상대량을 각각 나타낸 것이다.

구성원		아버지	어머니
DNA 상대량	A	?	㉡
	a	㉠	?
〈Ⅰ〉			

구성원		아버지	어머니
DNA 상대량	B	㉢	㉣
	b	0	?
〈Ⅱ〉			

$\dfrac{㉢+㉣}{㉠+㉡}$의 값은? (단, 돌연변이와 교차는 고려하지 않으며, A, a, B, b 각각의 1개당 DNA 상대량은 1이다.)

① $\dfrac{1}{3}$ ② $\dfrac{1}{2}$ ③ 1   ④ 2   ⑤ 3

(가)는 상염색체 열성 형질이고, (나)는 X 염색체 열성 형질이다.

⑤은 P, ⓒ은 S, ⓒ은 T, ⓔ은 Q이다.

[24025-0221]

07 다음은 사람의 유전 형질 (가)~(다)에 대한 자료이다.

- (가)는 대립유전자 A와 a에 의해, (나)는 대립유전자 B와 b에 의해 결정된다. A는 a에 대해, B는 b에 대해 각각 완전 우성이다.
- (다)는 1쌍의 대립유전자에 의해 결정되며, 대립유전자에는 D, E, F가 있다. D는 E, F에 대해, E는 F에 대해 각각 완전 우성이다. (다)의 표현형은 3가지이다.
- (가)의 유전자와 (나)의 유전자는 7번 염색체에, (다)의 유전자는 9번 염색체에 있다.
- 남자 P와 여자 Q 사이에서 아이가 태어날 때, 이 아이의 (가)~(다)의 표현형이 P와 같을 확률은 $\frac{9}{16}$이고, 남자 S와 여자 T 사이에서 아이가 태어날 때, 이 아이의 (가)~(다)의 표현형이 T와 같을 확률은 $\frac{1}{4}$이다.
- 표는 ⑤~ⓔ에서 (가)~(다)의 유전자형을 나타낸 것이다. ⑤~ⓔ은 P, Q, S, T를 순서 없이 나타낸 것이다.

구분	⑤	ⓒ	ⓒ	ⓔ
유전자형	AaBbDE	AaBbEF	AaBbFF	AaBbDF

- P와 Q에서 A와 B는 같은 염색체에 있고, S와 T에서 a와 B는 같은 염색체에 있다.
- Q는 F를 갖고, T의 (다)의 유전자형은 동형 접합성이다.

이에 대한 설명으로 옳은 것만을 〈보기〉에서 있는 대로 고른 것은? (단, 돌연변이와 교차는 고려하지 않는다.)

● 보기 ●

ㄱ. ⑤은 P이다.　　　　　　　　　　ㄴ. (다)의 표현형은 S와 T에서 서로 같다.
ㄷ. S와 T 사이에서 아이가 태어날 때, 이 아이에게서 나타날 수 있는 (가)~(다)의 표현형은 최대 6가지이다.

① ㄱ　　　　② ㄴ　　　　③ ㄷ　　　　④ ㄱ, ㄷ　　　　⑤ ㄱ, ㄴ, ㄷ

[24025-0222]

⑤은 DD, DE, DF의 표현형을, ⓒ은 EE, EF의 표현형을, ⓒ은 FF의 표현형을 나타낸다.

08 다음은 어떤 가족의 유전 형질 (가)와 ABO식 혈액형에 대한 자료이다.

- (가)는 1쌍의 대립유전자에 의해 결정되며, 대립유전자에는 D, E, F가 있다. D는 E, F에 대해, E는 F에 대해 각각 완전 우성이고, (가)의 표현형은 ⑤~ⓒ으로 3가지이다.
- (가)의 유전자는 ABO식 혈액형 유전자와 같은 염색체에 있다.
- 표는 이 가족의 구성원에게서 ABO식 혈액형과 (가)의 표현형을 나타낸 것이다.

구분	아버지	어머니	자녀 1	자녀 2	자녀 3
ABO식 혈액형	A형	?	AB형	A형	O형
(가)의 표현형	⑤	ⓒ	⑤	⑤	ⓒ

- 자녀 3의 (가)의 유전자형은 동형 접합성이다.

자녀 3의 동생이 태어날 때, 이 아이의 (가)와 ABO식 혈액형의 표현형이 모두 어머니와 같을 확률은? (단, 돌연변이와 교차는 고려하지 않는다.)

① $\frac{1}{16}$　　　② $\frac{1}{8}$　　　③ $\frac{1}{4}$　　　④ $\frac{3}{8}$　　　⑤ $\frac{1}{2}$

[24025-0223]

09 다음은 사람의 유전 형질 @와 ⓑ에 대한 자료이다.

- @는 2쌍의 대립유전자 A와 a, B와 b에 의해 결정된다. @의 표현형은 유전자형에서 대문자로 표시되는 대립유전자의 수에 의해서만 결정되며, 이 대립유전자의 수가 다르면 표현형이 다르다.
- ⓑ는 대립유전자 D와 d에 의해 결정되며, ⓑ의 표현형은 3가지이다.
- 그림 (가)는 남자 P의, (나)는 여자 Q의 체세포에 있는 일부 염색체와 유전자를 나타낸 것이다. ㉠은 B와 b 중 하나이다.
- P와 Q 사이에서 ㉮가 태어날 때, ㉮의 @와 ⓑ의 표현형이 모두 P와 같을 확률은 $\frac{3}{16}$이다.

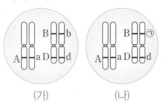

(가)　　　　(나)

이에 대한 설명으로 옳은 것만을 〈보기〉에서 있는 대로 고른 것은? (단, 돌연변이와 교차는 고려하지 않는다.)

┌─ 보 기 ─
ㄱ. @의 유전은 다인자 유전이다.
ㄴ. ㉠은 B이다.
ㄷ. P와 Q 사이에서 아이가 태어날 때, 이 아이에게서 나타날 수 있는 @와 ⓑ의 표현형은 최대 10가지이다.
└

① ㄱ　　　　② ㄷ　　　　③ ㄱ, ㄴ　　　　④ ㄴ, ㄷ　　　　⑤ ㄱ, ㄴ, ㄷ

[24025-0224]

10 다음은 어떤 집안의 유전 형질 (가)와 (나)에 대한 자료이다.

- (가)는 대립유전자 A와 a에 의해, (나)는 대립유전자 B와 b에 의해 결정된다. A는 a에 대해, B는 b에 대해 각각 완전 우성이다.
- 가계도는 구성원 @와 ⓑ를 제외한 1~6에게서 (가)와 (나)의 발현 여부를 나타낸 것이다.
- 2, 4, 6은 각각 A와 a 중 한 종류만 갖는다.
- 1, 2, 3, 4 각각의 체세포 1개당 B의 DNA 상대량의 합은 3이다.
- @의 (가)와 (나)의 표현형은 정상이고, @와 ⓑ의 (나)의 유전자형은 이형 접합성이다.

□ 정상 남자
○ 정상 여자
▨ (가) 발현 남자
● (가), (나) 발현 여자

이에 대한 설명으로 옳은 것만을 〈보기〉에서 있는 대로 고른 것은? (단, 돌연변이와 교차는 고려하지 않으며, A, a, B, b 각각의 1개당 DNA 상대량은 1이다.)

┌─ 보 기 ─
ㄱ. 1~6 각각의 체세포 1개당 a의 DNA 상대량의 합은 5이다.
ㄴ. 3의 (나)의 유전자형은 동형 접합성이다.
ㄷ. @와 ⓑ 사이에서 아이가 태어날 때, 이 아이의 (가)와 (나)의 표현형이 모두 정상일 확률은 $\frac{3}{8}$이다.
└

① ㄱ　　　　② ㄷ　　　　③ ㄱ, ㄴ　　　　④ ㄴ, ㄷ　　　　⑤ ㄱ, ㄴ, ㄷ

@는 2쌍의 대립유전자에 의해 결정되므로 @의 유전은 다인자 유전이다.

(가)는 X 염색체 우성 형질이고, (나)는 상염색체 열성 형질이다. @는 남자, ⓑ는 여자이다.

[24025-0225]

11 다음은 어떤 집안의 유전 형질 (가)와 (나)에 대한 자료이다.

(가)는 상염색체 열성 형질이고, (나)는 X 염색체 우성 형질이다.

- (가)와 (나)의 유전자 중 하나는 상염색체에, 나머지 하나는 X 염색체에 있다.
- (가)는 대립유전자 A와 a에 의해, (나)는 대립유전자 B와 b에 의해 결정된다. A는 a에 대해, B는 b에 대해 각각 완전 우성이다.
- 가계도는 구성원 1, 2, 4, 5, 8에게서 (가)와 (나)의 발현 여부를 나타낸 것이고, 구성원 3, 6, 7의 (가)와 (나)의 발현 여부는 나타내지 않았다.

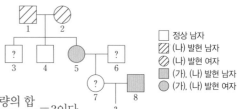

- $\dfrac{3,\ 5,\ 6의\ 체세포\ 1개당\ b의\ DNA\ 상대량의\ 합}{3,\ 6의\ 체세포\ 1개당\ A의\ DNA\ 상대량의\ 합}=3$이다.
- 7과 8 사이에서 아이가 태어날 때, 이 아이의 (가)와 (나)의 표현형이 모두 정상일 확률은 $\dfrac{1}{8}$이다.

이에 대한 설명으로 옳은 것만을 〈보기〉에서 있는 대로 고른 것은? (단, 돌연변이와 교차는 고려하지 않으며, A, a, B, b 각각의 1개당 DNA 상대량은 1이다.)

● 보기 ●

ㄱ. (가)의 유전자는 상염색체에 있다.
ㄴ. 2와 6의 체세포에는 모두 A가 있다.
ㄷ. 7의 (나)의 유전자형은 이형 접합성이다.

① ㄱ   ② ㄷ   ③ ㄱ, ㄴ   ④ ㄴ, ㄷ   ⑤ ㄱ, ㄴ, ㄷ

[24025-0226]

12 다음은 사람의 유전 형질 (가)에 대한 자료이다.

(가)는 4쌍의 대립유전자에 의해 결정되므로 (가)의 유전은 다인자 유전이다.

- (가)는 서로 다른 2개의 상염색체에 존재하는 4쌍의 대립유전자 A와 a, B와 b, D와 d, E와 e에 의해 결정된다.
- (가)의 표현형은 유전자형에서 대문자로 표시되는 대립유전자의 수에 의해서만 결정되며, 이 대립유전자의 수가 다르면 표현형이 다르다.
- 유전자형이 ㉠AaBbDdEe인 부모 사이에서 ⓐ가 태어날 때, ⓐ에게서 나타날 수 있는 (가)의 표현형은 최대 1가지이다.

이에 대한 설명으로 옳은 것만을 〈보기〉에서 있는 대로 고른 것은? (단, 돌연변이와 교차는 고려하지 않는다.)

● 보기 ●

ㄱ. ⓐ의 아버지는 A, B, D, e를 모두 가지는 정자를 형성할 수 있다.
ㄴ. ⓐ의 (가)의 표현형은 어머니의 (가)의 표현형과 서로 같다.
ㄷ. ⓐ의 (가)의 유전자형이 ㉠과 같을 확률은 $\dfrac{1}{4}$이다.

① ㄱ   ② ㄷ   ③ ㄱ, ㄴ   ④ ㄴ, ㄷ   ⑤ ㄱ, ㄴ, ㄷ

13 다음은 어떤 가족의 유전 형질 (가)~(다)에 대한 자료이다.

[24025-0227]

- (가)는 대립유전자 A와 a에 의해, (나)는 대립유전자 B와 b에 의해, (다)는 대립유전자 D와 d에 의해 결정된다. A는 a에 대해, B는 b에 대해, D는 d에 대해 각각 완전 우성이다.
- (가)와 (나)의 유전자는 X 염색체에, (다)의 유전자는 상염색체에 있다.
- 표는 이 가족 구성원의 성별, ㉠~㉢의 발현 여부를 나타낸 것이다. ㉠~㉢은 (가)~(다)를 순서 없이 나타낸 것이다.

구성원		아버지	어머니	자녀 1	자녀 2	자녀 3
성별		남	여	남	여	?
발현 여부	㉠	×	×	○	×	○
	㉡	×	×	○	○	×
	㉢	×	○	×	○	×

(○: 발현됨, ×: 발현 안 됨)

- 아버지의 체세포에는 a가 있고, 자녀 3의 (다)의 유전자형은 이형 접합성이다.

이에 대한 설명으로 옳은 것만을 〈보기〉에서 있는 대로 고른 것은? (단, 돌연변이와 교차는 고려하지 않는다.)

● 보 기 ●
ㄱ. 자녀 3의 성별은 남자이다.
ㄴ. ㉠은 (나)이다.
ㄷ. 자녀 3의 동생이 태어날 때, 이 아이의 (가)~(다)의 표현형이 모두 아버지와 같을 확률은 $\frac{1}{16}$이다.

① ㄱ   ② ㄷ   ③ ㄱ, ㄴ   ④ ㄴ, ㄷ   ⑤ ㄱ, ㄴ, ㄷ

㉠은 X 염색체 열성 형질이고, ㉡은 상염색체 열성 형질이며, ㉢은 X 염색체 우성 형질이다.

14 다음은 어떤 집안의 유전 형질 (가)~(다)에 대한 자료이다.

[24025-0228]

- (가)는 대립유전자 A와 a에 의해, (나)는 대립유전자 B와 b에 의해, (다)는 대립유전자 D와 d에 의해 결정된다. A는 a에 대해, B는 b에 대해, D는 d에 대해 각각 완전 우성이다.
- (가)~(다)의 유전자 중 2개는 서로 다른 상염색체에 있고, 나머지 1개는 X 염색체에 있다.
- 가계도는 구성원 1~7에게서 (가)~(다)의 발현 여부를 나타낸 것이다.

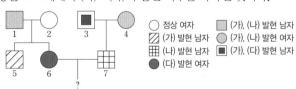

○ 정상 여자
◨ (가), (나) 발현 남자
▨ (가) 발현 남자
◐ (가), (나) 발현 여자
▦ (나) 발현 남자
■ (가), (다) 발현 남자
● (다) 발현 여자

6과 7 사이에서 아이가 태어날 때, 이 아이의 (가)~(다)의 표현형이 모두 정상일 확률은? (단, 돌연변이와 교차는 고려하지 않는다.)

① $\frac{1}{16}$ ② $\frac{3}{16}$ ③ $\frac{1}{4}$ ④ $\frac{3}{8}$ ⑤ $\frac{1}{2}$

(가)는 상염색체 우성 형질이고, (나)는 X 염색체 열성 형질이며, (다)는 상염색체 열성 형질이다.

10 사람의 유전병

1 유전자 이상

(1) 유전자 돌연변이

① 유전자 돌연변이는 유전자를 구성하는 DNA의 염기 서열이 변해 나타나는 돌연변이이다.

② 유전자 돌연변이는 DNA 복제 과정에서 자연적으로 발생한 오류나 발암 물질, 방사선 노출 등으로 인해 DNA의 염기 서열이 변해 나타난다.

③ DNA의 염기 서열에 변화가 생겨 유전자의 유전 정보가 바뀌면 단백질이 생성되지 않거나 비정상 단백질이 생성될 수 있으며, 이로 인해 유전병이 나타날 수 있다.

④ 유전자 돌연변이에 의한 유전병은 대개 열성 형질이지만 우성 형질인 것도 있다.

⑤ 유전자 돌연변이는 염색체의 구조나 수로는 차이를 구별할 수 없기 때문에 핵형 분석으로 확인하기 어려우며, 유전자 분석이나 선천적 대사 이상 검사와 같은 생화학적 분석을 통해 알아낼 수 있다.

(2) 유전자 돌연변이에 의한 유전병의 예

① 낫 모양 적혈구 빈혈증

• 헤모글로빈 유전자의 염기 하나가 바뀜으로써 헤모글로빈을 구성하는 아미노산 중 하나가 달라진 비정상 헤모글로빈이 생성된다. 혈액의 산소 농도가 낮을 때 비정상 헤모글로빈들은 서로 결합하여 긴 사슬 구조를 형성한다. 이 때문에 적혈구가 낫 모양으로 변한다.

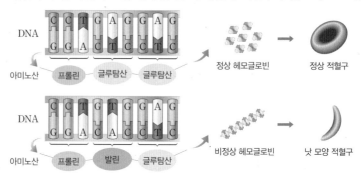

▲ 정상 적혈구와 낫 모양 적혈구의 형성 과정

• 낫 모양 적혈구는 정상 적혈구보다 약하고 파열되기 쉬우며, 산소 운반 능력이 떨어져 심한 빈혈을 일으킨다. 또 모세 혈관을 자유롭게 통과하기 어려우므로 혈액 순환 장애를 일으켜 조직으로 산소가 정상적으로 공급되지 못해 조직 손상을 초래한다.

▲ 정상 적혈구와 낫 모양 적혈구의 비교

② 알비노증: 멜라닌 합성 효소의 유전자에 돌연변이가 생겨 멜라닌 색소를 만들지 못해 눈, 피부, 머리카락 등에 멜라닌 색소가 결핍되는 유전병이다. 햇볕을 쬐면 피부암에 걸릴 확률이 증가하고, 밝은 빛에서 사물을 잘 볼 수 없다.

개념 체크

◐ 유전자 돌연변이
• 원인: 유전자를 구성하는 DNA 염기 서열 변화
• 특징: 핵형 분석으로 확인하기 어려움
• 유전병의 예: 낫 모양 적혈구 빈혈증, 알비노증

1. ( ) 돌연변이는 DNA 염기 서열 변화에 의해 나타나는 돌연변이로 핵형 분석으로 확인하기 어렵다.

2. 낫 모양 적혈구 빈혈증은 ( ) 유전자의 염기 서열 변화로 인해 나타난다.

※ ○ 또는 ×

3. 낫 모양 적혈구는 정상 적혈구보다 산소 운반 능력이 떨어진다. ( )

4. 알비노증 유무는 핵형 분석으로 알 수 있다. ( )

정답
1. 유전자
2. 헤모글로빈
3. ○
4. ×

③ **헌팅턴 무도병**: 신경계가 점진적으로 파괴되면서 몸의 움직임이 통제되지 않고 지적 장애가 나타나는 유전병으로 우성 형질이다. 중년에 이르러서야 증세가 나타나기 시작해 점차 증세가 심해져 죽음에 이르게 된다.

④ **낭성 섬유증**: 상피 세포의 세포막에서 물질 수송을 담당하는 단백질의 유전자에 돌연변이가 일어나 발생하는 유전병이다. 점액의 점성을 조절하지 못해 기관과 이자 등에서 점액이 과도하게 분비된다. 그 결과 기관에 점액이 축적되어 숨을 쉬기가 어렵고, 폐가 자주 감염되며, 이자에서 소화 효소가 원활히 분비되지 않아 소장에서 영양소 흡수 장애가 생긴다.

🧪 탐구자료 살펴보기   페닐케톤뇨증

자료 탐구

다음은 페닐케톤뇨증에 대한 자료이다.

- 페닐케톤뇨증은 페닐알라닌을 타이로신으로 전환시키는 효소의 활성 저하로 페닐알라닌이 축적되는 유전병이다. 체내에 축적된 페닐알라닌은 중추 신경계를 손상시켜 지적 장애 등을 일으키며, 페닐알라닌의 대사 산물인 페닐케톤이 축적되어 오줌으로 배설된다.
- 그림은 페닐케톤뇨증에 대한 가계도를 나타낸 것이다.

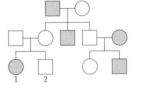

☐ 정상 남자
◯ 정상 여자
▨ 페닐케톤뇨증 남자
● 페닐케톤뇨증 여자

탐구 분석

- 페닐케톤뇨증은 페닐알라닌을 타이로신으로 전환시키는 효소의 유전자에 돌연변이가 생겨 나타나는 유전병이다.
- 1의 부모는 정상이지만 1에게서 페닐케톤뇨증이 나타나는 것으로 보아 페닐케톤뇨증은 열성 형질임을 알 수 있다.
- 페닐케톤뇨증은 남녀에게서 모두 나타날 수 있으므로 페닐케톤뇨증 유전자는 Y 염색체에 존재하지 않는다. 페닐케톤뇨증 유전자가 X 염색체에 존재한다면 1의 아버지가 정상이므로 1도 정상이어야 하지만 1에게서 페닐케톤뇨증이 나타나므로 페닐케톤뇨증 유전자는 X 염색체에 존재하지 않는다. 따라서 페닐케톤뇨증 유전자는 상염색체에 존재하고, 페닐케톤뇨증의 유전 방식은 상염색체에 의한 열성 유전이다.
- 정상 대립유전자를 A, 페닐케톤뇨증 대립유전자를 a라고 하면 1의 부모는 유전자형이 모두 Aa로, 페닐케톤뇨증에 대해 보인자이다. 2의 동생이 태어날 때, 이 아이에게서 페닐케톤뇨증(aa)이 나타날 확률은 Aa×Aa → AA, Aa, Aa, aa이므로 $\frac{1}{4}$이다.

---

2 염색체 이상

(1) 염색체 돌연변이

① 염색체 돌연변이는 염색체 구조 이상과 염색체 수 이상으로 구분할 수 있다.
② 염색체 돌연변이 여부는 경우에 따라 핵형 분석을 통해 알아낼 수 있다.
③ 하나의 염색체에는 여러 개의 유전자가 존재하므로 염색체 돌연변이는 여러 유전자들을 변화시켜 많은 형질의 변화를 일으킬 수 있기 때문에 유전자 돌연변이에 비해 심각한 영향을 주는 경우가 많다.

개념 체크

◐ **염색체 돌연변이**
- 종류: 염색체 구조 이상, 염색체 수 이상
- 특징: 핵형 분석으로 알 수 있음

1. 헌팅턴 무도병은 기관계 중 (   )가 점진적으로 파괴되면서 움직임이 통제되지 않는 유전병이다.

2. [탐구자료 살펴보기: 페닐케톤뇨증]에서 1의 유전자형은 (   )이다.

※ ◯ 또는 ✕

3. 낭성 섬유증은 유전자 돌연변이가 없이 나타나는 유전병이다.   (   )

4. 염색체 수 이상 여부는 핵형 분석을 통해 알 수 있다.   (   )

정답
1. 신경계
2. aa
3. ✕
4. ◯

개념 체크

◑ 염색체 구조 이상
종류: 결실, 역위, 중복, 전좌

1. 염색체 구조 이상 중 염색체의 같은 부분이 반복하여 나타나는 것을 (   )이라고 한다.

2. 고양이 울음 증후군은 5번 염색체의 (   )에 의해 나타나는 유전병이다.

※ ○ 또는 ×

3. 고양이 울음 증후군 유무는 핵형 분석을 통해 알 수 있다.
(   )

4. [탐구자료 살펴보기: 염색체 구조 이상]에서 결실이 일어난 염색체에는 D 부분이 없다. (   )

(2) 염색체 구조 이상

① 염색체 구조에 이상이 생기면 유전자가 없어지거나 유전자 발현에 영향을 주어 표현형이 바뀔 수 있다.

② 염색체 구조 이상에는 결실, 역위, 중복, 전좌가 있다.
- 결실: 염색체의 일부가 떨어져 없어진 것이다.
- 역위: 염색체의 일부가 떨어진 후 반대 방향으로 원래의 염색체에 다시 붙은 것이다.
- 중복: 염색체의 같은 부분이 반복하여 나타나는 것이다.
- 전좌: 염색체의 일부가 떨어진 후 상동 염색체가 아닌 다른 염색체에 붙은 것이다.

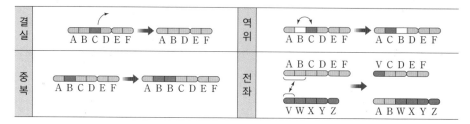

③ 염색체 구조 이상에 의한 유전병의 예: 고양이 울음 증후군은 5번 염색체의 특정 부분이 결실되어 나타나는 유전병이다. 머리가 작고, 지적 장애를 보이며, 고양이 울음소리와 비슷한 소리를 내는 특징이 있다. 유아기나 아동기 초기에 사망률이 정상보다 높다.

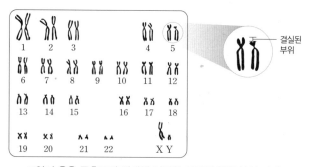

결실된 부위

고양이 울음 증후군의 염색체 이상인 사람의 핵형 분석 결과

🧪 탐구자료 살펴보기　염색체 구조 이상

자료 탐구

그림은 어떤 동물(2n=4)의 정상 체세포 (가)와 염색체 구조 이상이 각각 1회 일어난 체세포 (나)~(마)를 나타낸 것이다.

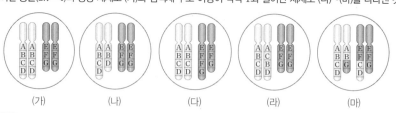

(가)　　　(나)　　　(다)　　　(라)　　　(마)

탐구 분석

- (나)에는 C 부분이 없어진 염색체가 있으므로 (나)는 결실이 일어난 체세포이다.
- (다)에는 F 부분이 2번 반복하여 나타나는 염색체가 있으므로 (다)는 중복이 일어난 체세포이다.
- (라)에는 BC 부분이 반대 방향으로 붙은 염색체가 있으므로 (라)는 역위가 일어난 체세포이다.
- (마)에는 CD 부분과 G 부분이 서로 교환된 두 염색체가 있고, 이 두 염색체는 상동 염색체가 아니므로 (마)는 전좌가 일어난 체세포이다.

정답

1. 중복
2. 결실
3. ○
4. ×

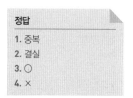

(3) 염색체 수 이상

① 염색체 수에 이상이 있으면 유전자 수의 변화로 인해 유전병이 나타날 수 있다.

② 염색체 수 이상은 대부분 감수 분열 과정에서 일어나는 염색체 비분리에 의해 나타난다.

③ 염색체 비분리가 일어나면 염색체 수가 정상보다 많거나 적은 생식세포가 형성될 수 있다. 염색체 수가 비정상인 생식세포가 정상 생식세포와 수정되어 아이가 태어나면, 이 아이에게서 염색체 수 이상이 나타난다.

④ 염색체 비분리는 감수 1분열과 감수 2분열에서 각각 일어날 수 있다.
- 하나의 G_1기 세포로부터 생식세포가 형성될 때, 감수 1분열에서 상동 염색체의 비분리가 1회 일어나 형성된 모든 생식세포에서 염색체 수는 정상보다 많거나 적다.
- 하나의 G_1기 세포로부터 생식세포가 형성될 때, 감수 2분열에서 염색 분체의 비분리가 1회 일어나 형성된 생식세포에서 염색체 수는 정상이거나, 정상보다 많거나 적다.

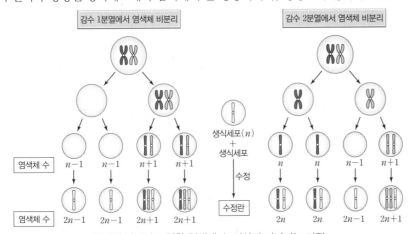

염색체 비분리로 인한 염색체 수 이상이 나타나는 과정

⑤ 염색체 수 이상의 예

유전병	염색체 구성	특징
다운 증후군	45+XX 45+XY	• 21번 염색체가 3개이다. • 특이한 안면 표정, 지적 장애, 심장 기형, 조기 노화가 나타나며 양 눈 사이가 멀다.
터너 증후군	44+X	• 성염색체가 X이다. • 외관상 여자이지만 대체적으로 발달이 불완전하다.
클라인펠터 증후군	44+XXY	• 성염색체가 XXY이다. • 외관상 남자이지만 정소의 발달이 불완전할 수 있으며, 유방 발달과 같은 여자의 신체적 특징이 나타나기도 한다.

다운 증후군의 염색체 이상인 사람의 핵형 분석 결과   클라인펠터 증후군의 염색체 이상인 사람의 핵형 분석 결과

개념 체크

◐ 염색체 비분리가 감수 1분열에서 1회 일어나면 → 생성된 모든 딸세포의 염색체 수가 비정상

◐ 염색체 비분리가 감수 2분열에서 1회 일어나면 → 생성된 딸세포 중 일부 세포만 염색체 수가 비정상

1. 감수 분열 중 감수 (　　) 분열에서 염색체 비분리가 일어나면 딸세포의 염색체 수는 모두 정상보다 많거나 적다.

2. 다운 증후군의 염색체 이상을 보이는 사람의 체세포에서 21번 염색체의 수는 (　　)이다.

※ ○ 또는 ×

3. 터너 증후군은 남자에서만 나타난다. (　　)

4. 클라인펠터 증후군의 염색체 이상을 보이는 사람의 성염색체 구성은 XY이다. (　　)

정답

1. 1
2. 3
3. ×
4. ×

개념 체크

● 감수 분열 중 성염색체 비분리가 일어나면 생식세포는 성염색체를 정상보다 많거나 적게 가질 수 있다.

1. [탐구자료 살펴보기: 성염색체 비분리]에서 정자 A와 B의 염색체 수는 각각 (   )이다.

2. [탐구자료 살펴보기: 성염색체 비분리]에서 Y 염색체를 갖는 정상 정자와 난자 D의 수정으로 태어난 아이는 (   ) 증후군을 갖는 사람의 성염색체 구성을 갖는다.

※ ○ 또는 ×

3. 적록 색맹 유무는 핵형 분석을 통해 알 수 있다.
(   )

4. [탐구자료 살펴보기: 적록 색맹 유전과 성염색체 비분리]에서 9의 적록 색맹 유전자는 모두 8로부터 물려받았다. (   )

정답

1. 24
2. 클라인펠터
3. ×
4. ○

탐구자료 살펴보기 　 성염색체 비분리

자료 탐구

표는 정자 A~C와 난자 D의 성염색체를 나타낸 것이다. A~D의 형성 과정에서 각각 성염색체 비분리가 1회 일어났다.

구분	정자 A	정자 B	정자 C	난자 D
성염색체	XY	XX	YY	XX

탐구 분석

• 생식세포 형성 과정에서 성염색체 비분리가 일어나는 시기에 따라 생식세포의 성염색체 구성이 다를 수 있다.
• 성염색체가 XY인 정자 A는 감수 1분열에서 성염색체 비분리가 일어나 형성된 것이다.
• 성염색체가 XX인 정자 B는 감수 2분열에서 X 염색체 비분리가 일어나 형성된 것이다.
• 성염색체가 YY인 정자 C는 감수 2분열에서 Y 염색체 비분리가 일어나 형성된 것이다.
• 성염색체가 XX인 난자 D는 감수 1분열 또는 감수 2분열에서 X 염색체 비분리가 일어나 형성된 것이다.
• 정자 A가 정상 난자와 수정되어 태어나는 아이, 난자 D가 Y 염색체를 가진 정상 정자와 수정되어 태어나는 아이는 모두 클라인펠터 증후군의 염색체 이상을 보인다.

탐구자료 살펴보기 　 적록 색맹 유전과 성염색체 비분리

자료 탐구

다음은 세 가족의 적록 색맹에 대한 자료이다.

• 적록 색맹은 대립유전자 A와 a에 의해 결정되며, A는 a에 대해 완전 우성이다.

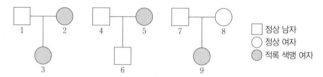

정상 남자　정상 여자　적록 색맹 여자

• 3과 6을 제외한 나머지 사람의 핵형은 모두 정상이다.
• 3과 6은 각각 염색체 수가 비정상적인 생식세포와 정상 생식세포가 수정되어 태어났으며, 부모 중 한 사람의 생식세포 형성 과정에서만 성염색체 비분리가 1회 일어났다.
• 9는 염색체 수가 비정상적인 정자와 염색체 수가 비정상적인 난자가 수정되어 태어났으며, 이 정자와 난자의 형성 과정에서 각각 성염색체 비분리가 1회 일어났다.

탐구 분석

• A와 a는 X 염색체에 존재하며, 적록 색맹은 열성 형질이다.
• 1의 유전자형은 X^AY이고, 2의 유전자형은 X^aX^a이다. 3에게서 적록 색맹이 나타나므로 3은 1에게서 A를 물려받지 않았고, 2에게서 a를 물려받았다. 이것은 1의 감수 분열에서 성염색체 비분리가 일어나 성염색체를 가지지 않은 정자가 형성되었고 이 정자가 2에서 형성된 정상 난자(X^a)와 수정되어 3이 태어났기 때문이다. 3은 성염색체가 X이므로 터너 증후군의 염색체 이상을 보인다.
• 4의 유전자형은 X^AY이고, 5의 유전자형은 X^aX^a이다. 6에게서 적록 색맹이 나타나지 않으므로 6은 4에게서 A를 물려받았다. 이것은 4의 감수 1분열에서 성염색체 비분리가 일어나 X 염색체와 Y 염색체를 모두 가진 정자(X^AY)가 형성되었고 이 정자가 5에서 형성된 정상 난자(X^a)와 수정되어 6(X^AX^aY)이 태어났기 때문이다. 6은 성염색체가 XXY이므로 클라인펠터 증후군의 염색체 이상을 보인다.
• 7의 유전자형은 X^AY이고, 9에게서 적록 색맹이 나타나므로 8의 유전자형은 X^AX^a이다. 9의 핵형은 정상이므로 유전자형은 X^aX^a이며, 9는 7에게서 A를 물려받지 않았고, 8에게서 a를 물려받았다. 이것은 7의 감수 분열에서 성염색체 비분리가 일어나 성염색체를 가지지 않은 정자가 형성되었고, 8의 감수 2분열에서 X 염색체 비분리가 일어나 2개의 X 염색체를 가진 난자(X^aX^a)가 형성되었으며, 이 정자와 난자가 수정되어 9(X^aX^a)가 태어났기 때문이다.

01 그림은 사람의 유전병을 원인에 따라 구분한 것이다. A와 B는 염색체 돌연변이와 유전자 돌연변이를 순서 없이 나타낸 것이다. B의 여부는 핵형 분석을 통해 알 수 있다.

[24025-0229]

이에 대한 설명으로 옳은 것만을 〈보기〉에서 있는 대로 고른 것은?

보기
ㄱ. A는 유전자 돌연변이이다.
ㄴ. ㉠에 의한 유전병의 예로는 낫 모양 적혈구 빈혈증이 있다.
ㄷ. ㉡의 원인으로는 염색체 비분리가 있다.

① ㄱ   ② ㄴ   ③ ㄱ, ㄷ   ④ ㄴ, ㄷ   ⑤ ㄱ, ㄴ, ㄷ

02 그림은 정상인과 낫 모양 적혈구 빈혈증 환자의 헤모글로빈(Hb) 단백질의 아미노산 배열 순서 일부를 나타낸 것이다.

[24025-0230]

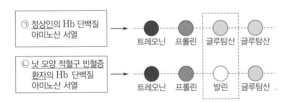

이에 대한 설명으로 옳은 것만을 〈보기〉에서 있는 대로 고른 것은?

보기
ㄱ. ㉠과 ㉡에서 헤모글로빈(Hb) 유전자의 DNA 염기 배열 순서는 서로 다르다.
ㄴ. 낫 모양 적혈구 빈혈증은 남자에서만 나타난다.
ㄷ. 낫 모양 적혈구 빈혈증은 염색체 수 이상에 의한 유전병에 해당한다.

① ㄱ   ② ㄷ   ③ ㄱ, ㄴ   ④ ㄴ, ㄷ   ⑤ ㄱ, ㄴ, ㄷ

03 표는 사람의 4가지 유전병을 유전병의 원인 (가)~(다)로 구분하여 나타낸 것이다. (가)~(다)는 염색체 수 이상, 염색체 구조 이상, 유전자 돌연변이를 순서 없이 나타낸 것이고, ㉠은 유전병 중 하나이다.

[24025-0231]

구분	유전병
(가)	알비노증
(나)	ⓐ고양이 울음 증후군
(다)	다운 증후군, ㉠

이에 대한 설명으로 옳은 것만을 〈보기〉에서 있는 대로 고른 것은?

보기
ㄱ. (가)는 유전자 돌연변이이다.
ㄴ. ⓐ는 남자와 여자 모두에서 나타날 수 있다.
ㄷ. 클라인펠터 증후군은 ㉠에 해당한다.

① ㄱ   ② ㄴ   ③ ㄱ, ㄷ   ④ ㄴ, ㄷ   ⑤ ㄱ, ㄴ, ㄷ

04 다음은 어떤 가족의 유전 형질 (가)에 대한 자료이다.

[24025-0232]

- (가)의 유전자는 성염색체에 있다.
- (가)는 정상 대립유전자 H와 (가) 발현 대립유전자 H*에 의해 결정되고, 각 대립유전자 사이의 우열 관계는 분명하다.
- 정상인 부모에서 형성된 난자 ㉠과 정자 ㉡이 수정되어 (가)가 발현된 딸이 태어났다.
- ㉠과 ㉡ 형성 과정에서 각각 성염색체 비분리가 1회씩 일어났다.
- 이 가족 구성원의 핵형은 모두 정상이다.

이에 대한 설명으로 옳은 것만을 〈보기〉에서 있는 대로 고른 것은? (단, 제시된 염색체 비분리 이외의 돌연변이와 교차는 고려하지 않는다.)

보기
ㄱ. (가)는 열성 형질이다.
ㄴ. ㉡의 염색체 수는 22이다.
ㄷ. ㉠은 감수 1분열에서 염색체 비분리가 일어나 형성되었다.

① ㄱ   ② ㄴ   ③ ㄱ, ㄴ   ④ ㄱ, ㄷ   ⑤ ㄴ, ㄷ

[24025-0233]

05 그림 (가)와 (나)는 정상인 P와 유전병을 갖는 사람 Q의 핵형 분석 결과를 순서 없이 나타낸 것이다.

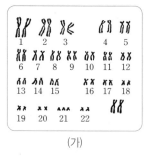

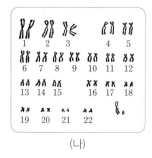

(가)   (나)

이에 대한 설명으로 옳은 것만을 〈보기〉에서 있는 대로 고른 것은?

● 보기 ●
ㄱ. (가)는 P의 핵형 분석 결과이다.
ㄴ. Q는 다운 증후군의 염색체 이상을 보인다.
ㄷ. P와 Q의 성별은 다르다.

① ㄱ   ② ㄴ   ③ ㄱ, ㄷ   ④ ㄴ, ㄷ   ⑤ ㄱ, ㄴ, ㄷ

[24025-0234]

06 그림은 어떤 가족의 적록 색맹 유전에 대한 가계도를 나타낸 것이다. 난자 ⓐ와 정자 ⓑ가 수정되어 클라인펠터 증후군의 염색체 이상을 보이는 3이 태어났고, ⓑ의 형성 과정에서만 염색체 비분리가 1회 일어났다.

○ 정상 여자
■ 적록 색맹 남자

이에 대한 설명으로 옳은 것만을 〈보기〉에서 있는 대로 고른 것은? (단, 제시된 염색체 비분리 이외의 돌연변이와 교차는 고려하지 않는다.)

● 보기 ●
ㄱ. ⓐ에는 23개의 염색체가 있다.
ㄴ. ⓑ의 형성 과정에서 염색체 비분리는 감수 1분열에서 일어났다.
ㄷ. 3의 적록 색맹 대립유전자는 모두 2로부터 물려받은 것이다.

① ㄱ   ② ㄷ   ③ ㄱ, ㄴ   ④ ㄴ, ㄷ   ⑤ ㄱ, ㄴ, ㄷ

[24025-0235]

07 그림은 어떤 사람에서 정자가 형성될 때 각 세포에서 성염색체를 모두 나타낸 것이다. 이 정자 형성 과정 중 염색체 비분리가 1회 일어났다.

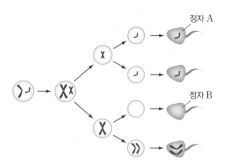

정자 A
정자 B

이에 대한 설명으로 옳은 것만을 〈보기〉에서 있는 대로 고른 것은?

● 보기 ●
ㄱ. A는 X 염색체를 갖는다.
ㄴ. 염색체 비분리는 감수 2분열에서 일어났다.
ㄷ. B와 정상 난자가 수정되어 태어난 아이는 터너 증후군의 염색체 이상을 보인다.

① ㄱ   ② ㄴ   ③ ㄱ, ㄷ   ④ ㄴ, ㄷ   ⑤ ㄱ, ㄴ, ㄷ

[24025-0236]

08 다음은 염색체 돌연변이에 대한 학생 A~C의 발표 내용이다.

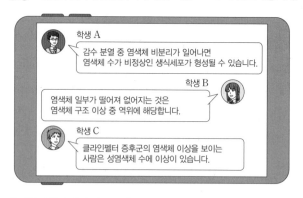

학생 A
감수 분열 중 염색체 비분리가 일어나면 염색체 수가 비정상인 생식세포가 형성될 수 있습니다.

학생 B
염색체 일부가 떨어져 없어지는 것은 염색체 구조 이상 중 역위에 해당합니다.

학생 C
클라인펠터 증후군의 염색체 이상을 보이는 사람은 성염색체 수에 이상이 있습니다.

제시한 내용이 옳은 학생만을 있는 대로 고른 것은?

① A   ② B   ③ A, C   ④ B, C   ⑤ A, B, C

09 그림은 어떤 동물 종($2n=$?)의 개체 Ⅰ의 세포 (가), 개체 Ⅱ의 세포 (나), 개체 Ⅲ의 세포 (다)에 들어 있는 일부 염색체를 나타낸 것이다. 성염색체는 암컷이 XX, 수컷이 XY이다. A는 a와, B는 b와 각각 대립유전자이고, 정상 세포에서 A와 a는 상염색체에 있으며, B와 b는 성염색체에 있다. (가)~(다) 중 하나는 정상 세포이고, 나머지 2개는 염색체 구조 이상이 각각 1회씩 일어난 세포이다.

[24025-0237]

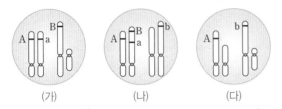

(가)   (나)   (다)

이에 대한 설명으로 옳은 것만을 〈보기〉에서 있는 대로 고른 것은? (단, 제시된 돌연변이 이외의 돌연변이와 교차는 고려하지 않는다.)

● 보기 ●
ㄱ. Ⅱ는 암컷이다.
ㄴ. (나)에는 전좌가 일어난 염색체가 있다.
ㄷ. (가)와 (다) 중 구조 이상이 일어난 세포는 정상 세포보다 상염색체가 1개 더 많다.

① ㄱ   ② ㄷ   ③ ㄱ, ㄴ   ④ ㄴ, ㄷ   ⑤ ㄱ, ㄴ, ㄷ

10 그림은 어떤 남자의 G_1기 세포로부터 정자가 형성되는 과정을, 표는 세포 ㉠~㉢에서 성염색체 유무와 염색체 수를 나타낸 것이다. 세포 Ⅰ은 Y 염색체를 갖고, A~C는 ㉠~㉢을 순서 없이 나타낸 것이며, 이 남자의 정자 형성 과정 중 염색체 비분리가 1회 일어났다.

[24025-0238]

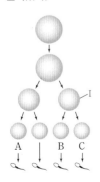

구분	성염색체 유무	염색체 수
㉠	○	23
㉡	×	22
㉢	?	24

(○: 있음, ×: 없음)

이에 대한 설명으로 옳은 것만을 〈보기〉에서 있는 대로 고른 것은? (단, 제시된 염색체 비분리 이외의 돌연변이는 고려하지 않는다.)

● 보기 ●
ㄱ. A는 ㉠이다.
ㄴ. ㉢에는 Y 염색체가 있다.
ㄷ. 이 남자의 정자 형성 과정에서 염색체 비분리는 감수 2분열에서 일어났다.

① ㄱ   ② ㄷ   ③ ㄱ, ㄴ   ④ ㄴ, ㄷ   ⑤ ㄱ, ㄴ, ㄷ

[24025-0239]

11 표는 염색체 수 이상을 갖는 사람 (가)~(다)의 체세포 1개당 상염색체, ㉠, ㉡의 수를 나타낸 것이다. ㉠과 ㉡은 각각 X 염색체와 Y 염색체 중 하나이고, (가)~(다) 중 다운 증후군의 염색체 이상을 보이는 여자가 1명 있다.

구분	상염색체의 수	㉠의 수	㉡의 수
(가)	44	0	1
(나)	44	1	2
(다)	45	0	2

이에 대한 설명으로 옳은 것만을 〈보기〉에서 있는 대로 고른 것은? (단, 제시된 돌연변이 이외의 돌연변이는 고려하지 않는다.)

● 보기 ●
ㄱ. ㉠은 X 염색체이다.
ㄴ. (가)는 성염색체가 없는 생식세포와 성염색체가 있는 생식세포가 수정되어 태어났다.
ㄷ. (나)는 클라인펠터 증후군의 염색체 이상을 보인다.

① ㄱ   ② ㄷ   ③ ㄱ, ㄴ   ④ ㄴ, ㄷ   ⑤ ㄱ, ㄴ, ㄷ

12 다음은 어떤 가족의 유전 형질 (가)에 대한 자료이다.

[24025-0240]

- (가)는 대립유전자 A와 A^*에 의해 결정되며, A와 A^* 사이의 우열 관계는 분명하다.
- 표는 이 가족 구성원의 성별과 (가)의 발현 여부, 체세포 1개당 A^*의 DNA 상대량을 나타낸 것이다. 이 가족 구성원의 핵형은 모두 정상이다.

구성원	성별	(가)	A^*의 DNA 상대량
아버지	남	○	0
어머니	여	○	1
자녀 1	남	×	1
자녀 2	?	ⓐ	2

(○: 발현됨, ×: 발현 안 됨)

- 어머니로부터 난자 ㉠과 아버지로부터 정자 ㉡의 형성 과정에서 각각 염색체 비분리가 1회씩 일어났다.
- ㉠과 ㉡이 수정되어 자녀 2가 태어났다.

이에 대한 설명으로 옳은 것만을 〈보기〉에서 있는 대로 고른 것은? (단, 제시된 염색체 비분리 이외의 돌연변이와 교차는 고려하지 않으며, A와 A^*의 1개당 DNA 상대량은 1이다.)

─● 보기 ●─
ㄱ. ⓐ는 '×'이다.
ㄴ. (가)는 우성 형질이다.
ㄷ. ㉠의 형성 과정에서 염색체 비분리는 감수 1분열에서 일어났다.

① ㄱ ② ㄷ ③ ㄱ, ㄴ ④ ㄴ, ㄷ ⑤ ㄱ, ㄴ, ㄷ

13 다음은 어떤 가족의 유전 형질 (가)에 대한 자료이다.

[24025-0241]

- (가)는 상염색체에 있는 1쌍의 대립유전자에 의해 결정되며, 대립유전자에는 A, B, D가 있다. A와 B는 각각 D에 대해 완전 우성이고, (가)의 표현형은 ㉠~㉣ 4가지이다.
- 표는 이 가족 구성원의 표현형과 각각의 체세포에서 A, B, D의 유무를 나타낸 것이다.

구분	표현형	대립유전자		
		A	B	D
아버지	㉡	?	○	×
어머니	㉢	×	○	○
자녀 1	㉠	○	×	○
자녀 2	㉢	?	○	×
자녀 3	㉣	×	?	○

(○: 있음, ×: 없음)

- 아버지의 생식세포 형성 과정에서 대립유전자 ⓐ가 대립유전자 ⓑ로 바뀌는 돌연변이가 1회 일어나 ⓑ를 갖는 정자가 형성되었다. 이 정자가 정상 난자와 수정되어 자녀 3이 태어났다. ⓐ와 ⓑ는 B와 D를 순서 없이 나타낸 것이다.
- 이 가족 구성원의 핵형은 모두 정상이다.

이에 대한 설명으로 옳은 것만을 〈보기〉에서 있는 대로 고른 것은? (단, 제시된 돌연변이 이외의 돌연변이와 교차는 고려하지 않는다.)

─● 보기 ●─
ㄱ. ⓐ는 B이다.
ㄴ. 아버지와 자녀 2는 모두 A를 갖는다.
ㄷ. 유전자형이 AB인 사람의 (가)의 표현형은 ㉠이다.

① ㄱ ② ㄷ ③ ㄱ, ㄴ ④ ㄴ, ㄷ ⑤ ㄱ, ㄴ, ㄷ

14 사람의 유전 형질 (가)는 서로 다른 상염색체에 있는 2쌍의 대립유전자 A와 a, B와 b에 의해 결정된다. 그림은 어떤 남자의 G_1기 세포 Ⅰ로부터 정자가 형성되는 과정을, 표는 정자 ㉠~㉢에서 A와 B의 DNA 상대량을 더한 값(A+B)을 나타낸 것이다. Ⅱ는 중기의 세포이고, Ⅰ로부터 정자가 형성되는 과정에서 염색체 비분리는 1회 일어났다.

[24025-0242]

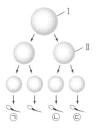

정자	A+B
㉠	0
㉡	3
㉢	1

이에 대한 설명으로 옳은 것만을 〈보기〉에서 있는 대로 고른 것은? (단, 제시된 염색체 비분리 이외의 돌연변이와 교차는 고려하지 않으며, A, a, B, b 각각의 1개당 DNA 상대량은 1이다.)

● 보기 ●

ㄱ. ㉠에는 a와 b가 모두 있다.
ㄴ. Ⅱ의 염색체 수는 ㉡과 ㉢의 염색체 수를 더한 값과 같다.
ㄷ. ㉠~㉢의 형성 과정에서 염색체 비분리는 감수 1분열에서 일어났다.

① ㄱ   ② ㄴ   ③ ㄱ, ㄷ   ④ ㄴ, ㄷ   ⑤ ㄱ, ㄴ, ㄷ

[24025-0243]

15 그림은 어떤 집안의 구성원 1~5에서 유전 형질 (가)와 (나)의 발현 여부를 나타낸 것이다. (가)는 X 염색체에 있는 1쌍의 대립유전자에 의해 결정되고, (나)는 21번 염색체에 있는 1쌍의 대립유전자에 의해 결정된다. 생식세포 형성 과정에서 염색체 비분리가 1회 일어나 형성된 생식세포 ⓐ가 정상 생식세포와 수정되어 5가 태어났다.

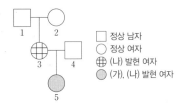

□ 정상 남자
○ 정상 여자
⊕ (나) 발현 여자
● (가), (나) 발현 여자

이에 대한 설명으로 옳은 것만을 〈보기〉에서 있는 대로 고른 것은? (단, 제시된 염색체 비분리 이외의 돌연변이와 교차는 고려하지 않는다.)

● 보기 ●

ㄱ. ⓐ에는 X 염색체가 있다.
ㄴ. (가)와 (나)는 모두 열성 형질이다.
ㄷ. 5는 다운 증후군의 염색체 이상을 보인다.

① ㄱ   ② ㄴ   ③ ㄱ, ㄷ   ④ ㄴ, ㄷ   ⑤ ㄱ, ㄴ, ㄷ

[24025-0244]

16 사람의 유전 형질 (가)는 서로 다른 상염색체에 있는 3쌍의 대립유전자 A와 a, B와 b, D와 d에 의해 결정된다. 그림은 유전자형이 AaBbDd인 G_1기 세포 P로부터 정자가 형성되는 과정을, 표는 세포 ㉠~㉣의 세포 1개당 A, b, d의 DNA 상대량을 나타낸 것이다. ㉠~㉣은 Ⅰ~Ⅳ를 순서 없이 나타낸 것이다. P로부터 정자가 형성되는 과정에서 염색체 비분리는 1회 일어났다. Ⅰ과 Ⅱ는 모두 중기의 세포이다.

세포	DNA 상대량		
	A	b	d
㉠	2	2	2
㉡	2	0	1
㉢	0	1	0
㉣	2	0	2

이에 대한 설명으로 옳은 것만을 〈보기〉에서 있는 대로 고른 것은? (단, 제시된 염색체 비분리 이외의 돌연변이와 교차는 고려하지 않으며, A, a, B, b, D, d 각각의 DNA 상대량은 1이다.)

● 보기 ●

ㄱ. ㉣은 Ⅱ이다.
ㄴ. 염색체 비분리는 감수 1분열에서 일어났다.
ㄷ. ㉠의 염색체 수는 24이다.

① ㄱ   ② ㄷ   ③ ㄱ, ㄴ   ④ ㄴ, ㄷ   ⑤ ㄱ, ㄴ, ㄷ

염색체가 응축되어 있는 세포를 이용해 핵형 분석을 하면 염색체의 수, 크기, 모양 등의 정보를 얻을 수 있으며, 이를 통해 성별과 염색체 이상 여부를 알 수 있다.

[24025–0245]

01 다음은 사람 A와 B의 핵형을 분석하는 실험이다.

[실험 과정 및 결과]
(가) 혈액에서 특정 세포만을 분리하여 세포 분열을 유도한다.
(나) 이 세포에 세포 주기 중 특정 시기의 진행을 중지시키는 물질 ㉠을 처리한 후 염색을 한다.
(다) 염색된 세포를 현미경으로 관찰한 후, 핵형 분석 결과는 그림과 같다.

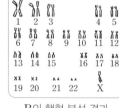

A의 핵형 분석 결과　　B의 핵형 분석 결과

이에 대한 설명으로 옳은 것만을 〈보기〉에서 있는 대로 고른 것은?

● 보기 ●
ㄱ. 세포 주기 중 S기의 진행을 중지시키는 물질은 ㉠에 해당한다.
ㄴ. A와 B는 모두 여자이다.
ㄷ. A는 다운 증후군의 염색체 이상을 보인다.

① ㄱ 　　② ㄴ 　　③ ㄱ, ㄴ 　　④ ㄱ, ㄷ 　　⑤ ㄴ, ㄷ

유전자 돌연변이는 유전자를 구성하는 DNA의 염기 서열이 변해 나타나는 돌연변이이다.

[24025–0246]

02 그림 (가)와 (나)는 정상인과 낫 모양 적혈구 빈혈증이 나타나는 사람에서 유전자로부터 적혈구가 형성되는 과정의 일부를 순서 없이 나타낸 것이고, ㉠과 ㉡은 각각 정상 적혈구와 낫 모양 적혈구 중 하나이다.

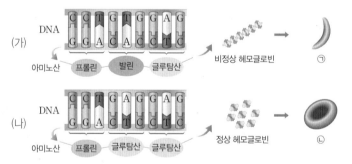

이에 대한 설명으로 옳은 것만을 〈보기〉에서 있는 대로 고른 것은? (단, 제시된 돌연변이 이외의 돌연변이는 고려하지 않는다.)

● 보기 ●
ㄱ. (가)는 낫 모양 적혈구 빈혈증이 나타나는 사람에서 적혈구가 형성되는 과정이다.
ㄴ. ㉡은 정상 적혈구이다.
ㄷ. 낫 모양 적혈구 빈혈증은 염색체 수 이상에 의해 나타난다.

① ㄱ 　　② ㄷ 　　③ ㄱ, ㄴ 　　④ ㄱ, ㄷ 　　⑤ ㄴ, ㄷ

[24025-0247]

03 그림은 어떤 남자의 정자 형성 과정을, 표는 정자 ㉠~㉣의 염색체 수와 X 염색체 수를 나타낸 것이다. ㉠~㉣이 형성될 때 과정 Ⅰ에서 21번 염색체 비분리가 1회, 과정 Ⅱ에서 성염색체 비분리가 1회 일어났으며, A와 B는 모두 중기의 세포이다.

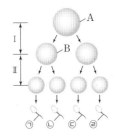

정자	염색체 수	X 염색체 수
㉠	24	1
㉡	24	1
㉢	23	0
㉣	21	0

이에 대한 설명으로 옳은 것만을 〈보기〉에서 있는 대로 고른 것은? (단, 제시된 염색체 비분리 이외의 돌연변이와 교차는 고려하지 않는다.)

● 보기 ●
ㄱ. A와 B에서 21번 염색체의 수는 같다.
ㄴ. ㉢의 Y 염색체 수는 2이다.
ㄷ. ㉠과 정상 난자의 수정으로 태어난 아이는 다운 증후군의 염색체 이상을 보인다.

① ㄱ   ② ㄷ   ③ ㄱ, ㄴ   ④ ㄴ, ㄷ   ⑤ ㄱ, ㄴ, ㄷ

[24025-0248]

04 다음은 어떤 가족의 유전 형질 (가)와 (나)에 대한 자료이다.

• (가)는 대립유전자 A와 a에 의해, (나)는 대립유전자 B와 b에 의해 결정된다. (가)와 (나)의 유전자는 서로 다른 상염색체에 있다.
• 이 가족 구성원의 핵형은 모두 정상이다.
• 아버지의 정자 ㉠과 어머니의 난자 ㉡이 수정되어 자녀 1이 태어났으며, ㉠과 ㉡의 형성 과정에서 각각 염색체 비분리가 1회씩 일어났다.
• 표는 세포 Ⅰ~Ⅳ의 세포 1개당 A, a, B, b의 DNA 상대량을 나타낸 것이다. Ⅰ~Ⅳ는 아버지의 G₁기 세포, 어머니의 감수 1분열 중기 세포, 자녀 1의 체세포 분열 중기 세포, 자녀 1의 감수 2분열 중기 세포를 순서 없이 나타낸 것이다.

세포	세포 1개당 DNA 상대량			
	A	a	B	b
Ⅰ	ⓐ	4	2	2
Ⅱ	0	2	ⓑ	1
Ⅲ	4	0	2	2
Ⅳ	?	2	0	2

이에 대한 설명으로 옳은 것만을 〈보기〉에서 있는 대로 고른 것은? (단, 제시된 염색체 비분리 이외의 돌연변이와 교차는 고려하지 않으며, A, a, B, b 각각의 1개당 DNA 상대량은 1이다.)

● 보기 ●
ㄱ. ㉠에는 a가 있다.
ㄴ. ⓐ+ⓑ=2이다.
ㄷ. Ⅲ은 어머니의 감수 1분열 중기 세포이다.

① ㄱ   ② ㄷ   ③ ㄱ, ㄴ   ④ ㄱ, ㄷ   ⑤ ㄴ, ㄷ

감수 1분열에서의 염색체 비분리는 상동 염색체가 비분리되는 것이고, 감수 2분열에서의 염색체 비분리는 염색 분체가 비분리되는 것이다.

염색체 비분리가 일어난 생식 세포의 수정에 의해 태어난 자녀는 정상 생식세포의 수정에 의해 태어난 자녀가 가질 수 없는 새로운 유전자형을 가질 수 있다.

[24025-0249]

염색체 비분리가 일어난 생식 세포의 수정에 의해 태어난 사람은 부모가 갖는 대문자로 표시되는 대립유전자의 수보다 더 많은 대문자로 표시되는 대립유전자의 수를 가질 수 있다.

05 다음은 어떤 가족의 유전 형질 (가)에 대한 자료이다.

- (가)는 서로 다른 상염색체에 있는 2쌍의 대립유전자 A와 a, B와 b에 의해 결정된다. (가)의 표현형은 유전자형에서 대문자로 표시되는 대립유전자의 수에 의해서만 결정되며, 이 대립유전자의 수가 다르면 표현형이 다르다.
- 표는 이 가족 구성원의 체세포에서 대립유전자 A, a, B의 유무와 (가)의 유전자형에서 대문자로 표시되는 대립유전자의 수를 나타낸 것이다.

구성원	대립유전자			대문자로 표시되는 대립유전자의 수
	A	a	B	
아버지	○	?	○	3
어머니	○	㉠	○	2
자녀 1	○	×	?	5
자녀 2	×	○	?	1

(○: 있음, ×: 없음)

- 어머니의 난자 형성 과정에서 염색체 비분리가 1회 일어나 염색체 수가 비정상적인 난자 ⓐ가 형성되었다. ⓐ와 정상 정자가 수정되어 자녀 1이 태어났다.
- ⓐ가 수정되어 태어난 자녀 1을 제외한 이 가족 구성원의 핵형은 정상이다.

이에 대한 설명으로 옳은 것만을 〈보기〉에서 있는 대로 고른 것은? (단, 제시된 염색체 비분리 이외의 돌연변이와 교차는 고려하지 않는다.)

● 보기 ●
ㄱ. ㉠은 '○'이다.
ㄴ. 아버지의 (가)의 유전자형은 AaBB이다.
ㄷ. ⓐ가 형성될 때 염색체 비분리는 감수 2분열에서 일어났다.

① ㄱ   ② ㄷ   ③ ㄱ, ㄴ   ④ ㄴ, ㄷ   ⑤ ㄱ, ㄴ, ㄷ

[24025-0250]

06 다음은 서로 다른 개체($2n=6$) I~III에 대한 자료이다.

- I~III은 2가지 종으로 구분되고, I과 II는 성이 서로 다르며, I~III의 성염색체는 암컷이 XX, 수컷이 XY이다.
- 그림은 I~III의 세포 (가)~(마) 각각에 들어 있는 모든 염색체를 나타낸 것이다. 염색체 ⓐ와 ⓑ 중 하나는 상염색체이고, 나머지 하나는 X 염색체이다. ⓐ와 ⓑ의 모양과 크기는 나타내지 않았다.

(가)　(나)　(다)　(라)　(마)

- (가)~(마) 중 2개는 암컷의 세포이고, 나머지 3개는 수컷의 세포이다.
- (가)~(마) 중 하나는 성염색체 비분리가 일어나 형성되었고, 다른 하나는 II에서 상염색체 비분리가 일어나 형성되었다.

이에 대한 설명으로 옳은 것만을 〈보기〉에서 있는 대로 고른 것은? (단, 제시된 염색체 비분리 이외의 돌연변이와 교차는 고려하지 않는다.)

● 보기 ●
ㄱ. (가)는 I의 세포이다.　　ㄴ. II는 암컷이다.
ㄷ. (나)를 갖는 개체와 (다)를 갖는 개체의 핵형은 같다.

① ㄱ　② ㄷ　③ ㄱ, ㄴ　④ ㄴ, ㄷ　⑤ ㄱ, ㄴ, ㄷ

[24025-0251]

07 그림은 어떤 동물($2n=4$)의 세포 (가)~(라) 각각에 들어 있는 모든 염색체를 나타낸 것이다. (가)는 정상 체세포, (나)~(라)는 감수 2분열이 완료된 생식세포이다. A~G, a, g는 유전자이다. (나)~(라) 중 염색체 비분리가 1회 일어나 형성된 생식세포가 있다.

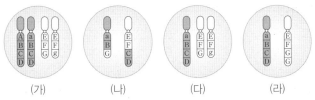

(가)　(나)　(다)　(라)

이에 대한 설명으로 옳은 것만을 〈보기〉에서 있는 대로 고른 것은? (단, 제시된 염색체 돌연변이 이외의 돌연변이와 교차는 고려하지 않는다.)

● 보기 ●
ㄱ. (나)의 핵상은 n이다.
ㄴ. (다)는 감수 1분열에서 염색체 비분리가 일어나 형성되었다.
ㄷ. (라)에는 염색체 구조 이상 중 역위가 일어난 염색체가 있다.

① ㄱ　② ㄷ　③ ㄱ, ㄴ　④ ㄴ, ㄷ　⑤ ㄱ, ㄴ, ㄷ

성염색체로 XY를 갖는 수컷은 성염색체의 크기가 서로 다르고, 성염색체로 XX를 갖는 암컷은 성염색체의 크기가 같다.

염색체 구조 이상에는 결실, 역위, 중복, 전좌가 있다.

[24025–0252]

대립유전자가 바뀌는 돌연변이가 일어난 생식세포와 정상 생식세포가 수정되어 태어난 자손의 표현형은 부모와 다를 수 있다.

08 다음은 어떤 집안의 유전 형질 (가)에 대한 자료이다.

- (가)는 상염색체에 있는 1쌍의 대립유전자에 의해 결정되며, 대립유전자에는 A, B, D, E 가 있다.
- A는 B, D, E에 대해, B는 D, E에 대해, D는 E에 대해 각각 완전 우성이다.
- 그림은 구성원 1~7의 가계도를, 표는 1~7의 (가)의 표현형과 체세포 1개당 E의 DNA 상대량을 나타낸 것이다.

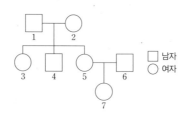

구성원	(가)의 표현형	E의 DNA 상대량
1	㉢	0
2	㉠	1
3	㉢	0
4	㉣	1
5	㉠	0
6	㉣	2
7	㉢	1

- 1~7의 (가)의 유전자형은 모두 다르고, 1~7 중 6을 제외한 나머지 구성원의 유전자형은 이형 접합성이다.
- 5의 생식세포 형성 과정에서 대립유전자 ㉮가 대립유전자 ㉯로 바뀌는 돌연변이가 1회 일어나 ㉯를 갖는 생식세포가 형성되었다. 이 생식세포가 정상 생식세포와 수정되어 7이 태어났다. ㉮와 ㉯는 각각 A, B, E 중 하나이다.

이에 대한 설명으로 옳은 것만을 〈보기〉에서 있는 대로 고른 것은? (단, 제시된 돌연변이 이외의 돌연변이와 교차는 고려하지 않으며, A, B, D, E 각각의 1개당 DNA 상대량은 1이다.)

─● 보기 ●─
ㄱ. 1의 (가)의 유전자형은 AD이다.
ㄴ. 유전자형이 ㉮㉯인 사람의 (가)의 표현형은 ㉢이다.
ㄷ. 2와 5는 모두 B를 갖는다.

① ㄱ   ② ㄷ   ③ ㄱ, ㄴ   ④ ㄴ, ㄷ   ⑤ ㄱ, ㄴ, ㄷ

09 [24025-0253] 다음은 어떤 집안의 유전 형질 (가)와 (나)에 대한 자료이다.

클라인펠터 증후군의 염색체 이상을 보이는 사람의 성염색체 구성은 XXY이고, 터너 증후군의 염색체 이상을 보이는 사람의 성염색체 구성은 X이다.

- (가)는 대립유전자 A와 A*에 의해, (나)는 대립유전자 B와 B*에 의해 결정되며, 각 대립유전자 사이의 우열 관계는 분명하다.
- (가)와 (나)를 결정하는 유전자는 같은 성염색체에 있다.
- 가계도는 구성원 1~7에게서 (가)와 (나)의 발현 여부를 나타낸 것이다.
- 4와 5 중 한 사람에서만 생식세포 형성 과정에서 염색체 비분리가 1회 일어나 염색체 수가 비정상적인 생식세포가 형성되었다. 이 생식세포가 정상 생식세포와 수정되어 태어난 사람은 7이고, 1~6의 핵형은 정상이다.
- 표는 1~4에서 체세포 1개당 A와 B의 DNA 상대량을 더한 값(A+B)을 나타낸 것이다.

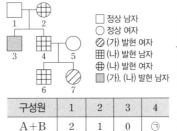

□ 정상 남자
○ 정상 여자
▨ (가) 발현 여자
▦ (나) 발현 남자
⊞ (나) 발현 여자
▩ (가), (나) 발현 남자

구성원	1	2	3	4
A+B	2	1	0	㉠

이에 대한 설명으로 옳은 것만을 〈보기〉에서 있는 대로 고른 것은? (단, 제시된 염색체 비분리 이외의 돌연변이와 교차는 고려하지 않으며, A, A*, B, B* 각각의 1개당 DNA 상대량은 1이다.)

┌─ 보 기 ●
│ ㄱ. ㉠은 1이다.　　　　　　　　ㄴ. 2의 (가)와 (나)의 유전자형은 모두 이형 접합성이다.
│ ㄷ. 7은 터너 증후군의 염색체 이상을 보인다.
└

① ㄱ　　　② ㄴ　　　③ ㄱ, ㄷ　　　④ ㄴ, ㄷ　　　⑤ ㄱ, ㄴ, ㄷ

10 [24025-0254] 다음은 어떤 가족의 유전 형질 (가)에 대한 자료이다.

어떤 형질의 유전자가 상염색체에 있고, 아버지와 어머니가 1쌍의 대립유전자 중 서로 다른 한 종류만 갖는다면, 태어난 자손의 형질은 서로 같다.

- (가)는 대립유전자 A와 A*에 의해 결정되고, A와 A* 사이의 우열 관계는 분명하다.
- 아버지와 어머니는 각각 A와 A* 중 한 가지만 가진다.
- 표는 이 가족 구성원의 성별, (가)의 발현 여부, 체세포 1개당 A의 DNA 상대량을 나타낸 것이다.
- 생식세포 형성 과정에서 염색체 비분리가 1회 일어나 형성된 난자가 정상 정자와 수정되어 자녀 3이 태어났다.

구분	아버지	어머니	자녀 1	자녀 2	자녀 3
성별	남	여	여	남	남
(가)의 발현 여부	○	×	○	×	?
A의 DNA 상대량	0	ⓐ	1	1	2

(○: 발현됨, ×: 발현 안 됨)

이에 대한 설명으로 옳은 것만을 〈보기〉에서 있는 대로 고른 것은? (단, 제시된 염색체 비분리 이외의 돌연변이와 교차는 고려하지 않으며, A와 A* 각각의 1개당 DNA 상대량은 1이다.)

┌─ 보 기 ●
│ ㄱ. A*는 A에 대해 완전 우성이다.　　　　ㄴ. ⓐ는 1이다.
│ ㄷ. 자녀 3은 클라인펠터 증후군의 염색체 이상을 보인다.
└

① ㄱ　　　② ㄷ　　　③ ㄱ, ㄴ　　　④ ㄱ, ㄷ　　　⑤ ㄴ, ㄷ

11 생태계의 구성과 기능

1 생태계

(1) 개체, 개체군, 군집, 생태계

① **개체**: 생존에 필요한 구조적, 기능적 특징을 갖춘 독립된 하나의 생물체이다.

② **개체군**: 일정한 지역에서 같은 종의 개체들이 무리를 이루어 생활하는 집단이다.

③ **군집**: 일정한 지역에 모여 생활하는 여러 개체군들의 집합이다.

④ **생태계**: 생물이 주위 환경 및 다른 생물과 서로 관계를 맺으며 조화를 이루고 있는 체계이다.

(2) 생태계의 구성 요소: 생태계는 생물적 요인과 비생물적 요인으로 구성된다.

① **생물적 요인**: 생태계의 모든 생물로 역할에 따라 생산자, 소비자, 분해자로 구분된다.

- **생산자**: 광합성을 하는 식물과 같이 스스로 무기물로부터 유기물을 합성하는 생물이다. **예** 식물, 조류 등
- **소비자**: 다른 생물을 먹어 유기물을 얻는 생물이다. **예** 초식 동물, 육식 동물 등
- **분해자**: 생물의 사체나 배설물에 들어 있는 유기물을 무기물로 분해하여 에너지를 얻는 생물이다. **예** 세균, 곰팡이, 버섯 등

② **비생물적 요인**: 생물을 둘러싼 환경으로 생물의 생존에 영향을 미친다. **예** 빛, 온도, 물, 토양, 공기 등

(3) 생태계 구성 요소 사이의 상호 관계

① 비생물적 요인이 생물적 요인에 영향을 준다. **예** 일조량의 감소로 벼의 광합성량이 감소함, 가을에 토끼가 털갈이를 함

② 생물적 요인이 비생물적 요인에 영향을 준다. **예** 식물의 광합성으로 대기의 산소 농도가 증가함, 지렁이가 토양층에 틈을 만들어 토양의 통기성이 증가함

③ 생물적 요인 사이에 서로 영향을 주고받는다. **예** 스라소니의 개체 수가 증가하자 토끼의 개체 수가 감소함, 뿌리혹박테리아가 공기 중의 질소를 고정시켜 콩과식물에 공급함

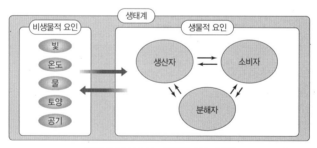

생태계 구성 요소 사이의 상호 관계

과학 돋보기 비생물적 요인과 생물적 요인의 상호 관계

① 빛과 생물

- 한 식물 개체에서도 빛을 많이 받는 양엽은 빛을 적게 받는 음엽보다 울타리 조직이 발달해 잎의 두께가 두껍다.
- 수심에 따라 투과되는 빛의 파장이 달라 해조류의 분포가 다르다. 녹조류는 얕은 수심에 분포하고, 홍조류는 깊은 수심에까지 분포한다.
- 국화는 하루 중 밤의 길이가 길어지는 계절에 꽃이 피고, 닭이나 꾀꼬리는 빛을 쬐는 일조 시간이 길어지면 생식을 위해 산란을 한다.

개념 체크

○ **생태계의 구성 요소**
- 생물적 요인: 생산자, 소비자, 분해자
- 비생물적 요인: 빛, 온도 등

1. 일정한 지역에 모여 생활하는 여러 개체군들의 집합을 (　　　)이라 한다.

2. 생태계의 구성 요소 중 빛, 온도, 물, 토양은 (　　　) 요인에 해당한다.

※ ○ 또는 ×

3. 생태계를 구성하는 요인은 서로 영향을 주고받는다.
(　　　)

4. 스라소니와 토끼는 모두 생물적 요인에 해당한다.
(　　　)

정답
1. 군집
2. 비생물적
3. ○
4. ○

② 온도와 생물
- 양서류, 파충류와 같이 외부 온도에 따라 체온이 변하는 동물은 겨울이 되어 온도가 낮아지면 겨울잠을 잔다.
- 추운 지방에 서식하는 포유류는 몸집이 크고, 몸의 말단부(귀, 꼬리 등)가 작은 경향이 있는데, 이는 열의 손실을 줄여 체온을 유지하는 데 유리하다.
- 일부 식물은 온도가 낮아지면 단풍이 들고 낙엽을 만든다.

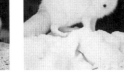

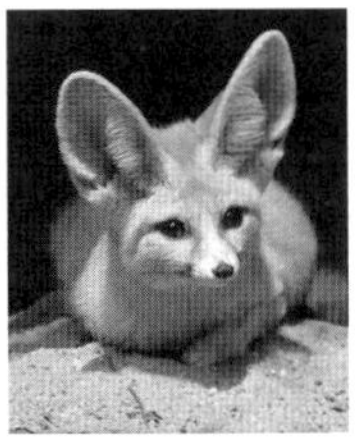
사막여우

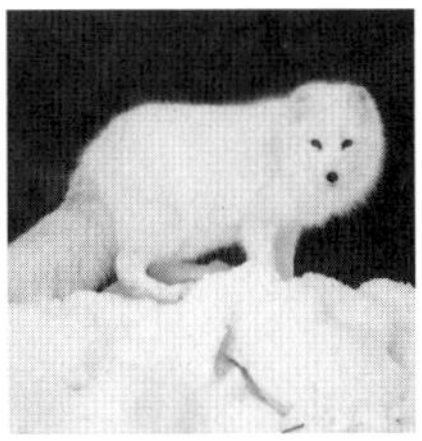
북극여우

③ 물과 생물
- 물이 부족한 곳에 사는 건생 식물은 뿌리와 저수 조직이 발달해 있다.
- 물속이나 물 위에 떠서 사는 수생 식물은 줄기나 잎에 통기 조직이 발달해 있다.

④ 공기와 생물
- 고산 지대처럼 산소가 희박한 곳에 사는 사람은 적혈구 수가 평지에 사는 사람보다 많다.
- 식물의 광합성과 동식물의 호흡은 대기 중의 산소와 이산화 탄소 농도를 변화시킨다.

⑤ 토양과 생물
- 토양은 생물의 서식처가 되고 양분을 제공하기 때문에 토양의 상태에 따라 생존할 수 있는 생물종이 달라진다.
- 세균과 버섯에 의해 토양 속 무기물의 양이 증가하고, 지렁이와 두더지는 토양의 통기성을 높여 준다.

2 개체군

(1) 개체군의 특성

① **개체군의 밀도**: 개체군이 서식하는 공간의 단위 면적당 개체 수를 의미한다.

$$\text{개체군 밀도} = \frac{\text{개체군을 구성하는 개체 수}}{\text{개체군이 서식하는 공간의 면적}}$$

- 개체군의 밀도를 증가시키는 요인: 출생, 이입
- 개체군의 밀도를 감소시키는 요인: 사망, 이출

② **개체군의 생장 곡선**: 개체군의 개체 수가 시간에 따라 증가하는 것을 개체군의 생장이라 하고, 개체군의 생장을 그래프로 나타낸 것을 생장 곡선이라 한다.
- 이론적 생장 곡선: 자원(먹이, 서식 공간 등)의 제한이 없는 이상적인 환경에서 나타나며, 개체 수가 기하급수적으로 늘어나 J자형의 생장 곡선을 나타낸다.
- 실제 생장 곡선: 자원의 제한이 있는 실제 환경에서 나타난다. 개체 수가 증가하면 먹이와 서식 공간이 부족해지고 개체 간의 경쟁이 심해진다. 또, 노폐물이 축적되어 개체군의 생장이 억제된다. 따라서 개체 수가 증가하면 개체군의 생장 속도가 느려지고 나중에는 개체 수가 더 이상 증가하지 않고 일정하게 유지되는 S자형의 생장 곡선을 나타낸다.
- 환경 저항: 개체군의 생장을 억제하는 요인이다. 먹이 부족, 서식 공간 부족, 노폐물 축적, 질병 등이 있다.
- 환경 수용력: 주어진 환경 조건에서 서식할 수 있는 개체군의 최대 크기이다.

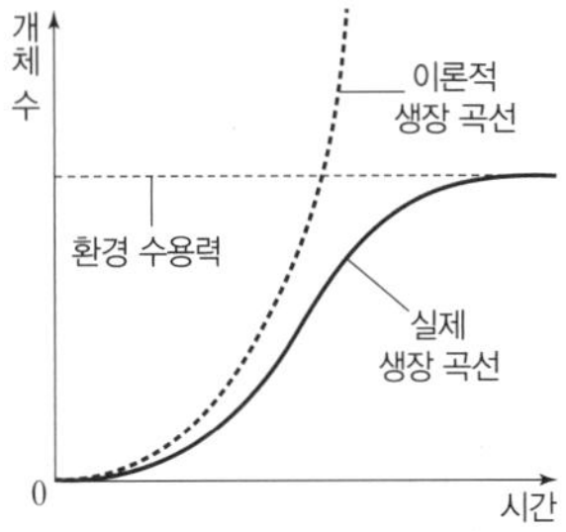

개체군의 생장 곡선

개념 체크

개체군의 생장 곡선
- 이론적 생장 곡선: J자형 생장 곡선
- 실제 생장 곡선: S자형 생장 곡선
- 환경 저항: 개체군의 생장을 억제하는 요인 예 먹이 부족, 서식 공간 부족, 노폐물 축적 등

1. 개체군이 서식하는 공간의 단위 면적당 개체 수를 개체군의 (　　)라 한다.

2. 개체군의 밀도를 증가시키는 요인에는 출생, (　　)이 있고, 감소시키는 요인에는 사망, (　　)이 있다.

※ ○ 또는 ×

3. 이론적 생장 곡선을 따르는 개체군은 S자형 생장 곡선을 나타낸다. (　　)

4. 실제 생장 곡선을 따르는 개체군은 개체 수가 증가하면 개체 간의 경쟁이 약화된다. (　　)

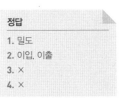

정답
1. 밀도
2. 이입, 이출
3. ×
4. ×

개념 체크

○ **개체군의 생존 곡선**
· Ⅰ형을 따르는 생물의 특징: 초기 사망률을 낮고, 후기 사망률 높음
· Ⅱ형을 따르는 생물의 특징: 시간에 따른 사망률 일정
· Ⅲ형을 따르는 생물의 특징: 초기 사망률 높고, 후기 사망률 낮음

1. 개체군의 생존 곡선 유형인 Ⅰ형, Ⅱ형, Ⅲ형 중 대부분의 개체가 생리적 수명을 다하고 죽는 유형은 (　　　)이다.

2. 개체군의 연령 피라미드 유형인 발전형, 안정형, 쇠퇴형 중 개체 수가 감소될 것으로 예상되는 유형은 (　　　)이다.

※ ○ 또는 ×

3. 돌말 개체 수의 주기적 변동에서 돌말 개체 수는 영양염류의 양에 영향을 받는다. (　　　)

4. 개체군의 주기적 변동은 비생물적 요인의 영향만 받는다. (　　　)

③ **개체군의 생존 곡선**: 동시에 출생한 개체들 중 생존한 개체 수를 상대 수명에 따라 나타낸 그래프이다. 종에 따라 연령별 사망률이 다르며, 이러한 차이는 서로 다른 유형의 생존 곡선으로 나타난다.

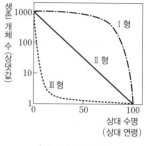

개체군의 생존 곡선

· **Ⅰ형**: 출생 수는 적지만 부모의 보호를 받아 초기 사망률이 낮고, 대부분의 개체가 생리적 수명을 다하고 죽어 후기 사망률이 높다. **예** 사람, 대형 포유류 등
· **Ⅱ형**: 시간에 따른 사망률이 비교적 일정하다. **예** 다람쥐, 조류 등
· **Ⅲ형**: 출생 수는 많지만 초기 사망률이 높아 성체로 생장하는 수가 적다. **예** 굴, 어류 등

④ **개체군의 연령 분포**: 연령 분포는 한 개체군 내에서 전체 개체 수에 대한 각 연령별 개체 수의 비율을 나타낸 것이다. 이를 낮은 연령층부터 차례대로 쌓아 올린 그림을 연령 피라미드라고 한다.

· **발전형**: 생식 전 연령층의 비율이 상대적으로 높아 개체 수가 증가할 것으로 예상되는 유형이다.
· **안정형**: 생식 전 연령층과 생식 연령층의 각 연령별 비율이 상대적으로 비슷하여 개체 수에 큰 변화가 없을 것으로 예상되는 유형이다.
· **쇠퇴형**: 생식 전 연령층의 비율이 상대적으로 낮아 개체 수가 감소할 것으로 예상되는 유형이다.

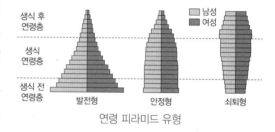

연령 피라미드 유형

⑤ **개체군의 주기적 변동**

· **계절적 변동**: 환경 요인이 계절에 따라 주기적으로 변하면, 개체군의 크기도 계절에 따라 주기적으로 변동한다. **예** 돌말 개체 수의 계절적 변동: 초봄에 개체 수 증가(∵ 많은 영양염류, 빛의 세기와 수온 증가) → 늦봄에 개체 수 감소(∵ 영양염류 고갈) → 늦여름에 개체 수 증가(∵ 영양염류 증가) → 초가을에 개체 수 감소(∵ 빛의 세기와 수온 감소)
· **포식과 피식 관계에 따른 변동**: 포식과 피식에 의해 두 개체군의 크기가 주기적으로 변동한다. **예** 눈신토끼와 스라소니의 개체 수 변동: 눈신토끼의 개체 수 증가 → 스라소니의 개체 수 증가(∵ 먹이 증가) → 눈신토끼의 개체 수 감소(∵ 천적 증가) → 스라소니의 개체 수 감소(∵ 먹이 부족) → 눈신토끼의 개체 수 증가(∵ 천적 감소)

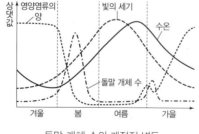

돌말 개체 수의 계절적 변동

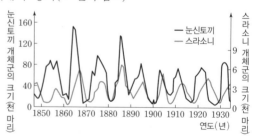

눈신토끼와 스라소니의 개체 수 변동

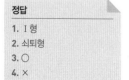

정답
1. Ⅰ형
2. 쇠퇴형
3. ○
4. ×

(2) **개체군 내의 상호 작용**: 개체군 내의 개체들 사이에 먹이, 서식 공간, 배우자 등을 차지하기 위해 경쟁이 일어난다. 이런 종내 경쟁이 심해지면 개체군의 유지가 어려워지고 다른 개체군과의 경쟁에서도 불리해진다. 따라서 개체군 내의 경쟁을 피하고 질서를 유지하기 위해 다양한 상호 작용이 일어난다.

① **텃세**: 먹이나 서식 공간 확보, 배우자 독점 등을 목적으로 일정한 공간을 점유하고 다른 개체의 침입을 적극적으로 막는 것이다. 이렇게 확보한 공간을 세력권이라고 한다. 예 은어, 까치 등

② **순위제**: 개체들 사이에서 힘의 서열에 따라 순위를 정하여 먹이나 배우자를 차지하는 것이다. 예 여러 마리의 닭을 한 닭장에 넣고 모이를 주면 서로 쪼며 싸우다가 곧 순위가 정해져 모이 먹는 순서가 정해진다. 큰뿔양은 수컷의 뿔 크기나 뿔치기를 통해 순위를 정한다.

③ **리더제**: 한 개체가 전체 개체군의 행동을 이끄는 것이다. 예 우두머리 늑대는 무리의 사냥 시기나 사냥감 등을 정한다. 기러기가 집단으로 이동할 때 리더를 따라 이동한다.

④ **사회생활**: 각 개체가 먹이 수집, 방어, 생식 등의 일을 분담하고 협력하여 조화를 이루며 살아가는 것이다. 예 여왕개미는 생식, 병정개미는 방어, 일개미는 먹이 획득을 담당한다. 꿀벌은 여왕벌을 중심으로 업무가 분업화되어 있다.

⑤ **가족생활**: 혈연관계의 개체들이 모여 생활하는 것이다. 예 사자, 코끼리, 침팬지 등

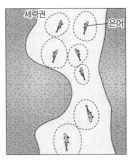

은어의 텃세

개념 체크

● 개체군 내의 상호 작용에는 텃세, 순위제, 리더제, 사회생활, 가족생활이 있다.

1. 개체군 내의 상호 작용 중 개체들 사이에서 힘의 서열에 따라 순위를 정하여 먹이나 배우자를 차지하는 것은 (   )에 해당한다.

2. 개체군 내의 상호 작용 중 코끼리나 침팬지와 같이 혈연관계의 개체들이 모여 생활하는 것은 (   )에 해당한다.

※ ○ 또는 ×
3. 군집을 이루는 개체들은 모두 같은 종으로 구성된다.
(   )

4. 먹이 그물에서는 생물 사이에 먹고 먹히는 관계인 포식과 피식이 나타난다.
(   )

정답
1. 순위제
2. 가족생활
3. ×
4. ○

3 군집

(1) 군집의 특성
① **군집의 구성**: 군집을 이루고 있는 여러 종류의 개체군들은 먹고 먹히는 관계를 맺고 있다.
② **먹이 사슬과 먹이 그물**: 군집을 구성하는 개체군 사이의 먹고 먹히는 관계를 사슬 모양으로 나타낸 것을 먹이 사슬이라고 한다. 군집 내에서 먹이 사슬 여러 개가 서로 얽혀 마치 그물처럼 복잡하게 나타나는 것을 먹이 그물이라고 한다.

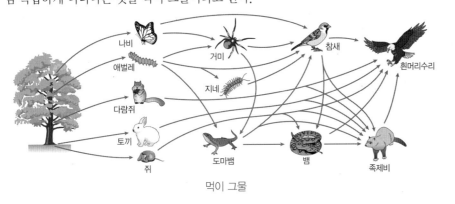

먹이 그물

개념 체크

○ **우점종**
군집에서 상대 밀도, 상대 빈도, 상대 피도의 합인 중요치가 가장 큰 종

1. 생태적 지위에는 개체군이 먹이 그물에서 차지하는 위치인 (　　) 지위와 개체군이 차지하는 서식 공간인 공간 지위가 있다.

2. 방형구법에서 (　　)는 전체 방형구의 면적에 대한 특정 종의 개체 수 비율이다.

※ ○ 또는 ×

3. 방형구법에서 빈도가 높은 종일수록 출현한 방형구 수가 많다. (　　)

4. 방형구법에서 밀도가 큰 종일수록 개체 수가 많다. (　　)

③ **생태적 지위**: 개체군이 차지하는 먹이 그물에서의 위치, 서식 공간, 생물적·비생물적 요인과의 관계 등 군집 내에서 개체군이 갖는 위치와 역할을 말한다. 개체군이 먹이 그물에서 차지하는 위치인 먹이 지위와 개체군이 차지하는 서식 공간인 공간 지위 등이 있다.

(2) 군집의 구조

① **우점종**: 군집에서 개체 수가 많거나 넓은 면적을 차지하여 군집을 대표하는 종이다. 다른 종의 생육과 비생물적 요인에 주된 영향을 주어 군집의 구조에 큰 영향을 미친다.

② **핵심종**: 군집 안에서 우점종은 아니지만 군집의 구조에 중요한 역할을 하는 종이다.
> 예 바닷가 바위 생태계에서 조개와 따개비의 생존을 결정하는 불가사리, 습지 생태계에서 다른 동물의 분포에 영향을 미치는 수달

탐구자료 살펴보기 　 방형구법을 이용한 식물 군집 조사

탐구 과정

1. 조사하고자 하는 지역에 1 m×1 m 방형구 4개를 설치한다.
2. 방형구 안에 있는 각 식물 종과 개체 수를 조사해 밀도, 빈도, 피도를 구한다. 피도를 구할 때, 어떤 종이 방형구의 어떤 한 칸에 출현하면 그 종이 그 칸의 면적(0.04 m^2)을 모두 점유하는 것으로 간주한다.
3. 각 식물 종의 상대 밀도, 상대 빈도, 상대 피도를 계산하여 중요치를 구하고, 우점종을 결정한다.

- 밀도 = $\dfrac{\text{특정 종의 개체 수}}{\text{전체 방형구의 면적}(\text{m}^2)}$
- 빈도 = $\dfrac{\text{특정 종이 출현한 방형구 수}}{\text{전체 방형구의 수}}$
- 피도 = $\dfrac{\text{특정 종의 점유 면적}(\text{m}^2)}{\text{전체 방형구의 면적}(\text{m}^2)}$
- 상대 밀도(%) = $\dfrac{\text{특정 종의 밀도}}{\text{조사한 모든 종의 밀도의 합}} \times 100$
- 상대 빈도(%) = $\dfrac{\text{특정 종의 빈도}}{\text{조사한 모든 종의 빈도의 합}} \times 100$
- 상대 피도(%) = $\dfrac{\text{특정 종의 피도}}{\text{조사한 모든 종의 피도의 합}} \times 100$
- 중요치 = 상대 밀도 + 상대 빈도 + 상대 피도

탐구 결과

방형구 안에 있는 식물 종과 개체 수는 그림과 같으며, 이를 토대로 각 종의 중요치를 구한 결과는 표와 같다.

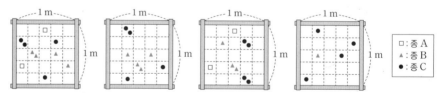

□ : 종 A
▲ : 종 B
● : 종 C

식물 종	밀도	빈도	피도	상대 밀도 (%)	상대 빈도 (%)	상대 피도 (%)	중요치
A	$1/\text{m}^2$	0.5	0.04	12.5	20	16	48.5
B	$3/\text{m}^2$	1	0.09	37.5	40	36	113.5
C	$4/\text{m}^2$	1	0.12	50	40	48	138

탐구 point

식물 군집의 우점종을 정할 때는 밀도, 빈도, 피도를 모두 고려하며, 중요치가 가장 높은 종이 우점종이다. 따라서 이 식물 군집의 우점종은 C이다.

정답

1. 먹이
2. 밀도
3. ○
4. ○

과학 돋보기 **지표종과 희소종**

- **지표종**: 특정한 지역이나 환경에서만 볼 수 있는 종으로 그 군집이 서식하는 지역적, 환경적 특성을 나타낸다. **예** 이산화 황의 오염 정도를 예측할 수 있는 지의류, 고산 지대에 서식하여 고도와 온도 범위를 예측할 수 있는 에델바이스
- **희소종**: 군집을 구성하는 개체군 중 개체 수가 매우 적은 종이다.

③ **층상 구조**: 삼림처럼 많은 개체군으로 이루어진 군집은 수직적인 몇 개의 층으로 구성되는데, 이를 층상 구조라고 한다.
- 삼림의 층상 구조는 교목층, 아교목층, 관목층, 초본층, 지표층 등으로 이루어진다.
- 층상 구조의 발달로 높이에 따라 도달하는 빛의 세기가 다르다.
- 층상 구조는 다양한 동물에게 서식지를 제공한다.

(3) 군집의 종류: 군집은 생물의 서식 환경에 따라 크게 육상 군집과 수생 군집으로 구분할 수 있다.
① **육상 군집**: 기온과 강수량의 차이로 삼림, 초원, 사막으로 구분한다.
- **삼림**: 많은 종류의 목본 식물과 초본 식물로 이루어진 육상의 대표적인 군집으로, 강수량이 많은 지역에 형성된다. **예** 열대 지방의 상록 활엽수로 구성된 열대 우림, 온대 지방의 낙엽 활엽수로 구성된 온대림, 아한대 지방의 북부 침엽수림 등
- **초원**: 주로 초본 식물로 이루어진 군집으로, 삼림보다 강수량이 적은 지역에 형성된다. **예** 열대 지방의 건조 지역에서 발달하는 열대 초원, 온대 지방의 온대 초원 등
- **사막**: 강수량이 매우 적고 건조하여 식물이 자라기 어려운 지역에 형성된다. **예** 저위도 지방의 열대 사막, 온대 내륙 지방의 온대 사막, 한대와 극지방 부근에 형성되는 툰드라
② **수생 군집(수계)**: 하천, 호수, 강에 형성되는 담수 군집과 바다에 형성되는 해수 군집이 있다.

(4) 군집의 생태 분포: 기온이나 강수량 등 환경 요인의 영향을 받아 형성된 군집의 분포이다.
① **수평 분포**: 위도에 따라 나타나는 분포로, 기온과 강수량의 차이에 의해 나타난다. 저위도에서 고위도로 갈수록 열대 우림 → 낙엽수림 → 침엽수림 → 툰드라 순으로 분포한다.
② **수직 분포**: 특정 지역에서 고도에 따라 나타나는 분포로, 주로 기온의 차이에 의해 나타난다. 고도가 낮은 곳에서 높은 곳으로 갈수록 상록 활엽수림 → 낙엽 활엽수림 → 침엽수림 → 관목대 순으로 분포한다.

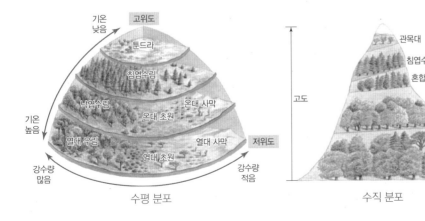

수평 분포

수직 분포

개념 체크

◎ 군집은 서식 환경에 따라 육상 군집과 수생 군집으로 구분되고, 군집의 생태 분포는 위도에 따라 나타나는 수평 분포와 특정 지역에서 고도에 따라 나타나는 수직 분포가 있다.

1. 삼림처럼 많은 개체군으로 구성된 군집은 몇 개의 층으로 구성되는데, 이를 ( ) 구조라고 한다.

2. 군집의 종류 중 기온과 강수량의 차이로 삼림, 초원, 사막으로 구분되는 군집은 ( ) 군집에 해당한다.

※ ○ 또는 ×

3. 군집의 수평 분포에서 열대 우림은 툰드라보다 저위도에서 나타난다.( )

4. 군집의 수직 분포에서 관목대는 상록 활엽수림보다 고도가 높은 곳에서 나타난다. ( )

정답
1. 층상
2. 육상
3. ○
4. ○

개념 체크

○ 군집 내 개체군 사이의 상호 작용에는 종간 경쟁, 분서(생태 지위 분화), 포식과 피식, 공생, 기생이 있다.

1. 두 개체군의 경쟁 결과 한 개체군이 경쟁 지역에서 사라지는 현상을 (　　) 원리라고 한다.

2. 생태적 지위가 비슷한 개체군들이 서식지, 먹이, 활동 시기 등을 달리하여 경쟁을 피하는 현상을 (　　)라고 한다.

※ ○ 또는 ×

3. 상리 공생 관계의 두 개체군은 모두 이익을 얻는다.
(　　)

4. 기생 관계에서 이익을 얻는 생물을 숙주라 한다.
(　　)

(5) 군집 내 개체군 사이의 상호 작용

① **종간 경쟁**: 생태적 지위가 유사한 두 개체군이 같은 장소에 서식하게 되면 한정된 먹이와 서식 공간 등의 자원을 차지하기 위한 종간 경쟁이 일어나며, 두 개체군의 생태적 지위가 중복될수록 경쟁의 정도가 심해진다. **예** 짚신벌레(카우다툼)와 애기짚신벌레(아우렐리아)의 경쟁

- 경쟁 배타 원리: 두 개체군이 경쟁한 결과 경쟁에서 이긴 개체군은 살아남고, 경쟁에서 진 개체군은 경쟁 지역에서 사라지는 현상이다.

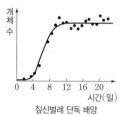 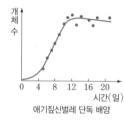 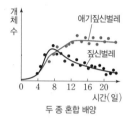

짚신벌레(카우다툼)와 애기짚신벌레(아우렐리아)의 경쟁

② **분서(생태 지위 분화)**: 생태적 지위가 비슷한 개체군들이 서식지, 먹이, 활동 시기 등을 달리하여 경쟁을 피하는 현상이다. **예** 한 그루의 나무에 서식하는 여러 종의 솔새가 경쟁을 피하기 위해 서로 다른 공간에서 살아간다.

③ **포식과 피식**: 두 개체군 사이의 먹고 먹히는 관계를 말한다. **예** 스라소니(포식자)와 눈신토끼(피식자)

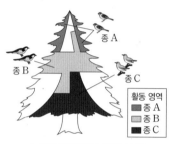

솔새의 분서(생태 지위 분화)

- 다른 생물을 잡아먹는 생물을 포식자라고 하고, 먹이가 되는 생물을 피식자라고 하며, 포식자를 피식자의 천적이라고 한다.
- 포식과 피식 관계로 먹이 사슬이 형성되고, 포식과 피식 관계의 개체군은 서로 영향을 미쳐 개체군의 크기에 주기적 변동을 가져오기도 한다.

④ **공생**: 두 개체군이 서로 밀접하게 관계를 맺고 함께 살아가는 것이다.
- 상리 공생: 두 개체군이 서로 이익을 얻는 경우이다.
예 흰동가리와 말미잘, 콩과식물과 뿌리혹박테리아
- 편리공생: 한 개체군은 이익을 얻지만, 다른 개체군은 이익도 손해도 없는 경우이다.
예 빨판상어와 거북, 황로와 물소

⑤ **기생**: 한 개체군이 다른 개체군에 피해를 주면서 생활하는 것이다.
예 동물의 몸에 사는 기생충, 식물에 기생하는 겨우살이
- 기생 관계에서 이익을 얻는 생물을 기생 생물, 손해를 입는 생물을 숙주라고 한다.

⑥ **개체군 사이의 상호 작용에 따른 개체 수 변화**
- (가): 종 B가 사라지므로 경쟁 배타가 일어났다.
- (나): 단독 배양할 때보다 두 종 모두 개체 수가 늘어났으므로 상리 공생이 일어났다.

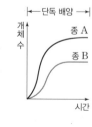 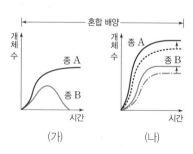

(가)　　　　　(나)

정답
1. 경쟁 배타
2. 분서(생태 지위 분화)
3. ○
4. ×

탐구자료 살펴보기 ▶ **군집 내 개체군 사이의 상호 작용**

자료 탐구

표는 군집 내 개체군 사이의 상호 작용을 나타낸 것이다. (가)~(다)는 각각 종간 경쟁, 기생, 상리 공생 중 하나이다. '+'는 이익을 얻는 것, '−'는 손해를 입는 것, '0'은 이익도 손해도 없는 것을 나타낸다.

상호 작용	(가)	(나)	(다)	편리공생	포식과 피식
개체군 A	+	−	−	+	+
개체군 B	+	+	−	0	−

탐구 분석

상리 공생은 두 개체군이 공생하면서 서로 이익을 얻는 것이므로 (가)는 상리 공생이다. 숙주는 손해를 입게 되고, 기생 생물은 이익을 얻게 되므로 (나)는 기생이다. 먹이와 서식 공간 등의 자원을 두고 두 개체군이 경쟁을 하면 서로 손해를 입게 되므로 (다)는 종간 경쟁이다.

개념 체크

○ **군집의 천이**
· 1차 천이: 토양의 형성 과정부터 시작하는 천이
· 2차 천이: 군집이 파괴된 후 기존에 남아 있던 토양에서 시작하는 천이

1. 건조한 지역에서 일어나는 (   )차 천이에서는 지의류가 개척자로 들어온다.

2. 천이의 마지막 단계인 안정된 상태를 (   )이라 한다.

※ ○ 또는 ×

3. 혼합림에는 양수와 음수가 모두 있다.   (   )

4. 일반적으로 천이의 진행 속도는 1차 천이가 2차 천이보다 빠르다.   (   )

(6) 군집의 천이: 군집의 종 구성과 특성이 시간이 지남에 따라 변하는 과정이다.

① **1차 천이**: 생물이 없고 토양이 형성되지 않은 곳에서 토양의 형성 과정부터 시작하는 천이이다.

· **건성 천이**: 건조한 지역(용암 대지와 같은 불모지)에서 시작되며, 지의류가 개척자로 들어온다. 지의류에 의해 바위의 풍화가 촉진되어 토양이 형성되고, 토양의 수분과 양분 함량이 증가하여 초원이 형성된 후 관목이 우점하는 군집이 된다. 이후 강한 빛에서 빠르게 자라는 소나무와 같은 양수가 우점하는 양수림이 형성된다. 양수림이 형성되면 숲의 상층에서 많은 빛이 흡수되어 하층에 도달하는 빛의 세기가 약해진다. 이에 따라 약한 빛에서도 잘 자라는 참나무와 같은 음수의 묘목이 자라면서 양수와 음수의 혼합림이 형성된다. 음수가 번성하여 혼합림이 점차 음수림으로 전환된다.

· **습성 천이**: 습한 곳(호수, 연못 등)에서 시작되며, 빈영양호에 유기물과 퇴적물이 쌓여 습원(습지)이 형성되고 초원을 거쳐 건성 천이와 같은 과정을 거친다.

② **2차 천이**: 기존의 식물 군집이 있었던 곳에 산불, 산사태, 벌목 등이 일어나 군집이 파괴된 후, 기존에 남아 있던 토양에서 시작하는 천이이다.

· 토양이 이미 형성되어 있는 곳에 종자나 식물의 뿌리 등이 남아 있어 보통 1차 천이보다 빠른 속도로 진행된다.

· 주로 초본(풀)이 개척자로 들어오며, 초원이 형성된 후 1차 천이와 같은 과정으로 일어난다.

③ **극상**: 천이의 마지막 단계로 안정된 상태를 말한다.

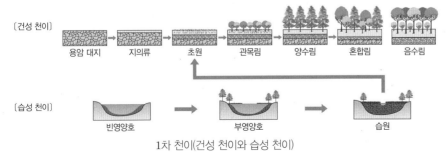

[건성 천이]
용암 대지 → 지의류 → 초원 → 관목림 → 양수림 → 혼합림 → 음수림

[습성 천이]
빈영양호 → 부영양호 → 습원

1차 천이(건성 천이와 습성 천이)

정답

1. 1
2. 극상
3. ○
4. ×

01 [24025-0255]
그림은 생태계 구성 요소 사이의 상호 관계와 물질 이동의 일부를 나타낸 것이다. A~C는 분해자, 생산자, 소비자를 순서 없이 나타낸 것이다.

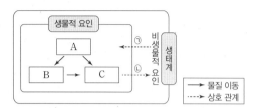

이에 대한 설명으로 옳은 것만을 〈보기〉에서 있는 대로 고른 것은?

● 보기 ●
ㄱ. 소나무는 B에 해당한다.
ㄴ. A는 무기물로부터 유기물을 합성할 수 있다.
ㄷ. 빛의 파장에 따라 해조류의 분포가 달라지는 것은 ㉠에 해당한다.

① ㄱ ② ㄷ ③ ㄱ, ㄴ ④ ㄴ, ㄷ ⑤ ㄱ, ㄴ, ㄷ

02 [24025-0256]
표는 생태계를 구성하는 요소 사이의 상호 관계 Ⅰ과 Ⅱ의 특징과 예를 나타낸 것이다. ⓐ와 ⓑ는 생물적 요인과 비생물적 요인을 순서 없이 나타낸 것이다.

상호 관계	특징	예
Ⅰ	ⓑ가 ⓐ에 영향을 줌	지렁이에 의해 토양의 통기성이 증가한다.
Ⅱ	ⓑ 사이에 서로 영향을 주고받음	(가)

이에 대한 설명으로 옳은 것만을 〈보기〉에서 있는 대로 고른 것은?

● 보기 ●
ㄱ. ⓑ는 생물적 요인이다.
ㄴ. 일조 시간은 ⓐ에 해당한다.
ㄷ. 왜가리가 개구리를 잡아먹는 것은 (가)에 해당한다.

① ㄱ ② ㄷ ③ ㄱ, ㄴ ④ ㄴ, ㄷ ⑤ ㄱ, ㄴ, ㄷ

03 [24025-0257]
그림은 평균 기온이 서로 다른 지역에 서식하는 여우 (가)와 (나)를, 표는 (가)와 (나)가 서식하는 지역의 평균 기온을 나타낸 것이다. (가)와 (나)는 북극여우와 사막여우를 순서 없이 나타낸 것이다.

(가)   (나)

여우	(가)	(나)
평균 기온	㉠	㉡

이에 대한 설명으로 옳은 것만을 〈보기〉에서 있는 대로 고른 것은?

● 보기 ●
ㄱ. (가)는 사막여우이다.
ㄴ. ㉠ > ㉡이다.
ㄷ. (가)와 (나)의 외형 차이는 비생물적 요인이 생물적 요인에 영향을 미치는 예에 해당한다.

① ㄱ ② ㄴ ③ ㄱ, ㄷ ④ ㄴ, ㄷ ⑤ ㄱ, ㄴ, ㄷ

04 [24025-0258]
표는 지역 (가)~(다)에 서식하는 식물 종 A~D의 개체 수를 나타낸 것이다. A의 밀도는 (가)와 (나)에서 같고, B의 밀도는 (나)와 (다)에서 같다.

지역＼식물 종	A	B	C	D
(가)	20	10	15	5
(나)	40	10	30	20
(다)	30	20	35	15

이에 대한 설명으로 옳은 것만을 〈보기〉에서 있는 대로 고른 것은? (단, A~D 이외의 종은 고려하지 않는다.)

● 보기 ●
ㄱ. 식물 종의 수는 (가)와 (다)에서 같다.
ㄴ. B의 상대 밀도는 (나)와 (다)에서 같다.
ㄷ. (다)의 면적은 (가)의 면적의 4배이다.

① ㄱ ② ㄴ ③ ㄱ, ㄷ ④ ㄴ, ㄷ ⑤ ㄱ, ㄴ, ㄷ

05 표는 생물 사이의 상호 작용 A~C의 특징을 나타낸 것이다. A~C는 순위제, 리더제, 가족생활을 순서 없이 나타낸 것이다.

[24025-0259]

상호 작용	특징
A	한 개체가 전체 개체군의 행동을 이끈다.
B	혈연관계의 개체들이 모여 생활하는 것이다.
C	개체들 사이에서 힘의 서열에 따라 순위를 정하여 먹이나 배우자를 차지하는 것이다.

이에 대한 설명으로 옳은 것만을 〈보기〉에서 있는 대로 고른 것은?

● 보기 ●
ㄱ. A는 개체군 내의 상호 작용에 해당한다.
ㄴ. B는 가족생활이다.
ㄷ. '기러기가 집단으로 이동할 때 리더를 따라 이동한다.'는 C에 해당한다.

① ㄱ   ② ㄷ   ③ ㄱ, ㄴ   ④ ㄴ, ㄷ   ⑤ ㄱ, ㄴ, ㄷ

06 그림은 생존 곡선의 3가지 유형 I형, II형, III형을, 표는 동물 종 ㉠의 특징을 나타낸 것이다. 특정 시기의 사망률은 그 시기 동안 사망한 개체 수를 그 시기가 시작된 시점의 총개체 수로 나눈 값이고, ㉠의 생존 곡선은 I형, II형, III형 중 하나에 해당한다.

[24025-0260]

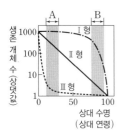

㉠은 출생 수는 많지만 초기 사망률이 높아 성체로 생장하는 수가 적다.

이에 대한 설명으로 옳은 것만을 〈보기〉에서 있는 대로 고른 것은?

● 보기 ●
ㄱ. ㉠의 생존 곡선은 III형에 해당한다.
ㄴ. II형의 생존 곡선을 나타내는 종에서 A 시기 동안 사망한 개체 수는 B 시기 동안 사망한 개체 수와 같다.
ㄷ. B 시기 동안 사망률은 I형을 나타내는 개체군에서가 III형을 나타내는 개체군에서보다 높다.

① ㄱ   ② ㄴ   ③ ㄱ, ㄷ   ④ ㄴ, ㄷ   ⑤ ㄱ, ㄴ, ㄷ

07 그림은 어떤 개체군의 생장 곡선을 나타낸 것이다. A와 B는 각각 이론적 생장 곡선과 실제 생장 곡선 중 하나이다.

[24025-0261]

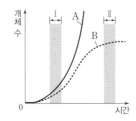

이에 대한 설명으로 옳은 것만을 〈보기〉에서 있는 대로 고른 것은? (단, 이 개체군에서 이입과 이출은 없다.)

● 보기 ●
ㄱ. A는 실제 생장 곡선이다.
ㄴ. B에 작용하는 환경 저항은 구간 I에서가 구간 II에서보다 크다.
ㄷ. 구간 I에서 $\dfrac{출생한\ 개체\ 수}{사망한\ 개체\ 수}$ 는 A에서가 B에서보다 크다.

① ㄱ   ② ㄷ   ③ ㄱ, ㄴ   ④ ㄴ, ㄷ   ⑤ ㄱ, ㄴ, ㄷ

08 그림은 개체군 A와 B의 시간에 따른 개체 수를 나타낸 것이다. A는 지역 ㉠에, B는 지역 ㉡에 서식하며, t_1일 때 A의 개체군 밀도는 t_2일 때 B의 개체군 밀도의 2배이다.

[24025-0262]

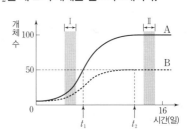

이에 대한 설명으로 옳은 것만을 〈보기〉에서 있는 대로 고른 것은?

● 보기 ●
ㄱ. 구간 I에서 증가한 개체 수는 A에서가 B에서보다 많다.
ㄴ. ㉠의 면적은 ㉡의 면적의 2배이다.
ㄷ. B는 구간 II에서 환경 저항을 받지 않는다.

① ㄱ   ② ㄷ   ③ ㄱ, ㄴ   ④ ㄴ, ㄷ   ⑤ ㄱ, ㄴ, ㄷ

09 그림은 지역 (가)와 (나)에 각각 방형구(1 m × 1 m) 25개를 설치하여 조사한 식물 종의 분포를 나타낸 것이다.

[24025-0263]

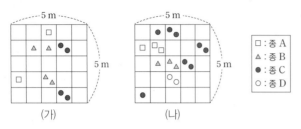

(가)   (나)

□ : 종 A
△ : 종 B
● : 종 C
○ : 종 D

이에 대한 설명으로 옳은 것만을 〈보기〉에서 있는 대로 고른 것은? (단, 방형구에 나타낸 각 도형은 식물 1개체를 의미하여, 제시된 종 이외의 종은 고려하지 않는다.)

─● 보기 ●─
ㄱ. 식물의 종 수는 (가)와 (나)에서 같다.
ㄴ. (나)에서 A의 밀도와 D의 밀도는 같다.
ㄷ. (가)에서 B의 상대 밀도는 (나)에서 C의 상대 밀도보다 작다.

① ㄱ   ② ㄷ   ③ ㄱ, ㄴ   ④ ㄴ, ㄷ   ⑤ ㄱ, ㄴ, ㄷ

10 그림은 어떤 지역에서 빈영양호로부터 1차 천이가 진행되는 과정 중 나타나는 단계의 일부를 순서 없이 나타낸 것이다. A~D는 초원, 관목림, 혼합림, 빈영양호를 순서 없이 나타낸 것이다.

[24025-0264]

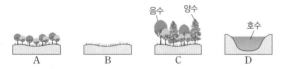

음수   양수

호수

A   B   C   D

이에 대한 설명으로 옳은 것만을 〈보기〉에서 있는 대로 고른 것은?

─● 보기 ●─
ㄱ. 습성 천이가 일어났다.
ㄴ. A 이후에 양수가 우점종인 식물 군집으로 변하는 단계가 나타난다.
ㄷ. A~D를 시간 순서대로 나열하면 D → B → A → C 이다.

① ㄱ   ② ㄷ   ③ ㄱ, ㄴ   ④ ㄴ, ㄷ   ⑤ ㄱ, ㄴ, ㄷ

11 표는 종 사이의 상호 작용 A~C에서 두 종이 받는 이익과 손해를, 그림은 B의 관계인 두 생물종을 나타낸 것이다. ㉠과 ㉡은 손해와 이익을 순서 없이 나타낸 것이다.

[24025-0265]

상호 작용	종 Ⅰ	종 Ⅱ
A	㉡	㉡
B	㉠	㉠
C	㉠	㉡

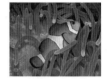

흰동가리와 말미잘

이에 대한 설명으로 옳은 것만을 〈보기〉에서 있는 대로 고른 것은?

─● 보기 ●─
ㄱ. ㉡은 손해이다.
ㄴ. 상리 공생은 A에 해당한다.
ㄷ. 같은 서식 공간에서 애기짚신벌레(아우렐리아)와 짚신벌레(카우다툼)를 혼합 배양했을 때 나타나는 상호 작용은 C이다.

① ㄱ   ② ㄷ   ③ ㄱ, ㄴ   ④ ㄴ, ㄷ   ⑤ ㄱ, ㄴ, ㄷ

12 그림 (가)는 조건 ㉠에서 서로 다른 종 A와 B를 각각 단독 배양했을 때를, (나)는 ㉠에서 A와 B를 혼합 배양했을 때 시간에 따른 개체 수를 나타낸 것이다. A와 B의 상호 작용은 분서, 상리 공생, 종간 경쟁 중 하나에 해당한다.

[24025-0266]

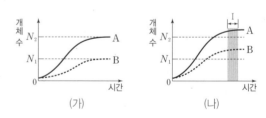

(가)   (나)

이에 대한 설명으로 옳은 것만을 〈보기〉에서 있는 대로 고른 것은?

─● 보기 ●─
ㄱ. (가)에서 A는 실제 생장 곡선을 따른다.
ㄴ. 구간 Ⅰ에서 A와 B 사이에 경쟁 배타가 일어났다.
ㄷ. (나)에서 A와 B 사이의 상호 작용은 상리 공생이다.

① ㄱ   ② ㄴ   ③ ㄱ, ㄴ   ④ ㄱ, ㄷ   ⑤ ㄴ, ㄷ

01 그림 (가)는 생태계를 구성하는 요소 사이의 상호 관계를, (나)는 서로 다른 종인 물고기 A~C가 살 수 있는 수온의 범위를 나타낸 것이다.

[24025-0267]

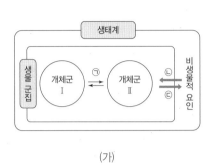

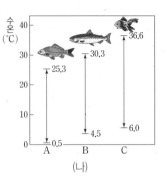

(가)　　　　　　　　　(나)

이에 대한 설명으로 옳은 것만을 〈보기〉에서 있는 대로 고른 것은?

보 기
ㄱ. I은 동일한 종으로 구성된다.
ㄴ. A~C 중 살 수 있는 수온의 범위가 가장 넓은 종은 C이다.
ㄷ. (나)는 ⓒ의 예에 해당한다.

① ㄱ 　　② ㄷ 　　③ ㄱ, ㄴ 　　④ ㄴ, ㄷ 　　⑤ ㄱ, ㄴ, ㄷ

생태계는 생물적 요인과 비생물적 요인으로 구성되며, 생물적 요인은 생산자, 소비자, 분해자로 구분된다.

02 그림 (가)는 종 A~C를 조건 ⓐ에서 각각 단독 배양했을 때, (나)는 A~C 중 두 종씩 ⓐ에서 혼합 배양했을 때 시간에 따른 개체 수를 나타낸 것이다.

[24025-0268]

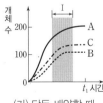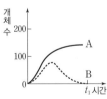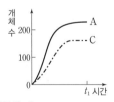

(가) 단독 배양할 때　　　　(나) 혼합 배양할 때

이에 대한 설명으로 옳은 것만을 〈보기〉에서 있는 대로 고른 것은?

보 기
ㄱ. 구간 I에서 C는 환경 저항을 받는다.
ㄴ. (나)에서 A와 B 사이에 경쟁 배타가 일어났다.
ㄷ. (나)에서 A와 C 사이에 상리 공생이 일어났다.

① ㄱ 　　② ㄷ 　　③ ㄱ, ㄴ 　　④ ㄴ, ㄷ 　　⑤ ㄱ, ㄴ, ㄷ

경쟁 배타·원리는 두 개체군이 경쟁한 결과 경쟁에서 이긴 개체군은 살아남고, 경쟁에서 진 개체군은 경쟁 지역에서 사라지는 현상이다.

생태계는 생물 군집과 비생물적 요인으로 구성되며, 서로 영향을 주고받는다.

[24025-0269]

03 그림은 생태계를 구성하는 요소 사이의 상호 관계 일부를, 표는 (가)~(다)의 특징을 나타낸 것이다. (가)~(다)는 각각 개체군과 비생물적 요인 중 하나이다.

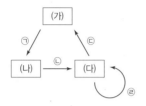

구분	특징
(가)	식물 종 A로만 구성되어 있다.
(나)	빛, 온도, 물, 토양이 해당한다.
(다)	동물 종 B로만 구성되어 있다.

이에 대한 설명으로 옳은 것만을 〈보기〉에서 있는 대로 고른 것은?

●보기●
ㄱ. 분해자는 (나)에 해당한다.
ㄴ. '은어가 일정한 세력권을 형성하여 다른 은어의 침입을 막는다.'는 ㉣에 해당한다.
ㄷ. 식물의 광합성으로 대기의 이산화 탄소 농도가 감소하는 것은 ㉠에 해당한다.

① ㄱ   ② ㄷ   ③ ㄱ, ㄴ   ④ ㄴ, ㄷ   ⑤ ㄱ, ㄴ, ㄷ

군집 내 개체군 사이의 상호 작용 중 종간 경쟁에 의해 한 종이 사라지기도 한다.

[24025-0270]

04 그림은 서로 다른 종으로 구성된 개체군 A와 B를 각각 단독 배양했을 때와 혼합 배양했을 때 A와 B가 서식하는 온도의 범위를, 표는 종 사이의 상호 작용을 나타낸 것이다. A와 B를 혼합 배양했을 때 구간 Ⅰ에서 (나)가 일어났고, ㉠과 ㉡은 손해와 이익을 순서 없이 나타낸 것이다.

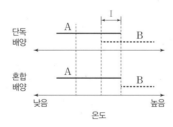

상호 작용	종 1	종 2
(가)	㉠	㉡
(나)	㉡	㉡
(다)	㉠	㉠

이에 대한 설명으로 옳은 것만을 〈보기〉에서 있는 대로 고른 것은? (단, 제시된 조건 이외는 고려하지 않는다.)

●보기●
ㄱ. ㉠은 이익이다.
ㄴ. 상리 공생은 (다)에 해당한다.
ㄷ. 혼합 배양했을 때, 구간 Ⅰ에서 A와 B 사이에 경쟁 배타가 일어났다.

① ㄱ   ② ㄷ   ③ ㄱ, ㄴ   ④ ㄴ, ㄷ   ⑤ ㄱ, ㄴ, ㄷ

[24025-0271]

05 그림은 어떤 지역의 식물 군집에 산불이 일어나기 전과 후 천이 과정의 일부를 나타낸 것이다. A~E는 관목림, 양수림, 음수림, 초원, 혼합림을 순서 없이 나타낸 것이고, 과정 Ⅰ과 Ⅱ 중 한 과정에서만 산불이 일어났다.

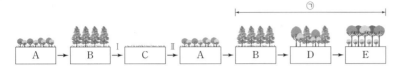

이에 대한 설명으로 옳은 것만을 〈보기〉에서 있는 대로 고른 것은? (단, 제시된 조건 이외는 고려하지 않는다.)

● 보기 ●

ㄱ. Ⅱ에서 산불이 일어났다.

ㄴ. C는 초원이다.

ㄷ. 구간 ㉠의 천이 과정에 영향을 준 비생물적 요인으로 빛이 있다.

① ㄱ   ② ㄷ   ③ ㄱ, ㄴ   ④ ㄴ, ㄷ   ⑤ ㄱ, ㄴ, ㄷ

천이는 식물 군집의 종 구성과 특성이 시간이 지남에 따라 변하는 과정으로, 1차 천이와 2차 천이가 있다.

[24025-0272]

06 표는 방형구법을 이용하여 어떤 지역의 식물 군집을 두 시점 t_1과 t_2일 때 조사한 결과를 나타낸 것이다.

시점	종	개체 수	상대 빈도(%)	상대 피도(%)	중요치(중요도)
t_1	A	㉠	20	30	100
	B	5	40	?	?
	C	5	?	45	110
t_2	A	25	35	?	110
	B	㉡	45	40	?
	C	10	?	35	75

이에 대한 설명으로 옳은 것만을 〈보기〉에서 있는 대로 고른 것은? (단, A~C 이외의 종은 고려하지 않는다.)

● 보기 ●

ㄱ. t_1일 때 B의 상대 밀도는 50 %이다.

ㄴ. ㉠+㉡=25이다.

ㄷ. t_1일 때 A~C 중 중요치가 가장 큰 종의 중요치에서 t_2일 때 A~C 중 중요치가 가장 작은 종의 중요치를 뺀 값은 45이다.

① ㄱ   ② ㄴ   ③ ㄷ   ④ ㄱ, ㄴ   ⑤ ㄴ, ㄷ

식물 군집에서 우점종은 상대 밀도, 상대 빈도, 상대 피도를 더한 값인 중요치가 가장 높은 종이다.

경쟁 배타 원리는 두 개체군이 경쟁한 결과 경쟁에서 이긴 개체군은 살아남고, 경쟁에서 진 개체군은 경쟁 지역에서 사라지는 현상이다.

[24025-0273]

07 그림은 어떤 호수에 서식하는 두 종의 생물 A와 B의 수심에 따른 서식 분포를, 표는 A와 B의 특성을 나타낸 것이다.

○ 종 A
▲ 종 B

수면
㉠
㉡
㉢

- A를 제거하여도 B의 분포 구간은 변하지 않는다.
- ⓐB를 제거할 경우 A는 구간 ㉠~㉢에 모두 분포하고, 각 구간에 분포하는 개체 수는 서로 다르다.
- ⓐ일 때 각 구간에서 A가 선호하는 먹이의 양은 ㉠<㉡<㉢이고, 먹이의 양과 개체 수는 비례한다.

이에 대한 설명으로 옳은 것만을 〈보기〉에서 있는 대로 고른 것은? (단, 제시된 조건 이외는 고려하지 않는다.)

● 보기 ●

ㄱ. 이 호수에서 A와 B는 한 개체군을 이룬다.
ㄴ. ⓐ일 때 A의 개체 수는 ㉡에서가 ㉢에서보다 작다.
ㄷ. 자연 상태에서 ㉠에 B가 서식하지 않는 것은 A와의 경쟁 배타의 결과이다.

① ㄱ   ② ㄴ   ③ ㄱ, ㄷ   ④ ㄴ, ㄷ   ⑤ ㄱ, ㄴ, ㄷ

개체군 내의 상호 작용에는 텃세, 순위제, 리더제, 사회생활, 가족생활 등이 있다.

[24025-0274]

08 그림 (가)는 철새가 리더를 따라 이동하는 모습을, (나)는 사자가 혈연관계의 개체들과 생활하는 모습을, 표는 생물의 상호 작용 ㉠~㉢의 특징을 나타낸 것이다. (가)와 (나)는 각각 ㉠~㉢ 중 하나의 예이고, ㉠~㉢은 텃세, 리더제, 가족생활을 순서 없이 나타낸 것이다.

(가)

(나)

상호 작용	특징
㉠	한 개체가 전체 개체군의 행동을 이끈다.
㉡	한 개체가 다른 개체의 침입을 막는다.
㉢	?

이에 대한 설명으로 옳은 것만을 〈보기〉에서 있는 대로 고른 것은?

● 보기 ●

ㄱ. (가)에서 모든 개체는 힘의 서열에 따른 순위가 정해져 있다.
ㄴ. ㉡은 리더제이다.
ㄷ. (나)는 ㉢의 예이다.

① ㄱ   ② ㄷ   ③ ㄱ, ㄴ   ④ ㄴ, ㄷ   ⑤ ㄱ, ㄴ, ㄷ

09 그림 (가)는 어떤 생태계에서 포식과 피식 관계의 두 종 A와 B의 시간에 따른 개체 수를, (나)는 포식자와 피식자의 주기적 개체 수 변화를 나타낸 것이다.

[24025-0275]

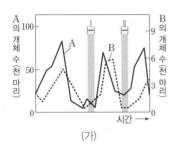

(가)   (나)

포식과 피식 관계의 두 종은 개체 수가 주기적으로 변할 수 있다.

이에 대한 설명으로 옳은 것만을 〈보기〉에서 있는 대로 고른 것은?

● 보기 ●
ㄱ. A는 피식자이다.
ㄴ. 구간 Ⅰ에서 ㉢이 일어났다.
ㄷ. 구간 Ⅱ에서 경쟁 배타가 일어났다.

① ㄱ   ② ㄷ   ③ ㄱ, ㄴ   ④ ㄴ, ㄷ   ⑤ ㄱ, ㄴ, ㄷ

---

10 표는 군집 내 개체군 사이의 상호 작용 (가)~(마)를, 그림은 (마)의 예를 나타낸 것이다. (가)~(마)는 각각 기생, 상리 공생, 종간 경쟁, 편리공생, 포식과 피식 중 하나이고, ㉠~㉢은 '이익을 얻는 것', '손해를 입는 것', '이익도 손해도 없는 것'을 순서 없이 나타낸 것이다. 종 1과 종 2는 (가)~(마)의 상호 작용을 하는 임의의 두 종을 나타낸 것이다.

[24025-0276]

군집 내 개체군 사이의 상호 작용에는 종간 경쟁, 분서(생태 지위 분화), 포식과 피식, 공생, 기생 등이 있다.

상호 작용	(가)	(나)	(다)	(라)	(마)
종 1	㉢	㉠	㉠	㉠	㉢
종 2	㉢	㉠	㉢	㉡	㉠

얼룩말   사자

이에 대한 설명으로 옳은 것만을 〈보기〉에서 있는 대로 고른 것은?

● 보기 ●
ㄱ. (라)는 편리공생이다.
ㄴ. ㉠은 '손해를 입는 것'이다.
ㄷ. 콩과식물과 뿌리혹박테리아 사이의 상호 작용은 (가)에 해당한다.

① ㄱ   ② ㄷ   ③ ㄱ, ㄴ   ④ ㄴ, ㄷ   ⑤ ㄱ, ㄴ, ㄷ

12 에너지 흐름과 물질 순환, 생물 다양성

개념 체크

● 총생산량은 호흡량과 순생산량의 합과 같다.
● 생태계 내에서 에너지는 한 방향으로만 흐른다.

1. 생산자가 일정 기간 동안 광합성을 통해 합성한 유기물의 총량을 ( )이라고 한다.

2. 생태계에 공급되는 에너지원은 태양의 ( )이다.

※ ○ 또는 ×

3. 생산자의 순생산량에는 피식량이 포함되어 있다.
( )

4. 생태계에서 생산자의 에너지 일부는 세포 호흡을 통해 열에너지 형태로 방출된다. ( )

1 물질의 생산과 소비

생태계는 에너지 흐름과 물질 순환을 통해 생물적 요인과 비생물적 요인이 연결된 역동적인 시스템으로, 물질 생산과 물질 소비가 균형을 이루고 있다.

(1) 총생산량: 생산자가 일정 기간 동안 광합성을 통해 합성한 유기물의 총량이다.

(2) 호흡량: 생물이 자신의 생활에 필요한 에너지를 얻기 위해 호흡에 소비한 유기물의 양이다.

(3) 순생산량: 총생산량에서 호흡량을 제외한 유기물의 양(총생산량−호흡량)이다.

> 총생산량=호흡량+순생산량(피식량+고사·낙엽량+생장량)

(4) 생장량: 생물의 생장에 이용된 유기물의 총량으로, 순생산량 중에서 피식량, 고사·낙엽량을 제외하고 생물체에 남아 있는 유기물의 양이다.

(5) 식물(생산자)의 피식량은 초식 동물(1차 소비자)의 섭식량과 같으며, 초식 동물의 동화량은 섭식량에서 배출량을 제외한 유기물의 양이다.

식물과 초식 동물의 물질 생산과 소비

2 에너지 흐름

(1) 에너지 흐름: 생태계 내에서 에너지는 순환하지 않고, 한 방향으로만 흐른다.

① 생태계에 공급되는 주요 에너지원은 태양의 빛에너지이며, 빛에너지는 생산자의 광합성에 의해 유기물의 화학 에너지로 전환된다.

② 유기물에 저장된 화학 에너지 중 일부는 세포 호흡을 통해 생명 활동을 유지하는 데 사용되고 열에너지로 전

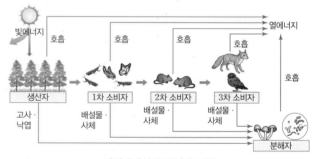

생태계에서의 에너지 흐름

환되어 생태계 밖으로 방출된다. 결국 각 영양 단계가 가지는 화학 에너지의 일부만 유기물 형태로 먹이 사슬을 따라 상위 영양 단계로 이동하고, 상위 영양 단계로 갈수록 각 영양 단계의 생물이 사용할 수 있는 에너지양은 감소한다.

③ 생물의 사체나 배설물 등에 저장된 화학 에너지는 분해자의 세포 호흡에 의해 생명 활동에 사용되고 열에너지로 전환되어 생태계 밖으로 방출된다.

④ 생태계 내에서 에너지는 순환하지 않고 한 방향으로만 흐르기 때문에 생태계가 유지되려면 생태계로 에너지가 계속 유입되어야 한다.

(2) 에너지 효율

① 에너지 효율은 생태계의 한 영양 단계에서 다음 영양 단계로 이동하는 에너지의 비율로 다음과 같이 나타낸다.

정답

1. 총생산량
2. 빛에너지
3. ○
4. ○

$$\text{에너지 효율(\%)} = \frac{\text{현 영양 단계가 보유한 에너지양}}{\text{전 영양 단계가 보유한 에너지양}} \times 100$$

② 에너지 효율은 일반적으로 상위 영양 단계로 갈수록 증가하는 경향이 있는데, 이는 생태계에 따라 다르게 나타난다.

3 물질 순환

(1) 탄소 순환

① 탄소는 생명체를 구성하는 유기물의 기본 골격을 이루며, 대기에서는 주로 이산화 탄소(CO_2)로, 물속에서는 주로 탄산수소 이온(HCO_3^-)으로 존재한다.

② 생산자(식물, 조류 등)의 광합성을 통해 대기 중의 CO_2(물속의 HCO_3^-)는 유기물로 합성된다.

③ 유기물 중 일부는 먹이 사슬을 따라 생산자에서 소비자로 이동하고, 사체나 배설물의 형태로 분해자에게로 이동한다.

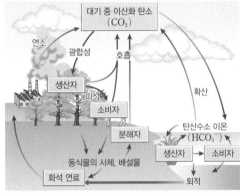
탄소 순환

④ 생산자, 소비자, 분해자의 유기물 중 일부는 호흡을 통해 CO_2로 분해되어 대기로 돌아간다.

⑤ 사체나 배설물의 나머지 유기물은 오랜 기간을 거쳐 화석 연료(석탄, 석유 등)가 되고, 이것은 인간의 활동 등으로 연소될 때 CO_2로 분해되어 대기로 돌아간다.

(2) 질소 순환

질소는 단백질과 핵산을 구성하며, 질소 기체(N_2)는 대기 중의 약 78 % 정도를 차지한다.

① **질소 고정**: 대부분의 생물이 직접 이용할 수 없는 대기 중의 질소 기체는 질소 고정 세균(뿌리혹박테리아, 아조토박터 등)에 의해 암모늄 이온(NH_4^+)이 되거나, 공중 방전에 의해 질산 이온(NO_3^-)으로 고정되어 생물에 이용된다.

질소 순환

② **질산화 작용**: 토양 속의 암모늄 이온은 질산화 세균(아질산균, 질산균)에 의해 질산 이온으로 전환된다.

③ **질소 동화 작용**: 암모늄 이온이나 질산 이온은 생산자에 의해 흡수되어 질소 화합물(단백질, 핵산)로 합성된 후, 먹이 사슬을 따라 소비자에게로 이동된다.

④ 생물의 사체나 배설물 속의 질소 화합물은 분해자에 의해 암모늄 이온으로 분해되어 토양으로 돌아간다.

⑤ **탈질산화 작용**: 토양 속 질산 이온은 탈질산화 세균에 의해 질소 기체로 전환되어 대기로 돌아간다.

개념 체크

◉ 에너지 효율은 전 영양 단계가 보유한 에너지양에 대한 현 영양 단계가 보유한 에너지양의 비율을 의미한다.

1. 생산자의 (   )을 통해 대기 중의 CO_2가 유기물로 합성된다.

2. 대기 중의 질소 기체는 (   ) 세균에 의해 암모늄 이온(NH_4^+)이 된다.

※ ○ 또는 ×

3. 에너지 효율은 일반적으로 상위 영양 단계로 갈수록 증가한다.　(   )

4. 토양 속 암모늄 이온(NH_4^+)이 질산화 세균에 의해 질산 이온(NO_3^-)으로 전환되는 과정은 질소 동화 작용이다.　(   )

정답
1. 광합성
2. 질소 고정
3. ○
4. ×

개념 체크

◑ 생태계 내에서 에너지는 순환하지 않고, 물질은 순환한다.
◑ 생태계 평형은 주로 먹이 사슬에 의해 유지된다.

1. 생태계 내에서 물질은 무기물과 (　　　)의 형태로 이동한다.

2. 각 영양 단계에 속하는 개체 수를 하위 영양 단계에서부터 쌓아 올린 피라미드 형태를 (　　　) 피라미드라고 한다.

※ ○ 또는 ×

3. 생태계 내에서 먹이 사슬이 복잡할수록 생태계의 평형이 파괴된 후 회복되기 어렵다.　　(　　)

4. 안정된 생태계에서 1차 소비자가 증가하면 일시적으로 생산자는 감소하고, 2차 소비자는 증가한다.
　　　　　　　　(　　)

4 에너지 흐름과 물질 순환 비교

생태계 내에서 에너지는 순환하지 않고, 한 방향으로만 이동하여 생태계 밖으로 빠져나간다. 반면, 물질은 생산자에 의해서 무기물이 유기물로, 분해자에 의해서 유기물이 무기물로 전환되면서 생물과 환경 사이를 순환한다.

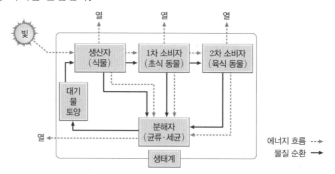

5 생태 피라미드와 생태계의 평형

(1) 생태 피라미드: 먹이 사슬에서 각 영양 단계에 속하는 생물의 개체 수, 생물량(생체량), 에너지양 등을 하위 영양 단계에서부터 쌓아 올리면 일반적으로 피라미드 형태가 되는데, 이를 생태 피라미드라고 한다.

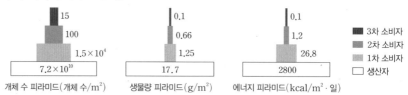

(2) 생태계의 평형: 생태계의 평형은 일반적으로 그 안에서 생활하고 있는 생물 군집의 구성, 개체 수, 물질의 양, 에너지의 흐름이 일정하게 유지되는 안정된 상태를 말한다.

① **먹이 사슬에 의한 평형 유지:** 생태계 평형은 주로 먹이 사슬에 의해 유지되는데, 먹이 사슬이 복잡할수록 평형을 유지하기 쉬우며 안정된 생태계는 먹이 사슬의 어느 단계에서 일시적으로 변동이 나타나도 시간이 지나면 평형이 회복된다.

② **물질 순환과 에너지 흐름의 안정:** 생태계는 물질 순환과 에너지 흐름이 원활해야 평형을 유지할 수 있다. 안정된 생태계에서는 생산자의 물질 생산과 소비, 분해자의 물질 소비가 균형을 이루어 물질 순환이 안정적으로 이루어지고, 먹이 사슬에 따른 에너지 흐름도 원활하게 이루어진다.

③ **평형 유지 과정:** '1차 소비자 증가 → 2차 소비자 증가, 생산자 감소 → 1차 소비자 감소 → 2차 소비자 감소, 생산자 증가 → 회복된 상태'의 순서로 일어난다.

정답

1. 유기물
2. 개체 수
3. ×
4. ○

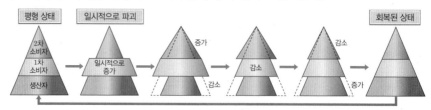

(3) **생태계 평형이 파괴되는 원인**: 안정된 생태계는 다양한 변화에도 평형을 회복할 수 있지만 조절 능력에는 한계가 있고, 이 한계를 넘어선 외부 요인이 작용하면 생태계 평형은 깨지고 결국 생태계 전체가 파괴될 수 있다. 예 천재지변(지진, 홍수, 화산 폭발, 태풍 등), 인간의 활동(과도한 사냥, 도로와 댐 건설과 같은 인위적인 개발, 화석 연료의 과다 사용, 환경 오염 등) 등

6 생물 다양성

생물 다양성이란 지구의 다양한 환경에 다양한 생물이 살고 있는 것을 의미하며, 생물종의 다양함뿐만 아니라, 각각의 생물종이 가지는 유전 정보의 다양함, 생물과 환경이 상호 작용하는 생태계의 다양함까지 모두 포함한다.

유전적 다양성	종 다양성	생태계 다양성

들쥐 개체군에서의 유전적 다양성	숲 생태계에서의 종 다양성	넓은 지역에 분포하는 생태계 다양성

(1) 유전적 다양성

① 같은 종이라도 개체군 내의 개체들이 유전자의 변이로 인해 다양한 형질이 나타나는 것을 의미한다. 예 아시아무당벌레의 다양한 색과 반점 무늬, 기린의 다양한 털 무늬 등

② 종 내에 다양한 대립유전자가 있으면 유전적 다양성이 높다.

③ 유전적 다양성이 높은 종은 개체들의 형질이 다양하다. → 환경이 급격히 변하거나 전염병이 발생했을 때 살아남을 수 있는 유리한 형질을 가진 개체가 존재할 확률이 높다. → 멸종될 확률이 낮다.

④ 유전적 다양성은 농작물의 품종 개량에도 도움을 준다. 유용한 유전자를 지닌 야생 식물 종으로부터 얻은 유전자를 이용해 생산성이 높고 질병에 강한 농작물을 개발하기도 한다.

(2) 종 다양성

① 한 지역에서 종의 다양한 정도를 의미한다.

② 종의 수가 많을수록, 종의 비율(전체 개체 수에서 각 종이 차지하는 비율)이 고를수록 종 다양성이 높다.

③ 종 다양성이 높을수록 생태계가 안정적으로 유지된다.

(3) 생태계 다양성

① 어떤 지역에 사막, 초원, 삼림, 습지, 산, 호수, 강, 바다 등 다양한 생태계가 존재함을 의미한다.

② 생태계를 구성하는 생물과 환경 사이의 관계에 관한 다양성을 포함한다.

③ 생태계 다양성이 높은 지역에서는 다양한 환경 조건이 존재하므로 서로 다른 환경에 적응하여 다양한 종이 나타날 수 있다. 그 결과 유전적 다양성과 종 다양성이 높아진다.

개념 체크

◐ 생물 다양성에는 유전적 다양성, 종 다양성, 생태계 다양성이 있다.

1. 생물 다양성 중 같은 종 내에서 유전자의 변이로 인해 다양한 형질이 나타나는 것은 (　　) 다양성에 해당한다.

2. 한 지역에서 종의 다양한 정도는 (　　) 다양성을 의미한다.

※ ○ 또는 ×

3. 생물 다양성은 생물적 요인만 포함된다.　(　　)

4. 생태계 다양성이 높을수록 유전적 다양성과 종 다양성이 높아진다.　(　　)

정답
1. 유전적
2. 종
3. ×
4. ○

개념 체크

○ 생물 다양성이 높을수록 생태계는 안정적으로 유지되고, 생물 자원의 효율적 이용이 가능하다.

1. [탐구자료 살펴보기: 종 다양성]에서 종 균등도가 가장 높은 군집은 (　　) 이다.

2. 인간의 생활과 생산 활동에 이용되는 모든 생물을 (　　)이라고 한다.

※ ○ 또는 ×

3. 생물 자원을 의식주로 이용하는 것은 생물 자원의 직접 이용에 해당한다.
(　　)

4. 생물 자원은 관광 자원으로 이용할 수 없다. (　　)

🧪 탐구자료 살펴보기　종 다양성

자료 탐구

그림은 서로 다른 군집 Ⅰ~Ⅲ을 구성하고 있는 식물 종을 나타낸 것이다.

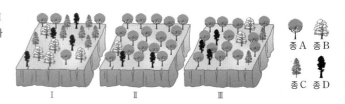

종 A　종 B

종 C　종 D

탐구 분석

구분	개체 수				전체 개체 수	종 수
	종 A	종 B	종 C	종 D		
군집 Ⅰ	4	5	7	4	20	4
군집 Ⅱ	17	1	0	2	20	3
군집 Ⅲ	13	2	2	3	20	4

탐구 point

- Ⅰ~Ⅲ의 전체 개체 수는 동일하나, Ⅰ과 Ⅲ은 종 수가 4, Ⅱ는 종 수가 3이다.
- Ⅰ과 Ⅲ의 식물 종 수와 전체 개체 수는 동일하지만 Ⅰ에서 식물 종이 더 고르게 분포되어 있다. 따라서 종 다양성은 Ⅰ이 Ⅲ보다 높다.
- Ⅰ > Ⅲ > Ⅱ 순으로 종 다양성이 높다.

---

(4) 생물 다양성의 중요성

① **생태계 안정성 유지**: 생물 다양성은 생태계의 기능 및 안정성 유지에 중요하다.
- 생물 다양성이 높은 생태계는 교란이 있어도 생태계 평형이 유지될 가능성이 크다.
- 생태계 평형이 깨지면 물질 순환과 에너지 흐름에 이상을 초래하여 생물의 생존이 위협을 받게 되고 쉽게 회복되지 않거나 회복 시간이 오래 걸린다.

② **생물 자원**: 다양한 생태계의 생태적·문화적 가치는 인간에게 사회적·심미적 가치를 제공한다.

직접 이용	의식주	인간의 의식주에 필요한 각종 자원 공급 📗 목화, 마, 양, 누에 등 → 직물 공급 / 쌀, 밀, 옥수수, 콩 등 → 식량 공급 / 나무, 풀 등 → 주택 재료 공급
	의약품	인류가 사용하는 의약품은 대부분 생물 자원에서 찾아냈거나 생물 자원을 활용하여 생산 📗 푸른곰팡이 → 페니실린(항생제) / 주목 → 택솔(항암제) 등
	기타 자원	화석 연료(석탄, 석유, 천연 가스), 땔감, 종이 원료, 천연 향료, 천연 염색약, 고무 등
간접 이용	환경 조절자	• 오염 물질을 처리하는 습지와 해안 지역의 자연 정화 기능 • 홍수나 산사태와 같은 자연재해 예방 📗 방풍림 • 적합한 기후 조건을 만드는 식물의 조절자 역할
	지표종	특정 지역의 환경 상태를 알려주는 역할 📗 지의류
	관광 자원	휴양림, 갯벌, 습지 등의 생태 관광 자원

③ **다양한 생물 자원의 효율적 이용과 개발**: 과학이 발달함에 따라 생물 자원은 더욱 다양하고 새로운 형태로 개발·이용된다.
📗 질병에 대한 저항력을 가진 생물의 유전자를 새로운 농작물 개발에 활용, 극한 환경에 서식하는 생물의 내열성 DNA 중합 효소의 활용, 바이오 에너지 생산 등

정답

1. Ⅰ
2. 생물 자원
3. ○
4. ×

7 생물 다양성의 보전

(1) 생물 다양성의 위기와 감소 원인

생태계에서 생물 다양성이 감소되는 주요 원인은 인간의 활동과 관련이 있다.

① **서식지 파괴 및 단편화**: 숲의 벌채나 습지의 매립 등으로 서식지 면적이 감소되면 그 서식지에서 살아가는 생물의 종 수가 감소하여 생물 다양성이 감소한다. 또한, 대규모의 서식지가 소규모로 분할되는 서식지 단편화는 서식지 면적을 줄이고, 생물 이동을 제한하여 고립시키기 때문에 그 지역에 서식하는 개체군의 크기가 작아진다. 이는 멸종으로 이어질 수 있다.

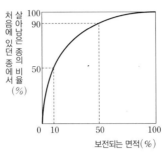

서식지의 면적 변화에 따라
살아남은 종의 비율

개념 체크

○ 생물 다양성 감소의 주된 원인은 서식지 파괴와 단편화이다.

1. 대규모 서식지가 소규모로 분할되는 서식지 (　　　)는 서식지 면적을 줄인다.

2. 어떤 개체군을 회복할 수 없을 정도로 과도하게 포획하는 것을 (　　　)이라고 한다.

※ ○ 또는 ×

3. 무분별한 외래종의 도입은 생물 다양성 감소의 원인이다. (　　　)

4. 생물 다양성의 보전 방안 중 개인적 수준의 실천 방안으로는 에너지 절약, 자원 재활용이 있다. (　　　)

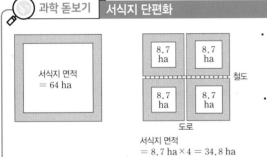

🔍 **과학 돋보기** | **서식지 단편화**

- 철도, 도로 등에 의해 서식지가 단편화되었을 때 실제 감소되는 면적이 작다고 하더라도 가장자리의 길이와 면적이 늘어나므로 깊은 숲 속에서 살아가는 생물의 경우 서식지가 절반 가까이 줄어들게 된다.
- 서식지 단편화로 발생하는 피해는 생태 통로를 설치하여 최소화할 수 있다.

---

② **불법 포획과 남획**: 개체 수 보전을 위해 포획이 금지된 종을 포획하는 것을 불법 포획이라고 하고, 어떤 개체군을 회복할 수 없을 정도로 과도하게 포획하는 것을 남획이라고 한다. 불법 포획과 남획으로 일부 종은 멸종 위기에 처해 있다.

③ **환경 오염과 기후 변화**: 산업 발달에 따른 대기·수질·토양의 오염과 지구 온난화를 비롯한 여러 기후 변화는 생물 다양성을 감소시키는 요인이다.

④ **외래종의 도입**: 고유종의 서식지를 점령하고 먹이 사슬에 변화를 일으키는 외래종은 생물 다양성을 감소시킨다. 예 블루길, 가시박, 뉴트리아, 돼지풀 등

(2) 생물 다양성의 보전 방안

생물 다양성의 보전을 위해 멸종을 방지하고 생물 다양성의 감소 요인을 줄여야 한다.

① **개인적 수준의 실천 방안**: 에너지 절약, 자원 재활용, 친환경(저탄소) 제품 사용 등

② **사회적 수준의 실천 방안**: 대정부 감시 기능과 홍보를 위한 비정부 기구(NGO) 활동 등

③ **국가적 수준의 실천 방안**: 야생 생물 보호 및 관리에 관한 법률 제정, 국립 공원 지정 및 관리, 멸종 위기종 복원 사업, 종자 은행을 통한 생물의 유전자 관리 등

④ **국제적 수준의 실천 방안**: 생물 다양성 보전 활동과 생태계에 대한 인간의 인식 개선을 위한 다양한 국제 협약 등

　예 생물 다양성 협약, 람사르 협약, 바젤 협약, 런던 협약 등

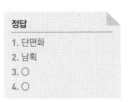

정답

1. 단편화
2. 남획
3. ○
4. ○

01 그림은 생태계 A~C에서 생산자의 호흡량과 총생산량을 나타낸 것이다.

[24025-0277]

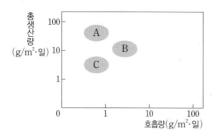

이 자료에 대한 설명으로 옳은 것만을 〈보기〉에서 있는 대로 고른 것은?

● 보기 ●
ㄱ. A의 생산자에서 총생산량은 호흡량보다 크다.
ㄴ. 순생산량은 A의 생산자에서가 C의 생산자에서보다 많다.
ㄷ. 총생산량은 B의 생산자에서가 C의 생산자에서보다 적다.

① ㄱ   ② ㄴ   ③ ㄱ, ㄴ   ④ ㄱ, ㄷ   ⑤ ㄴ, ㄷ

02 그림은 어떤 생태계의 생산자에서 총생산량, 순생산량, 생장량의 관계를, 표는 이 생태계를 구성하는 생산자, 1차 소비자, 2차 소비자의 에너지양을 나타낸 것이다. ㉠과 ㉡은 각각 1차 소비자와 2차 소비자 중 하나이고, 1차 소비자의 에너지 효율은 10 %이다.

[24025-0278]

← 총생산량 →

	← 순생산량 →	
A	B	생장량

구분	에너지양(상댓값)
㉠	?
㉡	15
생산자	1000

이에 대한 설명으로 옳은 것만을 〈보기〉에서 있는 대로 고른 것은?

● 보기 ●
ㄱ. 이 생태계에서 생산자의 피식량은 B에 포함된다.
ㄴ. ㉠의 호흡량은 A에 포함된다.
ㄷ. 2차 소비자의 에너지 효율은 15 %이다.

① ㄱ   ② ㄴ   ③ ㄱ, ㄷ   ④ ㄴ, ㄷ   ⑤ ㄱ, ㄴ, ㄷ

03 그림은 식물 군집 (가)의 시간에 따른 유기물량을 나타낸 것이다. A와 B는 각각 총생산량과 호흡량 중 하나이고, ㉠과 ㉡은 음수림과 양수림을 순서 없이 나타낸 것이다.

[24025-0279]

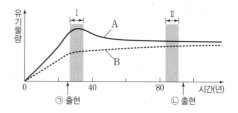

이에 대한 설명으로 옳은 것만을 〈보기〉에서 있는 대로 고른 것은?

● 보기 ●
ㄱ. ㉠은 양수림이다.
ㄴ. 구간 Ⅰ에서 (가)의 생장량은 A에 포함된다.
ㄷ. (가)의 순생산량은 구간 Ⅰ에서가 구간 Ⅱ에서보다 적다.

① ㄱ   ② ㄷ   ③ ㄱ, ㄴ   ④ ㄴ, ㄷ   ⑤ ㄱ, ㄴ, ㄷ

04 그림은 생태계에서 일어나는 질소 순환 과정의 일부를 나타낸 것이다. A와 B는 생산자와 소비자를 순서 없이 나타낸 것이다.

[24025-0280]

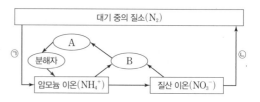

이에 대한 설명으로 옳은 것만을 〈보기〉에서 있는 대로 고른 것은?

● 보기 ●
ㄱ. 뿌리혹박테리아는 과정 ㉠에 관여한다.
ㄴ. B는 스스로 양분을 합성할 수 있다.
ㄷ. 과정 ㉡은 탈질산화 작용이다.

① ㄱ   ② ㄷ   ③ ㄱ, ㄴ   ④ ㄴ, ㄷ   ⑤ ㄱ, ㄴ, ㄷ

05 그림은 생태계에서 어떤 물질이 순환하는 과정의 일부를 나타낸 것이다. ㉠은 CO_2와 N_2 중 하나이고, A와 B는 생산자와 분해자를 순서 없이 나타낸 것이다.

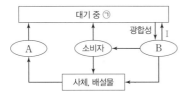

이에 대한 설명으로 옳은 것만을 〈보기〉에서 있는 대로 고른 것은?

● 보기 ●
ㄱ. ㉠은 N_2이다.
ㄴ. B는 생산자이다.
ㄷ. 호흡을 통해 과정 I 이 일어난다.

① ㄱ ② ㄷ ③ ㄱ, ㄴ ④ ㄴ, ㄷ ⑤ ㄱ, ㄴ, ㄷ

06 그림은 생물 다양성 보전에 대한 학생 A~C의 발표 내용이다.

생물 다양성 보전을 위해 외래종을 최대한 많이 도입해야 합니다.

생태 통로 설치는 단편화된 서식지에 생물의 이동 경로를 확보하는 방법 중 하나입니다.

생물 다양성 협약은 국제적 수준의 생물 다양성 보전 방안에 해당합니다.

학생 A
학생 B
학생 C

발표 내용이 옳은 학생만을 있는 대로 것은?

① A ② C ③ A, B ④ B, C ⑤ A, B, C

07 그림은 생태계 (가)와 (나)의 먹이 관계를 나타낸 것이다.

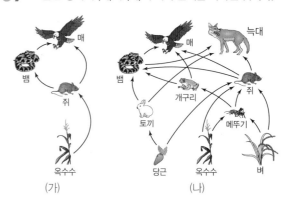

(가)   (나)

이에 대한 설명으로 옳은 것만을 〈보기〉에서 있는 대로 고른 것은? (단, 제시된 종 이외의 종은 고려하지 않는다.)

● 보기 ●
ㄱ. (가)에서 뱀은 2차 소비자에 해당한다.
ㄴ. (나)에서 뱀과 개구리의 상호 작용은 포식과 피식이다.
ㄷ. (가)와 (나)에서 쥐가 사라지면 생태계 평형은 (가)에서가 (나)에서보다 쉽게 깨질 것이다.

① ㄱ ② ㄷ ③ ㄱ, ㄴ ④ ㄴ, ㄷ ⑤ ㄱ, ㄴ, ㄷ

08 표는 생태계에서 일어나는 질소 순환 과정의 일부 (가)~(다)에서 일어나는 물질의 전환과 각 과정에 관여하는 세균을 나타낸 것이다. ㉠~㉢은 질소(N_2), 암모늄 이온(NH_4^+), 질산 이온(NO_3^-)을 순서 없이 나타낸 것이다.

과정	물질의 전환	세균
(가)	㉠ → ㉡	ⓐ
(나)	㉢ → ㉠	질산화 세균
(다)	㉡ → ㉢	?

이에 대한 설명으로 옳은 것만을 〈보기〉에서 있는 대로 고른 것은?

● 보기 ●
ㄱ. 질소 고정 세균은 ⓐ에 해당한다.
ㄴ. (다)는 탈질산화 작용이다.
ㄷ. 식물은 ㉠과 ㉢을 흡수하여 유기물 합성에 이용한다.

① ㄱ ② ㄷ ③ ㄱ, ㄴ ④ ㄴ, ㄷ ⑤ ㄱ, ㄴ, ㄷ

[24025-0285]

09 그림은 어떤 생태계에서 A~D의 에너지양을 상댓값으로 나타낸 생태 피라미드를, 표는 A~D의 에너지 효율을 나타낸 것이다. ㉠은 에너지양이고, A~D는 각각 생산자, 1차 소비자, 2차 소비자, 3차 소비자 중 하나이다.

구분	에너지 효율(%)
A	20
B	15
C	10
D	?

이 자료에 대한 설명으로 옳은 것만을 〈보기〉에서 있는 대로 고른 것은?

● 보기 ●
ㄱ. B는 2차 소비자이다.
ㄴ. ㉠은 1000이다.
ㄷ. 상위 영양 단계로 갈수록 에너지양은 감소한다.

① ㄱ ② ㄷ ③ ㄱ, ㄴ ④ ㄴ, ㄷ ⑤ ㄱ, ㄴ, ㄷ

[24025-0286]

10 그림은 어떤 안정된 생태계에서의 에너지 이동량을 상댓값으로 나타낸 것이다.

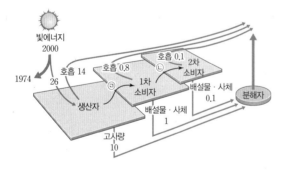

이에 대한 설명으로 옳은 것만을 〈보기〉에서 있는 대로 고른 것은?

● 보기 ●
ㄱ. ㉠+㉡=2.2이다.
ㄴ. 생태계에서 에너지는 순환한다.
ㄷ. 분해자로 유입된 에너지양은 11.1이다.

① ㄱ ② ㄴ ③ ㄱ, ㄷ ④ ㄴ, ㄷ ⑤ ㄱ, ㄴ, ㄷ

[24025-0287]

11 그림은 서식지 (가)가 (나)로 단편화되는 과정을, 표는 (가)와 (나)에 서식하는 종의 종류와 총개체 수를 나타낸 것이다. ㉠~㉤은 서로 다른 종이다.

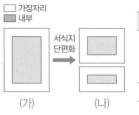

□ 가장자리
■ 내부

(가) → 서식지 단편화 → (나)

구분		(가)	(나)
종의 종류	가장자리	㉠, ㉡, ㉢	㉠, ㉡
	내부	㉣, ㉤	㉣
총개체 수		560	120

이에 대한 설명으로 옳은 것만을 〈보기〉에서 있는 대로 고른 것은? (단, 제시된 조건 이외는 고려하지 않는다.)

● 보기 ●
ㄱ. 서식지 단편화로 인해 총개체 수가 감소하였다.
ㄴ. 가장자리에 서식하는 종의 수는 (가)에서가 (나)에서보다 작다.
ㄷ. 서식지 단편화로 인해 $\dfrac{\text{내부 면적}}{\text{가장자리 면적}}$ 은 증가하였다.

① ㄱ ② ㄷ ③ ㄱ, ㄴ ④ ㄴ, ㄷ ⑤ ㄱ, ㄴ, ㄷ

[24025-0288]

12 다음은 생물 다양성의 세 가지 의미를 정리한 자료이다. A~C는 종 다양성, 유전적 다양성, 생태계 다양성을 순서 없이 나타낸 것이다.

· A의 예로는 아시아무당벌레의 다양한 색과 반점 무늬가 있다.
· B에는 ㉠, 물, 온도와 같은 비생물적 요인이 포함된다.
· 그림은 C의 의미를 나타낸 것이다.

이에 대한 설명으로 옳은 것만을 〈보기〉에서 있는 대로 고른 것은?

● 보기 ●
ㄱ. A는 종 다양성이다.
ㄴ. '빛'은 ㉠에 해당한다.
ㄷ. C가 낮을수록 생태계가 안정적으로 유지된다.

① ㄱ ② ㄴ ③ ㄱ, ㄴ ④ ㄱ, ㄷ ⑤ ㄴ, ㄷ

01 그림은 어떤 안정된 생태계에서의 에너지 이동량을 상댓값으로 나타낸 것이다.

[24025-0289]

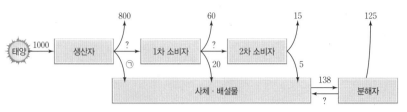

이에 대한 설명으로 옳은 것만을 〈보기〉에서 있는 대로 고른 것은?

보기

ㄱ. ㉠은 100이다.

ㄴ. 1차 소비자의 에너지는 모두 2차 소비자에게 전달된다.

ㄷ. 1차 소비자로 이동한 에너지양은 분해자로 이동한 에너지양보다 크다.

① ㄱ   ② ㄷ   ③ ㄱ, ㄴ   ④ ㄴ, ㄷ   ⑤ ㄱ, ㄴ, ㄷ

생태계에서 에너지는 순환하지 않는다.

[24025-0290]

02 그림은 생태계에서 일어나는 탄소 순환과 질소 순환 과정의 일부를 나타낸 것이다. ㉠~㉣은 질소(N_2), 이산화 탄소(CO_2), 암모늄 이온(NH_4^+), 질산 이온(NO_3^-)을 순서 없이 나타낸 것이다. ⟶와 ┈┈▶는 각각 질소의 이동과 탄소의 이동 중 하나를 의미한다. 과정 Ⅳ는 질산화 세균에 의해 일어났다.

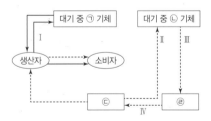

이에 대한 설명으로 옳은 것만을 〈보기〉에서 있는 대로 고른 것은?

보기

ㄱ. 생산자의 세포 호흡에 의해 과정 Ⅰ이 일어난다.

ㄴ. 뿌리혹박테리아는 과정 Ⅲ에 관여한다.

ㄷ. ㉢은 암모늄 이온(NH_4^+)이다.

① ㄱ   ② ㄷ   ③ ㄱ, ㄴ   ④ ㄴ, ㄷ   ⑤ ㄱ, ㄴ, ㄷ

대기 중의 이산화 탄소(CO_2)는 생산자의 광합성을 통해 유기물로 합성되고, 대기 중의 질소 기체(N_2)는 생산자가 흡수할 수 있는 암모늄 이온(NH_4^+)이나 질산 이온(NO_3^-)으로 전환된다.

생물 다양성에는 유전적 다양성, 종 다양성, 생태계 다양성이 있다.

[24025-0291]

03 그림 (가)는 생물 다양성의 3가지 의미를 구분하는 과정을 나타낸 것이고, (나)는 A∼C의 의미를 나타낸 것이다. A∼C는 생태계 다양성, 유전적 다양성, 종 다양성을 순서 없이 나타낸 것이다.

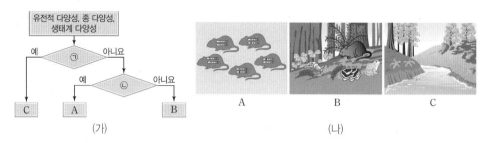

(가)   (나)

이에 대한 설명으로 옳은 것만을 〈보기〉에서 있는 대로 고른 것은?

┌─ 보 기 ●───┐
│ ㄱ. B에는 동물 종만 포함된다.   │
│ ㄴ. '생태계에 속하는 생물과 비생물적 요인 사이의 관계에 관한 다양성을 포함하는가?'는 ⊙에   │
│   해당한다.   │
│ ㄷ. 같은 종의 기린에서 털 무늬가 다양하게 나타나는 것은 A에 해당한다.   │
└──┘

① ㄱ   ② ㄴ   ③ ㄷ   ④ ㄱ, ㄴ   ⑤ ㄴ, ㄷ

먹이 사슬에서 물질은 생산자 → 1차 소비자 → 2차 소비자 → 3차 소비자로 이동한다.

[24025-0292]

04 그림 (가)는 어떤 생태계에서 방사성 동위 원소로 표지한 물질 X를 식물의 잎에 뿌린 후 일정 시간마다 이 지역에 서식하는 3종의 생물 A∼C에서 검출되는 방사선량을, (나)는 이 생태계에서 생산자와 ⊙∼ⓒ의 에너지양을 상댓값으로 나타낸 생태 피라미드이다. ⊙∼ⓒ은 1차 소비자, 2차 소비자, 3차 소비자를 순서 없이 나타낸 것이고, A∼C는 ⊙∼ⓒ 중 서로 다른 영양 단계에 속한다. X는 먹이 사슬을 따라 이동한다.

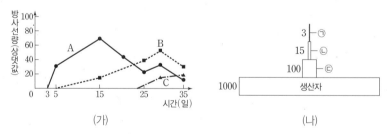

(가)   (나)

이에 대한 설명으로 옳은 것만을 〈보기〉에서 있는 대로 고른 것은?

┌─ 보 기 ●───┐
│ ㄱ. A는 ⓒ에 속한다.   │
│ ㄴ. B가 가진 에너지의 일부는 C로 이동한다.   │
│ ㄷ. 에너지 효율은 ⓒ에서가 ⊙에서보다 크다.   │
└──┘

① ㄱ   ② ㄷ   ③ ㄱ, ㄴ   ④ ㄴ, ㄷ   ⑤ ㄱ, ㄴ, ㄷ

05 그림은 생태계에서 일어나는 질소 순환 과정의 일부를, 표는 화학 비료 (가)에 포함된 물질 X를 공업적으로 합성하는 방법에 대한 설명을 나타낸 것이다.

[24025-0293]

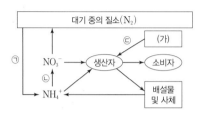

X는 약 200기압, 400~500 ℃, 촉매가 있는 조건에서 아래의 화학 반응을 통해 합성된다.

$$3H_2 + N_2 \longrightarrow 2NH_3, \ 2NH_3 + 2H^+ \longrightarrow 2X$$

이에 대한 설명으로 옳은 것만을 〈보기〉에서 있는 대로 고른 것은?

● 보기 ●

ㄱ. 과정 ㉠은 질소 고정이다.

ㄴ. 질산화 세균은 과정 ㉡에 관여한다.

ㄷ. 과정 ㉢에서 NH_4^+의 이동이 있다.

① ㄱ   ② ㄷ   ③ ㄱ, ㄴ   ④ ㄴ, ㄷ   ⑤ ㄱ, ㄴ, ㄷ

질소 순환 과정에서는 질소 고정 세균에 의한 질소 고정, 질산화 세균에 의한 질산화 작용, 탈질산화 세균에 의한 탈질산화 작용이 일어난다.

[24025-0294]

06 그림은 어떤 안정된 생태계에서 1차 소비자의 일시적인 개체 수 증가 후 평형 상태로 회복되는 과정에서 개체 수 피라미드를 나타낸 것이다. ㉠과 ㉡은 증가와 감소를 순서 없이 나타낸 것이다.

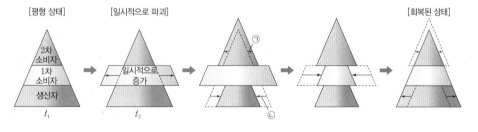

이에 대한 설명으로 옳은 것만을 〈보기〉에서 있는 대로 고른 것은?

● 보기 ●

ㄱ. ㉠은 증가이다.

ㄴ. t_1일 때 상위 영양 단계로 갈수록 개체 수가 증가한다.

ㄷ. $\dfrac{\text{1차 소비자의 개체 수}}{\text{생산자의 개체 수}}$ 는 t_1일 때가 t_2일 때보다 작다.

① ㄱ   ② ㄷ   ③ ㄱ, ㄴ   ④ ㄱ, ㄷ   ⑤ ㄴ, ㄷ

먹이 사슬에서 각 영양 단계에 속하는 생물의 개체 수, 생물량(생체량), 에너지양 등을 하위 영양 단계에서부터 쌓아 올리면 피라미드 형태가 되는데, 이를 생태 피라미드라고 한다.

본 교재 광고의 수익금은 콘텐츠 품질개선과 공익사업에 사용됩니다.
모두의 요강(mdipsi.com)을 통해 경복대학교의 입시정보를 확인할 수 있습니다.

입학홈페이지

CULTIVATING TALENTS, TRAINING CHAMPIONS

당신의 성공스토리
경복대학교가 도와드립니다

We help
you shape
your
success

경복대학교가
또 한번 앞서갑니다

6년 연속 수도권 대학 취업률 1위 (졸업생 2천명 이상)

지하철 4호선 진접경복대역 역세권 대학 / 무료통학버스 21대 운영

전문대학 브랜드평판 전국 1위 (한국기업평판연구소, 2023. 5~11월)

연간 245억, 재학생 92% 장학혜택 (2021년 기준)

1,670명 규모 최신식 기숙사 (제2기숙사 2023.12월 완공예정)

연간 240명 무료해외어학연수 / 4년제 학사학위 전공심화과정 운영

Futuristic Innovator
경복대학교
KYUNGBOK UNIVERSITY

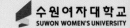
수원여자대학교
SUWON WOMEN'S UNIVERSITY

전국 여자대학교 5년 연속

취업률 1위

(2017~2021, 4년제 포함 대학알리미 졸업생 1000명 이상 2000명 미만)

기업이 먼저 알아주는 든든한 이력, 수원여자대학교

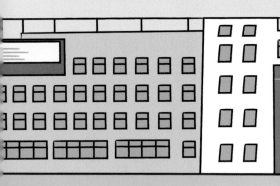

수원여자대학교

☑ **교육성과우수대학인증**

| 교육부 평가 일반재정지원대학 선정 (2021년)

| 간호학과 국가고시 100% 합격 (2021년)

| 전문대학기관평가 인증 대학 (2023년)

☑ **편리한 교통환경**

| 1호선 수원역 스쿨버스 상시 운행

| 수인분당선 오목천(수원여대)역 개통

| 광역 스쿨버스 운행 (사당, 부평, 잠실, 가락시장, 동탄, 기흥 등)

☑ **반값 등록금 수준의 장학금**

| 1인당 평균 353만원

| 교내·외 장학금 지급 금액 132억원 (2022 대학알리미 기준)

☑ **원서접수**

| 수시1차 2024.09.09 ~ 10.02

| 수시2차 2024.11.08 ~ 11.22

| 정　시 2024.12.31 ~ 2025.01.14

본 교재 광고의 수익금은 콘텐츠 품질 개선과 공익사업에 사용됩니다.
모두의 요강(mdipsi.com)을 통해 수원여자대학교의 입시정보를 확인할 수 있습니다.

입학문의 | 카카오톡 채널 '수원여자대학교'
수원여대 입학홈페이지 | entr.swwu.ac.kr

문제를 사진 찍고
해설 강의 보기
Google Play | App Store

EBS*i* 사이트
무료 강의 제공

한국교육과정평가원
감수
본 교재는 2025학년도 수능
연계교재로서 한국교육과정
평가원이 감수하였습니다.

정답과 해설

수능특강

과학탐구영역
생명과학 Ⅰ

2025학년도 수능 연계교재 본 교재는 대학수학능력시험을 준비하는 데 도움을 드리고자 과학과 교육과정을 토대로 제작된 교재입니다.
학교에서 선생님과 함께 교과서의 기본 개념을 충분히 익힌 후 활용하시면 더 큰 학습 효과를 얻을 수 있습니다.

1953~2023
한국성서대학교 71주년

지금 이 시간, moment!!

심장이 **빠/르/게** 뛰는 순간
나의 **moment**는
한국성서대학교에서 시작한다

수 시 모 집	2024. 09. 09(월) ~ 13(금)
정시모집(다)군	2024. 12. 31(화) ~ 2025. 01. 03(금)

중계역
(한국성서대학교)

 수도권 4년제 대학 취업률 2위
취업률 78.2%, 교육부 대학알리미(2021. 12. 31. 기준)

 3주기 대학기관평가인증 평가인증 획득
한국대학평가원, 30개 준거 'All Pass'

 성서학과 첫 학기 전액장학금
국가장학금 제외 전액 장학혜택

 편리한 교통
7호선 중계역(한국성서대)에서 단 2분

 **한국성서대학교**
KOREAN BIBLE UNIVERSITY

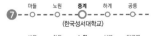

in Seoul

7 ─ 마들 ─ 노원 ─ **중계** ─ 하계 ─ 공릉
　　　　　　　　(한국성서대학교)

4 ─ 쌍문 ─ 창동 ─ **노원** ─ 상계 ─ 당고개
　　　　　　　　(한국성서대학교)

※ 본 교재 광고의 수익금은 콘텐츠 품질 개선과 공익사업에 사용됩니다.
※ 모두의 요강(mdipsi.com)을 통해 한국성서대학교의 입시정보를 확인할 수 있습니다.

수능특강

과학탐구영역 생명과학 I

정답과 해설

01 생명 과학의 이해

01 ⑤   **02** ⑤   **03** ⑤   **04** ④   **05** ⑤   **06** ②   **07** ⑤

08 ⑤   **09** ⑤   **10** ③   **11** ⑤   **12** ④

01 생물의 특성

세포는 생물을 구성하는 기본 단위이다.

✗. '세포로 구성된다.'는 강아지만 갖는 특징이고, '움직이는 과정에 에너지가 사용된다.'는 강아지와 강아지 로봇이 모두 갖는 특징이다. 따라서 ㉠만 갖는 A는 강아지 로봇이고, ㉠과 ㉡을 모두 갖는 B는 강아지이다.

㉡. 생물인 강아지(B)에서 물질대사가 일어난다.

㉢. 강아지 로봇(A)과 강아지(B)가 모두 갖는 ㉠은 '움직이는 과정에 에너지가 사용된다.'이다.

02 귀납적 탐구 방법

귀납적 탐구 과정에서는 가설을 설정하지 않는다.

㉠. 이 탐구에서 가설이 제시되지 않았고, 관찰을 통해 얻은 결과를 종합하여 결론을 내렸으므로 귀납적 탐구 방법이 이용되었다.

✗. (나)는 관찰의 수행 단계이다.

㉢. 둥지 침입자에 대한 방어는 암컷이 수컷보다 더 적극적이라고 결론을 내렸으므로 ㉠은 암컷이고, ㉡은 수컷이다.

03 생물의 특성

개구리의 알은 발생과 생장을 거쳐 올챙이에서 개구리로 변화한다.

㉠. 알이 올챙이를 거쳐 개구리가 되는 발생과 생장 과정에서 세포 분열이 일어난다.

㉡. 소화 기관에서 먹이가 소화(㉡)되는 과정에서 이화 작용이 일어난다.

㉢. '개구리가 겨울에 땅속에 들어가 겨울잠을 자는 것은 추운 날씨에 얼어 죽지 않고 살아남기에 적합하다.'는 생물의 특성 중 적응과 진화의 예에 해당한다.

04 박테리오파지(바이러스)

세포 구조가 아닌 바이러스는 독립적인 물질대사를 할 수 없어 숙주 세포를 이용하여 증식한다.

㉠. ㉠은 단백질, ㉡은 DNA이다.

✗. 박테리오파지는 세포막을 갖지 않으므로 세포로 구성되지 않는다.

㉢. 숙주 세포로 들어간 박테리오파지의 DNA(㉡)는 숙주 세포 내에서 복제되어 박테리오파지의 증식에 이용된다.

05 생물의 특성

물질대사는 생명체 내에서 일어나는 모든 화학 반응으로 (가)는 물질대사이고, (나)는 항상성이다. 생물은 자극에 대해 반응하며 항상성을 유지한다.

㉠. 빛(㉠)에 의해 식물이 휘어 자라게 되므로 빛(㉠)은 자극에 해당한다.

㉡. '이자에서 분비된 소화액에 의해 영양소가 분해된다.'는 물질대사(가)의 예에 해당한다.

㉢. '날씨가 더울 때 체온 유지를 위해 땀을 흘린다.'는 항상성(나)의 예에 해당한다.

06 연역적 탐구 방법

가설을 설정하고, 건강한 양을 두 집단 Ⅰ과 Ⅱ로 나눈 뒤 실험군과 대조군을 설정하여 탐구를 수행하였으므로 연역적 탐구 방법이 이용되었다.

✗. 탄저병 백신이 탄저병 예방에 효과가 있다고 결론을 내렸으므로 탄저병에 걸리지 않은 Ⅰ이 ㉠이다.

㉡. (가)에서 가설이 제시되고, (나)에서 대조 실험이 진행되었으므로 연역적 탐구 방법이 이용되었다.

✗. '탄저병 백신의 주사 여부'는 조작 변인에, Ⅰ과 Ⅱ에서 탄저병의 발생 여부는 종속변인에 해당한다.

07 과학의 탐구 과정

귀납적 탐구 과정에는 없는 가설 설정 단계가 연역적 탐구 과정에는 있다.

✗. (가)는 가설 설정 단계가 없으므로 귀납적 탐구 과정이고, (나)는 연역적 탐구 과정이다.

㉡. ㉠은 인식한 의문에 대해 실험자가 잠정적인 결론을 내리는 가설 설정 단계이다.

㉢. 연역적 탐구 과정인 (나)의 탐구 설계 및 수행 단계에서 대조 실험이 수행된다.

08 생물의 특성 - 적응과 진화

⑤ 오리와 개구리가 물에서 헤엄치는 데 적합한 물갈퀴를 갖는 것과 먹이 종류에 따라 핀치의 부리 모양이 다른 것(⑤)은 생물의 특성 중 적응과 진화의 예에 해당한다. ①은 발생과 생장의 예, ②는 항상성의 예, ③은 자극에 대한 반응의 예, ④는 생식과 유전의 예이다.

09 연역적 탐구

연역적 탐구에서는 가설을 세우고, 대조 실험을 통해 얻은 결과를 바탕으로 결론을 내린다.

✗. 세균의 생장이 억제된 범위(㉠)는 실험의 결과이므로 종속변인에 해당한다.

○. (가)에서 가설이 제시되었으므로 연역적 탐구 방법이 이용되었다.

○. 마늘 추출물을 떨어뜨린 A와 세균의 생장을 억제하는 항생물질인 앰피실린을 떨어뜨린 B에서 세균의 생장이 억제된 범위의 지름이 같으므로 '마늘에는 세균의 생장을 억제하는 물질이 있다.'는 결론인 ⓐ에 해당한다.

10 생명 과학의 특성

생명 과학은 생물에서 나타나는 다양한 생명 현상과 다양한 범위의 대상을 통합적으로 연구한다.

○. 자극에 대한 반응은 생물에서 나타나는 생명 현상(㉠)에 해당한다.

✗. 생명 과학에서는 분자 → 세포 → 조직 → 기관 → 개체 → 개체군 → 군집 → 생태계에 이르는 다양한 범위의 대상(㉡)을 통합적으로 연구한다.

○. 생명 과학은 공학, 물리학, 화학, 정보학, 의학 등의 다른 학문 분야와 연계하여 발달하고 있으며, 생물 정보학은 생명 과학과 정보학을, 생체 모방 공학은 생명 과학과 공학을 연계한 사례에 해당한다.

11 생물의 특성

A는 아메바, B는 바이러스이다.

○. 아메바는 특징 '유전 물질이 있다.', '독립적으로 물질대사를 한다.'를 모두 가지므로 B가 될 수 없다. 따라서 A는 아메바이다.

○. (가)의 특징 중 바이러스(B)가 갖는 특징은 '유전 물질이 있다.'이다.

○. ㉠은 세균과 아메바(A)가 모두 갖는 특징이므로 '세포 구조이다.'는 ㉠에 해당한다.

12 연역적 탐구

연역적 탐구에서는 가설을 세우고, 대조 실험을 한다.

○. 과실파리의 날개에 있는 무늬가 포식자로부터 자신을 보호해 주는 역할을 하므로 '과실파리의 날개에는 포식자인 깡충거미 다리 모양의 무늬가 있다.'는 생물의 특성 중 적응과 진화의 예에 해당한다.

✗. 실험 결과 과실파리의 날개 무늬가 깡충거미로부터의 공격을 줄여준다고 결론을 내렸으므로 (나)에서 공격을 많이 받은 Ⅱ가 날개에 검은색 칠을 한 과실파리 집단이다.

○. (가)에서 날개에 검은색 칠을 한 집단과 그대로 둔 집단을 설정하여 비교 실험을 진행하였으므로 대조 실험이 수행되었다.

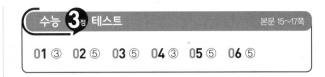

수능 3점 테스트 본문 15~17쪽

01 ③ 02 ⑤ 03 ⑤ 04 ③ 05 ⑤ 06 ⑤

01 생물의 특성

아메바와 죽순은 모두 세포로 이루어진 생물이고, 고드름은 물이 얼어 형성된 비생물이다.

Ⓐ. 아메바는 1개의 세포로 이루어진 단세포 생물로 내·외부 자극에 대해 반응한다.

✗. 물질대사는 생명체 내에서 일어나는 화학 반응이므로 생물이 아닌 고드름에서는 물질대사가 일어나지 않는다.

Ⓒ. 아메바와 죽순은 모두 세포로 구성된다.

02 바이러스

바이러스는 세포 구조가 아니며 독립적인 물질대사를 할 수 없다.

○. 영양 물질과 숙주 세포가 함께 있는 배지에서만 증식하였으므로 A는 바이러스(㉮)이다.

○. 바이러스는 유전 물질(핵산)과 단백질을 가지고 있으며, 세포 구조가 아니므로 세포 분열을 할 수 없다. 따라서 A는 ㉠~㉢ 중 ㉠과 ㉡을 갖는다.

○. (다)에서 영양 물질만 있는 배지와 영양 물질과 숙주 세포가 함께 있는 배지를 이용한 대조 실험이 수행되었다.

03 생물의 특성

작은 플랑크톤을 먹고 사는 해면은 세포로 구성된 다세포 생물이다.

○. 해면은 생물이므로 세포로 구성된다.

○. 물속 작은 플랑크톤을 몸 안에서 소화하여 영양분을 얻는 ㉠ 과정에서 물질대사가 일어난다.

○. 가랑잎벌레가 나뭇잎과 유사한 형태를 가져 포식자를 피하는 것과 해면이 포식자들로부터 자신을 보호하기 위해 독성 물질을 지니고 있는 것(㉡)은 모두 생물의 특성 중 적응과 진화의 예에 해당한다.

04 연역적 탐구 방법

의문에 대한 잠정적인 결론을 설정하는 가설 설정 단계가 포함된 과학 탐구 방법은 연역적 탐구 방법이다.

○. ㉠을 넣은 Ⅰ과 Ⅲ에서 모두 발아한 종자 수가 각각 Ⅱ와 Ⅳ에서보다 많고, 커피 찌꺼기를 이용해 만든 액상 퇴비가 식물의 생장에 도움이 된다고 결론을 내렸으므로 ㉠은 1 % 커피 찌꺼기 액상 퇴비이다.

○. (가)에서 가설(잠정적인 결론)이 설정되었다.

✗. Ⅱ와 Ⅲ을 제외하고 실험을 수행했다면 종자의 종류가 다르므로 변인 통제가 제대로 수행되었다고 할 수 없다. 따라서 타당성이 있는 결론을 내릴 수 없다.

05 연역적 탐구

감자의 색 변화를 알아보기 위해 10개씩의 노란색 감자를 동일한 두 상자에 각각 넣은 것은 통제 변인, 빛의 차단 여부는 조작 변인, 감자의 색깔 변화는 종속변인에 해당한다.

ㄱ. (다)에서 빛의 차단 여부를 달리한 대조 실험이 진행되었다.

ㄴ. 빛의 차단 여부는 실험자가 의도적으로 변화시키는 변인에 해당하므로 조작 변인이다.

ㄷ. 빛을 차단하지 않은 Ⅱ의 감자만 색깔이 초록색으로 변하였으므로, (라)의 결과는 감자가 빛을 받았을 때 노란색에서 초록색으로 변할 것이라는 이 학생의 가설을 지지한다.

06 연역적 탐구 방법과 귀납적 탐구 방법

제인 구달의 침팬지 연구는 귀납적 탐구 방법(가)의 사례이고, 플레밍의 항생 물질 발견은 연역적 탐구 방법(나)의 사례이다.

ㄱ. (가)는 관찰된 결과를 종합하여 결론을 내리는 귀납적 탐구 방법이다.

ㄴ. (나)에서 ㉠은 가설이다. 가설은 실험을 통해 검증 가능해야 한다.

ㄷ. 여러 과학자의 관찰을 통해 세포설이 입증되는 과정에 귀납적 탐구 방법인 (가)가 이용되었다.

02 생명 활동과 에너지

본문 21~22쪽

01 ② **02** ⑤ **03** ④ **04** ⑤ **05** ⑤ **06** ④ **07** ④
08 ③

01 물질대사

(가)는 동화 작용, (나)는 이화 작용이다.

ㄨ. 작고 간단한 물질이 크고 복잡한 물질로 합성되고 에너지가 흡수되는 (가)는 동화 작용이다.

ㄨ. 크고 복잡한 물질이 작고 간단한 물질로 분해되고 에너지가 방출되는 (나)는 이화 작용이다. 이화 작용의 대표적인 예로는 세포 호흡이 있다. 광합성은 동화 작용의 대표적인 예이다.

ㄷ. 물질대사 과정에서는 에너지의 출입이 따르기 때문에 (가)와 (나)에서 모두 에너지 출입이 일어난다.

02 이화 작용

(가)는 크고 복잡한 물질인 녹말이 작고 간단한 물질인 포도당으로 분해되는 과정이므로 (가)는 이화 작용이다.

ㄱ. 이화 작용에서는 에너지가 방출된다.

ㄴ. 사람의 소화계에서 분비되는 효소에 의해 녹말이 포도당으로 분해된다.

ㄷ. 포도당(㉠)은 세포 호흡에 의해 이산화 탄소와 물로 분해된다.

03 동화 작용

(가)는 여러 분자의 ㉠이 결합하여 1분자의 ㉡으로 합성되는 반응이므로 동화 작용이다.

ㄱ. (가)는 동화 작용이다.

ㄨ. ㉠이 ㉡으로 합성되는 동화 작용은 에너지가 흡수되는 반응이므로 1분자당 에너지양은 ㉠보다 ㉡이 많다.

ㄷ. 간에서는 포도당이 글리코젠으로 합성되거나 아미노산이 단백질로 합성되는 동화 작용이 일어나므로 간은 ㉢에 해당한다.

04 미토콘드리아와 세포 호흡

근육 세포 속의 세포 소기관 X는 세포가 생명 활동을 하는 데 필요한 에너지를 공급하는 미토콘드리아이다.

ㄱ. X는 미토콘드리아이다.

ㄴ. 미토콘드리아(X)에서 세포 호흡과 같은 이화 작용이 일어난다.

ㄷ. 미토콘드리아(X)에서 생성된 ATP는 ADP와 무기 인산(P_i)으로 분해되면서 에너지를 방출하고 이때 방출된 에너지는 근수축에 이용될 수 있다.

05 세포 호흡

미토콘드리아에서 일어나는 세포 호흡에서 ⓐ는 반응물인 O_2이고, ⓑ와 ⓒ는 생성물이며 ⓒ는 생명 활동에 이용되는 에너지 저장 물질이므로 ⓑ는 H_2O, ⓒ는 ATP이다.

ㄱ. ⓐ는 O_2이다.

ㄴ. ⓑ(H_2O)는 몸속에서 다시 이용되거나 콩팥이나 폐로 운반되어 오줌이나 날숨을 통해 몸 밖으로 배출된다.

ㄷ. ⓒ는 ATP이므로 세 개의 인산이 있다.

06 광합성과 세포 호흡

(가)는 광합성이 일어나는 엽록체, (나)는 세포 호흡이 주로 일어나는 미토콘드리아이다.

ㄱ. (가)는 엽록체이다.

✗. 광합성 결과 포도당과 O_2가 생성되므로 ⓐ는 포도당이고, 세포 호흡 결과 CO_2와 H_2O이 생성되므로 ⓑ는 CO_2이다. 1분자당 에너지양은 포도당(ⓐ)이 CO_2(ⓑ)보다 많다.

ㄷ. 세포 호흡(나)에서 방출되는 에너지의 일부는 ATP에 화학 에너지 형태로 저장되고 나머지는 열에너지로 방출된다.

07 ATP

ATP는 아데닌과 리보스에 세 개의 인산이 결합한 화합물로 인산이 떨어질 때 에너지가 방출된다.

ㄱ. 1분자당 에너지양은 인산 결합이 많은 ATP가 인산 결합이 적은 ADP보다 많다.

✗. ATP에서 ADP로 전환될 때 ⓐ가 끊어져 에너지가 방출된다.

ㄷ. (나)에서 방출된 에너지는 여러 형태의 에너지로 전환되어 생장, 발성, 정신 활동, 체온 유지, 근육 운동 등의 생명 활동에 이용된다.

08 효모의 물질대사

효모에서는 이화 작용인 세포 호흡과 발효가 일어나며, 세포 호흡과 발효에서는 포도당이 분해되고 이산화 탄소가 발생한다.

ㄱ. B에서 효모의 물질대사 결과 CO_2가 발생하여 맹관부에 모이게 된다.

ㄴ. A에는 포도당을 분해할 수 있는 효소를 가진 효모가 없어 물질대사가 일어나지 않는다.

✗. A와 B에 동일한 농도의 포도당 용액을 넣었으므로 포도당 용액의 농도는 통제 변인에 해당한다. 이 실험의 조작 변인은 효모액의 첨가 여부이다.

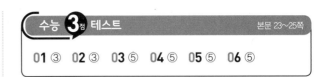

01 물질대사

(가)는 뉴클레오타이드가 결합하여 DNA를 합성하는 반응으로 동화 작용이다.

ㄱ. (가)는 뉴클레오타이드(㉠)가 결합하여 DNA(㉡)를 합성하는 과정이다.

ㄴ. Ⅰ에서는 반응물의 에너지가 생성물의 에너지보다 높으므로 반응에서 에너지가 방출되었고, Ⅱ에서는 반응물의 에너지가 생성물의 에너지보다 낮으므로 반응에서 에너지가 흡수되었다. 따라서 Ⅰ은 이화 작용, Ⅱ는 동화 작용이며, X는 Ⅱ에 해당한다.

✗. 포도당이 결합하여 글리코젠을 합성하는 과정은 동화 작용이므로 Ⅱ(동화 작용)에 해당한다.

02 물질대사

(가)는 아미노산(A)이 단백질(B)로 합성되는 동화 작용이고, (나)는 글리코젠(D)이 포도당(C)으로 분해되는 이화 작용이다.

ㄱ. 사람의 간세포에서 일어나는 단백질 합성, 글리코젠 분해에는 모두 효소가 관여한다.

ㄴ. 동화 작용은 에너지가 흡수되는 반응이므로 1분자당 에너지양은 아미노산(A)이 단백질(B)보다 적다.

✗. C는 포도당이다.

03 물질대사

머리카락은 주로 단백질로 구성되어 있고 여러 분자의 ㉠이 결합하여 머리카락을 구성하는 ㉡을 합성하는 반응이 일어나므로 ㉠은 아미노산, ㉡은 단백질이다. 근육에서는 포도당(㉢)을 이산화 탄소와 물로 분해하여 에너지를 얻는다.

ㄱ. 모근에서는 여러 분자의 아미노산이 결합하여 단백질을 합성하는 동화 작용이 일어난다.

ㄴ. 이자에서는 단백질을 주성분으로 하는 여러 소화 효소와 호르몬을 합성하는 반응이 일어난다. 따라서 소화 효소는 X에 해당한다.

ㄷ. 세포 호흡에 의해 포도당(㉢)이 분해될 때 방출되는 에너지의 일부는 ATP 합성에 이용되고, 나머지는 열에너지로 방출된다.

04 이화 작용

Ⅰ과 Ⅱ는 모두 이화 작용이므로 Ⅰ은 글리코젠(㉠)이 포도당(㉡)으로 분해되는 반응이고 Ⅱ는 포도당이 세포 호흡에 의해 이산화 탄소와 물로 분해되는 반응이다. 1분자당 산소(O)의 수는 ㉢이 ㉣보다 크므로 ㉢은 이산화 탄소(CO_2), ㉣은 물(H_2O)이다.

ㄨ. 인슐린은 간에서 포도당이 글리코젠으로 합성되는 반응을 촉진하는 호르몬이다. Ⅰ은 글리코젠이 포도당으로 분해되는 반응이고 이 반응은 글루카곤에 의해 촉진된다.

ⓒ. Ⅱ는 포도당이 이산화 탄소와 물로 분해되는 세포 호흡이며, 이 과정에서 효소가 이용된다.

ⓒ. 이산화 탄소(ⓒ)는 주로 폐로 운반되어 날숨을 통해 몸 밖으로 배출된다.

05 ATP
ADP와 무기 인산(P_i)이 결합하여 ATP가 생성되면서 에너지가 저장된다.

ㄱ. ADP와 무기 인산(P_i)이 결합하는 과정에서 에너지를 흡수하여 ATP가 합성되는 반응은 방전된 건전지가 에너지를 흡수하여 충전된 건전지가 되는 반응에 비유된다. 따라서 ATP는 (나)에서 충전된 건전지에 해당한다.

ⓒ. (나)의 충전에 해당하는 물질대사는 세포 호흡이며, 사람에서 세포 호흡은 주로 미토콘드리아에서 일어난다.

ⓒ. 뉴런은 Na^+-K^+ 펌프의 작동으로 분극 상태가 유지되며, Na^+-K^+ 펌프는 ATP를 분해하여 얻은 에너지를 이용하여 세포 밖의 Na^+ 농도를 세포 안보다 높게 유지한다.

06 효모의 세포 호흡
효모에서는 이화 작용인 세포 호흡이 일어나고, 이 과정에서 포도당이 분해되고 이산화 탄소가 발생한다.

ㄱ. 영양소의 종류가 조작 변인이며, 실험군과 비교하기 위해 증류수를 넣은 A는 대조군이다.

ⓒ. 효모의 세포 호흡 결과 발생한 이산화 탄소는 물에 녹아 pH를 낮추고 파란색을 띠고 있던 BTB 용액의 색을 점점 엷어지게 한다.

ⓒ. B에서 BTB 용액의 색과 pH의 변화가 나타났으므로 효모의 세포 호흡이 가장 활발하게 일어났음을 알 수 있다.

03 물질대사와 건강

수능 2점 테스트   본문 31~33쪽

01 ③ 02 ⑤ 03 ② 04 ⑤ 05 ④ 06 ⑤ 07 ②
08 ④ 09 ④ 10 ③ 11 ③ 12 ⑤

01 기관의 특징
'융털을 통한 영양소의 흡수가 일어난다.'는 소장의, '물질대사가 일어난다.'는 소장, 위, 간의, '암모니아에서 요소로의 전환이 일어난다.'는 간의 특징이다. 따라서 A는 위, B는 소장, C는 간이고, ㉠과 ㉡은 모두 '×'이다.

ㄱ. A는 특징 '물질대사가 일어난다.'를 가지는 위이다.

ㄨ. 위(A)에서는 융털을 통한 영양소의 흡수가 일어나지 않고, 소장(B)에서는 암모니아에서 요소로의 전환이 일어나지 않으므로 ㉠과 ㉡은 모두 '×'이다.

ⓒ. 소장(B), 위(A), 간(C)은 모두 소화계에 속하는 기관이다.

02 혈액 순환 경로
㉠은 폐, ㉡은 심장, ㉢은 콩팥이다. 혈액은 심장에서 빠져나온 후 온몸을 거치고 다시 심장으로 되돌아오는 순환 경로를 거친다.

ㄱ. 폐(㉠)의 폐포와 모세 혈관 사이에서 기체 교환이 일어난다.

ⓒ. 심장(㉡)은 혈관 등과 함께 순환계에 속한다.

ⓒ. 콩팥(㉢)은 물의 재흡수를 통해 체내 수분량 조절에 관여한다.

03 폐포의 구조와 기능
폐포는 폐를 구성하는 작은 주머니 모양의 구조를 가지며 공기와 접하는 표면적을 넓힘으로써 기체 교환의 효율을 높인다. ㉠은 CO_2이고, ㉡은 O_2이다.

ㄨ. A는 심장에서 폐포의 모세 혈관으로 이동하는 혈액이 흐르는 혈관이고, B는 폐포에서 기체 교환이 일어난 후 다시 심장으로 이동하는 혈액이 흐르는 혈관이므로 단위 부피당 O_2의 양은 A의 혈액이 B의 혈액보다 적다.

ㄨ. 모세 혈관에서 폐포로 운반되는 기체인 ㉠은 CO_2이다.

ⓒ. O_2(㉡)는 순환계에 속하는 혈관과 심장을 통해 조직 세포로 운반된다.

04 기관의 특징
'순환계에 속한다.'는 심장의, '세포 호흡이 일어난다.'는 심장과 콩팥의 특징이다. 따라서 특징의 개수가 2인 기관 A는 심장이고, B는 콩팥이다. 콩팥은 특징의 개수가 1이므로 ㉠은 1이다.

ⓒ. 특징의 개수가 2인 기관은 심장이므로 A는 심장이다.

ⓛ. 콩팥(B)은 '세포 호흡이 일어난다.'는 특징만 가지므로 ⊙은 1이다.

ⓒ. 콩팥(B)은 체내에서 생성된 노폐물을 오줌의 형태로 몸 밖으로 내보내는 기관이며 배설계에 속한다.

05 노폐물의 생성과 배설

포도당의 세포 호흡 결과 생성되는 노폐물은 물과 이산화 탄소이고, 아미노산의 세포 호흡 결과 생성되는 노폐물은 물, 이산화 탄소, 암모니아이다. 물과 이산화 탄소는 호흡계를 통해, 물과 요소는 배설계를 통해 몸 밖으로 빠져나간다. 따라서 ⊙은 물, ⓛ은 암모니아이고, A는 호흡계, B는 배설계이다.

ⓒ. ⊙은 호흡계와 배설계를 통해 배출되는 노폐물이므로 물이다.

ⓧ. 방광은 콩팥 등과 함께 배설계에 속하는 기관이므로 B에 속한다.

ⓒ. 암모니아(ⓛ)는 질소 노폐물로 구성 원소에 질소(N)가 포함된다.

06 기관계의 통합적 작용

영양소를 흡수하고 흡수되지 않은 물질을 배출하는 기관계인 (가)는 소화계, 세포 호흡 결과 생성된 노폐물을 오줌을 통해 배설하는 기관계인 (다)는 배설계이다. 소화계, 호흡계, 배설계로 물질을 운반하는 역할을 하는 기관계인 (나)는 순환계이다.

ⓒ. 소화계(가)는 음식물 속의 영양소를 세포가 흡수할 수 있는 크기로 분해하고 흡수하며 흡수되지 않은 물질을 배출한다.

ⓛ. 배설계(다)를 통해 질소 노폐물이 몸 밖으로 빠져나간다.

ⓒ. 순환계(나)는 소화계, 배설계, 호흡계 등을 연결하는 역할을 하며 순환계를 통해 체내 물질의 운반이 일어난다. 따라서 ⊙과 ⓛ에는 모두 O_2의 이동이 포함된다.

07 생콩즙 속 유레이스의 작용

생콩즙에는 요소를 가수 분해하여 암모니아를 생성하는 반응을 촉매하는 유레이스라는 효소가 있다. 따라서 유레이스에 의해 요소의 분해가 일어나면 염기성인 암모니아가 생성되므로 pH는 증가하게 되고, BTB 용액을 떨어뜨렸을 때 푸른색으로 변화된다. ⊙은 증가이고, ⓛ은 푸른색이다.

ⓧ. Ⅲ에는 요소가 유레이스에 의해 분해되어 생성된 암모니아가 있으므로 pH가 증가한다. 따라서 ⊙은 증가이다.

ⓧ. Ⅱ의 오줌에는 요소가 있으므로 유레이스의 작용을 통해 염기성인 암모니아가 생성된다. 따라서 BTB 용액을 떨어뜨리면 푸른색으로 변한다. 따라서 ⓛ은 푸른색이다.

ⓒ. Ⅲ에는 요소 용액과 생콩즙을 넣었으므로 생콩즙의 유레이스에 의한 요소의 분해가 일어난다.

08 노폐물의 생성

표 (나)에서 노폐물 ⊙에 질소(N)가 있으므로 ⊙은 질소를 가지는 암모니아이다. A가 세포 호흡에 사용된 결과 생성되는 노폐물에 ⊙이 없으므로 A는 탄수화물이고, B는 단백질이다. 탄수화물(A)이 세포 호흡에 사용된 결과 생성되는 노폐물은 물과 이산화 탄소이고, (나)에서 ⓒ에 수소(H)가 없으므로 ⓒ은 이산화 탄소이며, ⓛ은 물이다.

ⓧ. ⊙은 단백질(B)의 세포 호흡 결과 생성되는 노폐물인 암모니아이다.

ⓛ. 이산화 탄소(ⓒ)는 호흡계에 속하는 폐에서 기체 교환을 통해 몸 밖으로 배출된다.

ⓒ. 단백질(B)의 세포 호흡 결과 생성되는 노폐물에는 물(ⓛ), 이산화 탄소(ⓒ), 암모니아(⊙)가 모두 있다.

09 에너지 대사와 균형

생명 활동을 정상적으로 유지하고 건강한 생활을 하기 위해서는 음식물 섭취로부터 얻는 에너지양과 활동으로 소비하는 에너지양 사이에 균형이 잘 이루어져야 한다. A는 에너지 소비량이 에너지 섭취량보다 많은 에너지 부족 상태이고, B는 에너지 섭취량이 에너지 소비량보다 많은 에너지 과잉 상태이다.

ⓧ. A는 에너지 소비량이 에너지 섭취량보다 많으므로 에너지 부족 상태이다.

ⓛ. 에너지 과잉 상태(B)가 지속되면 사용하고 남은 에너지를 지방으로 축적하므로 체지방 축적량이 증가한다.

ⓒ. 활동 대사량은 밥 먹기, 공부하기, 운동하기 등 다양한 활동을 하면서 소모되는 에너지양으로 에너지 소비량에 포함된다.

10 대사성 질환

(가)는 고혈압이고, (나)는 고지혈증(고지질 혈증)이다.

ⓒ. 고혈압(가)은 혈압이 정상보다 높은 만성 질환으로 대사성 질환에 속한다.

ⓧ. 혈관(⊙)은 순환계에 속한다.

ⓒ. 고지혈증(고지질 혈증)으로 인해 지질 성분이 혈관 내벽에 쌓이면 동맥벽의 탄력이 떨어지고 혈관의 지름이 좁아지기 때문에 동맥 경화 등 심혈관 질환의 원인이 된다.

11 에너지 대사

1일 대사량은 기초 대사량과 활동 대사량, 음식물의 소화와 흡수에 필요한 에너지양 등을 더한 값으로 하루 동안 생활하는 데 필요한 총에너지양이다.

ⓒ. A의 평균 에너지 필요량은 2000 kcal이고, 평균 에너지 섭취량은 1900 kcal이므로 평균 에너지 필요량보다 적은 에너지를 섭취하고 있다.

ⓛ. C의 평균 에너지 섭취량 중 단백질 섭취 비율은 약 17 %이므

로 적정한 비율의 단백질을 섭취하고 있다.

X. 에너지 섭취량이 에너지 소비량보다 많은 상태가 지속되면 비만이 될 가능성이 높다. 평균 에너지 필요량은 A가 2000 kcal, B와 C는 2700 kcal이고, 평균 에너지 섭취량은 A가 1900 kcal, B가 2600 kcal, C가 3240 kcal이므로 A는 에너지 섭취량이 에너지 소비량보다 적은 상태이다. 따라서 비만이 될 가능성이 가장 높은 학생은 B가 아니다.

12 에너지 대사

에너지 소비량이란 다양한 물질대사 및 활동으로 소비하는 에너지양을 의미한다.

Ⓐ. 기초 대사량이란 체온 조절, 심장 박동, 혈액 순환, 호흡 활동과 같은 생명 현상을 유지하는 데 필요한 최소한의 에너지양이다.

Ⓑ. 음식물의 소화와 흡수 및 이동과 저장하는 데에도 에너지가 소비된다.

Ⓒ. 활동 대사량이란 운동하기, 공부하기 등 육체적 활동이나 정신적 활동 등으로 소비되는 에너지양이다.

본문 34~37쪽

01 ⑤ **02** ③ **03** ④ **04** ⑤ **05** ⑤ **06** ④ **07** ① **08** ②

01 기관계의 특징

(가)는 배설계, (나)는 호흡계, (다)는 소화계이다. ㉠은 콩팥, ㉡은 폐, ㉢은 간, ㉣은 소장이다.

㉠. (다)는 간과 소장 등이 속하는 소화계이다.

㉡. 동화 작용은 저분자의 물질을 고분자의 물질로 합성하는 물질대사이다. 따라서 체내 모든 기관은 물질대사가 일어나므로 ㉠~㉣에서 모두 동화 작용이 일어난다.

㉢. 간(㉢)에서 생성된 노폐물의 일부는 배설계와 호흡계를 통해 몸 밖으로 빠져나간다.

02 기관계의 통합적 작용

폐, 기관지가 속하는 기관계는 호흡계이므로 (가)는 호흡계이다. 음식물을 분해하여 흡수하는 특징을 가지는 기관계는 소화계이므로 (나)는 소화계이다. (다)는 배설계이다. 따라서 ㉠은 O_2, ㉡은 CO_2, ㉢은 탄수화물, ㉣은 흡수되지 않은 물질이다.

㉠. (가)는 '폐, 기관지가 속한다.'는 특징을 가지는 호흡계이다.

X. 탄수화물(㉢)의 구성 원소에는 탄소(C)가 있지만 O_2(㉠)의 구성 원소에는 탄소(C)가 없다.

㉢. '질소 노폐물을 배설한다.'는 배설계(다)의 특징에 해당한다.

03 기관계의 특징

㉠은 폐, ㉡은 간, ㉢은 콩팥이다.

X. 폐(㉠)는 호흡계에, 콩팥(㉢)은 배설계에 속한다.

㉡. 간(㉡)에서 포도당이 글리코젠으로 합성되는 과정이 일어난다.

㉢. 폐에서 기체 교환을 통해 O_2가 풍부해진 혈액은 ⓑ를 통해 심장으로 운반되고 O_2를 조직 세포에 공급한다. O_2가 풍부하지 않은 혈액은 다시 심장으로 되돌아온 후 심장에서 폐로 연결된 ⓐ를 통해 폐로 운반된다. 따라서 단위 부피당 O_2의 양은 ⓑ의 혈액이 ⓐ의 혈액보다 많다.

04 기관계의 특징

'이화 작용이 일어난다.'는 순환계와 호흡계의 특징에, '폐가 속하는 기관계이다.'는 호흡계의 특징에 해당한다. 따라서 ㉠은 '폐가 속하는 기관계이다.'이고, ㉡은 '이화 작용이 일어난다.'이다. 따라서 ⓐ와 ⓑ는 모두 '○'이고, A는 순환계, B는 호흡계이다.

㉠. 심장은 순환계(A)에 속한다.

ⓒ. 소화계를 통해 흡수된 영양소의 일부는 순환계(A)를 통해 호흡계(B)로 운반된다.

ⓒ. ⓐ와 ⓑ는 모두 'O'이다.

05 비만과 비만도

비만은 대사성 질환의 원인이 될 수 있다.

ⓘ. 에너지 섭취량이 에너지 소비량보다 많은 상태는 에너지 소비량과 에너지 섭취량의 불균형 상태이다.

ⓛ. 비만은 대사성 질환(ⓛ)에 해당하는 고혈압의 원인이 될 수 있다.

ⓒ. A~C의 표준 체중, 현재 체중, 비만도, 평가는 표와 같다.

학생	표준 체중 (kg)	현재 체중 (kg)	비만도	평가
A	71.28	60	약 84.2	저체중
B	60.69	60	약 98.9	정상
C	53.76	65	약 121	비만

06 생콩즙 속 유레이스의 작용

생콩즙에는 요소를 가수 분해하여 암모니아를 생성하는 반응을 촉매하는 효소인 유레이스가 있다. 따라서 유레이스에 의해 요소의 분해가 일어나면 염기성인 암모니아가 생성되므로 pH가 증가한다. Ⅰ에서 요소 용액과 ⓘ을 넣었을 때 pH 변화가 없으므로 ⓘ은 오줌과 증류수 중 하나이다. Ⅱ와 Ⅳ에서 pH가 증가하므로 ⓒ은 생콩즙이고, ⓛ은 오줌이다. 따라서 ⓘ은 증류수이다.

ⓘ. 요소 용액과 증류수(ⓘ)를 함께 넣으면 pH에 변화가 일어나지 않는다.

✗. pH 변화는 실험을 통해 측정되는 결과에 해당하므로 종속변인이다.

ⓒ. Ⅱ와 Ⅳ에는 생콩즙(ⓒ)을 첨가하였으므로 생콩즙(ⓒ)의 유레이스에 의해 요소가 분해되어 생성된 암모니아가 있다.

07 기초 대사량과 에너지 소비량

ⓘ은 기초 대사량, ⓛ은 활동 대사량이다.

ⓘ. 생명 활동에 필요한 최소한의 에너지양은 기초 대사량(ⓘ)이고, 공부나 운동 등 다양한 활동을 하는 데 소비되는 에너지양은 활동 대사량(ⓛ)이다.

✗. A는 하루 동안 잠자기로 480 kcal를 소비하고 공부하기는 540 kcal를 소비하므로 A가 하루 동안 가장 많은 에너지를 소비한 활동은 잠자기가 아니다.

✗. A는 하루 동안 잠자기로 480 kcal, 식사로 540 kcal, 공부하기로 540 kcal, TV 시청으로 264 kcal, 청소로 180 kcal를 소비했으므로 A가 하루 동안 소비한 에너지양은 총 2004 kcal이다.

08 노폐물의 생성

단백질의 물질대사 과정에서 노폐물로 암모니아, 물, 이산화 탄소가 생성되고, 탄수화물과 지방의 물질대사 과정에서 노폐물로 물, 이산화 탄소가 생성된다. A는 지방, B는 단백질이다. ⓘ은 이산화 탄소, ⓛ은 암모니아이다.

✗. A는 물질대사 결과 노폐물로 이산화 탄소(ⓘ)와 물이 생성되므로 지방이다.

ⓛ. 암모니아(ⓛ)는 간에서 요소로 전환된다.

✗. 혈액을 통해 콩팥으로 운반된 요소는 콩팥에서 여과, 재흡수, 분비 과정을 통해 오줌에 농축되어 몸 밖으로 나간다. 따라서 혈액의 단위 부피당 요소의 양은 ⓐ의 혈액이 ⓑ의 혈액보다 많다.

04 자극의 전달

수능 2점 테스트
본문 46~49쪽

01 ④ 02 ① 03 ② 04 ⑤ 05 ③ 06 ③ 07 ②
08 ① 09 ⑤ 10 ④ 11 ① 12 ③ 13 ③ 14 ⑤
15 ① 16 ⑤

01 뉴런의 구조
A는 가지 돌기, B는 축삭 돌기 말단이다.
✗. 시냅스 소포는 주로 축삭 돌기 말단에 있으므로 밀도는 B에서가 A에서보다 크다.
◯. 말이집을 구성하는 ㉠은 슈반 세포이다.
◯. 뉴런의 축삭 돌기 말단이 골격근(반응 기관)에 분포해 있으므로 원심성 뉴런(운동 뉴런)이다.

02 뉴런의 종류
A는 원심성 뉴런(운동 뉴런), B는 연합 뉴런, C는 구심성 뉴런(감각 뉴런)이다.
◯. 원심성 뉴런(A)과 구심성 뉴런(C)은 모두 말초 신경계를 구성한다.
✗. 연합 뉴런(B)의 축삭 돌기 말단은 원심성 뉴런의 가지 돌기나 신경 세포체와 닿아 있다. 축삭 돌기 말단이 반응 기관에 분포하는 뉴런은 원심성 뉴런이다.
✗. 말이집(㉡)은 절연체 역할을 하므로 역치 이상의 자극을 주어도 흥분이 발생하지 않는다. 따라서 ㉡에 역치 이상의 자극을 주어도 ㉠에서 활동 전위가 발생하지 않는다.

03 흥분의 전도와 전달
A는 민말이집 뉴런 2개가 시냅스로 연결된 신경이고, B는 민말이집 뉴런, C는 말이집 뉴런이다.
✗. A에는 말이집이 없으므로 도약전도가 일어나지 않는다.
◯. 말이집 뉴런이 민말이집 뉴런보다 흥분 전도 속도가 빠르므로 P에서부터 Q까지 흥분 전도 속도는 C에서 가장 빠르다.
✗. C의 P와 Q는 같은 뉴런에 있는 지점이므로 발생하는 활동 전위의 크기는 같다.

04 축삭 돌기의 굵기와 흥분의 이동
오징어는 말이집이 없는 민말이집 신경을 갖고 있고, 일반적으로 축삭 돌기가 굵을수록 저항이 감소하여 흥분 이동 속도가 빠르다.
◯. X는 민말이집 신경이므로 도약전도가 일어나지 않는다.

◯. 일반적으로 축삭 돌기가 굵을수록 저항이 감소하여 흥분 이동 속도가 빠르므로 '빠르다'는 ⓐ에 해당한다.
◯. 뉴런이 역치 이상의 자극을 받으면 자극을 받은 부위에서 Na^+ 통로가 열려 Na^+이 세포 안으로 급격하게 확산되어 막전위가 급격하게 상승하는 변화가 일어난다. 따라서 ㉠(활동 전위 발생에 관여하는 이온)의 예에는 Na^+이 있다.

05 분극
분극 상태일 때 뉴런은 세포막을 경계로 안이 상대적으로 음(−)전하, 밖이 상대적으로 양(+)전하를 띤다. Na^+-K^+ 펌프(C)는 ATP를 분해하여 얻은 에너지를 이용하여 세포 안의 Na^+을 세포 밖으로 내보내고, 세포 밖의 K^+을 세포 안으로 들여온다. 이로 인해 뉴런의 Na^+ 농도는 항상 세포 밖이 안보다 높고, K^+ 농도는 세포 안이 밖보다 높다. 또한 분극 상태일 때 K^+ 통로(B)는 일부 열려 있고, Na^+ 통로(A)는 대부분 닫혀 있다. 따라서 ⓐ는 Na^+, ⓑ는 K^+이고, (가)는 세포 밖, (나)는 세포 안이다.
◯. ⓐ는 Na^+이다.
◯. K^+(ⓑ)의 농도는 항상 세포 안(나)에서가 밖(가)에서보다 높다.
✗. 분극 상태일 때 뉴런은 세포막을 경계로 세포 안(나)이 상대적으로 음(−)전하, 밖(가)이 상대적으로 양(+)전하를 띤다.

06 흥분의 전도와 이온의 막 투과도
구간 Ⅰ은 탈분극 구간이고, 구간 Ⅱ는 재분극 구간이다. ㉠은 Na^+이고, ㉡은 K^+이다.
◯. 구간 Ⅰ(탈분극 구간)에서 Na^+(㉠)은 Na^+ 통로를 통해 세포 밖에서 안으로 확산된다.
◯. 구간 Ⅱ에서는 재분극이 일어나고 있다.
✗. 자극을 주고 경과된 시간이 4 ms일 때 세포막은 분극 상태이고, 분극 상태일 때 K^+ 통로는 일부 열려 있어 세포막을 통한 확산이 일어난다.

07 흥분의 전도
(나)의 막전위 변화를 (가)와 비교해보면 재분극 속도가 느려졌으므로 X가 K^+ 통로를 통한 K^+의 이동을 억제하는 것을 알 수 있다.
✗. X는 K^+ 통로를 통한 K^+의 이동을 억제한다.
◯. Na^+의 막 투과도가 커지면서 막전위가 상승한다. 따라서 Na^+의 막 투과도는 t_1일 때(막전위가 상승할 때)가 t_2일 때(막전위가 하강할 때)보다 크다.
✗. t_3일 때 K^+ 통로를 통한 K^+의 이동이 억제되지만 막전위 하강이 일어나고 있다. 이러한 막전위 하강은 주로 K^+ 통로에 의해 K^+이 세포 밖으로 유출되어 일어난다. 또한 Na^+-K^+ 펌프에 의한 K^+ 이동도 일어난다.

08 Na⁺ 통로와 K⁺ 통로

분극 상태에서 Na^+ 통로만 열리면 Na^+이 세포 밖에서 안으로 유입되므로 막전위가 상승하고, K^+ 통로만 열리면 K^+이 세포 안에서 세포 밖으로 유출되므로 막전위가 하강한다. 따라서 ㉠은 Na^+ 통로, ㉡은 K^+ 통로이다.

㉠. ㉠은 Na^+ 통로이다.

✗. Na^+의 농도는 세포 밖이 세포 안보다 항상 높으므로 $\dfrac{세포\ 안의\ 농도}{세포\ 밖의\ 농도}$는 1보다 작다.

✗. 구간 Ⅱ에서 K^+ 통로(㉡)를 통한 K^+의 이동은 확산에 의해 일어나므로 ATP가 사용되지 않는다.

09 흥분의 전도

2 ms일 때 ㉠은 재분극 상태이고 ㉡과 ㉢은 분극 상태와 탈분극 상태 중 하나이므로 역치 이상의 자극을 1회 주었을 때 ㉠ → ㉡ → ㉢ 순으로 흥분이 전도되었음을 알 수 있다. 따라서 자극을 준 지점은 P이고, Ⅰ은 ⓑ, Ⅱ는 ⓐ이다.

㉠. 자극을 준 지점은 P이다.

㉡. 1 ms일 때 ㉡과 ㉢에서 모두 Na^+-K^+ 펌프에 의해 이온이 이동하여 분극 상태가 유지되고 있다.

㉢. 2 ms일 때 ㉠은 재분극 상태이므로 K^+은 K^+ 통로를 통해 확산된다.

10 흥분의 전달

골격근은 원심성 뉴런(운동 뉴런)으로부터 흥분을 전달받아 수축한다.

㉠. X는 원심성 뉴런(운동 뉴런)이므로 말초 신경계에 속한다.

✗. 골격근에 연결된 원심성 뉴런(운동 뉴런)의 말단에서는 아세틸콜린이 분비되므로 ㉠은 아세틸콜린이다.

㉢. 아세틸콜린(㉠)이 골격근의 근육 섬유 세포막 수용체에 결합하면 Na^+ 통로가 열리면서 탈분극이 일어난다.

11 흥분의 전도

자극을 주고 경과된 시간이 5 ms일 때 $d_1 \sim d_3$의 막전위가 각각 -80 mV, -70 mV, -60 mV 중 하나이고, P로부터 d_1, d_2, d_3 순으로 가까우므로 다음과 같은 경우가 가능하다.

구분	d_1	d_2	d_3
i)	-70(㉡)	-80(㉢)	-60(㉠)
ii)	-80(㉢)	-60(㉠)	-70(㉡)

i)의 경우 P에서 d_2까지 거리는 6 cm이고, 흥분이 도달할 때까지 걸린 시간이 3 ms이므로 흥분 전도 속도가 2 cm/ms인데 조건에 부합하지 않는다. 따라서 ii)의 경우가 조건에 부합한다.

✗. P에서 d_1까지 거리는 4 cm이고, 흥분이 도달할 때까지 걸린 시간이 3 ms이므로 흥분 전도 속도는 $\dfrac{4}{3}$ cm/ms이다.

㉡. ㉡은 d_3이다.

✗. 자극을 주고 경과된 시간이 6 ms일 때 ㉠은 흥분이 전도되고 1.5 ms가 지났을 때이므로 재분극이 일어나고 있다.

12 흥분 전달에 영향을 미치는 약물

A는 시냅스 이후 뉴런의 신경 전달 물질이 결합하는 수용체에 정확히 결합하여 흥분을 전달하므로 신경 전달 물질에 의한 반응을 유도한다. B는 시냅스 이후 뉴런의 수용체에 결합하지만 수용체를 활성화하지 못하므로 신경 전달 물질에 의한 반응을 차단한다.

㉠. A는 시냅스 이후 뉴런의 신경 전달 물질이 결합하는 수용체와 입체 구조가 정확히 상보적이므로 흥분을 전달할 수 있다.

✗. B는 시냅스 이후 뉴런의 수용체에 결합하였다.

㉢. A는 신경 전달 물질에 의한 반응을 유도하는 약물이고, B는 신경 전달 물질에 의한 반응을 차단하는 약물이다.

13 골격근의 작용

골격근은 힘줄에 의해서 서로 다른 뼈에 붙어 있으며, 두 뼈는 관절과 인대에 의해서 서로 연결되어 있다.

㉠. 골격근은 길이 방향으로 평행하게 배열된 근육 섬유 다발로 이루어져 있다.

㉡. ㉠은 (가)일 때 수축한 상태이고, (나)일 때 이완한 상태이다. 근육이 수축할 때 근육 원섬유 마디의 길이가 짧아지고 H대의 길이도 짧아진다.

✗. ㉡은 (가)일 때 이완한 상태이고, (나)일 때 수축한 상태이다. 근육의 수축과 이완에 따라 근육 원섬유 마디의 길이는 변하지만 마이오신 필라멘트의 길이는 변하지 않는다.

14 골격근의 구조

골격근은 여러 개의 근육 섬유 다발로 구성되어 있고, 근육 섬유 다발은 여러 개의 근육 섬유로 되어 있다. 근육 섬유는 근육 세포로, 근육 세포에는 여러 개의 핵이 존재한다. ㉠은 근육 섬유, ㉡은 근육 원섬유, ⓐ는 액틴 필라멘트, ⓑ는 마이오신 필라멘트이다.

㉠. 근육 섬유(㉠)에는 여러 개의 핵이 존재한다.

㉡. 근수축이 일어나는 과정에서 액틴 필라멘트(ⓐ)와 마이오신 필라멘트(ⓑ)의 길이는 변하지 않는다.

㉢. 마이오신 필라멘트가 존재하는 (가) 부위는 현미경으로 관찰하면 어둡게 보이는 암대(A대)이고, 액틴 필라멘트만 존재하는 (나) 부위는 현미경으로 관찰하면 밝게 보이는 명대(I대)이다.

15 골격근의 수축과 이완

근육이 수축하거나 이완하더라도 ㉡의 길이(마이오신 필라멘트의 길이=A대의 길이)는 변하지 않으므로 ⓑ가 ㉡이다. 근육이 수축하거나 이완할 때 ㉠의 길이(I대 길이의 절반)가 x만큼 변하면 ㉢의 길이(H대의 길이)는 $2x$만큼 변하므로 ㉢는 ㉠이고, ⓐ는 ㉢

이다. 이에 따라 제시된 표를 완성하면 다음과 같다.

시점	길이(μm)			
	ⓐ(ⓒ)	ⓑ(ⓛ)	ⓒ(㉠)	X
t_1	0.6	?(1.6)	0.2	2.0
t_2	0.8	1.6	0.3	2.2

ㄨ. ⓐ는 ⓒ이다.

ⓛ. t_1일 때 A대의 길이(ⓛ의 길이)는 1.6 μm이다.

ㄨ. t_2일 때 액틴 필라멘트와 마이오신 필라멘트가 겹치는 구간의 길이는 A대의 길이에서 H대의 길이(ⓒ의 길이)를 뺀 값이므로 1.6 μm−0.8 μm=0.8 μm이다.

16 근수축의 에너지원

근육에서 ATP는 크레아틴 인산의 분해와 세포 호흡 과정 등으로 생성된다.

㉠. ATP가 분해될 때 방출되는 에너지가 근수축에 사용되므로 ⓐ는 ADP, ⓑ는 ATP이다.

ⓛ. ⓑ(ATP)가 ⓐ(ADP)로 되는 과정에서 방출되는 에너지는 액틴 필라멘트가 마이오신 필라멘트 사이로 미끄러져 들어가는 데 사용된다.

ⓒ. 세포 호흡에 사용되는 영양소에는 포도당, 지방산, 아미노산 등이 있다.

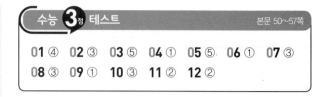
01 ④   **02** ③   **03** ⑤   **04** ①   **05** ⑤   **06** ①   **07** ③

08 ③   **09** ①   **10** ③   **11** ②   **12** ②

01 흥분의 전도

이 신경에서 활동 전위가 일어나면 자극을 준 지점을 기준으로 가까운 지점부터 활동 전위가 발생한다. d_1~d_4에서 측정한 막전위 변화가 ㉠~ⓒ의 세 가지이므로 양방향 전도가 일어났음을 알 수 있으므로 자극을 준 지점은 d_2 또는 d_3이다.

ㄨ. d_2에서 측정한 막전위 변화는 ㉠ 또는 ⓛ이다. ㉠인 경우는 2 ms 직후 d_2에서 휴지 전위를 회복하므로 Na^+의 막 투과도는 급격히 상승하지 않는다. ⓛ인 경우는 2 ms 직후 d_2에서 재분극이 일어나므로 K^+의 막 투과도가 상승한다.

ⓛ. K^+의 농도는 세포 안이 세포 밖보다 항상 높으므로 $\frac{\text{세포 안의 농도}}{\text{세포 밖의 농도}}$ 는 1보다 크다.

ⓒ. d_4에서 측정한 막전위는 ⓛ 또는 ⓒ이고, 1 ms일 때 d_4의 막전위는 음(−)의 값이므로 세포 안은 세포 밖보다 상대적으로 음(−)전하를 띤다.

02 흥분의 전도

시냅스 이전 뉴런의 흥분이 축삭 돌기 말단까지 전도되면 축삭 돌기 말단에 존재하는 시냅스 소포가 세포막과 융합되면서 시냅스 소포에 있던 신경 전달 물질이 시냅스 틈으로 분비된다.

㉠. Ⅰ을 주었을 때 활동 전위가 발생하지 않았으므로 X의 지점 P에서는 Na^+의 막 투과도가 증가하는 현상이 나타나지 않는다.

ⓛ. Ⅱ와 Ⅲ을 주었을 때 발생한 막전위 변화 크기가 같으므로 발생한 활동 전위의 크기는 같음을 알 수 있다.

ㄨ. Ⅰ을 주었을 때 활동 전위가 발생하지 않았으므로 신경 전달 물질이 방출되지 않고(ⓛ), 단위 시간당 활동 전위 발생 빈도에 비례하여 신경 전달 물질이 방출되므로 단위 시간당 활동 전위 발생 빈도가 가장 큰 Ⅲ일 때 X의 축삭 돌기 말단에서의 신경 전달 물질 방출은 ㉠이다.

03 K^+ 농도와 휴지 전위

세포 밖 K^+ 농도가 정상 범위보다 낮아지면 세포 안과 밖의 K^+ 농도 차를 증가시켜 정상인의 휴지 전위(−70 mV)보다 휴지 전위 값이 더 낮아지게 된다.

㉠. 세포 밖 K^+ 농도보다 세포 안 K^+ 농도가 항상 높으므로 $\frac{\text{세포 안 } K^+ \text{ 농도}}{\text{세포 밖 } K^+ \text{ 농도}}$>1이다.

ⓛ. 동일한 세기의 자극을 주었을 때 정상인에서는 활동 전위가 발생하였으나 P에서는 활동 전위가 발생하지 않았으므로 활동 전위를 발생시키는 최소한의 자극의 세기는 정상인에서보다 P에서 더 커졌음을 알 수 있다.

ⓔ. 세포 밖 K^+의 농도 변화는 P의 그래프에서 나타난 것과 같이 휴지 전위의 값에 영향을 준다.

04 흥분의 전도

d_1에 역치 이상의 자극을 A와 B에 동시에 주었으므로 경과한 시간에 상관없이 A와 B의 d_1에서의 막전위는 같다. 제시된 표에서 ㉮~㉰ 중 막전위가 같은 것은 ㉮이므로 ㉮가 d_1이다. d_1에 역치 이상의 자극을 주고 A와 B의 d_1(㉮)에서 측정한 막전위는 ⓐ일 때 −80 mV, ⓑ일 때 +30 mV, ⓒ일 때 −70 mV이므로 ⓐ는 자극을 주고 경과한 시간이 3 ms일 때, ⓑ는 2 ms일 때, ⓒ는 4 ms일 때이다. ㉮가 d_1이므로 ㉯는 d_2 또는 d_3이다. ㉯가 d_2, ㉰가 d_3이면, 자극을 주고 경과한 시간이 3 ms일 때(ⓐ) B의 ㉮(d_1)와 ㉯(d_2)에서 측정한 막전위가 각각 −80 mV, +30 mV이므로 ㉮(d_1)에서 발생한 흥분이 ㉯(d_2)에 도달할 때까지 걸린 시간은 1 ms이며, ㉮(d_1)와 ㉯(d_2) 사이의 거리가 1 cm이므로 흥분 전도 속도는 1 cm/ms이다. 흥분 전도 속도는 B가 A의 2배이므로, A의 흥분 전도 속도는 0.5 cm/ms이다. 자극을 주고 경과한 시간이 3 ms일 때(ⓐ) A의 ㉯(d_2)와 ㉰(d_3)에서 측정한 막전위는 각각 −60 mV, −70 mV이다. 따라서 w는 −60, y는 −70이다. 자극을 주고 경과한 시간이 2 ms일 때(ⓑ)도 마찬가지로 ㉯(d_2)와 ㉰(d_3)에서 측정한 막전위는 각각 −70 mV이므로 y여야 하는데 표에 제시된 내용과 다르므로 조건에 부합하지 않는다. 따라서 ㉯는 d_3, ㉰가 d_2이다. 이를 바탕으로 표에 정리하면 다음과 같다.

구분	막전위(mV)								
	ⓐ(3 ms)			ⓑ(2 ms)			ⓒ(4 ms)		
	㉮	㉯	㉰	㉮	㉯	㉰	㉮	㉯	㉰
A	−80	−60	+30	+30	−70	−60	−70	+30	−80
B	−80	+30	?(재분극)	+30	−60	?(탈분극)	−70	−80	?

ⓧ. 자극을 주고 경과한 시간이 3 ms일 때(ⓐ) A의 ㉮(d_1)와 ㉯(d_2)에서 측정한 막전위가 각각 −80 mV, +30 mV이므로 ㉮(d_1)에서 발생한 흥분이 ㉯(d_2)에 도달할 때까지 걸린 시간은 1 ms이며, ㉮(d_1)와 ㉯(d_2) 사이의 거리가 1 cm이므로 흥분 전도 속도는 1 cm/ms이다.

ⓛ. w는 −60, x는 −80, y는 +30, z는 −70이다.

ⓧ. 3 ms일 때 B의 ㉰에서는 재분극이 일어나고 있다.

05 흥분의 전도

P와 Q에서는 도약전도가 일어나 활동 전위가 정상적으로 발생한

다. X의 축삭 돌기 말단에서는 신경 전달 물질이 방출되지 않았으므로 R(㉠)까지 흥분이 전도되지 않았음을 알 수 있다.

ⓛ. 2 ms일 때 P에서는 과분극이 일어나고 있다.

ⓛ. Na^+ 통로의 밀도는 말이집보다 랑비에 결절에서 더 크다.

ⓔ. ㉠은 R이다.

06 신경 전달 물질

㉠에 전기 자극을 주었을 때 Ⅰ의 심장 박동수가 감소하였으므로 ㉠은 부교감 신경이며, 부교감 신경의 말단에서 분비되는 아세틸콜린이 관을 통해 B에 전달되어 Ⅱ의 심장 박동수도 감소되었음을 알 수 있다.

ⓧ. ㉡은 교감 신경이다.

ⓛ. 아세틸콜린은 X에 포함된다.

ⓧ. ㉠에 전기 자극을 주었을 때 Ⅱ에서 발생한 활동 전위의 빈도는 변하였다.

07 흥분의 전도와 전달

d_1에 역치 이상의 자극을 주고 경과된 시간이 3 ms일 때 A의 d_1과 d_2에서 막전위를 측정하였고, 그림 (가)에 각 지점에서의 막전위 변화가 나타나 있다. 경과된 시간이 3 ms일 때 d_1의 막전위는 −80 mV이고, 표에서 ⓑ의 ㉯와 ⓒ의 ㉮가 해당된다. ⓒ가 3 ms일 때라고 가정하면, ㉮가 d_1, ㉯가 d_2이고 각각 막전위가 −80 mV와 −70 mV이므로 d_1에서 d_2까지 흥분이 전도되는 데 걸리는 시간이 3 ms 이상이어야 하며, 흥분 전도 속도가 1 cm/ms보다 작아야 한다. 그러나 A의 흥분 전도 속도($2v$)는 C의 흥분 전도 속도(v)의 2배이고, v는 1보다 크고 2보다 작으므로 A의 흥분 전도 속도는 2 cm/ms보다 크고 4 cm/ms보다 작다. 따라서 조건에 부합하지 않으므로 ⓑ가 3 ms일 때이고, ⓑ의 ㉯는 d_2이다. ⓑ가 3 ms일 때 d_2의 막전위(x)는 +30 mV와 −70 mV 중 하나인데, −70 mV이려면 d_1에서 d_2까지 흥분이 전도되는 데 걸리는 시간이 3 ms 이상이어야 하며, 흥분 전도 속도가 1 cm/ms보다 작아야 하므로 x는 +30이다. (가)를 통해 d_1에서 d_2까지 흥분이 전도되는 시간이 1 ms이며 A의 흥분 전도 속도는 3 cm/ms임을 알 수 있다. 따라서 B의 흥분 전도 속도는 3 cm/ms, C의 흥분 전도 속도는 1.5 cm/ms이다.

ⓐ가 5 ms일 때라고 가정하면, ㉮와 ㉯가 각각 B의 d_3과 d_4 중 하나이고, d_3이 +30 mV, d_4가 −60 mV일 때 흥분 전도 속도가 3 cm/ms를 만족한다. ⓒ가 7 ms일 때라고 가정하면, ㉲와 ㉳가 각각 C의 d_5와 d_6 중 하나이고, d_5가 −80 mV, d_6이 −70 mV일 때 흥분 전도 속도는 1.5 cm/ms를 만족한다. 반대로, ⓐ가 7 ms일 때라고 가정하면, ㉮와 ㉯가 각각 C의 d_5와 d_6 중 하나이고, d_5와 d_6이 +30 mV 또는 −60 mV일 때 흥분 전도 속도는 1.5 cm/ms를 만족하지 않는다. 따라서 ⓐ가 5 ms일 때이고, ⓒ가 7 ms일 때이며, ㉮는 d_3, ㉯는 d_4, ㉲는 d_5, ㉳는 d_6이다.

ㄱ. 자극을 주고 경과된 시간이 3 ms일 때 ㉯(d_1)와 ㉰(d_2)에서 측정한 막전위가 각각 -80 mV, $+30$ mV이므로 ㉯(d_1)에서 ㉰(d_2)까지 흥분이 전도되는 데 걸린 시간은 1 ms이다. ㉯(d_1)와 ㉰(d_2) 사이의 거리는 3 cm이므로 A의 흥분 전도 속도는 3 cm/ms이다.

ㄴ. x는 $+30$이다.

ㄨ. 자극을 주고 경과된 시간이 7 ms일 때 ㉴(d_5)에서 측정한 막전위가 -80 mV, ㉵(d_6)에서 측정한 막전위가 -70 mV이므로 d_1에서 발생한 흥분이 d_5까지 전도 및 전달되는 데 걸린 시간은 5 ms이다.

08 원심성 뉴런과 골격근

골격근은 원심성 뉴런(운동 뉴런)으로부터 흥분을 전달받아 수축한다.

ㄱ. 골격근을 구성하는 근육 섬유는 근육 세포로 근육 세포에는 여러 개의 핵이 존재한다.

ㄴ. X는 골격근에 연결된 원심성 뉴런(운동 뉴런)이다.

ㄨ. 근수축이 일어날 때 액틴 필라멘트의 길이는 변화하지 않고, 액틴 필라멘트와 마이오신 필라멘트가 겹치는 부분의 길이가 변화한다.

09 골격근의 수축 원리

㉠은 I대, ㉡은 액틴 필라멘트와 마이오신 필라멘트가 겹치는 부분, ㉢은 H대이다.

ㄱ. I 보다 II의 근육 원섬유 마디의 길이가 짧으므로 I은 이완했을 때, II는 수축했을 때이다. 골격근이 수축하는 과정에는 ATP에 저장된 에너지가 사용된다.

ㄨ. 근수축이 일어나는 과정에서 H대(㉢)의 길이가 감소한 것의 절반만큼 ㉠의 길이가 감소한다. 따라서 2ⓐ=ⓑ이다.

ㄨ. 수수깡은 실제 근육 원섬유에서 Z선에 해당한다.

10 골격근의 수축 원리

근수축이 일어나는 과정에서 I대의 길이(㉠)는 감소하고, 액틴 필라멘트와 마이오신 필라멘트가 겹치는 부분의 길이(㉡)는 증가하며, H대의 길이(㉢)는 감소한다.

ㄱ. t_1일 때가 t_2일 때보다 ⓐ+ⓑ+ⓒ의 값이 더 크므로 X의 길이도 더 길다. 따라서 t_1에서 t_2로 될 때 X는 수축하였다. 이 과정에서 ㉠의 길이는 감소하고, ㉡의 길이는 증가하며, ㉢의 길이는 ㉠이 감소한 길이의 2배만큼 감소한다. 따라서 ⓐ는 ㉡, ⓑ는 ㉢, ⓒ는 ㉠이다. t_1일 때 A대의 길이가 1.6 μm$=2$㉡$+$㉢$=4d+4d=8d$이므로 $d=0.2$이다. X의 길이는 A대의 길이 $+2$㉠이므로 1.6 μm$+2(4\times0.2)=3.2$ μm이다.

ㄴ. t_2일 때 $\dfrac{\text{X의 길이}}{\text{H대의 길이}}=\dfrac{6d+6d+2d}{2d}=7$이다.

ㄨ. t_3일 때 ⓐ+ⓑ+ⓒ$=3.5d(0.7)+d(0.2)+2.5d(0.5)=7d(1.4)$이다.

11 골격근의 수축 원리

골격근이 수축할 때 I대의 길이(㉠)는 감소하고, 액틴 필라멘트와 마이오신 필라멘트가 겹치는 부분의 길이(㉡)는 증가하므로 $\dfrac{㉡}{㉠}$은 수축할 때 값이 커진다. 따라서 t_2일 때가 t_1일 때보다 X가 더 수축했을 때이다. 근육 원섬유 마디 X의 이완 과정에서 X의 길이가 $2x$만큼 증가하면, ㉠의 길이는 x만큼 증가, ㉡의 길이는 x만큼 감소, ㉢의 길이는 $2x$만큼 증가한다. 따라서 t_2일 때 ㉠의 길이를 a, ㉢의 길이를 b라 하면, ㉠, ㉡, ㉢, X의 길이는 다음과 같다.

시점	$\dfrac{㉡}{㉠}$	$\dfrac{㉠}{㉢}$	㉠	㉡	㉢	X
t_1 (이완)	$\dfrac{1}{5}$	ⓐ	$a+x$	$a-x$	$b+2x$	$4a+b+2x$ $(7b+2x)$
t_2 (수축)	1	$\dfrac{3}{2}$	a	a	b	$7b$

X($4a+b$)를 $\dfrac{㉠}{㉢}=\dfrac{a}{b}=\dfrac{3}{2}$을 활용해 정리하면 $7b$이다.

$7b$(X)는 2.8 μm이므로 $b=0.4$이고, $\dfrac{a}{b}=\dfrac{3}{2}$이므로 $a=0.6$이다.

t_1일 때 $\dfrac{㉡}{㉠}=\dfrac{a-x}{a+x}=\dfrac{1}{5}$이므로 $x=\dfrac{2a}{3}=\dfrac{2\times0.6}{3}=0.4$이다. 이를 바탕으로 표에 ㉠, ㉡, ㉢, X의 길이를 정리하면 다음과 같다.

시점	$\dfrac{㉡}{㉠}$	$\dfrac{㉠}{㉢}$	㉠	㉡	㉢	X
t_1 (이완)	$\dfrac{1}{5}$	ⓐ$\left(\dfrac{5}{6}\right)$	1.0	0.2	1.2	3.6
t_2 (수축)	1	$\dfrac{3}{2}$	0.6	0.6	0.4	2.8

ㄨ. ⓐ는 $\dfrac{5}{6}$이므로 1보다 작다.

ㄴ. ㉠의 길이와 ㉢의 길이를 더한 값은 t_1일 때 2.2 μm이고, t_2일 때가 1.0 μm이므로 t_1일 때가 t_2일 때보다 1.2 μm만큼 크다.

ㄨ. t_1일 때 X의 길이는 3.6 μm이다.

12 골격근의 수축 원리

ⓐ+ⓒ의 값은 X의 길이에 따라 변화하지 않는다. ㉠~㉢의 길이 중 두 가지 길이를 더한 값이 변화하지 않는 경우는 ㉡의 길이와 ㉢의 길이를 더한 경우이며, 이는 액틴 필라멘트의 길이이다. 따라서 ⓐ와 ⓒ는 각각 ㉡과 ㉢ 중 하나이고, ⓑ는 ㉠이다.

㉮일 때 X의 길이는 1.8 μm(㉠$+2$㉡$+2$㉢)이고 액틴 필라멘트의 길이(㉡$+$㉢)는 0.8 μm이므로 ㉠의 길이(H대의 길이$=$ⓑ의 길이)는 0.2 μm, ⓐ의 길이는 0.1 μm, ⓒ의 길이는 0.7 μm이

다. ㉢의 길이는 ㉣의 길이보다 길므로 ⓐ는 ㉢, ⓒ는 ㉡이다.
㉮에서 ㉯로 변하면 X의 길이는 증가하며, X의 길이가 a만큼 증가하면, ㉠의 길이는 a만큼 증가, ㉡의 길이는 $\frac{a}{2}$만큼 감소, ㉢의 길이는 $\frac{a}{2}$만큼 증가한다. 따라서 ⓐ+ⓑ(㉢의 길이+㉠의 길이)는 $\frac{3a}{2}$만큼 증가하고, 이를 표에 정리하면 다음과 같다.

X의 길이(μm)	ⓐ(㉢)+ⓑ(㉠)(μm)	ⓐ(㉢)+ⓒ(㉡)(μm)
㉮=1.8	0.3	0.8
㉯=?(2.2)	0.9	0.8
㉰=2l(2.4)	l(1.2)	?(0.8)

㉯에서 ㉠의 길이는 0.6 μm, ㉡의 길이는 0.5 μm, ㉢의 길이는 0.3 μm이다. ㉯에서 ㉰로 될 때 X의 길이는 증가하며, X의 길이가 2b만큼 증가하면, ㉠의 길이는 $(0.6+2b)$ μm, ㉡의 길이는 $(0.5-b)$ μm, ㉢의 길이는 $(0.3+b)$ μm이다. ㉰에서 X의 길이가 2l, ⓐ+ⓑ(㉢의 길이+㉠의 길이)가 l이므로, ㉠+1.6=2$+2l$이다. 이를 정리하면 b는 0.1이고, ㉠의 길이는 0.8 μm, ㉡의 길이는 0.4 μm, ㉢의 길이는 0.4 μm이다.
ㄴ. 근육 원섬유 마디의 길이가 상대적으로 짧을 때는 수축 강도가 커지지만, 일정 길이 이상이 되면 오히려 수축 강도는 작아진다.
ㄴ. ㉯일 때 X의 길이는 2.2 μm이다.
ㄷ. X의 길이가 ㉯일 때 액틴 필라멘트의 길이는 1.6 μm이고 X의 길이는 2.4 μm이므로 H대의 길이는 0.8 μm이다.

05 신경계

수능 2점 테스트
본문 64~67쪽

01 ④ 02 ⑤ 03 ⑤ 04 ④ 05 ② 06 ③ 07 ①
08 ② 09 ⑤ 10 ① 11 ⑤ 12 ④ 13 ③ 14 ④
15 ⑤ 16 ⑤

01 신경계의 구성
A는 중추 신경계, B는 척수, C는 원심성 신경(운동 신경)이다.
ㄱ. 중추 신경계(A)는 몸 밖과 안의 정보를 받아들여 통합하고 처리한다.
ㄴ. 척수(B)의 속질은 신경 세포체로 이루어진 회색질이다.
ㄷ. 원심성 신경(C)은 골격근에 명령을 전달하는 체성 신경과 심장근, 내장근, 분비샘 등에 명령을 전달하는 자율 신경으로 구분된다.

02 중추 신경계

특징
• 좌우 2개의 반구가 있다. → 대뇌, 소뇌
• 정신 활동의 중추이다. → 대뇌
• 연합 뉴런이 있다. → 대뇌, 소뇌, 간뇌, 중간뇌
• 동공 반사의 중추이다. → 중간뇌

ㄱ. 4가지 특징 중 3개의 특징을 가지는 ㉠은 대뇌이고, 대뇌의 겉질은 회색질이다.
ㄴ. 4가지 특징 중 소뇌와 중간뇌는 각각 2개의 특징을 가지므로 ⓐ와 ⓑ는 모두 2이고, ⓐ+ⓑ=4이다.
ㄷ. 1개의 특징을 가지는 ㉣은 간뇌로 체온, 혈당량, 삼투압 조절 등 항상성 조절에 중요한 역할을 한다.

03 대뇌 겉질 각 부분의 기능
㉠은 전두엽, ㉡은 두정엽, ㉢은 측두엽, ㉣은 후두엽이다.
ㄱ. ㉠은 전두엽이다.
ㄴ. 후두엽은 가장 뒷부분에 위치하며, 시각 정보를 처리하는 영역으로 글자를 볼 때는 후두엽(㉣)의 시각 영역이 활성화된다.
ㄷ. 말을 할 때와 말을 만들어 낼 때는 공통적으로 전두엽(㉠)의 일부가 활성화된다.

04 연수
연수는 대뇌와 연결되는 대부분의 신경이 교차되는 장소이다.
ㄱ. 뇌에서 대뇌, 소뇌, 간뇌를 제외한 중간뇌, 뇌교, 연수가 뇌줄

기를 구성한다.

✗. 연수는 호흡 운동, 소화 운동, 심장 박동 등을 조절하는 중추이다. 혈장 삼투압 조절은 간뇌의 역할이다.

ⓒ. 기침, 재채기, 하품과 같은 반응은 연수가 중추인 무조건 반사에 해당한다.

05 척수

A는 구심성 뉴런(감각 뉴런), B는 척수의 겉질, C는 원심성 뉴런(운동 뉴런)이다.

✗. A는 구심성 뉴런(감각 뉴런)이다.

ⓛ. B는 척수의 겉질로, 겉질은 주로 축삭 돌기로 이루어진 백색질이다.

✗. 구심성 뉴런(A) 다발은 후근을 구성하고, 원심성 뉴런(C) 다발은 전근을 구성한다.

06 흥분 전달 경로

A는 구심성 뉴런(감각 뉴런), B는 원심성 뉴런(운동 뉴런), C는 대뇌를 구성하는 연합 뉴런이다.

⑤. 손의 피부에 연결된 구심성 뉴런과 팔의 근육에 연결된 원심성 뉴런(운동 뉴런)은 모두 말초 신경계에 속한다.

ⓛ. C는 연합 뉴런이다.

✗. 압정에 손이 찔리면 무의식적으로 손을 급히 떼는 반사가 일어나는 동시에 손 피부의 구심성 뉴런(감각 뉴런)은 중추 신경계(대뇌)로도 흥분을 전달한다.

07 무릎 반사

무릎 반사가 일어날 때 ⑤은 수축하고, ⓛ은 이완한다.

⑤. 무릎 반사가 일어날 때 A(구심성 뉴런)의 흥분은 ⑤으로 전달되어 ⑤이 수축한다.

✗. B(연합 뉴런)는 중추 신경계에 속하고, C(원심성 뉴런)는 말초 신경계에 속한다.

✗. 무릎 반사가 일어날 때 ⓛ은 이완한다.

08 신경계

A는 뇌, B는 척수, C는 뇌 신경, D는 척수 신경이다.

✗. A는 뇌이다.

✗. C는 말초 신경계에 속하는 뇌 신경이므로 연합 뉴런으로 구성되지 않는다.

ⓒ. D(척수 신경)는 척수와 주변 기관 사이를 연결하고 있으며, 좌우 31쌍으로 구성된다.

09 체성 신경

A는 체성 신경을 구성하는 원심성 뉴런(운동 뉴런)으로 주로 대

뇌의 지배를 받으며, 골격근에 아세틸콜린을 분비하여 명령을 전달한다.

⑤. 체성 신경은 원심성 신경(운동 신경)에 속한다.

ⓛ. ⑤은 아세틸콜린이다.

ⓒ. A는 말이집이 있으므로 흥분이 전도될 때 도약전도가 일어난다.

10 자율 신경

X에 홍채, 심장, 방광이 모두 자율 신경으로 연결되어 있으므로 X는 척수이고, ⑤~ⓒ은 모두 교감 신경의 일부이다.

✗. 척수에 연결된 교감 신경(⑤)은 척수 신경에 속한다.

ⓛ. B는 교감 신경의 신경절 이전 뉴런이므로 축삭 돌기 말단에서 아세틸콜린이 분비된다.

✗. C(척수에 연결된 교감 신경의 신경절 이전 뉴런)의 축삭 돌기 말단의 신경 전달 물질 분비가 촉진되면 방광은 확장한다.

11 교감 신경

위와 간에 연결된 자율 신경 A는 모두 척수와 연결되어 있으므로 A는 교감 신경이다.

⑤. 교감 신경(A)은 원심성 뉴런(운동 뉴런)으로 구성된다.

ⓛ. 교감 신경(A)의 작용으로 위와 같은 소화 기관에서는 소화관 운동 억제, 소화액 분비 억제가 일어난다.

ⓒ. 교감 신경(A)의 작용으로 간에서는 글리코젠 분해가 촉진된다. 에피네프린 또는 글루카곤은 간에 작용하여 글리코젠이 포도당으로 분해되는 과정을 촉진한다.

12 자율 신경

A는 부교감 신경, B는 교감 신경이다.

✗. A는 원심성 신경(운동 신경)으로 말초 신경계를 이룬다. 연합 뉴런은 중추 신경계를 이룬다.

ⓛ. B는 교감 신경으로 교감 신경의 신경절 이전 뉴런의 신경 세포체는 척수의 속질에 있으며, 척수의 속질은 회색질이다.

ⓒ. ⓒ은 교감 신경의 신경절 이후 뉴런의 축삭 돌기 말단에서 분비되는 물질로 노르에피네프린이다.

13 체성 신경과 자율 신경

A는 구심성 신경(감각 신경)에 속하는 압력 수용체 신경이고, B는 부교감 신경, C는 교감 신경이다.

⑤. A는 구심성 신경(감각 신경)에 속한다.

ⓛ. B는 심장에 연결된 부교감 신경으로 심장 박동 조절 중추인 연수에 신경절 이전 뉴런의 신경 세포체가 있다.

✗. (나)에서 동맥 혈압이 감소하면 교감 신경(C)의 흥분 발생 빈도는 증가한다.

14 척수의 손상

척수의 왼쪽이 손상되면 몸에서 목 아래의 왼쪽 반응 기관에서 운동 기능이 정상적으로 일어나지 않는다.

ㄱ. 동공 반사의 중추는 중간뇌로 이 환자는 정상적으로 동공 반사가 일어난다.

ㄴ. 척수의 왼쪽이 손상되면 대뇌의 운동 명령이 왼쪽 척수를 통해 왼쪽 근육에 전달되지 못하므로 왼손을 정상적으로 움직일 수 없다.

ㄷ. 오른쪽 다리를 만졌을 때 발생된 흥분은 오른쪽 척수를 통해 대뇌로 전달될 수 있으므로 감각을 느낄 수 있다.

15 흥분의 전달 경로

(가)의 흥분 전달 경로는 ㉡(발의 피부) → G → H → I → ㉤(다리의 골격근)이고, (나)의 흥분 전달 경로는 ㉠(눈) → A → B → E → F → ㉣(팔의 골격근)이다.

ㄱ. B는 뇌에 있는 연합 뉴런이다.

ㄴ. (가)에서 흥분은 ㉡(발의 피부) → G → H → I → ㉤(다리의 골격근)으로 전달된다.

ㄷ. 팔을 휘두르는 운동을 하였으므로 (나)에서 반응 기관은 ㉣(팔의 골격근)이다.

16 파킨슨병

파킨슨병은 중추 신경계 이상으로 나타나는 질환 중 하나이다.

ㄱ. 파킨슨병은 중간뇌(㉠)에서 분비되는 신경 전달 물질 중 도파민의 분비 이상으로 나타나는 퇴행성 질환으로, 중간뇌는 뇌줄기에 속한다.

ㄴ. 정상인에서 도파민(ⓐ)은 도파민을 분비하는 뉴런의 축삭 돌기 말단에 존재하는 시냅스 소포에 있다.

ㄷ. 몸이 경직되는(ⓑ) 증상은 골격근을 조절하는 체성 신경이 파괴되어 나타나는 질환인 근위축성 측삭 경화증에서도 나타난다.

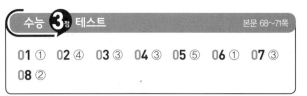

수능 3점 테스트

본문 68~71쪽

01 ① 02 ④ 03 ③ 04 ③ 05 ⑤ 06 ① 07 ③ 08 ②

01 신경계의 구성

A는 척수, B는 원심성 신경(운동 신경), C는 자율 신경, D와 E는 각각 교감 신경과 부교감 신경 중 하나이다.

ㄱ. A는 척수이고, 좌우 31쌍으로 구성되어 척수와 주변 기관 사이를 연결하고 있는 것은 말초 신경계에 속하는 척수 신경이다.

ㄴ. B는 원심성 신경(운동 신경)이다.

ㄷ. 교감 신경(D 또는 E)의 신경절 이후 뉴런의 축삭 돌기 말단에서는 노르에피네프린이, 부교감 신경(E 또는 D)의 신경절 이후 뉴런의 축삭 돌기 말단에서는 아세틸콜린이 분비된다.

02 중추 신경계의 구조와 기능

A는 대뇌, B는 간뇌, C는 소뇌, D는 중간뇌, E는 연수이다.

ㄱ. 대뇌(A)와 소뇌(C)는 모두 좌우 2개의 반구로 나누어진다.

ㄴ. 빛의 세기에 따른 동공 크기의 변화에 관여하는 중추는 중간뇌(D)이다.

ㄷ. 중간뇌(D)와 연수(E)는 모두 뇌줄기에 속한다.

03 대뇌의 좌반구와 우반구

뇌량을 절제하면 대뇌의 좌반구와 우반구에서 처리되는 각각의 정보를 공유할 수 없게 되므로 왼쪽 시야의 사물을 보고 사물이 무엇인지 말할 수 없게 된다.

ㄱ. 대뇌 겉질은 기능에 따라 감각령, 연합령, 운동령으로 나뉘고, 감각령은 감각 기관으로부터 정보를 받아 처리한다.

ㄴ. 시각 정보는 시야에 따라 어느 한쪽 뇌반구에서만 처리된다고 하였고, (나)에서 P가 컵을 보았다고 답했으므로 컵에 대한 시각 정보는 좌반구에서 처리된 후 좌반구에 있는 언어 중추로 전달되었다.

ㄷ. (가)에서 P는 본 것이 없다고 답했으므로 사과에 대한 시각 정보가 우반구에서 처리된 후 좌반구에 있는 언어 중추로 전달되지 않았음을 알 수 있다.

04 중추 신경계와 말초 신경계

동공 축소에 관여하는 중추는 중간뇌이므로 (가)는 중간뇌이고, 방광의 확장에 관여하는 중추는 척수이므로 (다)는 척수이다. 따라서 (나)는 연수이다.

ㄱ. (가)는 중간뇌이다.

ㄴ. (나)는 연수이고, 뇌줄기에 속한다.

ㄷ. 교감 신경은 방광을 확장시키고, 부교감 신경은 동공을 축소

시킨다. 연수(나)와 심장을 연결하는 자율 신경은 부교감 신경이므로, ⓐ는 억제이다. Ⅰ에 교감 신경과 부교감 신경이 각각 2개 있으므로 중추 신경계와 위를 연결하는 자율 신경은 교감 신경이다.

05 중추 신경계와 말초 신경계
A는 구심성 신경(감각 신경)을 구성하는 뉴런, B와 C는 원심성 신경(운동 신경)을 구성하는 뉴런이다.
ㄱ. 구심성 신경(감각 신경)과 원심성 신경(운동 신경)은 모두 말초 신경계에 속한다.
ㄴ. 깨진 접시 조각에 발이 찔리는 자극에 따라 위험을 피하려고 다리를 즉시 들어올리는 반응(㉠)은 회피 반사에 해당하며, 회피 반사의 중추는 척수이다.
ㄷ. 소뇌는 몸의 평형을 유지하는 중추로 한 발로 바닥을 지탱해 균형을 잡는 반응(㉡)에 관여한다.

06 자극에 대한 반응
(가)는 침 분비 반사를, (나)는 배뇨 반사를 설명한 것이다.
ㄱ. 침 분비 반사의 중추는 연수이다.
ㄴ. 척수에 연결된 구심성 신경(감각 신경)은 척수의 후근을 이룬다.
ㄷ. 부교감 신경은 방광을 수축시키므로 ⓐ는 부교감 신경이다.

07 말초 신경계
(가)는 소장에 연결된 교감 신경, (나)는 심장에 연결된 부교감 신경, (다)는 골격근에 연결된 체성 신경이다.
ㄱ. ㉠과 ㉡에서는 각각 교감 신경과 부교감 신경의 신경절 이전 뉴런에서 분비된 신경 전달 물질인 아세틸콜린이 작용하므로 종류가 같다.
ㄴ. 교감 신경(가)의 축삭 돌기 말단과 소장 사이에 X를 투여했을 때가 X를 투여하지 않았을 때보다 소장에서의 소화액 분비가 촉진되므로 X는 노르에피네프린의 작용을 저해하는 물질이다. 체성 신경(다)의 축삭 돌기 말단과 골격근 사이에 Z를 투여했을 때가 Z를 투여하지 않았을 때보다 골격근의 수축이 더욱 강하게 일어나므로 Z는 아세틸콜린 분해 효소를 저해하는 물질이다. 따라서 Y는 아세틸콜린의 작용을 저해하는 물질이고, 부교감 신경(나)의 축삭 돌기 말단과 심장 사이에 Y를 투여하면 심장 박동의 억제가 저해되므로 투여하지 않았을 때보다 심장 박동이 촉진된다.
ㄷ. Z는 아세틸콜린 분해 효소를 저해하는 물질이다.

08 신경계의 이상과 질환
중간뇌에서 도파민 분비 부족으로 손발 떨림과 자세 불안정을 나타내는 질환은 파킨슨병(B)이다. 알츠하이머병(C)은 대뇌 기능 저하로 기억력이 약화되는 질환이고, 근위축성 측삭 경화증(A)은

골격근을 조절하는 체성 신경이 파괴되어 근육이 경직되고 경련을 일으키는 질환이다.
ㄱ. 대뇌의 신경 세포는 중추 신경계(㉡)에 속하고, 말초 신경계(㉠)에 속하는 체성 신경이 ㉠에 해당한다.
ㄴ. B는 파킨슨병이다.
ㄷ. 근위축성 측삭 경화증의 주요 증상으로는 근육 경직과 경련이 있다.

06 항상성

수능 2점 테스트
본문 79~83쪽

01 ⑤	02 ④	03 ①	04 ③	05 ⑤	06 ⑤	07 ①
08 ④	09 ②	10 ③	11 ④	12 ②	13 ④	14 ①
15 ⑤	16 ④	17 ③	18 ⑤	19 ②	20 ③

01 호르몬의 특성
호르몬은 내분비샘에서 생성되어 혈액이나 조직액으로 분비되고, 혈액을 따라 이동하다가 특정 호르몬 수용체를 가진 표적 세포(기관)에 작용한다. 또한 미량으로 생리 작용을 조절하며 부족하면 결핍증이, 많으면 과다증이 나타난다.
Ⓐ. 호르몬은 미량으로 생리 작용을 조절한다.
Ⓑ. 호르몬의 분비량이 부족하면 결핍증이 나타난다.
Ⓒ. 호르몬은 혈액을 따라 이동하며 표적 세포에 작용한다.

02 호르몬과 신경의 작용 비교
(가)는 호르몬에 의한 신호 전달로 내분비 세포에서 혈액으로 분비되는 물질 A는 호르몬이다. (나)는 신경에 의한 신호 전달로 뉴런의 축삭 돌기 말단에서 분비되는 물질 B는 신경 전달 물질이다.
㉠. 뉴런 말단에 인접한 세포 ㉡에는 B에 대한 수용체가 있어 신경에 의해 전달되는 신호를 수용할 수 있다.
✗. 신호 전달은 (나)(신경에 의한 신호 전달)에서가 (가)(호르몬에 의한 신호 전달)에서보다 빠르다.
㉢. 혈당량은 신경계와 내분비계에 의해 모두 조절되므로 혈당량 조절에는 (가)와 (나)가 모두 관여한다.

03 사람의 내분비샘과 호르몬
표적 기관이 콩팥인 호르몬은 뇌하수체 후엽에서 분비되고, 표적 기관이 갑상샘인 호르몬은 뇌하수체 전엽에서 분비된다.
㉠. A는 뇌하수체 후엽, B는 뇌하수체 전엽이다.
✗. 항이뇨 호르몬(ADH)은 뇌하수체 후엽에서 분비되고 표적 기관은 콩팥이므로 ㉠에 해당한다.
✗. 분비되는 호르몬의 가짓수는 뇌하수체 전엽(B)에서가 뇌하수체 후엽(A)에서보다 많다.

04 사람의 내분비샘과 호르몬
(가)는 갑상샘, (나)는 부신, (다)는 이자이다.
㉠. (가)(갑상샘)에서 티록신이 분비되고, 티록신은 물질대사를 촉진한다.

✗. (나)는 부신이다.
㉢. (나)(부신)에서 분비되는 당질 코르티코이드와 에피네프린, (다)(이자)에서 분비되는 인슐린과 글루카곤은 모두 혈당량 조절에 관여하는 호르몬이다.

05 호르몬의 특징
'콩팥에서 물의 재흡수를 촉진한다.'가 B와 C 모두에서 ⓐ이므로, ⓐ는 '없음', ⓑ는 '있음'이다. A는 항이뇨 호르몬(ADH), B는 글루카곤, C는 인슐린이다.
✗. ⓐ는 '없음'이다.
㉡. 글루카곤(B)은 간에서 글리코젠이 포도당으로 전환되는 과정을 촉진한다.
㉢. (가)는 글루카곤(B)과 인슐린(C)에 모두 있는 특징이므로 '이자에서 분비된다.'는 (가)에 해당한다.

06 내분비샘과 호르몬의 특징
㉠. ㉠과 ㉡은 모두 호르몬을 분비하므로 내분비 세포이다.
㉡. B는 ㉢에 작용하고, A는 ㉣에 작용하므로 ㉢은 B의 표적 세포이고, ㉣은 A의 표적 세포이다.
㉢. A와 B는 모두 혈액을 통해 표적 세포로 이동한다.

07 내분비샘과 외분비샘의 특징
내분비샘은 분비관 없이 분비물을 혈액이나 조직액으로 내보내고, 외분비샘은 분비관을 통해 분비물을 체외로 내보내므로 ㉠은 내분비 세포, ㉡은 외분비 세포이다.
㉠. ㉠은 내분비 세포이다.
✗. 땀은 외분비 세포에서 분비되므로 B가 분비되는 과정과 같은 방식으로 분비된다.
✗. 인슐린은 내분비 세포에서 분비되므로 A가 분비되는 과정과 같은 방식으로 분비된다.

08 호르몬과 내분비샘
A는 뇌하수체 전엽에서 분비되므로 갑상샘 자극 호르몬(TSH)이고, B는 갑상샘에서 분비되므로 티록신이다.
㉠. A는 TSH이다.
✗. 정상인에서 혈중 티록신(B)의 농도가 증가하면 음성 피드백에 의해 뇌하수체 전엽에서 TSH(A)의 분비가 억제된다.
㉢. 에피네프린은 부신 속질에서 분비되므로 부신 속질은 ㉠에 해당한다.

09 티록신의 분비 조절

정상인의 경우 혈중 티록신의 농도가 높을 때 티록신에 의해 시상 하부의 갑상샘 자극 호르몬 방출 호르몬(TRH) 분비와 뇌하수체 전엽의 갑상샘 자극 호르몬(TSH) 분비가 억제되어 티록신의 농도는 감소한다. A~C에서 모두 혈중 호르몬 농도가 정상보다 높은 호르몬이 티록신이다. A의 경우 ⓒ이, C의 경우 ⓒ이 정상보다 낮은 농도이므로 ⓒ과 ⓒ은 티록신이 아니다. 따라서 ⓐ은 티록신이고, B에서 혈중 ⓐ의 농도는 '+'이다.

✗. A의 혈중 ⓒ의 농도는 정상보다 높고, ⓒ은 정상보다 낮으므로 ⓒ은 TSH, ⓒ은 TRH이다.

ⓒ. B의 혈중 티록신, TRH, TSH의 농도가 모두 정상보다 높으므로 B는 시상 하부에 이상이 있는 사람이고, A의 혈중 티록신, TSH의 농도가 모두 정상보다 높고, TRH의 농도는 정상보다 낮으므로 A는 뇌하수체 전엽에 이상이 있는 사람이고, C는 갑상샘에 이상이 있는 사람이다.

✗. A~C에게서 모두 혈중 티록신 농도가 정상보다 높으므로 갑상샘 기능 항진증이 나타난다.

10 혈당량 조절

인슐린은 혈액에서 조직 세포로의 포도당 흡수를 촉진한다.

ⓐ. 인슐린을 주사한 후 ⓐ은 증가하고, ⓒ은 감소하므로 ⓐ은 혈중 글루카곤 농도이고 ⓒ은 혈중 포도당 농도이다.

ⓒ. 글루카곤은 간에서 글리코젠이 포도당으로 전환되는 과정을 촉진해서 혈당량을 증가시킨다.

✗. 혈중 글루카곤의 농도(ⓐ)는 t_1일 때가 t_2일 때보다 낮으므로 간에서 단위 시간당 생성되는 포도당의 양은 t_1일 때가 t_2일 때보다 적다.

11 혈당량 조절

✗. 이자의 α세포에서 글루카곤을 분비하고, 이자의 β세포에서 인슐린을 분비하므로 ⓐ은 글루카곤, ⓒ은 인슐린이다.

ⓒ. 인슐린(ⓒ)은 혈액에서 세포로의 포도당 흡수를 촉진한다.

ⓒ. 두 가지 요인이 같은 생리 작용에 대해 서로 반대로 작용하여 서로의 효과를 줄이는 것을 길항 작용이라고 한다. 글루카곤(ⓐ)에 의해 혈당량이 증가하고, 인슐린(ⓒ)에 의해 혈당량이 감소하므로 글루카곤(ⓐ)과 인슐린(ⓒ)은 혈당량 조절에 길항적으로 작용한다.

12 혈당량 조절

ⓐ의 농도는 혈당량이 낮은 상태에서가 혈당량이 높은 상태에서보다 높다. 따라서 ⓐ은 글루카곤이다.

✗. 글루카곤(ⓐ)은 이자의 α세포에서 분비된다.

ⓒ. 이자에 연결된 교감 신경에서 흥분 발생 빈도가 증가하면 이자의 α세포에서 글루카곤(ⓐ)의 분비가 촉진된다.

✗. 글루카곤은 간에서 글리코젠 분해를 촉진한다. 혈당량이 낮은 상태에서 글루카곤의 농도는 t_1일 때가 t_2일 때보다 낮으므로 혈당량이 낮은 상태에서 간에서의 단위 시간당 글리코젠 분해량은 t_1일 때가 t_2일 때보다 적다.

13 혈당량 조절

부신 속질과 연결된 교감 신경은 에피네프린의 분비를 촉진하고, 이자에 연결된 부교감 신경은 인슐린의 분비를 촉진한다. 따라서 A는 부교감 신경, B는 교감 신경이고, ⓐ은 인슐린, ⓒ은 에피네프린이다.

ⓐ. B는 교감 신경이다.

ⓒ. 혈중 포도당 농도가 높을 때 인슐린(ⓐ)은 혈중 포도당 농도를 낮추고, 정상 범위까지 낮아지면 음성 피드백에 의해 인슐린(ⓐ) 분비량이 감소한다.

✗. 인슐린(ⓐ)은 혈당량을 감소시키고, 에피네프린(ⓒ)은 혈당량을 증가시킨다.

14 체온 조절

체온 조절의 중추는 간뇌의 시상 하부이며, 시상 하부가 저온 자극을 감지하면 교감 신경의 작용 강화에 의해 피부 근처 혈관이 수축한다.

ⓐ. ⓐ은 시상 하부이다.

✗. A는 교감 신경이고, 교감 신경(A)의 신경절 이후 뉴런의 축삭 돌기 말단에서 분비되는 신경 전달 물질은 노르에피네프린이다.

✗. 피부 근처 혈관의 수축으로 피부 근처 혈관에서의 혈류량이 감소하여 열 발산량이 감소한다.

15 체온 조절

ⓐ. 저온 자극이 주어졌을 때 피부 근처 혈관이 수축하고, 고온 자극이 주어졌을 때 피부 근처 혈관이 확장하므로 A는 온도 자극 20 ℃이고, B는 온도 자극 40 ℃이다.

ⓒ. 골격근의 떨림에 의해 열 발생량이 증가하므로 온도 자극 20 ℃(A)를 주었을 때 골격근의 떨림이 일어났다.

ⓒ. 열 발생량은 온도 자극 20 ℃(A)를 주었을 때가 온도 자극 40 ℃(B)를 주었을 때보다 많고, 열 발산량은 온도 자극 20 ℃(A)를 주었을 때가 온도 자극 40 ℃(B)를 주었을 때보다 적다. 따라서 $\dfrac{\text{열 발생량}}{\text{열 발산량}}$은 온도 자극 20 ℃(A)를 주었을 때가 온도 자극 40 ℃(B)를 주었을 때보다 크다.

16 체온 조절

ⓐ. 고온 자극을 주었을 때 땀 분비량이 증가하고, 저온 자극을 주었을 때 땀 분비량이 감소하므로 ⓐ는 고온 자극, ⓑ는 저온 자극이다.

ㄴ. 피부 근처 혈관을 흐르는 단위 시간당 혈액량은 고온 자극을 받고 있는 t_1일 때가 저온 자극을 받고 있는 t_2일 때보다 많다.

✗. 시상 하부가 정상 체온보다 높은 온도를 감지하면 열 발생량은 감소한다.

17 삼투압 조절

간뇌의 시상 하부는 삼투압 조절 중추로 정상보다 높은 혈장 삼투압을 감지하여 뇌하수체 후엽에서 항이뇨 호르몬(ADH)의 분비를 촉진해 혈장 삼투압을 감소시킨다.

✗. ㉠은 뇌하수체 후엽이다.

✗. 체내 삼투압의 조절 중추는 시상 하부이다.

ㄷ. 혈중 ADH의 농도가 감소하면 콩팥에서 물의 재흡수량이 감소하므로 혈장 삼투압이 증가한다.

18 삼투압 조절

항이뇨 호르몬(ADH)은 콩팥에서 물의 재흡수를 촉진하여 혈액량을 증가시킨다.

㉠. 콩팥은 ADH의 표적 기관이다.

ㄴ. 혈장 삼투압이 p_1보다 높을 때 ㉠은 정상 상태일 때보다 혈중 ADH 농도가 높으므로 ㉠은 혈액량이 정상보다 감소한 상태이다.

ㄷ. 정상 상태일 때 혈중 항이뇨 호르몬(ADH)의 농도는 p_1일 때가 p_2일 때보다 낮으므로 단위 시간당 오줌 생성량은 p_1일 때가 p_2일 때보다 많다.

19 삼투압 조절

A의 오줌 생성량은 평상시와 ADH 투여 시 변화가 없으므로 A는 콩팥의 세포가 ADH에 반응하지 않는 환자이고, B의 평상시 오줌 생성량은 ADH 투여 시 오줌 생성량보다 많으므로 B는 ADH가 정상보다 적게 분비되는 환자이다.

✗. 정상인에게 ADH를 투여하면 평상시보다 오줌 생성량이 감소하므로 ⓐ는 1.5보다 작다.

✗. A는 콩팥의 세포가 ADH에 반응하지 않는 환자이다.

ㄷ. B는 ADH 투여 시 콩팥에서 물의 재흡수량이 증가하여 오줌 생성량이 감소하므로, 혈장 삼투압도 감소한다. 따라서 B에서 혈장 삼투압은 평상시가 ADH 투여 시보다 높다.

20 삼투압 조절

㉠. X를 섭취한 후 오줌과 혈장의 삼투압이 모두 감소하므로 X는 물이다.

✗. 물을 섭취하면 ADH의 분비량이 감소하여 콩팥에서 물의 재흡수량이 감소하므로 단위 시간당 오줌 생성량이 증가한다. 따라서 단위 시간당 오줌 생성량은 t_1일 때가 t_2일 때보다 적다.

ㄷ. ADH의 분비 조절 중추는 시상 하부이다.

01 호르몬의 특징

갑상샘 자극 호르몬(TSH)과 부신 겉질 자극 호르몬(ACTH)은 모두 뇌하수체 전엽에서 분비되고, TSH는 티록신 분비를 촉진하므로 A는 ACTH, B는 항이뇨 호르몬(ADH), C는 TSH이다.

㉠. C는 TSH이므로 특징 ㉠과 ㉡을 모두 가지고 있다. 따라서 ⓐ는 '○'이다.

ㄴ. ADH(B)는 콩팥에서 물의 재흡수를 촉진한다.

ㄷ. ㉠은 C만 있는 특징이고, ㉡은 A와 C가 모두 있는 특징이므로 ㉠은 '티록신 분비를 촉진한다.'이고, ㉡은 '뇌하수체 전엽에서 분비된다.'이다.

02 혈당량 조절

Ⅰ에서는 인슐린이 분비되고, Ⅱ에서는 글루카곤이 분비되므로 Ⅰ은 β세포, Ⅱ는 α세포이다.

✗. Ⅰ은 β세포이다.

ㄴ. ⓐ는 혈액에서 세포로의 포도당 유입량을 증가시키므로 ⓐ는 인슐린이다. 이 환자의 인슐린(ⓐ) 농도가 높아지면 정상인과 같은 포도당 유입량을 보이므로 이 환자에게 ⓐ를 투여하여 혈중 ⓐ 농도가 C_3보다 높아지면 혈당량이 감소될 수 있다.

✗. 인슐린이 간에 작용하면 포도당이 글리코젠으로 합성되는 과정이 촉진된다. 혈중 인슐린(ⓐ) 농도는 C_1일 때가 C_2일 때보다 낮으므로 정상인의 간에서 단위 시간당 글리코젠 합성량은 C_1일 때가 C_2일 때보다 적다.

03 삼투압 조절

혈장 삼투압 변화에 따라 뇌하수체 후엽에서 분비되는 호르몬 X는 항이뇨 호르몬(ADH)이다.

㉠. 콩팥은 ADH(X)의 표적 기관이다.

ㄴ. X의 분비를 촉진하는 자극의 전과 후를 비교하면 ㉠에서의 변화보다 ㉡에서의 변화가 크다. 이를 통해 ADH(X)의 분비를 촉진하는 자극에 의해 ㉠은 ADH의 분비가 촉진되지 않았고, ㉡은 ADH의 분비가 촉진되었음을 알 수 있다. 따라서 ㉠은 뇌하수체 후엽이 제거된 개체이고, ㉡은 정상 개체이다.

✗. ADH의 분비 증가는 오줌 삼투압을 증가시키므로 정상 개체(㉡)에서 생성되는 오줌 삼투압은 구간 Ⅰ에서가 Ⅱ에서보다 낮다.

04 혈당량 조절

탄수화물을 섭취한 후 혈중 ㉠의 농도는 증가하고, 혈중 ㉡의 농도는 감소하므로 ㉠은 인슐린, ㉡은 글루카곤이다.

㉠. 인슐린(㉠)은 간에서 포도당을 글리코젠으로 전환하는 과정(Ⅰ)을 촉진한다.

✗. 글루카곤(㉡)은 이자의 α세포에서 분비된다.

㉢. 혈중 포도당 농도가 높을 때 인슐린의 농도도 높아지므로, 혈중 포도당 농도는 인슐린(㉠)의 농도가 높은 t_1일 때가 인슐린(㉠)의 농도가 낮은 t_2일 때보다 높다.

05 체온 조절

시상 하부는 설정 온도를 기준으로 열 발생량과 열 발산량을 조절하는 체온 조절의 중추이다.

✗. 시상 하부에 설정된 온도가 체온보다 낮을 때 피부 근처 혈관은 확장된다. X에 의한 피부 근처 혈관 수축은 Ⅱ에서 일어났다.

㉡. 시상 하부에 설정된 온도가 체온보다 높으면(Ⅱ) 땀 분비가 감소하고, 낮으면(Ⅲ) 땀 분비가 증가한다. 땀 분비량은 Ⅱ에서가 Ⅲ에서보다 적다.

㉢. 열 발생량은 Ⅱ에서가 Ⅰ에서보다 많고, 열 발산량은 Ⅱ에서가 Ⅰ에서보다 적으므로 $\dfrac{열\ 발생량}{열\ 발산량}$ 은 Ⅰ에서가 Ⅱ에서보다 작다.

06 체온 조절

✗. 고온 자극을 주었을 때 피부 근처 혈관을 흐르는 단위 시간당 혈액량은 증가하고, 저온 자극을 주었을 때 피부 근처 혈관을 흐르는 단위 시간당 혈액량은 감소한다. 따라서 ⓐ는 체온보다 낮은 온도의 물에 들어가는 자극이고, ⓑ는 체온보다 높은 온도의 물에 들어가는 자극이다.

㉡. 체온보다 낮은 온도의 물에 들어갔을 때 시상 하부에서 신경에 의한 신호 전달(Ⅰ)로 부신에서 에피네프린의 분비를 촉진하고, 시상 하부에서 호르몬에 의한 신호 전달(Ⅱ)로 뇌하수체 전엽에서 TSH를 분비하면 갑상샘에서 티록신의 분비가 촉진된다. 신경에 의한 신호 전달(Ⅰ)은 호르몬에 의한 신호 전달(Ⅱ)보다 빠르다.

㉢. (나)는 체온이 정상 범위보다 낮을 때 활발하게 일어나므로 (나)는 t_1일 때가 t_2일 때보다 활발하게 일어난다.

07 호르몬 분비 조절

시상 하부에서 호르몬 분비량이 감소하는 이상을 가진 환자는 ㉠~㉢이 모두 '정상인보다 낮음'이다. Ⅰ과 Ⅱ에는 ⓐ와 ⓑ가 모두 있으므로 Ⅲ은 시상 하부에 이상이 있는 환자이고, ⓐ는 '정상인보다 낮음', ⓑ는 '정상인보다 높음'이다. 뇌하수체 전엽에 이상이 있는 환자는 TSH와 티록신의 혈중 농도가 모두 정상인보다 낮고, 음성 피드백에 의해 TRH의 혈중 농도는 정상인보다 높다.

갑상샘에 이상이 있는 환자는 티록신의 혈중 농도가 정상인보다 낮고, 음성 피드백에 의해 TRH와 TSH의 혈중 농도는 정상인보다 높다. ㉠은 TSH, ㉡은 티록신, ㉢은 TRH이고, Ⅰ은 뇌하수체 전엽에 이상이 있는 환자, Ⅱ는 갑상샘에 이상이 있는 환자이다. 이를 토대로 표를 완성하면 아래와 같다.

호르몬 \ 환자	Ⅰ (뇌하수체 전엽 이상)	Ⅱ (갑상샘 이상)	Ⅲ (시상 하부 이상)
㉠(TSH)	−	+	−
㉡(티록신)	−	−	
㉢(TRH)	+	+	

(+: 정상인보다 높음. −: 정상인보다 낮음)

㉠. ⓐ는 '정상인보다 낮음'이다.

✗. ㉠의 표적 기관은 갑상샘이다.

✗. Ⅰ은 뇌하수체 전엽에 이상이 있는 환자이다.

08 호르몬의 특징

'이자에서 분비된다.'는 인슐린과 글루카곤이 모두 갖는 특징이고, '혈당량 조절에 관여한다.'는 인슐린, 글루카곤, 에피네프린이 모두 갖는 특징이며, '간에서 글리코젠 합성을 촉진한다.'는 인슐린이 갖는 특징이므로 A는 에피네프린, B는 인슐린, C는 글루카곤이다.

㉠. 에피네프린(A)은 부신 속질에서 분비된다.

㉡. 에피네프린(A)과 글루카곤(C)은 모두 혈당량을 증가시키는 호르몬이다.

✗. 인슐린(B)은 부교감 신경에 의해 분비가 촉진되고, 글루카곤(C)은 교감 신경에 의해 분비가 촉진된다.

09 삼투압 조절

ADH는 콩팥에 작용하여 물의 재흡수량을 증가시키므로 혈중 ADH의 농도가 높아지면 오줌 삼투압은 증가하고, 단위 시간당 오줌 생성량은 감소한다. 따라서 ㉠은 오줌 삼투압, ㉡은 단위 시간당 오줌 생성량이다.

㉠. ㉠은 오줌 삼투압이다.

㉡. 혈장 삼투압이 낮을 때 ADH의 분비는 감소하므로 혈중 ADH의 농도는 물 섭취 이전인 t_1일 때가 물 섭취 이후인 t_2일 때보다 높다.

✗. 1 L의 물을 섭취하면 혈장 삼투압이 감소하므로 혈장 삼투압은 t_2일 때가 t_3일 때보다 낮다.

10 삼투압 조절

✗. ㉠이 증가하면 혈중 ADH 농도가 감소하므로 ㉠은 전체 혈액량이고, ㉡이 증가하면 갈증 정도가 증가하므로 ㉡은 혈장 삼투압이다.

ⓒ. 혈중 ADH 농도가 높으면 콩팥에서 단위 시간당 물의 재흡수량은 증가하고, 혈중 ADH 농도가 낮으면 콩팥에서 단위 시간당 물의 재흡수량은 감소한다. ADH의 농도는 V_1일 때가 V_2일 때보다 높다. 따라서 콩팥에서 단위 시간당 물의 재흡수량은 V_1일 때가 V_2일 때보다 많다.

ⓒ. 혈장 삼투압(ⓒ)이 증가하면 ADH의 분비량이 증가하여 단위 시간당 오줌 생성량이 감소하므로 단위 시간당 오줌 생성량은 p_1일 때가 p_2일 때보다 많다.

11 체온 조절과 혈당량 조절

ⓒ. 내분비샘 A에서 호르몬 ⓐ의 분비를 촉진하고, 내분비샘 B에서 호르몬 ⓑ의 분비를 촉진하며, 호르몬 ⓑ는 물질대사를 촉진하므로 A는 뇌하수체 전엽, B는 갑상샘이고, ⓐ는 TSH, ⓑ는 티록신이다.

✗. 시상 하부가 체온보다 낮은 온도를 감지하면 교감 신경의 작용으로 털을 세우는 털세움근이 수축한다.

✗. ㉠은 교감 신경에 의한 자극 전달 경로이다. 내분비샘 C는 이자, 호르몬 ⓒ는 인슐린이므로 ㉡은 부교감 신경에 의한 자극 전달 경로이다.

12 삼투압 조절

혈중 ADH 농도가 증가할 때 ㉠은 감소하므로 ㉠은 단위 시간당 오줌 생성량이다. X를 섭취한 후 단위 시간당 오줌 생성량이 급격히 감소하므로 X는 소금물이다.

ⓒ. X는 소금물이다.

✗. ADH는 오줌 삼투압을 증가시키므로 생성되는 오줌 삼투압은 C_1일 때가 C_2일 때보다 작다.

✗. 혈장 삼투압이 높으면 ADH 분비량이 증가하여 단위 시간당 오줌 생성량이 감소하고, 혈장 삼투압이 낮으면 ADH 분비량이 감소하여 단위 시간당 오줌 생성량이 증가한다. 구간 Ⅰ에서가 구간 Ⅱ에서보다 단위 시간당 오줌 생성량이 많으므로 혈장 삼투압은 구간 Ⅰ에서가 구간 Ⅱ에서보다 낮다.

07 방어 작용

수능 2점 테스트　　　　　　본문 97~101쪽

01 ③	02 ⑤	03 ⑤	04 ⑤	05 ⑤	06 ④	07 ②
08 ④	09 ⑤	10 ④	11 ③	12 ⑤	13 ①	14 ③
15 ⑤	16 ①	17 ⑤	18 ⑤	19 ⑤	20 ①	

01 질병의 구분

비정상적인 헤모글로빈이 생성되는 질병은 낫 모양 적혈구 빈혈증(A)이다. 후천성 면역 결핍증(AIDS)의 병원체는 바이러스로 핵을 가지지 않고, 수면병의 병원체는 원생생물로 핵을 가지므로 B는 후천성 면역 결핍증(AIDS), C는 수면병이다.

ⓒ. A는 낫 모양 적혈구 빈혈증이다.

ⓒ. 바이러스에는 단백질이 있으므로, '병원체는 단백질을 가진다.'는 (가)에 해당한다.

✗. 수면병(C)의 병원체는 세포로 이루어져 있지만, 후천성 면역 결핍증(B)의 병원체는 세포로 이루어져 있지 않다.

02 병원체의 특징

바이러스는 세포로 이루어져 있지 않으므로 ㉠은 바이러스이고, ㉡은 세균이다.

ⓒ. 소아마비의 병원체는 바이러스(㉠)이다.

ⓒ. 항생제는 세균을 죽이거나 증식을 억제하는 물질이므로 세균(㉡)에 의한 질병을 치료할 때 항생제가 사용된다.

ⓒ. 세균(㉡)은 단세포 원핵생물이므로 스스로 물질대사를 할 수 있다. 따라서 '스스로 물질대사를 할 수 있다.'는 (가)에 해당한다.

03 염증 반응

손상된 피부를 통해 병원체가 침입하였을 때 염증 반응이 일어난다.

ⓒ. ㉠에서 히스타민이 분비되고, ㉡은 보조 T 림프구에게 항원을 제시하므로 ㉠은 비만세포, ㉡은 대식세포이다.

ⓒ. 대식세포(㉡)에 의해 식세포 작용(식균 작용)이 일어난다.

ⓒ. 히스타민은 모세 혈관을 확장시켜 백혈구가 상처 부위로 이동하는 것을 촉진한다.

04 질병의 종류

무좀, 홍역, 당뇨병 중 전염되지 않는 비감염성 질병은 당뇨병이고, 병원체가 곰팡이이면서 세포 분열을 하는 질병은 무좀이다.

ⓒ. 홍역은 특징 ㉠~㉢이 모두 없으므로 B는 홍역이고, ⓐ는 '×'이다.

X. 특징 ㉠과 ㉡이 모두 있는 C는 무좀이고, 특징 ㉢만 있는 A는 당뇨병이다. 특징 ㉠과 ㉡은 각각 '병원체가 곰팡이이다.'와 '병원체가 세포 분열을 한다.' 중 하나이고, 특징 ㉢은 '비감염성 질병이다.'이다.
㉢. 홍역(B)의 병원체는 바이러스이고, 무좀(C)의 병원체는 곰팡이이다. 바이러스와 곰팡이는 모두 핵산을 가진다.

05 우리 몸의 방어 작용
항체가 병원체를 무력화시키는 것은 특정 항원을 인식하여 제거하는 방어 작용으로 특이적 방어 작용에 해당한다.
㉠. 항체는 Y자 모양의 면역 단백질이다.
㉡. 타액에서 분비된 점액에는 라이소자임이 있고, 라이소자임은 세균의 세포벽을 분해하여 세균의 침입을 막으므로 라이소자임은 ⓑ에 해당한다.
㉢. 비특이적 방어 작용은 병원체의 종류나 감염 경험의 유무와 관계없이 일어나므로, (나)와 (다)는 모두 비특이적 방어 작용에 해당한다.

06 질병의 구분
독감의 병원체는 바이러스, 말라리아의 병원체는 원생생물, 세균성 식중독의 병원체는 세균이다.
㉠. ㉠의 병원체는 세균이므로 ㉠은 세균성 식중독이고, ㉢의 침입 경로는 매개 곤충이므로 ㉢은 말라리아이다. 따라서 ㉡은 독감이다.
X. ㉢은 매개 곤충을 통해 감염되므로 ㉢은 말라리아이다. 말라리아의 병원체는 원생생물이므로 ⓐ는 원생생물이다.
㉢. ㉠의 병원체는 세균이므로 ㉠은 세균성 식중독이다. '음식 익혀 먹기'는 세균성 식중독을 예방하는 방법 중 하나이다.

07 특이적 방어 작용
(가)와 (나)는 모두 특이적 방어 작용으로, (가)는 세포성 면역 반응, (나)는 체액성 면역 반응에 해당한다. ㉠은 X에 감염된 세포를 직접 파괴하는 세포독성 T림프구이고, X에 2차 감염되었을 때 ㉡이 ㉢으로 분화하므로 ㉡은 기억 세포, ㉢은 형질 세포이다.
X. ㉡은 기억 세포이다.
X. (가)는 세포성 면역 반응에 해당한다. 체액성 면역 반응에서는 (가)가 일어나지 않는다.
㉢. (가)와 (나)는 모두 특이적 방어 작용에 해당한다.

08 항체의 구조
㉠. 항체는 Y자 모양의 구조로, Y자 모양의 위쪽 끝부분이 항원과 결합하는 곳이다. 따라서 ㉠과 ㉡은 모두 X와 결합하는 부위이다.
㉡. 항체는 면역 단백질이므로 (가)와 (나)는 모두 단백질로 이루어져 있다.
X. X에 대한 항원 항체 반응에 의한 면역은 체액성 면역에 해당한다.

09 림프구의 분화
골수에 있는 조혈 모세포로부터 미성숙 림프구가 만들어진다. 이 중 일부는 골수에서 B 림프구로 성숙하고, 다른 일부는 가슴샘으로 이동하여 T 림프구로 성숙한다. 따라서 ㉠은 B 림프구, ㉡은 보조 T 림프구이다.
㉠. 미성숙 림프구는 골수에서 생성된다.
㉡. ㉠은 B 림프구이다.
㉢. 보조 T 림프구(㉡)는 B 림프구(㉠)가 형질 세포와 기억 세포로 분화하는 것을 촉진한다. 따라서 ㉠과 ㉡은 모두 체액성 면역 반응에 관여한다.

10 특이적 방어 작용
병원체가 침입했을 때 병원체에 있는 항원(항체와 결합하는 부위)과 결합하는 항체가 각각 생성된다.
㉠. X_1과 X_2에 의해 항체가 생성되었으므로 X_1과 X_2는 모두 체내에서 면역 반응을 일으키는 원인이다.
X. ㉢은 둥근 형태의 항원과 결합하므로 ㉢은 X_1에만 결합한다.
㉢. X_2에는 네모난 형태와 세모난 형태의 항원이 모두 있으므로 X_2에 의해 ㉠과 ㉡이 모두 생성된다.

11 특이적 방어 작용
2차 면역 반응에서 기억 세포는 형질 세포로 분화하고, 형질 세포에서 항체를 분비하므로 ㉠은 기억 세포, ㉡은 형질 세포이다. 활성화된 세포독성 T림프구는 병원체에 감염된 세포를 파괴하므로 ㉢은 세포독성 T림프구이다.
㉠. 체액성 면역은 항체에 의해 항원을 제거하는 면역 반응이므로 (가)는 체액성 면역이다.
㉡. 대식세포가 항원을 제시하면 이를 보조 T 림프구가 인식하고 보조 T 림프구는 세포독성 T림프구를 활성화시킨다.
X. 2차 면역 반응에서는 기억 세포가 빠르게 형질 세포로 분화하여 항체를 생성한다. 형질 세포(㉡)는 기억 세포로 분화하지 않는다.

12 혈액의 응집 반응
항 A 혈청에는 응집소 α가 있고, ㉠에 의해 응집 반응이 일어나므로 ㉠은 응집소 α이다.
㉠. ㉡은 응집소 β이다.
㉡. 이 사람의 혈액은 항 A 혈청에 의해 응집 반응이 일어났으므로 응집원 A를 가지고, 응집소 β를 가지므로 A형이다.

ⓒ. ABO식 혈액형이 O형인 사람의 혈액에 응집소 α(㉠)와 응집소 β(㉡)가 모두 있다.

13 면역 관련 질환

자가 면역 질환과 알레르기는 모두 비감염성 질병이다. 자가 면역 질환은 면역계가 자기 조직 성분을 항원으로 인식하여 세포나 조직을 공격하여 생기는 질환이며, 알레르기는 특정 항원에 대해 면역 반응이 과민하게 나타나는 현상이다. 자가 면역 질환과 알레르기 중 '비감염성 질병이다.'가 있는 것은 둘 다이므로 ㉠이 '비감염성 질병이다.', ㉡이 '면역계가 자신의 세포를 공격하여 나타난다.'이다. A는 ㉠과 ㉡이 모두 있고, B는 ㉠만 있으므로 A는 자가 면역 질환, B는 알레르기이다.

㉠. ⓐ는 'O'이다.

✗. A는 자가 면역 질환이다.

✗. 자가 면역 질환(A)과 알레르기(B)는 감염성 질병이 아니므로 백신을 이용하여 예방할 수 없다.

14 ABO식 혈액형

아버지와 자녀 1의 혈액을 각각 항 B 혈청과 섞으면 모두 응집 반응이 일어나므로 아버지와 자녀 1은 응집원 B를 갖는 B형과 AB형 중 하나이다. 따라서 어머니는 A형과 O형 중 하나인데, 어머니의 적혈구를 자녀 2의 혈장과 섞으면 응집 반응이 일어나므로 어머니에게는 응집원이 있다. 어머니는 응집소 β를 가지면서 응집원이 있으므로 A형이다. 가족 구성원의 ABO식 혈액형은 각각 서로 다르므로 아버지는 B형, 자녀 1은 AB형, 자녀 2는 O형이다.

㉠. 아버지는 B형이므로 아버지의 혈장에는 응집소 α가 있다.

㉡. 어머니의 혈장에는 응집소 β가 있고, 자녀 2의 혈장에는 응집소 α와 응집소 β가 모두 있다. 따라서 어머니와 자녀 2의 혈장에는 모두 응집소 β가 있다.

✗. 자녀 1의 혈장에는 응집소가 없고, 자녀 2의 적혈구에는 응집원이 없으므로 자녀 1의 혈장과 자녀 2의 적혈구를 섞으면 응집 반응이 일어나지 않는다.

15 비특이적 방어 작용과 특이적 방어 작용

X에 감염되면 대식세포가 병원체를 삼킨 후 분해하여 항원 조각을 제시한다. 이를 보조 T 림프구가 인식하여 B 림프구의 형질 세포로의 분화를 촉진한다. 형질 세포는 항체를 분비하여 체액성 면역이 일어나도록 한다. 따라서 ㉠은 대식세포, ㉡은 보조 T 림프구, ㉢은 형질 세포이다.

㉠. ㉡은 보조 T 림프구이다.

㉡. ㉠에 의한 식세포 작용(식균 작용)은 비특이적 방어 작용에 해당한다.

㉢. ⓐ는 X의 감염에 의해 생성되었으므로 X에 특이적으로 결합한다.

16 ABO식 혈액형

A형인 학생 수는 B형인 학생 수의 2배이며, 응집원 ㉠이 있는 학생 수가 응집원 ㉡이 있는 학생 수보다 많으므로, 응집원 ㉠은 응집원 A, 응집원 ㉡은 응집원 B이다. 응집원 A(㉠)가 있는 학생 수는 A형인 학생 수(A)+AB형인 학생 수(AB)이고, 응집원 B(㉡)가 있는 학생 수는 B형인 학생 수(B)+AB형인 학생 수(AB)이다. 응집원 A(㉠)가 있는 학생 수(A+AB)는 60, 응집원 B(㉡)가 있는 학생 수(B+AB)는 46이고, A형인 학생 수는 B형인 학생 수의 2배이므로 2B+AB=60, B+AB=46이다. 따라서 A형인 학생 수는 28, B형인 학생 수는 14, AB형인 학생 수는 32, O형인 학생 수는 26이다.

㉠. 응집소 α가 있는 학생 수는 B형인 학생 수+O형인 학생 수이므로 14+26=40이다. 따라서 ⓐ는 40이다.

✗. ㉠과 ㉡이 모두 없는 혈액형은 O형이므로 26이다.

✗. $\dfrac{AB형인\ 학생\ 수}{A형인\ 학생\ 수+O형인\ 학생\ 수}=\dfrac{32}{28+26}=\dfrac{16}{27}$이다.

17 1차 면역 반응과 2차 면역 반응

B 림프구는 ㉠과 ㉡으로 분화하고, ㉡에서 항체가 분비되므로 ㉠은 기억 세포, ㉡은 형질 세포이다.

㉠. 보조 T 림프구는 B 림프구가 기억 세포(㉠)와 형질 세포(㉡)로 분화(ⓐ)되는 것을 촉진한다.

㉡. 구간 Ⅱ에서 2차 면역 반응이 일어나므로 기억 세포(㉠)가 형질 세포(㉡)로 분화되었다.

㉢. 병원체의 침입이 일어나면 비특이적 방어 작용은 항상 일어난다. 따라서 X의 1차 침입 직후인 구간 Ⅰ과 X의 2차 침입 직후인 구간 Ⅱ에서 모두 비특이적 방어 작용이 일어났다.

18 특이적 방어 작용

㉠은 보조 T 림프구, ㉡은 대식세포, ㉢은 B 림프구이다.

✗. 대식세포(㉡)가 제시한 X의 항원 조각을 인식해 활성화되는 ㉠은 보조 T 림프구이다.

㉡. (나)는 비특이적 방어 작용이므로 (가)~(다) 중 가장 먼저 일어나고, 활성화된 보조 T 림프구(㉠)에 의해 B 림프구(㉢)의 분화가 일어난다. 따라서 (가)~(다)를 시간 순으로 배열하면 (나) → (가) → (다)이다.

㉢. 이 사람이 X에 재감염되면 (다)에서 형성된 X에 대한 기억 세포가 빠르게 분화하여 기억 세포와 형질 세포를 만들며 형질 세포가 항체를 생성하는 2차 면역 반응이 일어난다.

19 백신의 작용

백신은 안전한 1차 면역 반응을 일으키기 위해 체내에 주입하는 물질로, 백신을 주사하면 기억 세포가 형성되어 동일한 항원이 다시 침입하였을 때 신속하게 다량의 항체가 생성된다.

ⓞ. X를 주사했을 때 혈중 항체 농도는 ⓒ에서가 ⓝ에서보다 낮으므로 ⓝ은 X에 대한 백신을 접종한 생쥐, ⓒ은 X에 대한 백신을 접종하지 않은 생쥐이다.

ⓒ. ⓝ은 X에 대한 백신을 접종한 생쥐이므로, 구간 Ⅰ의 ⓝ에서 2차 면역 반응이 일어났다.

ⓒ. 구간 Ⅱ의 ⓝ과 ⓒ에서 모두 항체가 생성되고 생성된 항체에 의해 항원이 제거되는 체액성 면역 반응이 일어났다.

20 면역 관련 질환

Ⓐ. 자가 면역 질환은 면역 세포가 자기 조직 성분을 항원으로 인식해 자기 세포나 조직을 공격하여 생기는 질환이다.

Ⓧ. 자기 세포를 공격하는 항체는 형질 세포에서 생성된다.

Ⓧ. 류머티즘 관절염은 자가 면역 질환의 예이다.

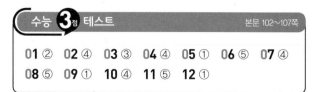

01 질병의 구분

'비감염성 질병이다.'는 고혈압의 특징, '병원체가 핵막을 가진다.'는 무좀의 특징, '병원체가 유전 물질을 가진다.'는 결핵, 독감, 무좀의 특징, '병원체가 스스로 물질대사를 한다.'는 결핵과 무좀의 특징이다.

Ⓧ. A는 독감, B는 고혈압, C는 결핵, D는 무좀이다.

Ⓒ. 결핵(C)의 병원체는 세균으로 세포 구조를 가진다.

Ⓧ. ⓒ은 결핵(C)과 무좀(D)이 모두 갖는 특징으로 '병원체가 스스로 물질대사를 한다.'이다. ⓝ은 '병원체가 유전 물질을 가진다.', ⓒ은 '비감염성 질병이다.', ⓒ은 '병원체가 핵막을 가진다.'이다.

02 병원체

ⓝ과 ⓒ은 감염될 수 있으므로 각각 결핵과 홍역 중 하나이고, ⓒ은 당뇨병이다. ⓒ과 ⓒ 중 하나는 항생제를 이용하여 치료하므로 ⓒ은 결핵, ⓝ은 홍역이다.

Ⓧ. X는 세포막이 있으므로 세포 구조를 가진다. 홍역(ⓝ)의 병원체는 바이러스로 세포 구조가 아니므로 X는 결핵(ⓒ)의 병원체이다.

Ⓒ. X(결핵(ⓒ)의 병원체)에는 단백질이 있다.

Ⓒ. 당뇨병(ⓒ)은 물질대사 장애에 의해 발생하는 질환인 대사성 질환에 해당한다.

03 비특이적 방어 작용과 특이적 방어 작용

ⓝ은 ⓒ에게 X의 항원 조각을 제시하므로 ⓝ은 대식세포, ⓒ은 보조 T 림프구이다. 보조 T 림프구(ⓒ)의 도움을 받은 ⓒ은 ⓒ로 분화되므로 ⓒ은 B 림프구, ⓒ은 형질 세포이다. 대식세포(ⓝ)가 결핍되면 비특이적 방어 작용과 특이적 방어 작용이 모두 정상적으로 일어나지 않으며, 보조 T 림프구(ⓒ)가 결핍되면 특이적 방어 작용이 정상적으로 일어나지 않는다. 따라서 A는 대식세포(ⓝ)가 결핍된 생쥐, B는 보조 T 림프구(ⓒ)가 결핍된 생쥐, C는 정상 생쥐이다.

Ⓞ. A는 대식세포(ⓝ)가 결핍된 생쥐이다.

Ⓧ. B 림프구(ⓒ)는 골수에서 성숙한다.

Ⓒ. B와 C에서 모두 대식세포는 이상이 없으므로 구간 Ⅰ에서 X에 대한 식세포 작용(식균 작용)은 B(보조 T 림프구(ⓒ)가 결핍된 생쥐)와 C(정상 생쥐)에서 모두 일어났다.

04 항원 항체 반응의 특이성과 2차 면역 반응

ㄱ. X_1에는 항원 A와 B가 모두 있고, X_2에는 항원 A만 있다. ⓐ 감염 시 ㉠만 생성되고, ⓑ 감염 시 ㉠과 ㉡이 모두 생성되므로 ⓐ는 X_2, ⓑ는 X_1이고, ㉠은 항원 A에 대한 항체, ㉡은 항원 B에 대한 항체이다.

ㄴ. 구간 Ⅰ에서 항체의 농도가 상승하는 것은 형질 세포로부터 항체가 생성되었기 때문이다.

ㄷ. 구간 Ⅰ과 Ⅱ에서 모두 ㉠이 생성되므로 항원 A에 대한 특이적 방어 작용이 일어났다.

05 특이적 방어 작용

㉠은 병원체에 감염된 세포와 결합하므로 세포독성 T림프구이고, ㉣은 항체를 분비하므로 형질 세포이다. ㉡은 과정 ⓐ를 거쳐 ㉢으로 분화되므로 ㉡은 B 림프구, ㉢은 기억 세포이다.

ㄱ. (가)는 세포독성 T림프구(㉠)에 의한 세포성 면역 반응이므로 특이적 방어 작용에 해당한다.

ㄴ. B 림프구(㉡)가 기억 세포(㉢)로 분화되는 과정 ⓐ는 보조 T 림프구에 의해 촉진된다.

ㄷ. 1차 면역 반응은 B 림프구(㉡)가 기억 세포(㉢)로 분화되는 과정으로 과정 ⓐ는 일어나지만, 기억 세포(㉢)가 형질 세포(㉣)로 분화되는 과정 ⓑ는 2차 면역 반응에서 일어난다.

06 체액성 면역

(다)에서 A를 주사한 Ⅰ은 죽었으므로 A는 독성이 강하고, ㉠과 ㉡은 독성이 약하거나 없다.

ㄱ. (다)의 Ⅱ에서 ㉠에 대한 기억 세포를 분리하여 Ⅳ에게 주사한 후 Ⅱ와 Ⅳ에게 각각 A를 주사했을 때 ㉠에 대한 기억 세포가 있는 Ⅱ가 죽었으므로 ⓐ는 '죽는다'이다.

ㄴ. 항원이 침입하면 신속하게 비특이적 방어 작용이 일어나므로 (다)의 Ⅱ와 Ⅲ에서 모두 비특이적 방어 작용이 일어났다.

ㄷ. (다)에서 A를 주사한 Ⅰ은 죽는데, (라)에서 ㉡에 대한 기억 세포를 주사한 후 (마)에서 A를 주사한 Ⅴ는 살았으므로 (마)의 Ⅴ에서 기억 세포로부터 형질 세포로의 분화가 일어났다.

07 HIV에 의한 보조 T 림프구 감소

㉢은 병원체에 감염된 세포를 직접 파괴하므로 세포독성 T림프구이고, ㉠은 세포독성 T림프구(㉢)의 증식 및 활성화를 촉진하므로 보조 T 림프구, ㉡은 HIV이다. HIV(㉡)는 보조 T 림프구(㉠)를 파괴하여 세포성 면역과 체액성 면역을 모두 약화시킨다.

ㄱ. HIV(㉡)는 바이러스이므로 세포 구조를 갖지 않는다. 따라서 세포 분열을 하지 않는다.

ㄷ. 보조 T 림프구(㉠)의 도움을 받은 B 림프구는 기억 세포와 형질 세포로 분화되며, 형질 세포는 항체를 생성한다. 항체에 의해 항원을 제거하는 면역 반응은 체액성 면역이다.

ㄷ. 세포독성 T림프구(㉢)에 의한 면역 반응은 보조 T 림프구(㉠)에 의해 활성화가 촉진된다. 보조 T 림프구(㉠)의 수는 t_1일 때가 t_2일 때보다 많으므로 세포 독성 T림프구(㉢)에 의한 면역 반응은 t_1일 때가 t_2일 때보다 활발하게 일어난다.

08 ABO식 혈액형

ㄱ. Ⅰ의 혈액은 항 A 혈청에서는 응집되지 않고, 항 B 혈청에서는 응집되므로 B형이다. Ⅰ의 혈장에는 응집소 α가 있고, Ⅱ~Ⅳ 중 2명은 각각 A형과 AB형이므로 Ⅰ의 혈장과 Ⅱ~Ⅳ의 적혈구를 각각 섞었을 때 두 곳에서는 응집되고, 한 곳에서는 응집되지 않는다. 따라서 ⓐ는 '응집됨', ⓑ는 '응집 안 됨'이다.

ㄴ. Ⅰ의 혈장과 Ⅱ의 적혈구를 섞었을 때 응집되므로 Ⅱ에는 응집원 A가 있다. 또한, Ⅰ의 혈장과 Ⅲ의 적혈구를 섞었을 때 응집이 안 되므로 Ⅲ은 O형이다. Ⅳ의 혈장과 Ⅱ의 적혈구를 섞었을 때 응집되므로 Ⅳ의 혈장에 응집소 β가 있고, Ⅳ는 A형, Ⅱ는 AB형이다. Ⅱ(AB형)에는 응집원 A와 B가 모두 있다.

ㄷ. Ⅲ의 혈장에는 응집소 α와 응집소 β가 모두 있고, Ⅳ의 적혈구에는 응집원 A가 있으므로 Ⅲ의 혈장과 Ⅳ의 적혈구를 섞으면 응집 반응이 일어난다.

09 ABO식 혈액형

$\dfrac{\text{응집원 A가 있는 학생의 수}}{\text{응집원 B가 있는 학생의 수}} = \dfrac{10}{9}$ 이므로 B형인 학생의 수+AB형인 학생의 수는 9의 배수이고, $\dfrac{\text{응집소 } \alpha \text{가 있는 학생의 수}}{\text{응집소 } \beta \text{가 있는 학생의 수}}$ $= \dfrac{20}{23}$ 이므로 A형인 학생의 수+O형인 학생의 수는 23의 배수이다. X에 속한 모든 학생의 수는 100명이므로 A형인 학생의 수+AB형인 학생의 수=60, B형인 학생의 수+AB형인 학생의 수=54, B형인 학생의 수+O형인 학생의 수=40, A형인 학생의 수+O형인 학생의 수=46이다. 응집소 ㉠이 있는 학생 중 혈액을 ㉡과 섞으면 응집되는 학생은 A형과 B형 중 하나이다. B형인 학생의 수가 24이면 A형인 학생의 수와 AB형인 학생의 수는 각각 30으로 A형, B형, AB형, O형인 학생의 수가 모두 다르다는 조건에 모순이다. 따라서 A형인 학생의 수는 24, B형인 학생의 수는 18, AB형인 학생의 수는 36, O형인 학생의 수는 22이다.

ㄱ. ㉠은 β이다.

ㄴ. X에서 응집원 A와 B가 모두 있는 학생의 수는 36이다.

ㄷ. ㉡은 항 A 혈청이다. 항 A 혈청에 응집되는 혈액을 가진 학생의 수는 60이고, 항 A 혈청에 응집되지 않는 혈액을 가진 학생의 수는 40이다.

10 비특이적 방어 작용과 특이적 방어 작용

㉠이 ㉡으로 분화되므로 ㉠은 B 림프구, ㉡은 형질 세포이고,

ⓒ에 의해 식세포 작용(식균 작용)이 일어나므로 ⓒ은 대식세포이다.

✗. B 림프구(㉠)는 X에 감염된 세포를 직접 파괴하지 않는다.

ⓒ. 구간 Ⅰ에서 X에 대한 혈중 항체 농도가 증가하기 시작하므로 대식세포(ⓒ)에 의한 식세포 작용(㉯)과 B 림프구(㉠)가 형질 세포(ⓒ)로 분화되는 반응(㉮)이 모두 일어났다.

ⓒ. 형질 세포에 의해 항체가 분비되므로 구간 Ⅰ에서 형질 세포(ⓒ)로부터 항체가 생성되었다.

11 체액성 면역

(다)의 Ⅱ에는 ㉠에 대한 기억 세포와 ㉡에 대한 기억 세포가 모두 있고, (다)의 Ⅲ에는 ㉡에 대한 기억 세포와 ㉢에 대한 기억 세포가 모두 있으며 (다)의 Ⅳ에는 ㉢에 대한 기억 세포가 있다.

㉠. 실험 결과 A에 대한 혈중 항체 농도는 Ⅱ에서가 Ⅲ과 Ⅳ에서보다 높고, B에 대한 혈중 항체 농도는 Ⅲ과 Ⅳ에서가 Ⅱ에서보다 높으며, C에 대한 혈중 항체 농도는 Ⅱ와 Ⅲ에서가 Ⅳ에서보다 높으므로 ㉠은 A, ㉡은 C, ㉢은 B이다.

ⓒ. (나)의 Ⅰ~Ⅲ에서 모두 기억 세포가 생성되었으므로 특이적 방어 작용이 일어났다.

ⓒ. Ⅱ와 Ⅲ에 C를 주사했을 때 2차 면역 반응이 일어났으므로 t_1일 때 Ⅱ와 Ⅲ에는 모두 C에 대한 기억 세포가 있다.

12 비특이적 방어 작용과 특이적 방어 작용

㉠은 대식세포, ㉡은 보조 T 림프구, ㉢은 형질 세포이다.

㉠. 화학 신호 물질(히스타민)은 모세 혈관을 확장시켜 혈관벽의 투과성을 증가시킨다.

✗. 보조 T 림프구(㉡)는 X에 감염된 세포를 직접 공격하여 파괴하지 않는다.

✗. 형질 세포(㉢)는 기억 세포로 분화되지 않는다.

08 유전 정보와 염색체

수능 2점 테스트　　　　본문 117~120쪽

01 ⑤	02 ⑤	03 ③	04 ①	05 ①	06 ④	07 ③
08 ⑤	09 ③	10 ②	11 ④	12 ②	13 ②	14 ④
15 ③	16 ③					

01 염색체의 구조

A는 염색체, B는 뉴클레오솜, C는 DNA이다.

㉠. 세포 분열 시 방추사가 결합하는 염색체(A)의 ㉠은 동원체이다.

ⓒ. B는 DNA(C)가 히스톤 단백질을 감아 형성된 뉴클레오솜이다.

ⓒ. DNA(C)에는 유전 정보가 저장되어 있는 유전자가 있다.

02 염색체, 유전자, 유전체

A는 유전체, B는 염색체, C는 유전자이다.

㉠. 한 개체가 가진 모든 유전 정보 전체는 유전체(A)이다.

ⓒ. 하나의 염색체(B)에는 여러 개의 유전자(C)가 있다.

ⓒ. 유전자(C)는 개체의 유전 형질에 대한 정보가 저장된 DNA의 특정 부위이므로 '유전 정보가 저장된 DNA의 특정 부위이다.'는 ㉠에 해당한다.

03 핵형 분석

㉠과 ㉢, ㉡과 ㉭, ㉣과 ㉫이 각각 상동 염색체이고, ㉣(X 염색체)과 ㉫(Y 염색체)은 성염색체이다.

㉠. ㉣과 ㉫이 성염색체이므로 ㉠, ㉡, ㉢, ㉭은 모두 상염색체이다.

ⓒ. 성염색체인 ㉣과 ㉫의 모양과 크기가 서로 다르므로 P의 성염색체 구성은 XY이며, 남자이다.

✗. ㉡은 ㉭과 상동 염색체이다.

04 세포의 핵형

A는 체세포의 핵상이 $2n=6(4+XX)$인 개체의 세포이고, B는 체세포의 핵상이 $2n=6(4+XY)$인 개체의 세포이다.

㉠. ⓐ에는 DNA가 히스톤 단백질을 감아 형성된 뉴클레오솜이 있으므로 단백질이 있다.

✗. A를 갖는 개체와 B를 갖는 개체는 같은 종이지만, 성염색체의 구성이 다르므로 핵형이 서로 다르다.

✗. B를 갖는 개체의 감수 2분열 중기 세포는 상염색체 수가 2이고, 각각 2개의 염색 분체로 구성되므로 상염색체 염색 분체 수는 4이다.

05 상동 염색체

상동 염색체의 같은 위치에는 같은 형질의 결정에 관여하는 대립유전자가 있다. 하나의 염색체를 이루는 2개의 염색 분체는 동일한 유전 정보를 가진다.

✗. ㉮를 이루는 2개의 염색 분체는 동일한 유전 정보를 가지므로 ㉠은 A이다.

㉡. ㉮는 ㉯와 상동 염색체이다.

✗. ㉮와 ㉯의 유전자 구성이 A와 b로 서로 같으므로 이 사람에게서 형성되는 생식세포가 A와 b를 가질 확률은 1이다.

06 체세포 분열과 감수 분열

구간 Ⅰ은 G_2기와 체세포 분열의 분열기, 구간 Ⅱ는 G_1기, 구간 Ⅲ은 G_2기와 감수 1분열 시기, 구간 Ⅳ는 감수 2분열 시기에 해당한다.

㉠. 구간 Ⅱ에는 G_1기 세포가 있다. G_1기 세포에는 핵이 있으므로 핵막이 관찰된다.

✗. 2가 염색체는 감수 1분열 과정에서 관찰되므로 구간 Ⅰ과 Ⅲ 중 Ⅲ에 있는 세포에서만 관찰된다.

㉢. 감수 2분열이 일어나는 구간 Ⅳ에는 하나의 염색체를 이루는 2개의 염색 분체가 분리되는 세포가 있다.

07 체세포 분열과 감수 분열

Ⅰ은 감수 1분열 중기 세포, Ⅱ는 체세포 분열 중기 세포, Ⅲ은 감수 2분열 중기 세포이다.

㉠. 감수 1분열 중기 세포인 Ⅰ과 체세포 분열 중기 세포인 Ⅱ의 핵상은 $2n$으로 서로 같다.

㉡. 상동 염색체가 접합된 2가 염색체가 있는 Ⅰ은 감수 1분열 중기 세포이다.

✗. Ⅲ은 감수 2분열 중기 세포로 감수 1분열 중기 세포인 Ⅰ의 분열 결과 형성된 세포이다.

08 체세포의 세포 주기

㉠은 G_1기, ㉡은 S기이다.

㉠. 구간 Ⅰ의 세포는 대부분 세포당 DNA양(상댓값)이 1에 해당하므로 DNA가 복제되지 않은 G_1기(㉠) 세포에 해당한다.

㉡. S기(㉡)에 DNA의 복제가 일어난다.

㉢. 구간 Ⅱ에는 M기(분열기)에 해당하는 세포도 포함되므로 방추사가 동원체에 결합한 세포가 있다.

09 핵형

(다)에는 (가), (나), (라)에 없는 검은색 염색체가 있으므로 (가), (나), (라)는 같은 종의 세포이다. (나)에는 X 염색체가 2개 있고, (가), (다), (라)에는 Y 염색체가 있으므로 (가)와 (라)는 A의 세포, (나)는 B의 세포, (다)는 C의 세포이다.

㉠. (가)는 A의 세포이다.

㉡. A는 B와 같은 종이며 성별이 서로 다르다.

✗. 체세포 1개당 상염색체 수는 B와 C에서 4로 같고, X 염색체 수는 암컷인 B가 2, 수컷인 C가 1이므로 체세포 1개당 $\dfrac{\text{상염색체 수}}{\text{X 염색체 수}}$ 는 C가 B보다 크다.

10 감수 분열

㉠은 X 염색체가 없고, ㉡은 X 염색체가 있으므로 ㉠은 Ⅱ, ㉡은 Ⅰ이다.

✗. ㉠은 핵상이 n인 Ⅱ이다.

㉡. ㉡은 감수 1분열 중기 세포인 Ⅰ이다. 감수 1분열 중기 세포에는 2가 염색체가 있다.

✗. Ⅰ의 X 염색체 수는 Ⅱ(㉠)와 Ⅲ의 X 염색체 수를 더한 값과 같다. 따라서 Ⅰ(㉡)과 Ⅲ의 X 염색체 수는 각각 1로 같다.

11 체세포 분열

구간 Ⅰ에는 체세포 분열 후기와 말기가 포함되고, (나)는 체세포 분열 후기의 세포이다.

㉠. 방추사는 염색체의 동원체에 결합하므로 ㉠에는 동원체가 있다.

✗. (나)의 세포에서 상동 염색체는 분리되지 않고 염색체가 각각 염색 분체로 분리되어 세포의 양극으로 이동하므로 구간 Ⅰ은 체세포 분열 과정의 일부이다.

㉢. (나)에서 체세포 분열이 진행되므로 (나)의 분열 결과 형성되는 딸세포의 핵상은 모세포와 같은 $2n$이다.

12 감수 분열

Ⅱ에 b가 있으므로 G_1기 세포인 Ⅰ에도 b가 있고, b가 없는 Ⅲ은 핵상이 n인 감수 2분열 중기 세포이다. Ⅱ가 감수 1분열 중기 세포라면 ⓐ의 유전자는 상염색체에 있으므로 A와 a의 DNA 상대량을 더한 값은 4가 되어야 한다. 그런데 Ⅱ에서 A와 a의 DNA 상대량을 더한 값이 2이므로 Ⅱ는 감수 2분열 중기 세포이고 Ⅱ와 Ⅲ에 각각 a가 없으므로 P의 ⓐ의 유전자형은 AABb이다.

✗. Ⅱ는 감수 2분열 중기 세포이므로 핵상이 n이다.

✗. P는 A를 동형 접합성으로 가지고, B와 b를 가지므로 ⓐ의 유전자형은 AABb이다.

㉢. 세포 1개당 A의 DNA 상대량은 G_1기 세포인 Ⅰ과 감수 2분열 중기 세포인 Ⅲ에서 각각 2로 같다.

13 감수 분열

아버지의 체세포에는 A와 b만 있으므로 ⓐ의 유전자가 상염색체에 있다면 태어나는 자녀는 반드시 A를 가져야 한다. 그런데 자녀 Ⅰ의 체세포에는 A가 없으므로 ⓐ의 유전자는 X 염색체에 있다. 자녀 Ⅰ은 a만 가지므로 남자이고, 자녀 Ⅱ는 여자이다. 여자인 자녀 Ⅱ에 a와 B가 없으므로 Ⅱ는 아버지로부터 A와 b, 어머니로부터 A와 b를 각각 물려받았다.

✗. Ⅰ은 남자이므로 Ⅱ는 여자이다.

✗. ⓐ의 유전자는 X 염색체에, ⓑ의 유전자는 상염색체에 있다.

ⓒ. 어머니의 ⓐ와 ⓑ의 유전자형은 $X^A X^a Bb$이므로 어머니에게서 형성된 생식세포가 A와 b를 모두 가질 확률은 $\frac{1}{2} \times \frac{1}{2} = \frac{1}{4}$ 이다.

14 핵형

체세포 1개당 총염색체 수에는 성염색체 1쌍이 포함되어 있으므로 ⓐ는 23, ⓑ는 46이다.

ⓒ. ⓑ(46)는 ⓐ(23)의 2배이다.

✗. 고릴라와 침팬지는 체세포 1개당 총염색체 수가 48로 같다. 하지만 서로 다른 종이므로 핵형이 서로 다르다.

ⓒ. 고릴라의 체세포 1개당 상염색체 수는 46이고, 사람의 생식세포 1개당 총염색체 수는 23이다.

15 감수 분열

대립유전자는 상동 염색체의 같은 위치에 있고, 유전자형이 Aa이므로 ⓐ는 a이다.

ⓒ. ⓐ가 있는 염색체와 A가 있는 염색체는 상동 염색체이므로 ⓐ는 a이다.

ⓒ. 염색체의 동원체(⊙)에 방추사가 결합한다.

✗. t_1일 때 상동 염색체 사이의 거리가 멀어지고 있으므로 상동 염색체가 분리되는 감수 1분열이 일어나고 있다.

16 감수 분열

⊙은 ⓒ에 있는 b가 없으므로 핵상이 n인 세포이고, A의 DNA 상대량이 2이므로 감수 2분열 중기 세포이다. ⓒ은 A와 b가 모두 없는 생식세포이고, 나머지 ⓒ은 G_1기 세포이다.

ⓒ. 서로 다른 2개의 상염색체에 ⓐ의 유전자가 있고, G_1기 세포인 ⓒ에서 A와 b의 DNA 상대량이 각각 1이므로 P의 ⓐ의 유전자형은 AaBb이다.

ⓒ. ⊙은 감수 2분열 중기 세포이다.

✗. 세포 1개당 a와 B의 DNA 상대량을 더한 값은 ⓒ과 ⓒ이 각각 2로 같다.

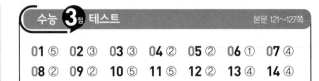

수능 3점 테스트　　　　본문 121~127쪽

| 01 ⑤ | 02 ③ | 03 ③ | 04 ② | 05 ② | 06 ① | 07 ④ |
| 08 ② | 09 ② | 10 ⑤ | 11 ⑤ | 12 ② | 13 ④ | 14 ④ |

01 염색체의 구조와 세포 주기

ⓐ는 히스톤 단백질, ⓑ는 DNA이다. 염색체는 히스톤 단백질(ⓐ)을 DNA(ⓑ)가 감싼 구조인 뉴클레오솜으로 이루어져 있다. ⊙은 M기(분열기), ⓒ은 S기이다.

ⓒ. ⓐ는 뉴클레오솜을 이루는 히스톤 단백질이다.

ⓒ. 덜 응축된 염색체가 더 응축되는 과정 Ⅰ은 분열기 전기에 나타난다. 세포 주기는 G_1기 → S기(ⓒ) → G_2기 → M기(⊙) 순으로 진행되므로 ⊙ 시기(M기)에 과정 Ⅰ이 일어난다.

ⓒ. S기에 DNA의 복제가 일어나므로 ⓒ 시기(S기)에 세포 1개당 DNA(ⓑ)의 양은 증가한다.

02 핵형과 감수 분열

ⓐ는 분열기에 관찰되는 염색체이고, ⊙은 X 염색체, ⓒ은 Y 염색체이므로 P의 성별은 남자이다. Ⅰ의 세포 1개당 상염색체 수가 22이고, Ⅱ에는 ⊙이 없으므로 Ⅰ과 Ⅱ는 모두 핵상이 n인 감수 2분열 중기 세포이다. Ⅲ에는 ⊙과 ⓒ이 모두 있으므로 핵상이 $2n$인 체세포 분열 중기 세포 또는 감수 1분열 중기 세포이다.

ⓒ. 염색체에는 히스톤 단백질을 DNA가 감싼 구조인 뉴클레오솜이 있다.

ⓒ. 핵상이 $2n$인 Ⅲ의 세포 1개당 상염색체의 염색 분체 수는 88이고, X 염색체(⊙) 수는 1이며, 핵상이 n인 Ⅰ의 세포 1개당 상염색체의 염색 분체 수는 44이고, X 염색체(⊙) 수는 1이다. 따라서 세포 1개당 $\dfrac{X \text{ 염색체 수}}{\text{상염색체의 염색 분체 수}}$ 는 Ⅰ에서가 Ⅲ에서의 2배이다.

✗. Ⅱ에는 ⊙이 없으므로 Y 염색체(ⓒ)가 있다. 따라서 Ⅱ로부터 형성된 생식세포는 Y 염색체를 가지고, 정상 생식세포(난자)에는 X 염색체가 있으므로 두 생식세포의 수정으로 태어나는 아이의 성별은 남자이다.

03 세포 주기

'뉴클레오솜이 있다.'는 G_1기 세포, M기 세포, S기 세포가 모두 갖는 특징이고, '핵에서 DNA 복제가 일어난다.'는 S기 세포만 갖는 특징이며, '핵막이 소실된다.', '방추사가 동원체에 부착된다.'는 M기 세포만 갖는 특징이다. 따라서 (가)의 특징 중 가지는 특징의 개수가 1인 Ⅰ은 G_1기 세포, 2인 Ⅱ는 S기 세포, 나머지 Ⅲ은 M기 세포이다.

ㄱ. 뉴클레오솜(㉠)은 히스톤 단백질을 DNA가 감싼 것이다.

ㄴ. Ⅱ는 핵에서 DNA 복제가 일어나는 S기 세포이다.

✘. 세포 1개당 DNA 상대량은 M기 세포(Ⅲ)가 G₁기 세포(Ⅰ)의 2배이다.

04 핵형

(가)~(라)의 핵상은 각각 n, $2n$, $2n$, n이다. (가)와 (라)는 Ⅲ의 세포, (나)는 Ⅱ의 세포, (다)는 Ⅰ의 세포이다.

✘. 모양과 크기가 같은 염색체가 있는 (가)와 (라)는 같은 종의 세포이다. (가)에는 3개의 상염색체와 나타내지 않은 X 염색체가 있고, (라)에는 3개의 상염색체와 Y 염색체가 있다. 모양과 크기가 같은 염색체가 있는 (나)와 (다)는 같은 종의 세포이고, (나)에는 4개의 상염색체와 1개의 Y 염색체, 나타내지 않은 1개의 X 염색체가 있고, (다)에는 4개의 상염색체와 나타내지 않은 2개의 X 염색체가 있다. 따라서 (나)를 갖는 개체와 (가)와 (라)를 갖는 개체는 성별이 같고, (나)를 갖는 개체와 (다)를 갖는 개체는 같은 종이므로 (가)와 (라)는 Ⅲ의 세포, (나)는 Ⅱ의 세포, (다)는 Ⅰ의 세포이다.

ㄴ. (나)와 (다)에는 각각 크기와 모양이 서로 같은 염색체가 2개씩 있으므로 핵상이 모두 $2n$이다.

✘. 체세포의 핵상과 염색체 구성이 Ⅰ은 $2n=4+XX$, Ⅱ는 $2n=4+XY$, Ⅲ은 $2n=6+XY$이다. 따라서 체세포 1개당 $\dfrac{\text{상염색체 수}}{\text{X 염색체 수}}$는 Ⅱ에서가 Ⅲ에서보다 작다.

05 상염색체와 성염색체

Ⅰ은 ㉠~㉤이 모두 있으므로 핵상이 $2n$인 세포이고, Ⅱ는 ㉠, ㉢, ㉤이, Ⅲ은 ㉣이, Ⅳ는 ㉠이 없으므로 핵상이 n인 세포이다. 이 동물 종의 체세포에는 상염색체 3쌍과 성염색체 1쌍이 있는데 ㉠~㉤은 모두 크기와 모양이 다르므로 ㉠~㉤ 중 하나는 X 염색체이고, 나머지 4개 중 하나는 Y 염색체이며, 나머지 3개는 상염색체이다. 3개의 상염색체 중에는 상동 염색체가 없다. P와 Q는 모두 ㉠~㉤이 있으므로 P와 Q는 모두 수컷이다.

✘. 핵상이 n인 세포에는 상염색체 3개와 성염색체 1개가 있다. Ⅱ에서 ㉢과 ㉣ 중 하나가 성염색체이다. ㉢이 성염색체라면 핵상이 n인 Ⅲ과 Ⅳ 중 하나가 2개의 성염색체를 가지게 되므로 모순이다. ㉣이 성염색체라면 ㉠이 성염색체이고, ㉡, ㉢, ㉤은 상염색체가 되며 모순되지 않는다. 따라서 ㉢은 상염색체이다.

ㄴ. Ⅱ와 Ⅲ은 모두 핵상이 n이다.

✘. 생식세포의 핵상은 n이고, ㉠과 ㉣은 각각 X 염색체와 Y 염색체 중 하나이므로 생식세포에는 ㉠과 ㉣이 함께 존재할 수 없다. 따라서 Q에서 형성된 생식세포가 ㉠, ㉡, ㉢, ㉣을 모두 가질 확률은 0이다.

06 감수 분열

Ⅰ의 @의 유전자형이 AaBB이므로 Ⅰ의 감수 분열 과정에서 형성되는 세포에는 A와 B 또는 a와 B가 있다. 그런데 (가)는 b가 있으므로 Ⅰ의 세포가 아니다. 핵상이 n인 (나)에는 ㉠과 ㉡, Y 염색체가 있고, 핵상이 $2n$인 (다)에는 X 염색체가 2개 있으므로 (나)와 (다)는 서로 다른 개체의 세포이다. (다)에는 ㉠이 2개 있으므로 Ⅱ의 세포이고, ㉠은 A이다. (나)는 Ⅰ의 세포이므로 ㉡은 B이고, Ⅱ의 @의 유전자형은 AABb이다.

ㄱ. (다)는 @의 유전자형이 AABb인 Ⅱ의 세포이므로 ㉠은 A이다.

✘. (나)는 Ⅰ의 세포이다.

✘. G₁기 세포 1개당 A와 B 각각의 DNA 상대량을 더한 값은 Ⅰ(AaBB)과 Ⅱ(AABb)에서 모두 3이다.

07 감수 분열

Ⅰ에서 A와 B의 DNA 상대량이 각각 2와 1로 서로 다르므로 Ⅰ은 G₁기 세포이다. Ⅱ에서 B의 DNA 상대량과 Ⅲ에서 b의 DNA 상대량이 각각 2이므로 Ⅱ와 Ⅲ은 모두 중기의 세포이며, Ⅳ는 생식세포이다. Ⅳ에는 a가 있고 Ⅰ과 Ⅱ에 모두 a가 없으므로 Ⅱ는 감수 2분열 중기 세포이고, Ⅲ은 감수 1분열 중기 세포이다. 이를 바탕으로 표를 정리하면 다음과 같다.

세포	DNA 상대량					
	A	a	B	b	D	d
아버지의 세포 Ⅰ	2	?(0)	1	?(1)	?(1)	1
어머니의 세포 Ⅱ	?(2)	0	2	?(0)	0	ⓑ(2)
자녀 1의 세포 Ⅲ	ⓐ(4)	0	?(2)	2	0	?(4)
자녀 2의 세포 Ⅳ	0	?(1)	?(0)	1	1	?(0)

✘. ⓐ는 4, ⓑ는 2이다.

ㄴ. Ⅱ는 감수 2분열 중기 세포, Ⅳ는 생식세포이므로 모두 핵상이 n이다.

ㄷ. 어머니의 체세포에는 A, B, d가 함께 있는 염색체와 a, b, D가 함께 있는 염색체가 있으므로 (가)의 유전자형이 AaBbDd이다.

08 감수 분열

㉡에 있는 ⓓ가 ㉠과 ㉢에 없으므로 ㉡은 핵상이 $2n$인 Ⅱ이다. ㉢에 @가 있으므로 ㉡은 ⓐ, ⓑ, ⓓ를 가진다. ㉡에 ⓒ가 없으므로 ㉠과 ㉢에도 ⓒ가 없다. ㉠에는 ⓑ만 있고, D+E가 1이므로 ⓑ는 상염색체에 있는 D이고, ㉠은 Ⅳ, ㉢은 Ⅲ이다. D+E가 2인 ㉢에 있는 ⓐ는 X 염색체에 있는 e이다. ㉡(Ⅱ)에는 D, d, e가

있고 E는 없다. 이를 바탕으로 표를 정리하면 다음과 같다.

세포	대립유전자				DNA 상대량을 더한 값
	ⓐ(e)	ⓑ(D)	ⓒ(E)	ⓓ(d)	D+E
㉠(Ⅳ)	×	○	?(×)	×	1
㉡(Ⅱ)	?(○)	○	×	○	?(1)
㉢(Ⅲ)	○	○	?(×)	×	2

(○: 있음. ×: 없음)

ㄱ. ㉡(Ⅱ)에서 D+E는 1이다.

ㄴ. ㉢는 E이다.

ㄷ. Ⅳ(㉠)에는 Y 염색체가, Ⅲ(㉢)에는 X 염색체가 있다.

09 감수 분열

(나)에서 ㉠과 ㉢의 DNA 상대량을 더한 값이 3이므로 (나)에는 ㉠과 ㉢ 중 하나가 동형 접합성으로 있고, (나)의 핵상은 $2n$이다. ㉠과 ㉢ 중 하나의 DNA 상대량이 1이므로 (나)는 G_1기 세포인 Ⅰ이고, 상염색체 수가 6인 (라)는 Ⅱ이다. (가)와 (다) 중 Ⅲ인 세포에서 각 대립유전자의 DNA 상대량은 0과 2 중 하나이므로 ㉠+㉢이 1인 (다)는 Ⅳ이고, 나머지 (가)는 Ⅲ이다. 이를 바탕으로 표를 정리하면 다음과 같다.

세포	상염색체 수	DNA 상대량		
		㉠+㉡	㉠+㉢	㉡+㉢
(가)(Ⅲ)	3	2	?(4)	?(2)
(나)(Ⅰ)	ⓐ(6)	?(2)	3	?(3)
(다)(Ⅳ)	?(3)	?(1)	1	2
(라)(Ⅱ)	6	4	?(6)	?(6)

ㄱ. (나)(Ⅰ)와 (라)(Ⅱ)는 모두 핵상이 $2n$인 세포이고, P는 성염색체가 XX이므로 ⓐ는 6이다.

ㄴ. 핵상이 n인 (다)(Ⅳ)에는 ㉡과 ㉢이, (가)(Ⅲ)에는 ㉠과 ㉢이 있다. 따라서 P의 유전자형은 AaBB이고, (다)(Ⅳ)에는 A가 있으므로 ㉠은 a, ㉡은 A, ㉢은 B이다. 따라서 ㉡은 A이므로 b의 대립유전자가 아니다.

ㄷ. Ⅱ의 세포 1개당 유전자 ㉠(a)과 ㉢(B)의 DNA 상대량을 더한 값은 2+4=6(ⓐ)이다.

10 감수 분열

핵상이 $2n$인 ㉠으로부터 핵상이 n인 ㉡이 형성되었으므로 (가)는 감수 1분열 과정이다. Ⅰ의 총염색체 수를 $2x$라고 가정할 때, Ⅰ이 수컷이라면 ㉮는 $\frac{1}{2x}$이고, 감수 1분열 결과 형성되는 감수 2분열 중기 세포에서 $\frac{\text{X 염색체 수}}{\text{총염색체 수}}$는 $\frac{1}{x}$과 0 중 하나이므로 ㉠과 ㉡의 $\frac{\text{X 염색체 수}}{\text{총염색체 수}}$는 같을 수 없다. 따라서 Ⅰ은 암컷이고, Ⅱ는 수컷이다.

ㄱ. Ⅰ의 성별은 암컷이다.

ㄴ. ㉢이 감수 2분열 중기 세포라면 감수 2분열에서 염색 분체의 분리가 일어나므로 ㉢과 ㉣의 $\frac{\text{X 염색체 수}}{\text{총염색체 수}}$는 같아야 한다. 그런데 각각 ㉯와 ㉰로 다르므로 (나)는 (가)와 같이 감수 1분열 과정이다. 따라서 ㉢으로부터 ㉣이 형성되는 과정에서 상동 염색체의 분리가 일어났다.

ㄷ. Ⅰ의 체세포의 총염색체 수를 $2x$라고 가정할 때 ㉮는 $\frac{1}{x}$이고, ㉯는 $\frac{1}{2x}$이므로 Ⅰ과 Ⅱ의 총염색체 수는 $2x$로 같다. 따라서 Ⅰ과 Ⅱ의 체세포 1개당 상염색체 수는 $2x-2$로 같다.

11 감수 분열

㉠은 a+B가 3이므로 핵상이 $2n$인 세포이다. ㉠에서 a+B, B+D가 각각 3이므로 P의 (가)의 유전자형은 aaBbDD와 AaBBDd 중 하나이다.

ㄱ. P의 (가)의 유전자형이 aaBbDD라면 표의 Ⅰ~Ⅲ에서 ㉢는 모두 있거나(㉢가 D), 모두 없어야(㉢가 d)한다. 그런데 Ⅰ에는 ㉢가 있고, Ⅲ에는 ㉢가 없으므로 P의 (가)의 유전자형은 AaBBDd이다. 따라서 P에서 a, b, D를 모두 갖는 생식세포는 형성될 수 없다.

ㄴ. Ⅰ에 있는 ㉢가 없는 Ⅱ와 Ⅲ의 핵상은 n이다. 또한 P의 (가)의 유전자형이 AaBBDd이고, 핵상이 $2n$인 ㉠에는 ㉢가 있어야 하므로 Ⅰ은 ㉠이며, Ⅲ은 감수 2분열 중기 세포이다.

ㄷ. a+B는 2, B+D는 1인 ㉡은 생식세포이고 Ⅱ이며, (가)의 유전자 구성은 a, B, d이다. Ⅱ에는 ⓐ가 없으므로 ⓐ는 A이다. P의 (가)의 유전자형은 AaBBDd이고, Ⅲ인 ㉢에서 a+B, B+D는 각각 2이므로 ㉢(Ⅲ)의 (가)의 유전자 구성은 A, B, d이며, ⓑ는 B, ⓒ는 D이다. ㉡(Ⅱ)과 ㉢(Ⅲ)의 세포 1개당 ⓐ(A), ⓒ(D)의 DNA 상대량을 더한 값은 각각 0과 2이고, ⓑ(B)의 DNA 상대량은 각각 1과 2이므로

$$\frac{\text{ⓐ의 DNA 상대량+ⓒ의 DNA 상대량}}{\text{ⓑ의 DNA 상대량}}$$

은 ㉡(Ⅱ)이 ㉢(Ⅲ)보다 작다.

12 체세포 분열

체세포 분열 과정에서 Ⅰ은 중기의 세포, Ⅱ는 전기의 세포, Ⅲ은 후기의 세포, Ⅳ는 간기의 세포이다.

ㄱ. 체세포 분열 과정에서 2개의 염색 분체로 구성된 각각의 염색체가 염색 분체로 분리되어 세포의 양극으로 이동하므로 ⓐ에는 H와 h가 모두 있다.

ㄴ. 같은 배율에서 관찰한 결과이므로 Ⅳ(간기의 세포) → Ⅱ(전기의 세포) → Ⅰ(중기의 세포) → Ⅲ(후기의 세포) 순으로 체세포 분열이 진행된다.

✗. 뉴클레오솜은 DNA가 히스톤 단백질을 감싼 구조로 간기와 분열기 세포의 염색체에 모두 있다. 따라서 '뉴클레오솜이 있다.'는 ㉠에 해당하지 않는다. Ⅰ~Ⅲ은 모두 분열기의 세포이므로 '핵막이 없다.' 등이 ㉠에 해당한다.

13 감수 분열

세포에 나타낸 염색체 수가 5인 (가)의 핵상은 $2n$, 3인 (나)와 2인 (다)는 모두 핵상이 n이다. (나)와 (다)는 모두 감수 2분열 중기 세포에 해당하므로 각 대립유전자의 DNA 상대량이 2이다. 따라서 h+T=1인 Ⅲ은 (가)이다.

㉠. H, h, T, t의 DNA 상대량을 모두 더한 값이 3인 Ⅲ의 핵상은 $2n$이고, Ⅲ(가)에서 h+T가 1이므로 H와 h, T와 t 중 하나는 X 염색체에 있고, P의 성염색체는 XY이며 수컷이다.

✗. H, h, T, t의 DNA 상대량을 모두 더한 값이 4인 Ⅱ는 X 염색체가 있는 (나)이고, H, h, T, t의 DNA 상대량을 모두 더한 값이 2인 Ⅰ은 Y 염색체가 있는 (다)이다. (다)에 H만 있으므로 H와 h는 상염색체에, T와 t는 X 염색체에 있다.

㉢. (다)에는 ㉢, H가 있는 염색체, 나타내지 않은 Y 염색체가 있으므로 H가 있는 염색체와 ㉢은 모두 상염색체이며, Ⅰ(다)에는 h와 T가 없다. Ⅱ(나)에는 ㉠, ㉢, t가 있는 염색체가 있고, t의 DNA 상대량이 2이므로 H는 없고, h의 DNA 상대량이 2이다. (다)에서 ㉢은 H가 있는 염색체와 상동 염색체가 아니므로 ㉠이 H가 있는 염색체와 상동 염색체이다. 따라서 h는 ㉠에 있다.

14 감수 분열

그림의 세포는 후기 세포인 Ⅳ이고, Ⅱ는 중기 세포, Ⅲ은 생식세포이다.

✗. ㉰와 ㉱에 모두 b가 있으므로 그림의 세포는 감수 2분열 후기의 세포이다. 유전자형이 ABD인 생식세포의 비율이 $\frac{1}{4}$이고, ㉮에 A가, ㉯에 D가 있으므로 이 동물의 체세포에는 A와 D가 함께 있는 염색체, a와 d가 함께 있는 염색체가 있다. 따라서 ㉯에는 a가 없다.

㉡. 그림의 세포는 감수 2분열 후기 세포이므로 이 동물의 감수 2분열 중기 세포의 핵상과 염색체 수는 $n=3$이다. 따라서 감수 1분열 중기 세포인 Ⅱ에서 2가 염색체는 3개 있다.

㉢. G_1기 세포인 Ⅰ과 감수 2분열 후기 세포인 Ⅳ는 세포 1개당 DNA 상대량이 각각 1로 같다.

09 사람의 유전

수능 2점 테스트

본문 137~140쪽

01 ①	02 ④	03 ⑤	04 ①	05 ⑤	06 ①	07 ⑤
08 ⑤	09 ②	10 ④	11 ③	12 ③	13 ③	14 ②
15 ⑤	16 ①					

01 상염색체 유전

사람의 상염색체 유전 중 귓불 모양은 우성이 분리형, 열성이 부착형이다.

㉠. 분리형 귓불 남자 1과 분리형 귓불 여자 2 사이에서 부착형 귓불 여자 4가 태어났으므로 귓불 모양의 유전자는 상염색체에 있다.

✗. 귓불 모양의 유전은 상염색체 유전이며 분리형 귓불은 부착형 귓불에 대해 우성 형질이다. 4가 열성 형질을 가지므로 1의 귓불 모양의 유전자형은 이형 접합성이다.

✗. 1과 2의 귓불 모양의 유전자형은 이형 접합성이므로 4의 동생이 태어날 때, 이 아이의 귓불 모양이 분리형 귓불일 확률은 $\frac{3}{4}$이다.

02 사람의 유전 연구

사람의 유전 연구는 한 세대가 길며, 자손의 수가 적고, 임의 교배가 불가능하며, 형질이 복잡하고, 유전자의 수가 많으며, 형질 발현에 환경적 요인의 영향을 많이 받기 때문에 어렵다.

✗. 사람의 유전 연구는 임의 교배가 불가능하기 때문에 직접적인 실험을 통해 특정 형질에 대한 유전을 확인할 수 없다.

㉡. 사람의 유전 연구는 형질이 복잡하고 유전자의 수가 많기 때문에 형질 발현 결과를 분석하기 어렵다.

㉢. 사람의 유전 연구는 한 세대가 길기 때문에 여러 세대에 걸친 유전 현상을 직접적으로 관찰하기 어렵다.

03 사람의 유전 연구

사람의 유전 연구 방법에는 가계도 조사, 쌍둥이 연구, 집단 조사 등이 있다. (가)는 가계도 조사, (나)는 쌍둥이 연구이다.

㉠. 가계도 조사는 특정 유전 형질을 가지는 집안의 가계도를 조사하여 그 형질의 우열 관계와 유전자의 전달 경로 등을 알아낼 수 있으므로 (가)는 가계도 조사이다.

㉡. 가계도는 기호를 통해 구성원의 성별, 관계, 유전 형질 등을 표현할 수 있으며 남자와 여자는 서로 다른 기호로 구분하여 표시한다.

ⓒ. 1란성 쌍둥이는 하나의 수정란이 발생 초기에 나뉘어져 각각
독립적인 개체로 발생하므로 성별이 서로 같다.

04 상염색체 유전

(가)가 발현되지 않은 1과 2 사이에서 (가)가 발현된 아들이 태어
났으므로 (가)는 열성 형질이다. A는 a에 대해 완전 우성이므로
A는 정상 대립유전자, a는 (가) 발현 대립유전자이다. (가)의 유
전자가 X 염색체에 있다면 4와 5 사이에서 (가)가 발현된 6이 태
어날 수 없으므로 (가)의 유전자는 상염색체에 있다.

ⓐ. (가)는 열성 형질이다.

✗. 1~4의 (가)의 유전자형은 각각 Aa이므로 모두 이형 접합성
이다.

✗. (가)의 유전자형은 4가 Aa이고, 5가 aa이므로 6의 동생이 태
어날 때, 이 아이에게서 (가)가 발현될 확률은 $\frac{1}{2}$이다.

05 상염색체 유전

(가)가 발현된 1과 2 사이에서 (가)가 발현되지 않은 5가 태어났으
므로 (가)는 우성 형질이다. A는 a에 대해 완전 우성이므로 A는
(가) 발현 대립유전자, a는 정상 대립유전자이다. (가)의 유전자가
X 염색체에 있다면 3과 4 사이에서 정상인 7이 태어날 수 없으므
로 (가)의 유전자는 상염색체에 있다.

ⓐ. (가)는 우성 형질이다.

ⓑ. (가)의 유전자가 X 염색체에 있다면 7은 X^aX^a, 3은 X^aY이
다. 하지만 3은 (가) 발현 남자이므로 조건을 만족하지 못한다. 따
라서 (가)의 유전자는 상염색체에 있다.

ⓒ. (가)의 유전자형은 5가 aa이고, 6이 Aa이므로 5와 6 사이에
서 아이가 태어날 때, 이 아이에게서 (가)가 발현될 확률은 $\frac{1}{2}$이다.

06 성염색체 유전

적록 색맹 유전자는 X 염색체에 있으며 열성 형질이다. 따라서 3
이 적록 색맹 여자이므로 1은 적록 색맹 남자이고, 4가 정상 남자
이므로 2는 정상 여자이면서 적록 색맹에 대한 보인자이다.

ⓐ. 3이 적록 색맹 여자이므로 1은 적록 색맹이 발현되었다.

✗. 2는 적록 색맹에 대한 보인자이므로 적록 색맹의 유전자형은
이형 접합성이다.

✗. 4는 정상 남자이므로 a를 갖지 않는다.

07 성염색체 유전

(가)가 발현되지 않은 1과 2 사이에서 (가)가 발현된 아들이 태어
났으므로 (가)는 열성 형질이다. (가)의 유전자가 상염색체에 있다
면 5의 (가)의 유전자형은 aa로 체세포 1개당 a의 DNA 상대량
은 2이므로 조건을 만족하지 못한다.

✗. (가)의 유전자는 X 염색체에 있다.

ⓑ. 체세포 1개당 A의 DNA 상대량은 1, 2, 4, 6, 8에서 각각
1이고, 3, 5, 7은 각각 0이다. 따라서 1~8에서 체세포 1개당 A
의 DNA 상대량을 모두 더한 값은 5이다.

ⓒ. (가)의 유전자형은 5가 X^aY이고, 6이 X^AX^a이므로 5와 6 사
이에서 아이가 태어날 때, 이 아이의 (가)의 유전자형이 4(X^AX^a)
와 같을 확률은 $\frac{1}{4}$이다.

08 사람의 유전 형질

'단일 인자 유전에 해당한다.'는 귓불 모양, 적록 색맹, ABO식
혈액형에, '형질을 결정하는 대립유전자는 2가지이다.'는 귓불 모
양과 적록 색맹에, '형질을 결정하는 유전자가 X 염색체에 있다.'
는 적록 색맹에 해당하는 특징이다. ⓐ은 '단일 인자 유전에 해당
한다.'이고, ⓐ는 '○'이다. ⓑ은 '형질을 결정하는 유전자가 X 염
색체에 있다.'이고 A는 적록 색맹이다. ⓒ은 '형질을 결정하는 대
립유전자는 2가지이다.'이고 ⓑ는 '○'이다. B는 귓불 모양, C는
ABO식 혈액형이다.

ⓐ. ⓐ와 ⓑ는 모두 '○'이다.

ⓑ. ⓐ은 '단일 인자 유전에 해당한다.'이다.

ⓒ. 귓불 모양(B)과 ABO식 혈액형(C)의 유전자는 모두 상염색
체에 있다.

09 상염색체 유전

구성원의 ABO식 혈액형이 각각 서로 다르고 아들의 ABO식 혈
액형에 대한 유전자형만 동형 접합성이므로 구성원의 ABO식 혈
액형은 아들이 O형이고, 딸은 AB형, 부모님은 각각 A형과 B형
중 하나이다.

✗. 아들의 ABO식 혈액형이 A형이라면 ABO식 혈액형의 유전
자형은 I^AI^A이므로 부모님이 모두 I^A를 갖게 된다. 따라서 부모
님의 혈액형은 A형 또는 AB형이다. 그러면 문제의 조건을 만족
하지 않으므로 아들은 O형이다.

ⓑ. 딸의 ABO식 혈액형은 AB형이므로 응집원 A, B를 갖는다.
따라서 아버지의 ABO식 혈액형은 A형과 B형 중 하나이므로 딸
의 적혈구를 아버지의 혈청과 섞으면 응집 반응이 일어난다.

✗. 부모의 ABO식 혈액형의 유전자형은 각각 I^Ai와 I^Bi 중 하나
이다. 따라서 아들의 동생이 태어날 때, 이 아이의 ABO식 혈액
형이 A형일 확률은 $\frac{1}{4}$이고, 딸이 태어날 확률은 $\frac{1}{2}$이므로 ABO
식 혈액형이 A형이면서 딸일 확률은 $\frac{1}{8}$이다.

10 성염색체 유전

(가)가 상염색체 열성 형질이라면 (가)의 유전자형은 1이 RR, 2
가 rr이다. 그러면 (가)가 발현된 4가 태어날 수 없으므로 자료의
조건을 만족하지 않는다. (가)가 상염색체 우성 형질이라면 (가)

의 유전자형은 1이 rr, 2가 RR이다. 그러면 (가)가 발현되지 않은 3이 태어날 수 없으므로 자료의 조건을 만족하지 않는다. 따라서 (가)의 유전자는 상염색체에 없다. (가)가 X 염색체 우성 형질이라면 (가)의 유전자형은 1이 $X^r Y$, 2가 $X^R X^R$이다. 그러면 (가)가 발현되지 않은 3이 태어날 수 없으므로 자료의 조건에 만족하지 않는다. 따라서 (가)의 유전자는 X 염색체에 있고, (가)는 열성 형질이다.

✗. (가)의 유전자는 성염색체인 X 염색체에 있다.

ⓒ. 3의 적혈구와 4의 혈청을 섞으면 응집 반응이 일어나지 않으므로 4의 ABO식 혈액형은 AB형이다.

ⓒ. (가)의 유전자형은 1이 $X^R Y$이고, 2가 $X^r X^r$이므로 4의 동생이 태어날 때, 이 아이에게서 (가)가 발현될 확률은 $\frac{1}{2}$이다.

11 복대립 유전

③ D는 A, B, C에 대해, B는 A, C에 대해, C는 A에 대해 각각 완전 우성이므로 (가)의 유전자형이 각각 DD, AD, BD, CD인 사람의 (가)의 표현형은 서로 같고, (가)의 유전자형이 각각 BB, AB, BC인 사람의 (가)의 표현형은 서로 같으며, (가)의 유전자형이 각각 CC, AC인 사람의 (가)의 표현형은 서로 같다. (가)의 유전자형이 AA인 사람의 (가)의 표현형까지 고려하면 총 4가지의 표현형이 나타난다. 이를 종합하여 우열을 표시하면 D>B>C>A이다. (가)의 유전자형이 AB인 남자와 CD인 여자 사이에서 태어난 아이는 (가)의 유전자형이 AC, AD, BC, BD 중 하나를 가지게 된다. 그런데 (가)의 유전자형이 AD와 BD인 사람의 (가)의 표현형은 서로 같고, (가)의 유전자형이 AC와 BC인 사람의 (가)의 표현형은 같지 않으므로 이 아이에게서 나타날 수 있는 표현형의 최대 가짓수는 3이다.

12 다인자 유전

서로 다른 상염색체에 있는 3쌍의 대립유전자에 의해 결정되므로 (가)의 유전은 다인자 유전이다. 따라서 유전자형이 AaBbDD인 아버지와 AaBBDd인 어머니 사이에서 아이가 태어날 때 이 아이가 가질 수 있는 (가)의 유전자형에서 대문자로 표시되는 대립유전자의 수는 표와 같다. 음영은 (가)의 표현형이 어머니와 같은 경우이다. 이 아이의 (가)의 표현형이 어머니와 같을 확률은 $\frac{3}{8}$이다.

정자 난자	ABD	AbD	aBD	abD
ABD	6	5	5	4
ABd	5	4	4	3
aBD	5	4	4	3
aBd	4	3	3	2

ⓒ. (가)의 유전은 다인자 유전이다.

ⓒ. ㉠에서 A, b, D를 모두 갖는 생식세포가 형성될 수 있다.

✗. ⓐ는 $\frac{3}{8}$이다.

13 상염색체 유전과 성염색체 유전

(가)가 발현되지 않은 1과 2 사이에서 (가)가 발현된 5가 태어났으므로 (가)는 열성 형질이다. 만약 (가)가 X 염색체 유전 형질이라면 (가)가 발현되지 않은 3과 (가)가 발현된 4 사이에서 (가)가 발현된 8이 태어날 수 없다. 따라서 (가)의 유전자는 상염색체에 있고, (나)의 유전자는 X 염색체에 있다. 또한 (나)가 열성 형질이라면 (나)가 발현되지 않은 3과 (나)가 발현된 4 사이에서 (나)가 발현된 8이 태어날 수 없다. 따라서 (나)는 우성 형질이다.

㉠. (가)가 발현되지 않은 1과 2 사이에서 (가)가 발현된 5가 태어났으므로 (가)는 열성 형질이다.

✗. (나)의 유전자형은 3이 $X^b Y$, 4가 $X^B X^b$이고, (나)가 발현된 8은 $X^B X^b$이다. 따라서 8의 (나)의 유전자형은 이형 접합성이다.

ⓒ. (가)가 발현되지 않은 6의 (가)의 유전자형은 Aa이고, (가)가 발현된 7의 (가)의 유전자형은 aa이다. 또한 (나)가 발현된 6의 (나)의 유전자형은 $X^B X^b$이고, (나)가 발현된 7의 (나)의 유전자형은 $X^B Y$이다. 따라서 6과 7 사이에서 아이가 태어날 때, 이 아이에게서 (가)와 (나)가 모두 발현될 확률은 $\frac{1}{2} \times \frac{3}{4} = \frac{3}{8}$이다.

14 단일 인자 유전과 다인자 유전

② (가)는 단일 인자 유전이고, (나)는 다인자 유전이다. (가)의 표현형은 유전자형이 AA, Aa, aa 3가지인 경우 각각 서로 다르다. 유전자형이 AaBbDD인 아버지와 AaBbDd인 어머니 사이에서 아이가 태어날 때 이 아이가 가질 수 있는 (가)의 유전자형은 AA, Aa, aa이고, (나)의 유전자형에서 대문자로 표시되는 대립유전자의 수는 표와 같다. 음영은 (나)의 표현형이 어머니와 같은 경우이다. 따라서 이 아이의 (가)와 (나)의 표현형이 모두 어머니와 같을 확률은 $\frac{1}{2} \times \frac{3}{8} = \frac{3}{16}$이다.

정자 난자	BD	Bd	bD	bd
BD	4	3	3	2
bD	3	2	2	1

15 다인자 유전

서로 다른 상염색체에 있는 3쌍의 대립유전자가 하나의 형질에 관여하므로 (가)의 유전은 다인자 유전이다.

㉠. (가)의 유전은 다인자 유전이다.

ⓒ. (가)의 유전자형이 AaBbDD인 개체와 AABbDd인 개체는 각각 유전자형에서 대문자로 표시되는 대립유전자의 수가 4이므로 표현형은 서로 같다.

ⓒ. (가)의 유전자형이 AaBbDd인 아버지와 AabbDd인 어머니 사이에서 아이가 태어날 때, 이 아이가 가질 수 있는 (가)의 유전자형에서 대문자로 표시되는 대립유전자의 수는 표와 같다. 음영은 (가)의 표현형이 아버지와 같은 경우이다. 따라서 이 아이의 (가)의 표현형이 아버지와 같을 확률은 $\frac{5}{16}$이다.

정자\난자	ABD	ABd	AbD	aBD	Abd	aBd	abD	abd
AbD	5	4	4	4	3	3	3	2
Abd	4	3	3	3	2	2	2	1
abD	4	3	3	3	2	2	2	1
abd	3	2	2	2	1	1	1	0

16 상염색체 유전

(가)의 표현형이 정상인 3과 4 사이에서 (가)가 발현된 10이 태어났으므로 (가)는 열성 형질이다.

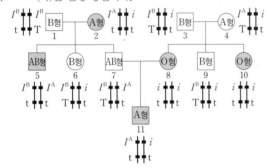

ⓐ. 8의 ABO식 혈액형은 O형이다.

ⓧ. 1의 ABO식 혈액형의 유전자형은 $I^B I^B$이고, 9의 ABO식 혈액형의 유전자형은 $I^B i$이다. 따라서 1과 9의 ABO식 혈액형의 유전자형은 서로 다르다.

ⓧ. 11의 동생이 태어날 때, 이 아이의 ABO식 혈액형이 B형이면서 (가)가 발현될 확률은 0이다.

<table>
수능 3점 테스트   본문 141~147쪽
</table>

| 01 ① | 02 ⑤ | 03 ② | 04 ② | 05 ① | 06 ③ | 07 ④ |
| 08 ③ | 09 ⑤ | 10 ② | 11 ⑤ | 12 ④ | 13 ③ | 14 ③ |

01 상염색체 유전

자료의 조건을 만족하는 경우는 표와 같다. 표는 아버지의 염색체에 있는 (가)~(라)의 대립유전자를 나타낸 것이다.

구분	상동 염색체 Ⅰ		상동 염색체 Ⅱ	
	염색체 1	염색체 2	염색체 3	염색체 4
(가)	A	a	—	—
(나)	—	—	B	b
(다)	d	D	—	—
(라)	—	—	E	e

ⓐ. ㉠의 (라)의 유전자형은 Ee이므로 이형 접합성이다.

ⓧ. 표에서 대립유전자 B와 대립유전자 E가 같은 염색체에 있으므로 (나)만 우성으로 발현될 확률은 0이다.

ⓧ. (가)~(라)에 대한 아버지의 생식세포의 유전자형은 ABdE, Abde, aBDE, abDe이므로 이 중 표현형이 모두 우성으로 발현된 ㉠과 같을 확률은 0이다.

02 상염색체 유전과 성염색체 유전

㉠이 적록 색맹이라고 하면 ㉠이 발현된 3으로부터 ㉠에 대해 정상인 8이 태어날 수 없다. 따라서 ㉠은 유전 형질 (가)이고, ㉡은 적록 색맹이다.

만약 ⓐ가 남자라면 적록 색맹 유전자형이 ⓐ는 $X^B Y$, ⓑ는 $X^{B^*} X^{B^*}$이다. 그러면 자녀의 적록 색맹 유전자형은 아들은 모두 $X^{B^*} Y$이고 딸은 모두 $X^B X^{B^*}$이다. 자녀 중 딸이 적록 색맹이므로 자료의 조건을 만족하지 못한다. 따라서 ⓐ는 여자이고, 유전자형은 $X^B X^{B^*}$이며, ⓑ는 남자이고, 유전자형은 $X^{B^*} Y$이다. 만약 B^*가 B에 대해 완전 우성이라면 자녀 중 딸은 모두 정상이어야 하는데 적록 색맹인 3이 태어났으므로 자료의 조건을 만족하지 못한다. 따라서 B가 B^*에 대해 완전 우성이다.

ⓧ. 3은 (가)와 적록 색맹이 모두 발현되었으므로 (가)의 유전자형은 aa이고, 적록 색맹 유전자형은 $X^{B^*} X^{B^*}$이므로 A를 갖지 않는다.

ⓑ. ⓐ는 여자이다.

ⓒ. (가)의 유전자형이 aa인 5와 Aa인 6 사이에서 태어난 아이의 (가)의 표현형이 정상일 확률은 $\frac{1}{2}$이고, 적록 색맹 유전자형이 $X^B Y$인 5와 $X^B X^{B^*}$인 6 사이에서 태어난 아이의 표현형이 정상일 확률은 $\frac{3}{4}$이므로 (가)와 적록 색맹의 표현형이 모두 정상일 확률은 $\frac{1}{2} \times \frac{3}{4} = \frac{3}{8}$이다.

03 상염색체 유전과 성염색체 유전

ⓒ의 체세포에는 B와 b가 모두 있으므로 (나)의 유전자는 상염색체에 있다. 만약 (나)가 상염색체 열성 형질이라면 3이 이형 접합성이 되므로 자료의 조건을 만족하지 못한다. 따라서 (나)는 상염색체 우성 형질이다. ⓒ과 5의 (다)의 유전자형이 서로 같으므로 (다)는 상염색체 유전이며 만약 상염색체 우성 형질이면 ⓒ과 5의 유전자형이 같은 상황에서 6이 태어날 수 없으므로 (다)는 상염색체 열성 형질이다. (가)는 X 염색체 유전이며 1의 체세포에는 A가 있으므로 X 염색체 열성 형질이다.

✗. ⊙은 (가) 발현 남자, ⓒ은 (나) 발현 남자, ⓒ은 정상 남자이므로 모두 정상 표현형을 나타내는 것은 아니다.

ⓒ. 4의 (나)의 유전자형은 Bb로 이형 접합성이다.

✗. (다)의 유전자는 상염색체에 있다.

04 상염색체 유전

응집원 A가 있는 아버지의 적혈구와 자녀 3의 혈청을 섞으면 응집 반응이 일어나지 않으므로 자녀 3의 ABO식 혈액형은 AB형이다. 자녀 2의 적혈구와 자녀 1의 혈청을 섞으면 응집 반응이 일어나므로 ABO식 혈액형은 자녀 2가 B형이고, 자녀 1은 O형이다.

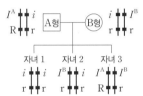

✗. 자녀 2의 적혈구에는 응집원 B가 있고, 자녀 3의 혈청에는 응집소가 없다. 따라서 자녀 2의 적혈구와 자녀 3의 혈청을 섞으면 응집 반응이 일어나지 않는다.

✗. 어머니의 (가)의 유전자형은 rr이므로 (가) 발현 여자이다. 따라서 @는 '○'이다.

ⓒ. 자녀 3의 (가)의 유전자형은 Rr이므로 이형 접합성이다.

05 상염색체 유전

(가)의 표현형이 정상인 3과 4 사이에서 (가)가 발현된 여자 6이 태어났으므로 (가)는 상염색체 열성 형질이다. (나)의 표현형은 EE, EF, EG가 서로 같고, FF, FG가 서로 같으며, GG의 표현형까지 모두 3가지이다. 7의 유전자형이 동형 접합성이므로 만약 7의 유전자형이 EE라면 5와 6의 (나)의 표현형이 7과 같으므로 조건을 만족하지 못하며, 만약 7의 유전자형이 FF라면 5와 6 중 GG의 표현형을 가질 수 없으므로 조건을 만족하지 못한다. 따라서 7의 (나)의 유전자형은 GG이다. 또한 5와 6의 (나)의 유전자형은 이형 접합성이므로 5와 6은 각각 E와 F 중 어느 하나만을 갖는다. 따라서 5, 6, 7 각각의 체세포 1개당 E의 DNA 상대량의 합은 1이고, 1, 2, 3, 4 각각의 체세포 1개당 E의 DNA 상

대량의 합은 3이다. 4의 (나)의 유전자형이 동형 접합성이므로 만약 4가 EE를 갖는다면 1, 2, 3 중 어느 하나에 E가 있게 되고 그러면 4와 같은 (나)의 표현형을 갖게 되므로 자료의 조건을 만족하지 못한다. 따라서 4는 E를 갖지 않으며 유전자형은 FF이다.

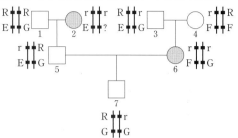

⊙. (가)의 표현형이 정상인 3과 4 사이에서 (가)가 발현된 여자 6이 태어났으므로 (가)는 상염색체 유전이다.

✗. 4의 (나)의 표현형은 FF의 표현형으로 EE인 사람의 표현형과 서로 다르다.

✗. (가)와 (나)에 대한 5의 유전자형은 RrEG이고, 6의 유전자형은 rrFG이다. 7의 동생이 태어날 때, 이 아이는 유전자형으로 rrEF, rrEG, RrFG, RrGG 중 하나를 갖는다. 3은 (가)의 표현형이 정상이고, (나)의 표현형은 EG의 표현형을 가지므로 아이의 (가)와 (나)의 표현형이 모두 3과 같을 확률은 0이다.

06 상염색체 유전과 성염색체 유전

③ Ⅰ에서 (가)의 표현형이 정상인 부모 사이에서 (가)가 발현된 딸이 태어났으므로 (가)는 상염색체 열성 형질이다. 따라서 ⊙은 1, ⓒ은 1이다. Ⅱ에서 (나)의 표현형이 정상인 부모 사이에서 (나)가 발현된 아들이 태어났으므로 (나)는 열성 형질이고, 아버지의 체세포 1개당 b의 DNA 상대량이 0이므로 (나)는 X 염색체 열성 형질이다. 따라서 ⓒ은 1, @은 1이다. $\dfrac{ⓒ+@}{⊙+ⓒ}=\dfrac{1+1}{1+1}=1$이다.

07 상염색체 유전

P와 Q에서 A와 B는 같은 염색체에 있으므로 자녀의 (가)와 (나)의 표현형이 부모와 같을 확률은 $\dfrac{3}{4}$이고, (가)~(다)의 표현형이 P와 같을 확률은 $\dfrac{9}{16}$이므로 (다)의 표현형에서 특정 표현형이 나올 확률이 $\dfrac{3}{4}$이어야 하고, 조건을 만족하는 경우는 ⊙이 P, @이 Q인 경우밖에 없다. S와 T에서 a와 B는 같은 염색체에 있으므로 자녀의 (가)와 (나)의 표현형이 부모와 같을 확률은 $\dfrac{1}{2}$이고, (가)~(다)의 표현형이 T와 같을 확률은 $\dfrac{1}{4}$이므로 (다)의 표현형에서 특정 표현형이 나올 확률이 $\dfrac{1}{2}$이어야 하고, 조건을 만족하는 경우는 ⓒ이 S, ⓒ이 T인 경우 밖에 없다. 따라서 ⊙은 P, ⓒ은 S, ⓒ은 T, @은 Q이다.

ㄱ. ㈀은 P이다.

✗. S의 (다)의 표현형은 EF의 표현형이고, T의 (다)의 표현형은 FF의 표현형이므로 서로 다르다.

ㄷ. 유전자형이 AaBbEF인 S와 유전자형이 AaBbFF인 T 사이에서 아이가 태어날 때, (가)와 (나)의 표현형은 최대 3가지이고, (다)의 표현형은 최대 2가지이므로 (가)~(다)의 유전자형은 AAbbEF, AAbbFF, AaBbEF, AaBbFF, aaBBEF, aaBBFF이다. 그러므로 (가)~(다)의 표현형은 최대 6가지이다.

08 상염색체 유전

③ 자녀 1의 ABO식 혈액형이 AB형이므로 자녀 1은 아버지와 어머니로부터 (가)의 대립유전자를 하나씩 받는다. 자녀 1의 (가)의 표현형은 아버지와 같고, 어머니와 다르기 때문에 아버지는 DF의 표현형을, 어머니는 EF의 표현형을, 자녀 1은 DE의 표현형을 갖는다. 따라서 ㈀은 DD, DE, DF의 표현형을, ㈁은 EE, EF의 표현형을, ㈂은 FF의 표현형을 나타낸다.

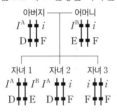

(가)와 ABO식 혈액형에 대한 아버지의 유전자형은 $I^A i$DF이고, 어머니의 유전자형은 $I^B i$EF이다. 자녀 3의 동생이 태어날 때, 이 아이는 유전자형으로 $I^A I^B$DE, $I^A i$DF, $I^B i$EF, iiFF 중 하나를 갖는다. 자녀 3의 동생이 태어날 때, 이 아이의 (가)와 ABO식 혈액형의 표현형이 모두 어머니와 같을 확률은 $\frac{1}{4}$이다.

09 다인자 유전

ⓐ와 ⓑ의 유전자형이 AaBbDd인 남자 P와 ⓐ와 ⓑ의 유전자형이 AaB㈀Dd인 여자 Q 사이에서 아이가 태어날 때, 이 아이가 가질 수 있는 표현형은 표와 같고, 음영은 ⓐ와 ⓑ의 표현형이 모두 P와 같은 경우이다.

1) 만약 ㈀이 B라면 아래 표와 같다.

P의 정자 / Q의 난자	ABD	Abd	aBD	abd
ABD	4+DD	3+Dd	3+DD	2+Dd
ABd	4+Dd	3+dd	3+Dd	2+dd
aBD	3+DD	2+Dd	2+DD	1+Dd
aBd	3+Dd	2+dd	2+Dd	1+dd

2) 만약 ㈀이 b라면 아래 표와 같다.

P의 정자 / Q의 난자	ABD	Abd	aBD	abd
ABD	4+DD	3+Dd	3+DD	2+Dd
Abd	3+Dd	2+dd	2+Dd	1+dd
aBD	3+DD	2+Dd	2+DD	1+Dd
abd	2+Dd	1+dd	1+Dd	0+dd

따라서 1)의 경우인 ㈀이 B인 경우에 ㉮의 ⓐ와 ⓑ의 표현형이 모두 P와 같을 확률이 $\frac{3}{16}$이 된다.

ㄱ. ⓐ의 유전은 다인자 유전이다.

ㄴ. ㈀은 B이다.

ㄷ. P와 Q 사이에서 아이가 태어날 때, 이 아이에게서 나타날 수 있는 ⓐ와 ⓑ의 표현형은 4+DD, 4+Dd, 3+DD, 3+Dd, 3+dd, 2+DD, 2+Dd, 2+dd, 1+Dd, 1+dd로 최대 10가지이다.

10 상염색체 유전과 성염색체 유전

(가)가 만약 X 염색체 열성 형질이거나 상염색체 열성 형질이라면 2의 (가)의 유전자형은 이형 접합성이 되어야 한다. 또한 상염색체 우성 형질이라면 6의 (가)의 유전자형은 이형 접합성이 되어야 한다. 하지만 자료의 2와 6은 A와 a 중 한 종류만 갖는다는 조건을 만족하지 못하기 때문에 (가)는 X 염색체 우성 형질이다.

(나)가 발현되지 않은 1과 2로부터 (나)가 발현된 5가 태어났으므로 (나)는 열성 형질이다. 만약 X 염색체 열성 형질이라면 정상인 1에게서 (나)가 발현된 5가 태어날 수 없다. 따라서 (나)는 상염색체 열성 형질이다.

만약 ⓐ가 여자라면 ⓐ는 (가) 발현 여자이다. 자료의 조건에 ⓐ의 (가)의 표현형이 정상이라고 했으므로 ⓐ는 남자이고, ⓑ는 여자이다. 또한 4는 (가) 발현 여자이고, A와 a 중 한 종류만 가지므로 4의 (가)의 유전자형은 $X^A X^A$이고, 3이 정상 남자이므로 ⓑ의 (가)의 유전자형은 $X^A X^a$이고, ⓑ는 (가) 발현 여자이다. (나)의 유전자형은 1이 Bb, 2가 Bb, 4가 bb이고 자료의 조건을 만족하기 위해서는 3은 Bb이어야 한다.

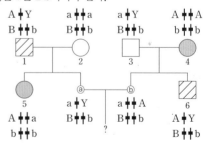

✗. 1~6 각각의 체세포 1개당 a의 DNA 상대량의 합은 4이다.

✗. 3의 (나)의 유전자형은 Bb로 이형 접합성이다.

ㄷ. ⓐ와 ⓑ 사이에서 아이가 태어날 때, 이 아이가 가질 수 있는 (가)의 유전자형은 $X^A X^a$, $X^a Y$, $X^A X^A$, $X^A Y$이므로 (가)의 표현

형이 정상일 확률은 $\frac{1}{2}$이고, (나)의 유전자형은 BB, Bb, Bb,

bb이므로 (나)의 표현형이 정상일 확률은 $\frac{3}{4}$이다. 따라서 (가)와

(나)의 표현형이 모두 정상일 확률은 $\frac{1}{2} \times \frac{3}{4} = \frac{3}{8}$이다.

11 상염색체 유전과 성염색체 유전

(가)가 발현되지 않은 부모 사이에서 (가)가 발현된 5가 태어났으
므로 (가)는 상염색체 열성 형질이고, (나)의 유전자는 X 염색체
에 있다. 만약 (나)가 X 염색체 열성 형질이라면 (나)가 발현된
1과 2 사이에서 정상인 4가 태어날 수 없으므로 (나)는 X 염색체
우성 형질이다.

3과 6에서 체세포 1개당 A의 DNA 상대량의 합은 1이므로 6의
유전자형은 Aa 또는 aa이다. 만약 aa라면 7의 (가)의 유전자형
이 aa가 되고, 7과 8 사이에서 아이가 태어날 때, 이 아이의 (가)
의 표현형이 정상일 확률은 0이 된다. 따라서 6의 (가)의 유전자
형은 Aa이고, 3은 aa가 된다. 또한 7과 8 사이에서 (가)의 표현
형이 정상인 아이가 태어나기 위해서는 7의 (가)의 유전자형은
Aa이고, 7과 8 사이에서 (가)의 표현형이 정상인 아이가 태어날
확률은 $\frac{1}{2}$이다. 그런데 7과 8 사이에서 아이가 태어날 때, 이 아

이의 (가)와 (나)의 표현형이 모두 정상일 확률은 $\frac{1}{8}$이므로 (나)의

표현형이 정상일 확률은 $\frac{1}{4}$이 되어야 하므로 7의 (나)의 유전자형

은 $X^B X^b$이다. $\dfrac{3,\ 5,\ 6의\ 체세포\ 1개당\ b의\ DNA\ 상대량의\ 합}{3,\ 6의\ 체세포\ 1개당\ A의\ DNA\ 상대량의\ 합}$

은 3이므로 3의 (가)와 (나)의 유전자형은 aaX^bY이고, 5는
$aaX^B X^b$이며, 6은 AaX^bY가 된다.

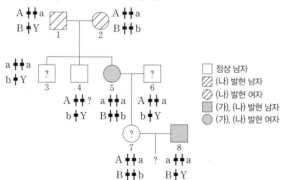

- ㉠. (가)는 상염색체 열성 형질이므로 (가)의 유전자는 상염색체에
있다.
- ㉡. (가)의 유전자형은 2는 Aa, 6은 Aa로 2와 6의 체세포에는
모두 A가 있다.
- ㉢. 7의 (나)의 유전자형은 $X^B X^b$이므로 이형 접합성이다.

12 다인자 유전

만약 3개의 대립유전자가 하나의 염색체에 존재한다면 생식세포

1개당 유전자형에서 대문자로 표시되는 대립유전자의 수는 4, 3,
2, 1, 0이 가능하다. 이 경우 유전자형에서 대문자로 표시되는 대
립유전자의 수가 서로 다른 생식세포가 만들어질 수 있으므로 ⓐ
의 표현형은 2가지 이상이 된다. 따라서 2개의 대립유전자가 하
나에 존재해야 한다. 만약 대문자로 표시되는 대립유전자 2개가
하나의 염색체에 존재한다면 ㉠의 표현형은 2가지 이상이 된다.
따라서 부모 모두에게서 하나의 염색체에 대문자로 표시되는 대
립유전자가 1개씩만 있어야 한다.

표는 A와 b, a와 B, D와 e, d와 E가 각각 같은 염색체에 있다
고 가정하고 자료의 내용을 정리한 것이다. 위 문자는 바뀌어도
하나의 염색체에 대문자로 표시되는 대립유전자가 1개씩만 들어
가면 아래 표와 같은 결과가 나온다. 음영은 각각 유전자형이 ㉠
과 같은 경우의 확률이다.

난자＼정자	AbDe	AbdE	aBDe	aBdE
AbDe				$\frac{1}{16}$
AbdE			$\frac{1}{16}$	
aBDe		$\frac{1}{16}$		
aBdE	$\frac{1}{16}$			

- ㄨ. ⓐ의 아버지는 생식세포 형성 시 대문자로 표시되는 대립유전
자의 수가 2인 생식세포만 형성할 수 있다.
- ㉡. 어머니는 대문자로 표시되는 대립유전자의 수가 4인 표현형
이고, ⓐ 또한 대문자로 표시되는 대립유전자의 수가 4인 표현형
이므로 ⓐ와 어머니의 (가)의 표현형은 서로 같다.
- ㉢. ㉠의 유전자형과 같은 경우는 위의 표와 같으므로 ⓐ의 (가)의

유전자형이 ㉠과 같을 확률은 $\frac{1}{4}$이다.

13 상염색체 유전과 성염색체 유전

㉠의 경우 ㉠이 발현되지 않은 부모에게서 자녀 1이 태어났으므
로 ㉠은 상염색체 열성 형질이거나 X 염색체 열성 형질이다. ㉡
의 경우 ㉡이 발현되지 않은 부모에게서 자녀 2가 태어났으므로
X 염색체 열성 형질이 아니다. 따라서 ㉡은 상염색체 열성 형질
이고, ㉠은 X 염색체 열성 형질이다. ㉠ 미발현 대립유전자를 E,
㉠ 발현 대립유전자를 e라고 가정했을 때, ㉠의 유전자형은 아버
지는 $X^E Y$, 어머니는 $X^E X^e$이다. 따라서 ㉠이 발현된 자녀가 태
어날 수 있는 경우는 $X^e Y$밖에 없으므로 자녀 3은 남자이다. ㉠
이 X 염색체 열성 형질이고, ㉡이 상염색체 열성 형질이므로 ㉢
의 유전자는 X 염색체에 있다는 것을 조건을 통해 알 수 있다.
㉢의 경우 자녀 2가 ㉢이 발현되었는데 아버지가 발현되지 않았
으므로 X 염색체 열성 형질이 아니다. 따라서 ㉢은 X 염색체 우
성 형질이라는 것을 알 수 있다.

자료의 조건에서 (다)의 유전자는 상염색체에 있다고 했으므로 ㉡은 (다)이다. 아버지의 체세포에는 a가 있다는 조건을 살펴보면 아버지의 경우 ㉠과 ㉢이 모두 발현되지 않았으며 ㉠은 X 염색체 열성 형질이고, ㉢은 X 염색체 우성 형질이다. 따라서 아버지는 ㉠의 유전자는 우성 유전자를, ㉢의 유전자는 열성 유전자를 가지므로 ㉢은 (가)이고, ㉠은 (나)이다.

㉠. 자녀 3의 성별은 남자이다.

㉡. ㉠은 (나)이다.

✗. 부모에게서 자녀 3의 동생이 태어날 때, (다)가 발현되지 않을 확률은 $\frac{3}{4}$이고, (가)와 (나)가 발현되지 않을 확률은 $\frac{1}{4}$이므로 (가)~(다)의 표현형이 모두 아버지와 같을 확률은 $\frac{3}{4} \times \frac{1}{4} = \frac{3}{16}$ 이다.

14 상염색체 유전과 성염색체 유전

③ (가)가 발현된 3과 4 사이에서 (가)가 발현되지 않은 7이 태어났으므로 (가)는 우성 형질이다. 만약 X 염색체 우성 형질이라면 (가)가 발현되지 않은 2에게서 (가)가 발현된 5가 태어날 수 없다. 따라서 (가)는 상염색체 우성 형질이다. (다)가 발현되지 않은 부모에게서 (다)가 발현된 6이 태어났으므로 (다)는 열성 형질이다. 만약 X 염색체 열성 형질이라면 1에게서 6이 태어날 수 없으므로 모순이다. 따라서 (다)는 상염색체 열성 형질이다. 자료의 조건에 의해 (나)의 유전자는 X 염색체에 있다. 만약 (나)가 X 염색체 우성 형질이라면 (나)가 발현된 1에게서 (나)가 발현되지 않은 6이 태어날 수 없다. 따라서 (나)는 X 염색체 열성 형질이다.

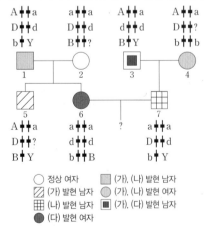

○ 정상 여자 　 ▨ (가), (나) 발현 남자
▧ (가) 발현 남자 　 ◐ (가), (나) 발현 여자
⊞ (나) 발현 남자 　 ■ (가), (다) 발현 남자
● (다) 발현 여자

6과 7 사이에서 아이가 태어날 때, 이 아이의 (가)의 표현형이 정상일 확률은 1이고, (나)의 표현형이 정상일 확률은 $\frac{1}{2}$이며, (다)의 표현형이 정상일 확률은 $\frac{1}{2}$이다. 따라서 (가)~(다)의 표현형이 모두 정상일 확률은 $\frac{1}{4}$이다.

10 사람의 유전병

수능 2점 테스트
본문 153~157쪽

01 ③	02 ①	03 ⑤	04 ③	05 ④	06 ③	07 ④
08 ③	09 ③	10 ⑤	11 ④	12 ③	13 ①	14 ①
15 ②	16 ①					

01 유전병

사람의 유전병은 유전자 이상에 의한 유전자 돌연변이와 염색체 이상에 의한 염색체 돌연변이가 있다.

㉠. 염색체 돌연변이에는 구조 이상과 수 이상이 있으므로 B는 염색체 돌연변이이고, A는 유전자 돌연변이이다.

✗. ㉠(구조 이상)에는 염색체 일부의 결실, 역위, 중복, 전좌가 있다. 낫 모양 적혈구 빈혈증은 헤모글로빈(Hb) 유전자를 구성하는 DNA에 염기 서열 변화가 일어나 나타난 것으로 유전자 돌연변이에 의한 유전병의 예이다.

㉢. ㉡(수 이상)의 원인으로는 염색체 비분리가 있다.

02 유전자 돌연변이

정상인의 헤모글로빈(Hb) 단백질의 아미노산 배열 순서 중 글루탐산이 발린으로 바뀌면 낫 모양 적혈구 빈혈증 환자의 헤모글로빈(Hb) 단백질의 아미노산 배열 순서가 된다.

㉠. ㉠(정상인)과 ㉡(낫 모양 적혈구 빈혈증 환자)의 헤모글로빈(Hb) 단백질의 아미노산 배열 순서가 다르므로 헤모글로빈(Hb) 유전자의 DNA 염기 배열 순서도 다르다.

✗. 낫 모양 적혈구 빈혈증은 상염색체에 있는 유전자 돌연변이에 의한 유전병으로 남자와 여자 모두에서 나타난다.

✗. 낫 모양 적혈구 빈혈증은 유전자 돌연변이에 의한 유전병에 해당한다.

03 유전병

(가)는 유전자 돌연변이, (나)는 염색체 구조 이상, (다)는 염색체 수 이상이다.

㉠. 알비노증은 멜라닌 합성 효소의 유전자에 돌연변이가 생겨 멜라닌 색소를 만들지 못해 눈, 피부, 머리카락 등에 멜라닌 색소가 결핍되는 유전병으로 (가)는 유전자 돌연변이이다.

㉡. 고양이 울음 증후군은 5번 염색체의 특정 부분이 결실되어 나타나는 유전병이므로 남자와 여자 모두에서 나타날 수 있고, (나)는 염색체 구조 이상이다. 나머지 (다)는 염색체 수 이상이다.

㉢. 클라인펠터 증후군은 성염색체 구성으로 XXY를 갖는 염색체 수 이상에 의한 유전병의 예이다. 따라서 클라인펠터 증후군은

염색체 수 이상(다)에 의한 유전병 ㉠에 해당한다.

04 염색체 돌연변이

아버지의 유전자형은 $X^H Y$, 어머니의 유전자형은 $X^H X^{H^*}$, 딸의 유전자형은 $X^{H^*} X^{H^*}$이다. ㉠에는 성염색체 $X^{H^*} X^{H^*}$가 있고, ㉡에는 성염색체가 없다.

㉠. 정상인 부모 사이에서 (가)가 발현된 딸이 태어났으므로 정상은 우성 형질, (가)는 열성 형질이다.

㉡. ㉡의 염색체 수는 22이다.

✗. 유전자형으로 $X^H X^{H^*}$를 갖는 어머니로부터 $X^{H^*} X^{H^*}$를 갖는 난자(㉠)가 형성되기 위해서는 감수 2분열에서 염색체 비분리가 일어나야 한다.

05 핵형 분석

(가)는 유전병을 갖는 사람 Q의 핵형 분석 결과이고, (나)는 정상인 P의 핵형 분석 결과이다.

✗. (가)에서 21번 염색체가 3개이므로 (가)는 유전병을 갖는 Q의 핵형 분석 결과이고, (나)는 정상인 P의 핵형 분석 결과이다.

㉡. (가)에서 Q는 체세포 1개당 21번 염색체를 3개 가지고 있으므로 Q는 다운 증후군의 염색체 이상을 보인다.

㉢. Q는 성염색체로 XX를 갖는 여성이고, P는 성염색체로 XY를 갖는 남성이다.

06 염색체 돌연변이

적록 색맹은 성염색체 유전을 따르는 열성 형질이다. 정상 대립유전자를 R, 적록 색맹 대립유전자를 r라 하면, 1의 유전자형은 $X^r Y$, 2의 유전자형은 $X^R X^r$, 3의 유전자형은 $X^r X^r Y$이다. ⓐ는 X^r를 갖고, ⓑ는 $X^r Y$를 갖는다.

㉠. ⓐ에는 상염색체 22개와 X 염색체 1개가 있다.

㉡. ⓑ는 $X^r Y$를 가지므로 ⓑ의 형성 과정에서 염색체 비분리는 감수 1분열에서 일어났다.

✗. 3은 유전자형으로 $X^r X^r Y$를 갖고, 1과 2로부터 X^r를 각각 1개씩 물려받은 것이다.

07 염색체 돌연변이

정자 형성 과정 중 염색체 비분리가 일어났고, A에는 Y 염색체가 있으며, B에는 성염색체가 없다.

✗. A에는 성염색체 중 크기가 상대적으로 작은 Y 염색체가 있다.

㉡. 생성된 정자에서 염색체 수가 정상인 정자와 비정상인 정자가 모두 있으므로 감수 2분열 과정에서 염색체 비분리가 일어났다.

㉢. B는 성염색체를 갖지 않으므로 B와 정상 난자가 수정되어 태어난 아이는 체세포에 X 염색체 1개만을 갖는 터너 증후군의 염색체 이상을 보인다.

08 염색체 돌연변이

염색체 돌연변이에는 염색체 구조 이상과 염색체 수 이상이 있다.

㉠. 감수 분열 중 염색체 비분리가 일어나면 염색체 수가 비정상인 생식세포가 형성될 수 있다.

✗. 염색체 일부가 떨어져 없어진 것은 염색체 구조 이상 중 결실에 해당한다.

㉢. 클라인펠터 증후군의 염색체 이상을 갖는 사람은 성염색체로 XXY를 갖는다.

09 염색체 구조 이상

(가)는 정상 세포, (나)는 전좌가 일어난 세포, (다)는 결실이 일어난 세포이다.

㉠. Ⅰ의 세포 (가)와 Ⅲ의 세포 (다)에서 성염색체 XY가 있으므로 Ⅰ과 Ⅲ은 수컷이고, Ⅱ의 세포 (나)에서 성염색체 XX가 있으므로 Ⅱ는 암컷이다.

㉡. (나)에서 a와 B는 전좌가 일어나 같은 염색체에 있다.

✗. (가)는 정상 세포이고, (다)에는 A 또는 a가 있던 상염색체에서 결실이 일어난 염색체가 있다. 따라서 (가)와 (다) 중 구조 이상이 일어난 세포는 (다)이다. 정상 세포(가)와 구조 이상이 일어난 세포(다)에서 상염색체 수는 같다.

10 염색체 비분리

㉠~㉢ 중 염색체 수가 23으로 정상인 생식세포 ㉠이 있으므로 염색체 비분리는 감수 2분열에서 일어났다. Ⅰ에서 B와 C가 형성될 때 염색체 비분리가 일어나야 염색체 수가 각각 22와 24인 생식세포가 형성될 수 있으므로 B와 C는 각각 ㉡과 ㉢ 중 하나이고, A는 ㉠이다.

㉠. A는 ㉠이고, B와 C는 각각 ㉡과 ㉢ 중 하나이다.

㉡. Ⅰ에는 Y 염색체가 있으므로 B와 C 중 하나는 Y 염색체를 갖는다. 정자 형성 과정 중 감수 2분열에서 염색체 비분리가 일어났고, ㉢의 염색체 수는 24이므로 ㉢에는 Y 염색체가 2개 있다.

㉢. 이 남자의 정자 중 염색체 수가 정상인 세포와 비정상인 세포가 모두 있으므로 감수 2분열에서 염색체 비분리가 일어났다.

11 염색체 돌연변이

다운 증후군의 염색체 이상을 보이는 여자는 체세포 1개당 상염색체 45개와 X 염색체 2개를 가지므로 (다)가 다운 증후군의 염색체 이상을 보이는 여자이고, ㉠은 Y 염색체, ㉡은 X 염색체이다.

✗. ㉠은 Y 염색체이다.

㉡. (가)는 체세포 1개당 X 염색체(㉡) 1개를 갖는 터너 증후군의 염색체 수 이상을 갖는다. (가)는 성염색체 비분리로 성염색체를 갖지 않는 생식세포가 X 염색체를 갖는 생식세포와 수정되어 태어났다.

ⓒ. (나)는 체세포 1개당 Y 염색체(㉠)의 수가 1이고, X 염색체(㉡)의 수가 2이므로 클라인펠터 증후군의 염색체 이상을 보인다.

12 염색체 비분리

(가)가 발현된 아버지와 어머니로부터 정상인 자녀 1이 태어났으므로 (가)는 우성 형질이다. 어머니와 자녀 1은 A^*를 1만큼 갖지만 (가)의 표현형이 다르므로 (가)는 성염색체 유전을 따르는 유전 형질이고, A는 (가) 발현 대립유전자, A^*는 정상 대립유전자이다.

구성원	성별	(가)	유전자형
아버지	남	○	X^AY
어머니	여	○	X^AX^*
자녀 1	남	×	$X^{A^*}Y$
자녀 2	?(여)	ⓐ(×)	$X^{A^*}X^{A^*}$

(○: 발현됨, ×: 발현 안 됨)

㉠은 성염색체로 XX를 갖고, ㉡은 성염색체를 갖지 않는다.
ⓐ. ⓐ는 '×'이다.
ⓑ. (가)는 우성 형질, 정상은 열성 형질이다.
ⓧ. 자녀 2는 성염색체로 $X^{A^*}X^{A^*}$를 갖는 난자 ㉠과 성염색체를 갖지 않는 정자 ㉡의 수정으로 태어났다. $X^AX^{A^*}$를 갖는 어머니로부터 $X^{A^*}X^{A^*}$를 갖는 생식세포가 형성되기 위해서는 감수 2분열에서 염색체 비분리가 일어나야 한다. ㉠의 형성 과정에서 염색체 비분리는 감수 2분열에서 일어났다.

13 염색체 돌연변이

어머니는 유전자형으로 BD를 갖고 ㉢이 발현되었으므로 B는 ㉢ 발현 대립유전자이다. 자녀 1은 유전자형으로 AD를 갖고 ㉠이 발현되었으므로 A는 ㉠ 발현 대립유전자이다. 아버지가 유전자형으로 BB를 갖는다면 ㉢이 발현되어야 하지만 ㉡이 발현되었으므로 아버지는 유전자형으로 AB를 갖는다. A가 B에 대해 완전 우성이면 아버지의 표현형이 ㉠이어야 하지만 ㉠이 아니므로 A와 B의 우열 관계는 분명하지 않다. A, B, D의 우열 관계는 A=B>D이다. 자녀 2는 표현형이 ㉢이고, D를 갖지 않으므로 자녀 2의 (가)의 유전자형은 AB가 아닌 BB이다.

구분	표현형	대립유전자			유전자형
		A	B	D	
아버지	㉡	?(○)	○	×	AB
어머니	㉢	×	○	○	BD
자녀 1	㉠	○	×	○	AD
자녀 2	㉢	?(×)	○	×	BB
자녀 3	㉣	×	?(×)	○	DD

(○: 있음, ×: 없음)

유전자형으로 AB를 갖는 아버지로부터 D를 갖는 정자가 형성되어야 유전자형으로 DD를 갖는 자녀 3이 태어나므로 ⓐ는 B, ⓑ

는 D이다.
ⓐ. ⓐ는 B, ⓑ는 D이다.
ⓧ. 아버지는 A를 갖지만, 자녀 2는 A를 갖지 않는다.
ⓧ. 유전자형이 AB인 사람의 (가)의 표현형은 ㉡이다.

14 염색체 비분리

㉠에는 A와 B가 없고, ㉡에는 A와 B가 모두 있으며, A+B의 값이 ㉡과 ㉢에서 서로 다르므로 이 사람은 유전자형으로 AaBb를 갖는다. A+B의 값이 ㉡과 ㉢에서 다르므로 정자 형성 과정에서 염색체 비분리는 감수 2분열에서 일어났다.
ⓐ. ㉠에는 a, b가 있고, ㉡에는 A, A, B 또는 A, B, B가 있으며, ㉢에는 B 또는 A가 있다.
ⓧ. Ⅱ의 염색체 수는 ㉡과 ㉢의 염색체 수를 더한 값의 절반이다.
ⓧ. ㉠~㉢의 형성 과정에서 염색체 비분리는 감수 2분열에서 일어났다.

15 염색체 비분리

(가)에 대해 정상인 3과 4로부터 (가)가 발현된 5가 태어났으므로 (가)는 열성 형질이고, (나)에 대해 정상인 1과 2로부터 (나)가 발현된 3이 태어났으므로 (나)는 열성 형질이다. (가)에 대한 정상 대립유전자를 A, (가) 발현 대립유전자를 a라 하면, 5는 4로부터 X^A를 물려받아 정상이어야 하지만 (가)가 발현되었으므로 ⓐ에는 성염색체가 없고, 3으로부터 X^a를 1개 물려받았다.
ⓧ. ⓐ에는 상염색체 22개가 있지만, 성염색체는 없다.
ⓑ. (가)와 (나)는 모두 열성 형질이다.
ⓧ. 5는 체세포 1개당 X 염색체 1개를 가지므로 터너 증후군의 염색체 이상을 보인다.

16 염색체 돌연변이

Ⅰ과 Ⅱ는 중기의 세포이므로 대립유전자의 DNA 상대량으로 0 또는 짝수를 갖는다. 따라서 ㉠과 ㉣은 각각 Ⅰ과 Ⅱ 중 하나이다. Ⅰ의 핵상은 $2n$, Ⅱ의 핵상은 n이므로 Ⅰ은 ㉠, Ⅱ는 ㉣이다. Ⅲ은 Ⅱ의 딸세포이므로 Ⅲ이 가진 대립유전자는 Ⅱ에도 존재한다. 따라서 Ⅲ은 ㉡이다. 나머지 ㉢은 Ⅳ이다.

세포	유전자 구성	DNA 상대량		
		A	b	d
㉠(Ⅰ)	AAaaBBbbDDdd	2	2	2
㉡(Ⅲ)	AABd	2	0	1
㉢(Ⅳ)	abD	0	1	0
㉣(Ⅱ)	AABBdd	2	0	2

ⓐ. ㉠은 Ⅰ, ㉡은 Ⅲ, ㉢은 Ⅳ, ㉣은 Ⅱ이다.
ⓧ. ㉣(Ⅱ)로부터 ㉡(Ⅲ)이 생성되었으므로 염색체 비분리는 감수 2분열에서 일어났다.
ⓧ. ㉠(Ⅰ)의 염색체 수는 46이다.

수능 3점 테스트

01 ⑤ **02** ③ **03** ⑤ **04** ④ **05** ⑤ **06** ③ **07** ③
08 ⑤ **09** ③ **10** ④

01 핵형 분석

핵형 분석을 통해 염색체의 수, 모양, 크기 등을 확인할 수 있다.

✗. 핵형 분석을 위해 세포 분열을 중지시키는 물질은 세포 주기 중 염색체가 가장 잘 관찰되는 분열기에 세포 분열을 중지시키는 물질을 사용한다.

◯. A와 B는 모두 성염색체로 Y 염색체를 갖지 않으므로 모두 여자이다.

◯. 다운 증후군의 염색체 이상을 보이는 사람은 21번 염색체가 3개이므로 A는 다운 증후군의 염색체 이상을 보이는 사람이다.

02 유전자 돌연변이

(가)는 낫 모양 적혈구 빈혈증이 나타나는 사람에서의 적혈구 형성 과정이고, (나)는 정상인에서의 적혈구 형성 과정이다.

◯. ㉠은 낫 모양 적혈구이므로 (가)는 낫 모양 적혈구 빈혈증이 나타나는 사람에서의 적혈구 형성 과정이다.

◯. 정상 헤모글로빈이 있는 ㉡은 정상 적혈구이다.

✗. 낫 모양 적혈구 빈혈증은 유전자 돌연변이에 의해 나타난다.

03 염색체 비분리

㉠과 ㉡에는 모두 X 염색체가 있으므로 B에는 X 염색체가 있고, B로부터 ㉠과 ㉡이 형성될 때 성염색체 비분리는 일어나지 않았다. 과정 Ⅰ에서 21번 염색체의 비분리가 일어나 B가 형성되고, B로부터 감수 2분열은 정상적으로 일어나 염색체 수가 각각 24인 ㉠과 ㉡이 형성되었으므로 B에는 21번 염색체가 2개 있다. ㉢과 ㉣이 형성될 때 성염색체 비분리가 일어났고, ㉢의 염색체 수가 ㉣의 염색체 수보다 크므로 ㉢에는 Y 염색체가 2개 있고, ㉣에는 성염색체가 없다.

◯. A와 B에는 모두 21번 염색체가 2개 있다.

◯. ㉢에는 상염색체가 21개, Y 염색체가 2개 있다.

◯. ㉠에는 21번 염색체 2개와 X 염색체 1개가 있다. ㉠과 정상 난자의 수정으로 태어난 아이는 21번 염색체를 3개 갖는 다운 증후군의 염색체 이상을 보인다.

04 염색체 비분리

Ⅰ~Ⅳ 중 3개의 세포는 핵상이 $2n$이고, 나머지 1개의 세포는 핵상이 n이다. 아버지의 G_1기 세포는 핵상이 $2n$이다. Ⅱ에서 a의 DNA 상대량이 2이고, b의 DNA 상대량이 1이므로 B의 DNA 상대량은 1이다. Ⅱ에 B와 b가 모두 존재하므로 Ⅱ의 핵

상은 $2n$이고, Ⅱ가 아버지의 G_1기 세포이다. 아버지는 유전자형으로 aaBb를 갖는다. 자녀 1의 감수 2분열 중기 세포는 핵상이 n이므로 Ⅳ가 자녀 1의 감수 2분열 중기의 세포이고 유전자 구성은 aabb이다. Ⅰ이 어머니의 감수 1분열 중기 세포라면, Ⅲ은 자녀 1의 체세포 분열 중기의 세포이다. 이 경우 어머니는 유전자형으로 aa를 갖고, 자녀 1은 유전자형으로 AA를 가져 모순이 생긴다. 따라서 Ⅰ이 자녀 1의 체세포 분열 중기 세포이고, Ⅲ이 어머니의 감수 1분열 중기 세포이다.

세포	유전자 구성	세포 1개당 DNA 상대량			
		A	a	B	b
Ⅰ (자녀 1의 체세포 분열 중기 세포)	aaaaBBbb	ⓐ(0)	4	2	2
Ⅱ (아버지의 G_1기 세포)	aaBb	0	2	ⓑ(1)	1
Ⅲ (어머니의 감수 1분열 중기 세포)	AAAABBbb	4	0	2	2
Ⅳ (자녀 1의 감수 2분열 중기 세포)	aabb	?(0)	2	0	2

◯. 정자 ㉠에는 (가)의 대립유전자로 a가 있고, 난자 ㉡에는 (가)의 대립유전자가 없다.

✗. ⓐ+ⓑ=0+1=1이다.

◯. Ⅲ은 어머니의 감수 1분열 중기 세포이다.

05 염색체 비분리

자녀 2는 A를 갖지 않으므로 자녀 2의 유전자형은 aaBb이고, 아버지와 어머니는 모두 a를 갖는다.

구성원	유전자형	대립유전자			대문자로 표시되는 대립유전자의 수
		A	a	B	
아버지	AaBB	◯	?(◯)	◯	3
어머니	AaBb	◯	㉠(◯)	◯	2
자녀 1	AABBB 또는 AAABB	◯	✗	?(◯)	5
자녀 2	aaBb	✗	◯	?(◯)	1

(◯: 있음, ✗: 없음)

◯. ㉠은 '◯'이다.

◯. 아버지의 (가)의 유전자형은 AaBB이다.

◯. 자녀 1은 아버지로부터 A와 B를 물려받았고, 어머니로부터 AAB 또는 ABB를 물려받았다. 유전자형으로 AaBb를 갖는 어머니로부터 AA 또는 BB를 물려받기 위해서는 ⓐ가 형성될 때 감수 2분열에서 염색체 비분리가 일어나야 한다.

06 염색체 비분리

(다)와 (마)는 염색체 수가 4이므로 (다)와 (마)는 모두 염색체 비분리가 일어나 형성된 세포이다. (가)~(마) 중 (다)에는 나머지 4개의 세포와는 다른 색과 크기의 염색체가 있으므로 (다)는 (가),

(나), (라), (마)와 다른 종의 세포이고, (가), (나), (라), (마)는 같은 종의 세포이다. (가)는 핵상과 염색체 수가 $2n=6$이고, ⓑ가 1개 있으므로 ⓑ는 성염색체이고, ⓐ는 상염색체이다. (나)에서 ⓑ(성염색체)가 2개 있으므로 ⓑ는 X 염색체이고 (가), (라), (마)에서 크기가 작은 검은색 염색체는 Y 염색체이다. (마)는 핵상이 n이지만 X 염색체(ⓑ)와 Y 염색체를 모두 가지므로 Ⅰ의 세포이고, (다)는 Ⅱ의 세포이다. (나)는 성염색체로 XX를 갖는 암컷 Ⅲ의 세포이다.

ㄱ. (가), (라), (마)는 수컷인 Ⅰ의 세포이고, (다)는 암컷인 Ⅱ의 세포이며, (나)는 암컷인 Ⅲ의 세포이다.

ㄴ. Ⅱ는 성염색체로 XX를 갖는 암컷이다.

✗. (나)를 갖는 개체와 (다)를 갖는 개체는 서로 다른 종으로 핵형도 다르다.

07 염색체 돌연변이

(나)는 전좌가, (다)는 염색체 비분리가, (라)는 중복이 일어나 형성된 생식세포이다.

ㄱ. (나)는 상동 염색체 쌍이 없으므로 핵상은 n이다.

ㄴ. (가)에는 E, F, G가 있는 염색체와 E, F, g가 있는 염색체가 있고, (다)에는 E, F, G가 있는 염색체와 E, F, g가 있는 염색체가 1개씩 있으므로 (다)는 감수 1분열에서 염색체 비분리가 일어나 형성되었음을 알 수 있다.

✗. (라)에는 G가 2개 있는 염색체가 있는데, 이 염색체는 염색체 구조 이상 중 중복이 일어난 염색체에 해당한다.

08 돌연변이

표의 6을 통해 유전자형 EE의 표현형은 ㉣임을 알 수 있다. 1~7의 (가)의 유전자형은 서로 다르고, 6을 제외한 나머지 구성원의 유전자형은 이형 접합성이므로, 6명 중 3명은 A가 발현된 표현형을 나타내고, 2명은 B가 발현된 표현형을 나타내며, 1명은 D가 발현된 표현형을 나타낸다. 1~7 중 ㉡의 표현형을 갖는 사람은 1, 3, 7로 3명이므로 이들의 표현형은 모두 [A](㉡)이고, 7의 유전자형은 AE이다. 1~7 중 ㉠의 표현형을 갖는 사람은 2, 5로 2명이므로 이들의 표현형은 모두 [B](㉠)이다. 나머지 4의 표현형은 [D](㉢)임을 알 수 있다.

구성원	(가)의 표현형	유전자형	E의 DNA 상대량
1	㉡	AD	0
2	㉠	BE	1
3	㉡	AB	0
4	㉢	DE	1
5	㉠	BD	0
6	㉣	EE	2
7	㉡	AE	1

ㄱ. 1의 (가)의 유전자형은 AD이다.

ㄴ. ㉮는 B이고, ㉯는 A이다. 유전자형으로 ㉮㉯(BA)를 갖는 사람의 (가)의 표현형은 ㉡([A])이다.

ㄷ. 2는 (가)의 유전자형이 BE이고, 5는 (가)의 유전자형이 BD이므로 2와 5는 모두 B를 갖는다.

09 염색체 비분리

(가)에 대해 정상인 1과 2로부터 (가)가 발현된 남자 3이 태어났으므로 정상은 우성 형질, (가)는 열성 형질이다. 표에서 3은 A+B의 값이 0이므로 3은 A^*를 가지고 (가)가 발현되었으므로 A는 정상 대립유전자, A^*는 (가) 발현 대립유전자이고, A는 A^*에 대해 완전 우성이다. 1은 (가)의 유전자형으로 $X^A Y$를 갖고, A+B의 값이 2이므로 1의 (가)와 (나)의 유전자형은 $X^{AB}Y$이다. 1은 (나)에 대해 정상이므로 B는 정상 대립유전자, B^*는 (나) 발현 대립유전자이다. 남자인 자녀 6은 (나)가 발현되었으므로 B^*를 갖고, 6의 어머니인 5도 B^*를 갖는다. 따라서 5는 (나)에 대해 정상이고 B^*를 가지므로 5의 (나)의 유전자형은 $X^B X^{B^*}$이다. B는 B^*에 대해 완전 우성이다.

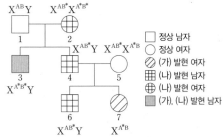

ㄱ. 4는 (가)와 (나)의 유전자형이 $X^{AB^*}Y$이므로 4의 ㉠(A+B)은 1이다.

✗. 2의 (가)의 유전자형은 이형 접합성이지만 (나)의 유전자형은 동형 접합성이다.

ㄷ. 7은 성염색체 구성으로 X 염색체 1개를 가지므로 터너 증후군의 염색체 이상을 보인다.

10 염색체 비분리

(가)의 유전자가 상염색체에 있다면 아버지와 어머니는 각각 A와 A^* 중 한 가지만 가지므로 자녀 1과 자녀 2의 표현형이 같아야 하지만 다르므로 (가)의 유전자는 X 염색체에 있다. 자녀 1은 유전자형으로 $X^A X^{A^*}$를 갖고 (가)가 발현되었으므로 (가)는 우성 형질이다. 아버지의 (가)의 유전자형은 $X^{A^*}Y$이고, (가)가 발현되었으므로 A^*는 우성인 (가) 발현 대립유전자, A는 열성인 정상 대립유전자이다. 어머니는 유전자형으로 $X^A X^A$를 갖고 A의 DNA 상대량이 2이므로 자녀 3의 성염색체 구성은 XXY이다.

구분	아버지	어머니	자녀 1	자녀 2	자녀 3
성별	남	여	여	남	남
(가)의 발현 여부	○	×	○	×	?(×)
유전자형	$X^{A^*}Y$	X^AX^A	$X^AX^{A^*}$	X^AY	X^AX^AY
A의 DNA 상대량	0	ⓐ(2)	1	1	2

(○: 발현됨, ×: 발현 안 됨)

ㄱ. A^*는 A에 대해 완전 우성이다.

ㄴ. ⓐ는 2이다.

ㄷ. 자녀 3의 성염색체 구성은 XXY이므로 자녀 3은 클라인펠터 증후군의 염색체 이상을 보인다.

11 생태계의 구성과 기능

수능 2점 테스트   본문 172~174쪽

01 ④ **02** ⑤ **03** ⑤ **04** ③ **05** ③ **06** ③ **07** ②
08 ① **09** ② **10** ⑤ **11** ① **12** ④

01 생태계의 구성

A는 생산자, B는 소비자, C는 분해자이다.

ㄱ. A에서 B와 C로 물질이 이동하므로 A는 생산자이다. C는 A와 B로부터 물질을 받을 수 있으므로 C는 분해자이다. 나머지 B는 소비자이다. 소나무는 생산자로 A에 해당한다.

ㄴ. 생산자(A)는 광합성과 같은 물질대사를 통해 무기물로부터 유기물을 합성할 수 있다.

ㄷ. 빛의 파장이라는 비생물적 요인에 의해 생물적 요인에 해당하는 해조류의 분포가 달라지는 것은 ㉠에 해당한다.

02 생태계의 구성

ⓐ는 비생물적 요인, ⓑ는 생물적 요인이다.

ㄱ. Ⅰ의 예에서 지렁이는 생물적 요인에 해당하고, 토양의 통기성은 비생물적 요인에 해당하므로 ⓑ는 생물적 요인, ⓐ는 비생물적 요인이다.

ㄴ. 일조 시간은 비생물적 요인(ⓐ)에 해당한다.

ㄷ. (가)는 생물적 요인(ⓑ) 사이에 서로 영향을 주고받는 상호 관계의 예이다. 왜가리와 개구리는 모두 생물적 요인에 해당하므로 왜가리가 개구리를 잡아먹는 것은 (가)에 해당한다.

03 비생물적 요인이 생물적 요인에 미치는 영향

(가)는 사막여우, (나)는 북극여우이고, ㉠은 ㉡보다 크다.

ㄱ. 더운 지역에 사는 여우일수록 체온 유지를 위해 신체 말단부가 크고 길어진다. 따라서 (가)는 사막여우이고, (나)는 북극여우이다.

ㄴ. 사막의 평균 기온은 북극의 평균 기온보다 높으므로 ㉠은 ㉡보다 크다.

ㄷ. (가)와 (나)의 외형 차이는 온도라는 비생물적 요인이 여우의 외형이라는 생물적 요인에 영향을 미치는 예에 해당한다.

04 군집의 구성

A의 개체 수는 (가)에서 20, (나)에서 40이고, A의 밀도는 (가)와 (나)에서 같으므로 (가)의 면적을 S라 하면, (나)의 면적은 2S이다. B의 개체 수는 (나)에서 10, (다)에서 20이고, B의 밀도는 (나)와 (다)에서 같으므로 (다)의 면적은 4S이다.

ⓗ. 식물 종의 수는 (가)와 (다)에서 4로 같다.

✗. B의 상대 밀도는 (나)에서 10 %, (다)에서 20 %로 같지 않다.

ⓒ. (가)의 면적을 S라 하면, (나)의 면적은 $2S$, (다)의 면적은 $4S$이다. 따라서 (다)의 면적은 (가)의 면적의 4배이다.

05 개체군 내의 상호 작용

A는 리더제, B는 가족생활, C는 순위제이다.

ⓗ. A는 개체군 내의 상호 작용에 해당하는 리더제이다.

ⓒ. B는 혈연관계의 개체들이 모여 생활하는 가족생활이다.

✗. C는 순위제이다. '기러기가 집단으로 이동할 때 리더를 따라 이동한다.'는 리더제(A)에 해당한다.

06 개체군의 생존 곡선

⊙의 예로는 굴, 어류가 있고, ⊙의 생존 곡선은 Ⅲ형에 해당한다.

ⓗ. ⊙은 초기 사망률이 높고, 후기 사망률이 낮으므로 ⊙의 생존 곡선은 Ⅲ형에 해당한다.

✗. Ⅱ형 생존 곡선에서 사망률은 시간에 따라 비교적 일정하다. A 시기의 초기 생존 개체 수는 B 시기의 초기 생존 개체 수보다 크므로 A 시기 동안 사망한 개체 수는 B 시기 동안 사망한 개체 수보다 크다.

ⓒ. A 시기 동안 생존 개체 수 감소량이 Ⅰ형에서가 Ⅲ형에서보다 크므로 A 시기 동안 사망률은 Ⅰ형을 나타내는 개체군에서가 Ⅲ형을 나타내는 개체군에서보다 높다.

07 개체군의 생장 곡선

A는 이론적 생장 곡선이고, B는 실제 생장 곡선이다.

✗. A는 개체 수가 기하급수적으로 증가하므로 환경 저항이 작용하지 않는 이론적 생장 곡선이다. B는 실제 생장 곡선이다.

✗. 실제 생장 곡선(B)에서 환경 저항은 개체 수가 증가할수록 증가하므로 B에서의 환경 저항은 구간 Ⅰ에서가 구간 Ⅱ에서보다 작다.

ⓒ. 구간 Ⅰ에서 개체 수 증가율은 A에서가 B에서보다 높으므로 $\dfrac{\text{출생한 개체 수}}{\text{사망한 개체 수}}$ 는 A에서가 B에서보다 크다.

08 개체군의 생장 곡선

A의 서식지 면적을 S라 하면, B의 서식지 면적은 $2S$이다.

ⓗ. 구간 Ⅰ에서 그래프의 기울기는 A에서가 B에서보다 크므로 구간 Ⅰ에서 증가한 개체 수는 A에서가 B에서보다 많다.

✗. 개체군 밀도$=\dfrac{\text{개체군을 구성하는 개체 수}}{\text{개체군이 서식하는 공간의 면적}}$ 이다. t_1일 때 A의 개체군 밀도는 t_2일 때 B의 개체군 밀도의 2배이므로 A의 서식지 면적을 S라 하면, B의 서식지 면적은 $2S$이다. ⊙의 면적

은 ⓛ의 면적의 $\dfrac{1}{2}$배이다.

✗. A와 B는 모두 실제 생장 곡선을 따르고 환경 저항은 항상 작용한다.

09 방형구

지역	개체 수				합계
	A	B	C	D	
(가)	2	4	4	0	10
(나)	3	3	8	2	16

✗. 식물의 종 수는 (가)에서 3, (나)에서 4로 서로 다르다.

✗. (나)에서 A와 D의 개체 수가 다르므로 밀도도 서로 다르다.

ⓒ. (가)에서 B의 상대 밀도는 $\dfrac{4}{10}\times100\,\% = 40\,\%$이고, (나)에서 C의 상대 밀도는 $\dfrac{8}{16}\times100\,\% = 50\,\%$이다.

10 군집의 천이

1차 천이 과정 중 습성 천이 과정은 빈영양호 → 부영양호 → 습원 → 초원 → 관목림 → 양수림 → 혼합림 → 음수림의 단계를 거친다.

ⓗ. 천이 과정 중 빈영양호 단계가 있으므로 습성 천이가 일어났다.

ⓒ. A는 관목림, B는 초원, C는 혼합림, D는 빈영양호이다. 관목림(B) 이후에 양수가 우점종인 양수림 단계가 있다.

ⓒ. A~D를 시간 순서대로 나열하면 빈영양호(D) → 초원(B) → 관목림(A) → 혼합림(C)이다.

11 군집 내 개체군 사이의 상호 작용

A는 종간 경쟁, B는 상리 공생, C는 포식과 피식 또는 기생이다.

ⓗ. B의 관계인 흰동가리와 말미잘은 상리 공생 관계이므로 ⊙은 이익, ⓛ은 손해이다.

✗. 상리 공생 관계의 두 종은 모두 이익을 얻으므로 상리 공생은 B에 해당한다.

✗. C의 관계인 두 종에서 한 종은 이익을, 한 종은 손해를 입는다. 따라서 포식과 피식, 기생이 C에 해당한다. 같은 서식 공간에서 애기짚신벌레(아우렐리아)와 짚신벌레(카우다툼)는 먹이와 공간을 두고 경쟁하므로 종간 경쟁(A)이 일어난다.

12 군집 내 개체군 사이의 상호 작용

A와 B 사이의 상호 작용은 상리 공생이다.

ⓗ. (가)에서 A의 생장 곡선은 S자형으로 나타나므로 실제 생장 곡선을 따른다.

✗. 구간 Ⅰ에서 A와 B는 개체 수가 모두 0이 아니므로 경쟁 배

타가 일어났다고 할 수 없다.

ㄷ. 최대 개체 수는 A와 B를 각각 단독 배양했을 때보다 A와 B를 혼합 배양했을 때 증가했으므로 A와 B 사이의 상호 작용은 상리 공생이다.

01 생태계의 구성

개체군은 같은 종으로 구성되고, 물고기는 살 수 있는 수온의 범위가 종에 따라 다를 수 있다.

ㄱ. 개체군 Ⅰ과 Ⅱ는 각각 서로 다른 하나의 종으로 구성된다.

ㄴ. (나)에서 A~C 중 살 수 있는 수온의 범위가 가장 넓은 종은 C임을 알 수 있다.

ㄷ. (나)에서 수온에 따라 물고기가 살 수 있는 수온의 범위가 다른 것은 비생물적 요인이 생물적 요인에 미치는 영향인 ㉡의 예에 해당한다.

02 군집 내 개체군 사이의 상호 작용

A~C는 모두 단독 배양했을 때 실제 생장 곡선을 따른다.

ㄱ. 구간 Ⅰ에서 C는 개체 수가 증가하다가 일정해지므로 환경 저항이 작용했다.

ㄴ. (나)에서 A와 B를 혼합 배양할 때 B의 개체 수가 0이 되었으므로 A와 B 사이에 경쟁 배타가 일어났다.

ㄷ. (나)에서 A와 C를 혼합 배양할 때 A와 C의 최대 개체 수가 A와 C를 각각 단독 배양할 때 최대 개체 수보다 크므로 A와 C 사이에서 일어난 상호 작용은 상리 공생이다.

03 생태계의 구성

(가)는 식물 개체군, (나)는 비생물적 요인, (다)는 동물 개체군이다.

ㄱ. 분해자는 비생물적 요인(나)에 해당하지 않는다.

ㄴ. (가)는 식물 개체군, (다)는 동물 개체군이다. '은어가 일정한 세력권을 형성하여 다른 은어의 침입을 막는다.'는 ㉣에 해당한다.

ㄷ. ㉠은 식물 개체군(가)이 비생물적 요인(나)에 미치는 영향으로 식물의 광합성으로 대기의 이산화 탄소 농도가 감소하는 것은 ㉠에 해당한다.

04 군집 내 개체군 사이의 상호 작용

(가)는 포식과 피식 또는 기생, (나)는 종간 경쟁, (다)는 상리 공생이고, ㉠은 이익, ㉡은 손해이다.

ㄱ. A와 B를 단독 배양했을 때 구간 Ⅰ에는 A와 B가 모두 생존했지만 A와 B를 혼합 배양했을 때 구간 Ⅰ에는 A만 생존하고 B가 생존하지 못했다. 따라서 A와 B를 혼합 배양했을 때 구간 Ⅰ에서 일어난 A와 B 사이의 상호 작용인 (나)는 종간 경쟁이다.

종간 경쟁이 일어난 두 종은 모두 손해를 입으므로 ㉡은 손해, ㉠은 이익이다.

㉡. 상리 공생 관계의 두 종 모두 이익을 얻으므로 상리 공생은 (다)에 해당한다.

㉢. 혼합 배양했을 때 구간 Ⅰ에서 B가 생존하지 못했으므로 경쟁 배타가 일어났음을 알 수 있다.

05 천이

1차 천이 중 건성 천이는 지의류 → 초원 → 관목림 → 양수림 → 혼합림 → 음수림의 단계로 진행된다.

✗. 과정 Ⅰ 이후 C는 초원이므로 산불은 과정 Ⅰ에서 일어났다.

㉡. 과정 Ⅰ에서 산불이 일어났으므로 C는 개척자인 초본(풀)에 의해 형성된 초원, A는 관목림, B는 양수림, D는 혼합림, E는 음수림이다.

㉢. 구간 ㉠의 천이 과정에 빛은 큰 영향을 준다. 양수림(B)에 의해 형성된 그늘에서 음수의 묘목은 양수의 묘목보다 잘 자란다. 이로 인해 혼합림(D)이 형성되고, 음수가 우점종이 되어 음수림(E)이 형성된다.

06 우점종

중요치는 상대 밀도+상대 빈도+상대 피도의 값이다. t_1과 t_2에서 A~C의 상대 빈도(%)의 합과 상대 피도(%)의 합은 각각 100 %이다. 상대 밀도는 $\frac{\text{특정 종의 밀도}}{\text{조사한 모든 종의 밀도의 합}} \times 100 \%$이고, 조사한 시점의 면적이 동일하므로 $\frac{\text{특정 종의 개체 수}}{\text{조사한 모든 종의 개체 수}} \times 100 \%$이다. t_1일 때 A의 상대 빈도와 상대 피도의 합은 20+30=50이고, 중요치(중요도)는 100이므로 상대 밀도는 100−50=50이다. 따라서 $\frac{㉠}{㉠+5+5} \times 100 \%=50 \%$에서 ㉠은 10이다. t_2일 때 A의 상대 피도는 100−(40+35)=25이다. t_2일 때 A의 상대 밀도는 110−(35+25)=50이다. t_2일 때 A의 상대 밀도는 $\frac{25}{25+㉡+10} \times 100 \%=50 \%$에서 ㉡은 15이다.

시점	종	개체 수	상대 빈도 (%)	상대 피도 (%)	중요치 (중요도)
t_1	A	㉠(10)	20	30	100
	B	5	40	?(25)	?(90)
	C	5	?(40)	45	110
t_2	A	25	35	?(25)	110
	B	㉡(15)	45	40	?(115)
	C	10	?(20)	35	75

✗. t_1일 때 B의 상대 밀도는 $\frac{5}{10+5+5} \times 100=25 \%$이다.

㉡. ㉠+㉡=10+15=25이다.

✗. t_1일 때 A~C 중 중요치가 가장 큰 종의 중요치 값은 110이고, t_2일 때 A~C 중 중요치가 가장 작은 종의 중요치 값은 75이므로 차이는 110−75=35이다.

07 군집

A와 B는 서로 다른 종이고, 먹이를 두고 경쟁하는 관계에 있다.

✗. A와 B는 서로 다른 종으로 한 개체군을 이루지 않는다.

㉡. B를 제거하면 ㉠에 분포하는 A는 A의 먹이가 많은 ㉡과 ㉢으로 이주할 것이고, ㉡보다는 ㉢에 먹이가 더 많으므로 ㉢에 더 많은 A가 있을 것이다. 따라서 B를 제거하면 A의 개체 수는 ㉡에서가 ㉢에서보다 적다.

✗. A는 ㉠에서 서식할 수 있지만, B는 ㉠에서 서식할 수 없으므로 ㉠에서 A와 B 사이에 경쟁 배타는 일어나지 않는다.

08 개체군 내의 상호 작용

(가)는 리더제(㉠)의 예이고, (나)는 가족생활(㉢)의 예이다.

✗. (가)는 철새가 리더를 따라 이동하는 모습으로 리더를 제외한 나머지 개체들에서는 힘의 서열에 따른 순위가 정해져 있지는 않다.

✗. 세력권을 형성한 개체가 다른 개체의 출입을 적극적으로 제한하는 것은 텃세가 나타난 집단의 특징이므로 ㉡은 텃세이다.

㉢. ㉠은 리더제, ㉡은 텃세이므로 나머지 ㉢은 가족생활이다. (나)는 혈연관계의 사자들이 생활하는 모습으로 가족생활(㉢)의 예이다.

09 개체군의 주기적 변동

A는 피식자, B는 포식자이다.

㉠. A가 포식자, B가 피식자라면 B의 개체 수가 증가할 때 A의 개체 수가 계속 증가해야 하지만 그렇지 않았고, A의 개체 수가 먼저 증가한 후 B의 개체 수가 증가했으므로 A는 피식자, B는 포식자이다.

✗. 구간 Ⅰ에서 피식자(A)의 개체 수는 감소하고, 포식자(B)의 개체 수는 증가한다. (나)의 ㉡에서 피식자의 개체 수는 감소하고, 포식자의 개체 수는 증가하므로 구간 Ⅰ에서 ㉡이 일어났다.

✗. 구간 Ⅱ에서 A와 B의 개체 수가 모두 0이 아니므로 경쟁 배타가 일어나지 않았다.

10 군집 내 개체군 사이의 상호 작용

㉠. 사자와 얼룩말 사이의 상호 작용은 포식과 피식이므로 (마)는 포식과 피식이고, ㉠과 ㉢은 각각 '이익을 얻는 것'과 '손해를 입는 것' 중 하나이며, ㉡은 '이익도 손해도 없는 것'이다. 편리공생 관계의 두 개체군에서만 '이익도 손해도 없는 것'(㉡)이 나타나므로 (라)는 편리공생이다.

✗. 편리공생(라)에서 한 종은 이익을 얻는다. ⓒ은 '이익도 손해도 없는 것'이고, ⓐ은 '이익을 얻는 것'이다. 나머지 ⓑ은 '손해를 입는 것'이다.

상호 작용	(가) (종간 경쟁)	(나) (상리 공생)	(다) (기생)	(라) (편리 공생)	(마) (포식과 피식)
종 1	ⓒ	ⓐ	ⓐ	ⓐ	ⓑ
종 2	ⓒ	ⓐ	ⓑ	ⓒ	ⓐ

✗. 콩과식물은 뿌리혹박테리아에 서식 공간을 제공하고, 뿌리혹박테리아는 콩과식물에 질소 화합물을 제공하므로 두 종 사이의 상호 작용은 상리 공생에 해당한다. 따라서 콩과식물과 뿌리혹박테리아 사이의 상호 작용은 상리 공생(나)에 해당한다.

12 에너지 흐름과 물질 순환, 생물 다양성

01 ③ **02** ③ **03** ③ **04** ⑤ **05** ④ **06** ④ **07** ⑤
08 ② **09** ⑤ **10** ③ **11** ① **12** ②

01 물질의 생산과 소비
순생산량이 가장 큰 생태계는 A이다.
ⓐ. A의 생산자에서 총생산량은 호흡량보다 크다는 것을 알 수 있다.
ⓑ. 순생산량은 총생산량에서 호흡량을 제외한 값이다. A와 C의 생산자에서 호흡량은 유사하지만 총생산량은 A의 생산자에서가 C의 생산자에서보다 크므로 순생산량은 A의 생산자에서가 C의 생산자에서보다 많다.
✗. 총생산량은 B의 생산자에서가 C의 생산자에서보다 많다.

02 물질의 생산과 소비
A는 호흡량이고, B에는 피식량, 고사량, 낙엽량이 포함된다.
ⓐ. B에는 생산자에서 1차 소비자로 이동한 피식량이 포함되어 있다.
✗. ⓒ이 1차 소비자라고 하면, ⓒ의 에너지 효율은 $\frac{15}{1000} \times 100\,\%$ $=1.5\,\%$이다. 1차 소비자의 에너지 효율이 10 %라는 조건을 만족하지 않으므로 ⓒ은 2차 소비자, ⓐ은 1차 소비자이다. 1차 소비자(ⓐ)의 호흡량은 생산자의 호흡량(A)에 포함되지 않는다.
ⓒ. 1차 소비자인 ⓐ의 에너지 효율이 10 %이므로 ⓐ의 에너지 양은 100이다. 따라서 2차 소비자인 ⓒ의 에너지 효율은 $\frac{15}{100} \times$ $100\,\% = 15\,\%$이다.

03 물질의 생산과 소비
A는 총생산량, B는 호흡량, ⓐ은 양수림, ⓒ은 음수림이다.
ⓐ. 군집의 천이 과정에서 양수림 출현 후 음수림 출현이 일어나므로 ⓐ은 양수림, ⓒ은 음수림이다.
ⓒ. 총생산량은 호흡량과 순생산량의 합이고, 순생산량에는 피식량, 고사량, 낙엽량, 생장량이 포함되어 있다. A는 총생산량이고, B는 호흡량이며, 구간 Ⅰ에서 (가)의 생장량은 A(총생산량)에 포함된다.
✗. 총생산량(A)과 호흡량(B)의 차이인 순생산량은 구간 Ⅰ에서가 구간 Ⅱ에서보다 많다.

04 질소 순환

과정 ㉠은 질소 고정, 과정 ㉡은 탈질산화 작용이다.

㉠. ㉠은 질소 기체(N_2)가 암모늄 이온(NH_4^+)으로 전환되는 질소 고정으로 뿌리혹박테리아와 같은 질소 고정 세균에 의해 일어난다.

㉡. 암모늄 이온(NH_4^+)과 질산 이온(NO_3^-)을 흡수하는 B는 스스로 양분을 합성할 수 있는 생산자이다.

㉢. 과정 ㉡은 질산 이온(NO_3^-)이 대기 중 질소 기체(N_2)로 전환되는 탈질산화 작용이다.

05 탄소 순환

A는 분해자, B는 생산자이다.

✗. 대기 중 N_2는 생산자가 직접 이용할 수 없고, 광합성을 통해 대기 중 ㉠이 생태계의 생물적 요인으로 유입되므로 ㉠은 CO_2이다.

㉡. 광합성을 통해 CO_2(㉠)를 흡수하는 B는 생산자이고, 사체나 배설물을 통해 탄소를 섭취하는 A는 분해자이다.

㉢. 생산자(B)는 호흡을 통해 CO_2(㉠)를 방출하므로 호흡을 통해 과정 I이 일어난다.

06 생물 다양성 보전

생물 다양성 감소 원인에는 서식지 파괴, 서식지 단편화, 생물의 불법 포획과 남획, 환경오염, 기후 변화, 외래종의 도입 등이 있다.

✗. 무분별한 외래종의 도입은 생물 다양성 감소 원인 중 하나이다.

㉡. 생태 통로 설치는 단편화된 서식지를 연결하여 생물의 이동 경로를 확보하고 사고 방지를 위한 방법 중 하나이다.

㉢. 생물 다양성 보전을 위한 국제적 수준의 방안에는 생물 다양성 협약, 람사르 협약 등이 있다.

07 생태계 평형

먹이 사슬이 복잡할수록 안정된 생태계이다.

㉠. (가)에서 쥐는 1차 소비자에, 뱀은 2차 소비자에 해당한다.

㉡. (나)에서 뱀과 개구리는 서로 먹고 먹히므로 뱀과 개구리의 상호 작용은 포식과 피식이다.

㉢. 먹이 사슬의 복잡성은 (가)보다 (나)가 높으므로 (나)가 더 안정된 생태계이다. 따라서 (가)와 (나)에서 쥐가 사라지면 생태계 평형은 (가)에서가 (나)에서보다 쉽게 깨질 것이다.

08 질소 순환

과정	물질의 전환	세균
(가)	㉠(NO_3^-) ⟶ ㉡(N_2)	ⓐ(탈질산화 세균)
(나)	㉢(NH_4^+) ⟶ ㉠(NO_3^-)	질산화 세균
(다)	㉡(N_2) ⟶ ㉢(NH_4^+)	?(질소 고정 세균)

✗. 질산화 세균은 암모늄 이온(NH_4^+)이 질산 이온(NO_3^-)으로 전환되는 질산화 작용에 관여한다. 따라서 ㉢은 암모늄 이온(NH_4^+)이고, ㉠은 질산 이온(NO_3^-)이다. 나머지 ㉡은 질소 기체(N_2)이다. (가)는 ㉠(NO_3^-)이 ㉡(N_2)으로 전환되는 탈질산화 작용으로 탈질산화 세균에 의해 일어난다. 탈질산화 세균은 ⓐ에 해당한다. 질소 고정 세균은 ㉡(N_2)이 ㉢(NH_4^+)으로 전환되는 질소 고정인 (다)에 관여한다.

✗. ㉡(N_2)이 ㉢(NH_4^+)으로 전환되는 (다)는 질소 고정이다.

㉢. 식물은 ㉠(NO_3^-)과 ㉢(NH_4^+)을 흡수하여 유기물 합성에 이용한다.

09 에너지 효율

A는 3차 소비자, B는 2차 소비자, C는 1차 소비자, D는 생산자이다.

㉠. 생태 피라미드는 하위 영양 단계부터 쌓아 올리므로 가장 아래에 있는 D는 생산자, C는 1차 소비자, B는 2차 소비자, A는 3차 소비자이다.

㉡. B의 에너지양을 x라 하면 A의 에너지 효율이 20%이므로 $\frac{3}{x} \times 100\% = 20\%$에서 x는 15이다. C의 에너지양을 y라 하면 B의 에너지 효율이 15%이므로 $\frac{15}{y} \times 100\% = 15\%$에서 y는 100이다. C의 에너지 효율이 10%이므로 $\frac{y}{㉠} \times 100\% = \frac{100}{㉠} \times 100\% = 10\%$에서 ㉠은 1000이다.

㉢. 상위 영양 단계로 갈수록 에너지양은 1000 → 100 → 15 → 3으로 감소한다.

10 생태계에서의 에너지 흐름

생산자와 1차 소비자로 유입된 에너지양과 방출된 에너지양은 각각 같다.

㉠. 생산자로 유입된 에너지양은 26이고, 생산자에서 방출된 에너지양은 14+㉠+10이므로 ㉠은 2이다. 1차 소비자로 유입된 에너지양은 2이고, 방출된 에너지양은 0.8+㉡+1이므로 ㉡은 0.2이다. 따라서 ㉠+㉡=2.2이다.

✗. 생태계에서 에너지는 순환하지 않고 한 방향으로 이동한다.

㉢. 분해자로 유입된 에너지양은 10+1+0.1=11.1이다.

11 생물 다양성

서식지 단편화는 생물 다양성의 감소 원인이다.

㉠. 서식지 단편화로 서식하는 종의 수와 총개체 수가 감소하였다.

✗. 가장자리에 서식하는 종의 수는 (가)에서 3, (나)에서 2이다.

✗. 서식지 단편화로 인해 내부 면적은 감소하고, 가장자리 면적은 증가하였으므로 $\frac{\text{내부 면적}}{\text{가장자리 면적}}$은 감소하였다.

12 생물 다양성

A는 유전적 다양성, B는 생태계 다양성, C는 종 다양성이다.

ㄱ. 아시아무당벌레의 다양한 색과 반점 무늬는 생물 다양성 중 유전적 다양성에 해당한다.

ㄴ. B는 비생물적 요인이 포함된 생태계 다양성이고, 빛, 물, 온도, 토양 등은 비생물적 요인에 포함된다.

ㄷ. C는 종 다양성이다. 종 다양성(C)이 높을수록 생태계가 안정적으로 유지된다.

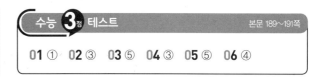

01 ① **02** ③ **03** ⑤ **04** ③ **05** ⑤ **06** ④

01 에너지 흐름

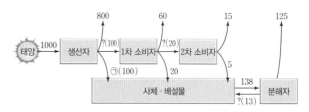

ㄱ. ㉠은 100이다.

ㄴ. 1차 소비자의 에너지의 일부만이 2차 소비자로 이동한다.

ㄷ. 1차 소비자로 이동한 에너지양(100)은 분해자로 이동한 에너지양(138)보다 작다.

02 물질의 순환

대기 중 이산화 탄소(CO_2)는 광합성을 통해 생산자에 흡수될 수 있고, 대기 중 질소 기체(N_2)는 암모늄 이온(NH_4^+) 또는 질산 이온(NO_3^-)으로 전환된 후 생산자에 흡수된다.

ㄱ. 과정 Ⅰ에서 생산자의 탄소는 세포 호흡을 통해 이산화 탄소(CO_2)의 형태로 대기로 돌아간다.

ㄴ. 뿌리혹박테리아는 대기 중 질소 기체(N_2)가 암모늄 이온(NH_4^+)으로 전환되는 질소 고정(과정 Ⅲ)에 관여한다.

ㄷ. ㉠은 이산화 탄소(CO_2), ㉡은 질소 기체(N_2), ㉢은 질산 이온(NO_3^-), ㉣은 암모늄 이온(NH_4^+)이다.

03 생물 다양성

A는 유전적 다양성, B는 종 다양성, C는 생태계 다양성이다.

ㄱ. (나)에서 A는 같은 종으로 구성된 개체군에서의 대립유전자 구성을 나타낸 것으로 유전적 다양성을 의미하고, B는 어떤 지역에 존재하는 다양한 생물종을 나타낸 것으로 종 다양성을 의미한다. 나머지 C는 생태계 다양성이다. B에는 동물 종과 식물 종을 포함해 모든 생물종이 포함된다.

ㄴ. 생태계에 속하는 생물과 비생물적 요인 사이의 관계에 관한 다양성을 포함하는 것은 생태계 다양성(C)에만 해당하는 특징이므로 '생태계에 속하는 생물과 비생물적 요인 사이의 관계에 관한 다양성을 포함하는가?'는 [생태계 다양성(C)]과 [유전적 다양성(A), 종 다양성(B)]을 구분하는 기준인 ㉠에 해당한다.

ㄷ. 같은 종의 기린에서 털 무늬가 다양하게 나타나는 것은 유전적 다양성(A)에 해당한다.

04 에너지 효율

3일이 경과한 후 A에서, 5일이 경과한 후 B에서, 약 23일이 경과한 후 C에서 각각 방사성 물질이 검출되었으므로 A는 1차 소비자, B는 2차 소비자, C는 3차 소비자에 속한다.

ㄱ. (가)에서 A는 1차 소비자, B는 2차 소비자, C는 3차 소비자에 속하고, (나)에서 ㉠은 3차 소비자, ㉡은 2차 소비자, ㉢은 1차 소비자이므로 A는 1차 소비자(㉢)에 속한다.

ㄴ. 2차 소비자(B)가 가진 에너지의 일부는 3차 소비자(C)로 이동한다.

✗. 2차 소비자(㉡)의 에너지 효율은 $\frac{15}{100} \times 100\% = 15\%$, 3차 소비자(㉠)의 에너지 효율은 $\frac{3}{15} \times 100\% = 20\%$이다. 에너지 효율은 ㉡에서가 ㉠에서보다 작다.

05 질소 순환

㉠은 질소 고정, ㉡은 질산화 작용, ㉢은 화학 비료에 의한 물질 이동이다.

ㄱ. 과정 ㉠은 대기 중 질소 기체(N_2)가 암모늄 이온(NH_4^+)으로 전환되는 질소 고정이다.

ㄴ. 과정 ㉡은 암모늄 이온(NH_4^+)이 질산 이온(NO_3^-)으로 전환되는 질산화 작용으로 질산화 세균이 관여한다.

ㄷ. 과정 ㉢은 화학 비료에 포함된 물질이 생산자로 이동되는 과정이다. 화학 비료에는 $3H_2 + N_2 \longrightarrow 2NH_3$, $2NH_3 + 2H^+ \longrightarrow 2X$를 거쳐 합성된 X가 포함되어 있는데 X는 암모늄 이온(NH_4^+)이다. 따라서 과정 ㉢에서 암모늄 이온(NH_4^+)의 이동이 있다.

06 생태계 평형

생태계 평형은 먹이 사슬이 복잡할수록 안정적으로 유지된다.

ㄱ. t_2일 때 1차 소비자가 일시적으로 증가하였고, 이로 인해 2차 소비자는 증가하며, 생산자는 감소하므로 ㉠은 증가, ㉡은 감소이다.

✗. t_1일 때 상위 영양 단계로 갈수록 개체 수가 감소한다.

ㄷ. t_2일 때 1차 소비자가 증가했으므로 $\frac{1차 소비자의 개체 수}{생산자의 개체 수}$는 t_1일 때가 t_2일 때보다 작다.

01 생명 과학의 이해

수능 2점 테스트
본문 12~14쪽

01 ⑤ 02 ⑤ 03 ⑤ 04 ④ 05 ⑤ 06 ② 07 ⑤
08 ⑤ 09 ⑤ 10 ③ 11 ④ 12 ④

수능 3점 테스트
본문 15~17쪽

01 ③ 02 ⑤ 03 ⑤ 04 ③ 05 ⑤ 06 ⑤

02 생명 활동과 에너지

수능 2점 테스트
본문 21~22쪽

01 ② 02 ⑤ 03 ④ 04 ⑤ 05 ⑤ 06 ④ 07 ④
08 ③

수능 3점 테스트
본문 23~25쪽

01 ③ 02 ③ 03 ⑤ 04 ⑤ 05 ⑤ 06 ⑤

03 물질대사와 건강

수능 2점 테스트
본문 31~33쪽

01 ③ 02 ⑤ 03 ② 04 ⑤ 05 ④ 06 ⑤ 07 ②
08 ④ 09 ④ 10 ③ 11 ③ 12 ⑤

수능 3점 테스트
본문 34~37쪽

01 ⑤ 02 ③ 03 ④ 04 ⑤ 05 ⑤ 06 ④ 07 ①
08 ②

04 자극의 전달

수능 2점 테스트
본문 46~49쪽

01 ④ 02 ① 03 ② 04 ⑤ 05 ③ 06 ③ 07 ②
08 ① 09 ① 10 ④ 11 ① 12 ③ 13 ③ 14 ⑤
15 ① 16 ⑤

수능 3점 테스트
본문 50~57쪽

01 ④ 02 ③ 03 ⑤ 04 ① 05 ⑤ 06 ① 07 ③
08 ③ 09 ① 10 ③ 11 ② 12 ②

05 신경계

수능 2점 테스트
본문 64~67쪽

01 ④ 02 ⑤ 03 ⑤ 04 ④ 05 ② 06 ② 07 ①
08 ② 09 ⑤ 10 ① 11 ⑤ 12 ④ 13 ③ 14 ④
15 ⑤ 16 ⑤

수능 3점 테스트
본문 68~71쪽

01 ① 02 ④ 03 ③ 04 ③ 05 ⑤ 06 ① 07 ③
08 ②

06 항상성

수능 2점 테스트
본문 79~83쪽

01 ⑤ 02 ④ 03 ① 04 ③ 05 ⑤ 06 ⑤ 07 ①
08 ④ 09 ② 10 ③ 11 ④ 12 ② 13 ④ 14 ①
15 ⑤ 16 ④ 17 ③ 18 ⑤ 19 ② 20 ③

수능 3점 테스트
본문 84~89쪽

01 ⑤ 02 ② 03 ③ 04 ④ 05 ② 06 ⑤ 07 ①
08 ③ 09 ① 10 ⑤ 11 ① 12 ①

07 방어 작용

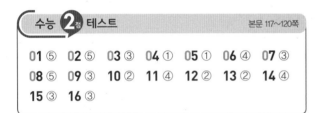

수능 2점 테스트 본문 97~101쪽

01 ③ 02 ⑤ 03 ⑤ 04 ⑤ 05 ⑤ 06 ④ 07 ②
08 ④ 09 ⑤ 10 ④ 11 ③ 12 ⑤ 13 ① 14 ③
15 ⑤ 16 ① 17 ⑤ 18 ⑤ 19 ⑤ 20 ①

수능 3점 테스트 본문 102~107쪽

01 ② 02 ④ 03 ③ 04 ④ 05 ① 06 ⑤ 07 ④
08 ⑤ 09 ① 10 ④ 11 ⑤ 12 ①

08 유전 정보와 염색체

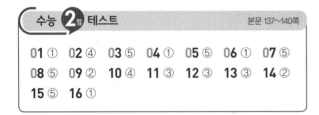

수능 2점 테스트 본문 117~120쪽

01 ⑤ 02 ⑤ 03 ③ 04 ① 05 ① 06 ④ 07 ③
08 ⑤ 09 ③ 10 ② 11 ④ 12 ② 13 ② 14 ④
15 ③ 16 ③

수능 3점 테스트 본문 121~127쪽

01 ⑤ 02 ③ 03 ③ 04 ② 05 ② 06 ① 07 ④
08 ② 09 ② 10 ④ 11 ⑤ 12 ④ 13 ④ 14 ④

09 사람의 유전

수능 2점 테스트 본문 137~140쪽

01 ① 02 ④ 03 ⑤ 04 ① 05 ⑤ 06 ① 07 ⑤
08 ⑤ 09 ② 10 ④ 11 ③ 12 ③ 13 ③ 14 ②
15 ⑤ 16 ①

수능 3점 테스트 본문 141~147쪽

01 ① 02 ⑤ 03 ② 04 ② 05 ① 06 ③ 07 ④
08 ③ 09 ⑤ 10 ② 11 ⑤ 12 ④ 13 ③ 14 ③

10 사람의 유전병

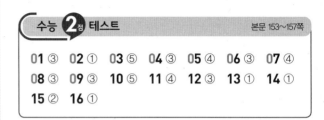

수능 2점 테스트 본문 153~157쪽

01 ③ 02 ① 03 ⑤ 04 ③ 05 ④ 06 ③ 07 ④
08 ③ 09 ③ 10 ⑤ 11 ④ 12 ③ 13 ① 14 ①
15 ② 16 ①

수능 3점 테스트 본문 158~163쪽

01 ⑤ 02 ③ 03 ⑤ 04 ④ 05 ⑤ 06 ③ 07 ③
08 ⑤ 09 ③ 10 ④

11 생태계의 구성과 기능

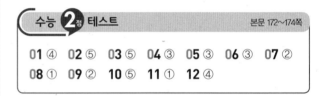

수능 2점 테스트 본문 172~174쪽

01 ④ 02 ⑤ 03 ⑤ 04 ③ 05 ③ 06 ③ 07 ②
08 ① 09 ② 10 ⑤ 11 ① 12 ④

수능 3점 테스트 본문 175~179쪽

01 ⑤ 02 ⑤ 03 ④ 04 ⑤ 05 ④ 06 ② 07 ②
08 ② 09 ① 10 ①

12 에너지 흐름과 물질 순환, 생물 다양성

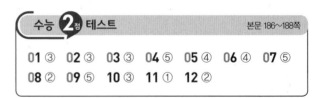

수능 2점 테스트 본문 186~188쪽

01 ③ 02 ③ 03 ③ 04 ⑤ 05 ④ 06 ④ 07 ⑤
08 ② 09 ⑤ 10 ③ 11 ① 12 ②

수능 3점 테스트 본문 189~191쪽

01 ① 02 ③ 03 ⑤ 04 ③ 05 ⑤ 06 ④

고2~N수 수능 집중 로드맵

로드맵 흐름도

수능 입문	→	기출 / 연습	→	연계+연계 보완	→	심화 / 발전	모의고사

수능 입문
- 윤혜정의 개념/패턴의 나비효과
- 하루 6개 1등급 영어독해
- 수능 감(感)잡기
- 수능특강 Light

강의노트
- 수능개념

기출 / 연습
- 윤혜정의 기출의 나비효과
- 수능 기출의 미래
- 수능 기출의 미래 미니모의고사
- 수능특강Q 미니모의고사

연계+연계 보완
- 수능연계교재의 VOCA 1800
- 수능연계 기출 Vaccine VOCA 2200
- 연계
  - 감수 수능특강
  - 감수 수능완성
- 수능특강 사용설명서
- 수능특강 연계 기출
- 수능 영어 간접연계 서치라이트
- 수능완성 사용설명서

심화 / 발전
- 수능연계완성 3주 특강
- 박봄의 사회·문화 표 분석의 패턴

모의고사
- FINAL 실전모의고사
- 만점마무리 봉투모의고사
- 만점마무리 봉투모의고사 시즌2

시리즈 상세표

구분	시리즈명	특징	수준	영역
수능 입문	윤혜정의 개념/패턴의 나비효과	윤혜정 선생님과 함께하는 수능 국어 개념/패턴 학습		국어
	하루 6개 1등급 영어독해	매일 꾸준한 기출문제 학습으로 완성하는 1등급 영어 독해		영어
	수능 감(感) 잡기	동일 소재·유형의 내신과 수능 문항 비교로 수능 입문		국/수/영
	수능특강 Light	수능 연계교재 학습 전 연계교재 입문서		영어
	수능개념	EBSi 대표 강사들과 함께하는 수능 개념 다지기		전 영역
기출/연습	윤혜정의 기출의 나비효과	윤혜정 선생님과 함께하는 까다로운 국어 기출 완전 정복		국어
	수능 기출의 미래	올해 수능에 딱 필요한 문제만 선별한 기출문제집		전 영역
	수능 기출의 미래 미니모의고사	부담없는 실전 훈련, 고품질 기출 미니모의고사		국/수/영
	수능특강Q 미니모의고사	매일 15분으로 연습하는 고품격 미니모의고사		전 영역
연계 + 연계 보완	수능특강	최신 수능 경향과 기출 유형을 분석한 종합 개념서		전 영역
	수능특강 사용설명서	수능 연계교재 수능특강의 지문·자료·문항 분석		국/영
	수능특강 연계 기출	수능특강 수록 작품·지문과 연결된 기출문제 학습		국어
	수능완성	유형 분석과 실전모의고사로 단련하는 문항 연습		전 영역
	수능완성 사용설명서	수능 연계교재 수능완성의 국어·영어 지문 분석		국/영
	수능 영어 간접연계 서치라이트	출제 가능성이 높은 핵심만 모아 구성한 간접연계 대비 교재		영어
	수능연계교재의 VOCA 1800	수능특강과 수능완성의 필수 중요 어휘 1800개 수록		영어
	수능연계 기출 Vaccine VOCA 2200	수능-EBS 연계 및 평가원 최다 빈출 어휘 선별 수록		영어
심화/발전	수능연계완성 3주 특강	단기간에 끝내는 수능 1등급 변별 문항 대비서		국/수/영
	박봄의 사회·문화 표 분석의 패턴	박봄 선생님과 사회·문화 표 분석 문항의 패턴 연습		사회탐구
모의고사	FINAL 실전모의고사	EBS 모의고사 중 최다 분량, 최다 과목 모의고사		전 영역
	만점마무리 봉투모의고사	실제 시험지 형태와 OMR 카드로 실전 훈련 모의고사		전 영역
	만점마무리 봉투모의고사 시즌2	수능 완벽대비 최종 봉투모의고사		국/수/영

성신!
BEYOND THE BEST

성신, 새로운 가치의 인재를 키웁니다.
최고를 넘어 창의적 인재로,
최고를 넘어 미래적 인재로.

심리학과 정정윤

2025학년도 성신여자대학교 신입학 모집

입학관리실 | ipsi.sungshin.ac.kr   입학상담 | 02-920-2000

성신여자대학교
SUNGSHIN WOMEN'S UNIVERSITY

- 본 교재 광고의 수익금은 콘텐츠 품질 개선과 공익사업에 사용됩니다.
- 모두의 요강(mdipsi.com)을 통해 성신여자대학교의 입시정보를 확인할 수 있습니다.

Come to HUFS
Meet the World

HUFS
Global Education
Convergence

한국외대의 고유한 강점과 첨단 학문을 융합하여
한국외대형 융합인재를 키웁니다.

입학안내
02-2173-2500 / https://adms.hufs.ac.kr

 한국외국어대학교
HANKUK UNIVERSITY OF FOREIGN STUDIES

" 본 교재 광고를 통해 얻어지는 수익금은 EBS콘텐츠 품질개선과 공익사업을 위해 사용됩니다" "모두의 요강(mdipsi.com)을 통해 한국외국어대학교의 입시정보를 확인할 수 있습니다"

취/업/사/관/학/교
경동대학교
KYUNGDONG UNIVERSITY

Man of Mission
취업률
전국1위
2019 교육부 정보공시

4년 연속
취업률 전국 1위

205개 4년제 대학 전체 취업률 **1위(82.1%, 2019 정보공시)**

졸업생 1500명 이상, 3년 연속 **1위(2020~2022 정보공시)**

Metropol Campus	**Medical Campus**	**Global Campus**
메트로폴캠퍼스	메디컬캠퍼스	글로벌캠퍼스
[경기도 양주]	[원주 문막]	[강원도 고성]

본 교재 광고의 수익금은 콘텐츠 품질 개선과 공익사업에 사용됩니다.

~두의 요강(mdipsi.com)을 통해 경동대학교의 입시정보를 확인할 수 있습니다.

www.kduniv.ac.kr
입 학 문 의 : 033)738-1287,1288

11159 경기도 포천시 호국로 1007(선단동)
입학 문의 및 상담 : 031-539-1234
대진대학교 홈페이지 : http://www.daejin.ac.kr

DAEJIN UNIVERSITY
DAEJIN
FOUNDED IN 1991
대진대학교

미래를 향한 항해가 시작되었습니다.
대진대학교는 당신의 **등대**입니다.

본 교재 광고의 수익금은 콘텐츠 품질 개선과 공익사업에 활용됩니다.
모두의 요강(moipsi.com)을 통해 대진대학교의 입시 정보를 확인할 수 있습니다.

DAEJIN UNIVERSITY **대진대학교**
DAEJIN UNIVERSITY